U0841000

普通高等教育“十二五”规划教材

高职高专专业基础课教材系列

有 机 化 学

宋海南　主编

王　平　赵文秀　张新波　副主编

科 学 出 版 社

北　京

内 容 简 介

本书根据科学出版社高职高专教材编写会议的精神，结合编者多年教改和教学经验编写而成。

本书以医药学中常见的化合物或化学现象为实例，从医药品实例方面以结构、命名及反应类型为主线进行讲解。全书共分六篇，第一篇为有机化学概论（共有3章），第二篇为烃及卤代烃（共有6章），第三篇为有机含氧化合物（共有4章），第四篇为有机含氮化合物（共有2章），第五篇为天然有机化合物（共有2章），第六篇为实验实训（共有9个实训项目）。本书在编写过程中力求体现高等职业教育的特点，严格贯彻专业培养目标，强调基本理论知识和实践技能。

本书可供高职高专生物技术类、药学类的专业学生使用，也可作为相关专业函授学生的自修用书。

图书在版编目（CIP）数据

有机化学/宋海南主编．—北京：科学出版社，2013
（普通高等教育“十二五”规划教材·高职高专专业基础课教材系列）
ISBN 978-7-03-037286-4

Ⅰ.①有… Ⅱ.①宋… Ⅲ.①有机化学-高等学校-教材 Ⅳ.①O62

中国版本图书馆CIP数据核字（2013）第072246号

责任编辑：张 斌 / 责任校对：王万红
责任印制：吕春珉 / 封面设计：东方人华平面设计部

科学出版社出版
北京东黄城根北街16号
邮政编码：100717
http://www.sciencep.com
新科印刷有限公司 印刷
科学出版社发行 各地新华书店经销
*
2013年6月第 一 版 开本：787×1092 1/16
2020年11月第四次印刷 印张：22 1/4
字数：527 000

定价：49.00元
（如有印装质量问题，我社负责调换〈新科〉）
销售部电话 010-62134988 编辑部电话 010-62135235（VP04）

本书编写人员

主　　编　宋海南

副主编　王　平　赵文秀　张新波

编　　者　（按姓氏笔画排列）

王　平（阜阳职业技术学院）

王　清（合肥立方药业集团）

石　云（盐城职业技术学院）

许玉芳（安徽医学高等专科学校）

宋海南（安徽医学高等专科学校）

张新波（浙江医药高等专科学校）

赵文秀（吉林医药学院）

荀广慧（黑龙江护理高等专科学校）

前　　言

本书是根据科学出版社高职高专教材编写会议的精神，并结合编者多年教改和教学经验编写而成的教材。与国内其他教材相比，本书的特色如下。

（1）贴近教学实际：贯彻以问题为导向的教学理念，每一章节均以专业岗位的问题或案例为导入，使其成为很好的案例教学版。

（2）贴近学生实际：本书充分考虑高职高专学生学习的特点，采用通俗易懂的日常生活语言解释专业术语，便于理解；多图表，少文字，生动活泼，便于记忆。适当降低某些章节的难度，注意突出重点。

（3）贴近行业实际：引入行业新知识、收集临床上普遍使用的药物及部分新药品，作为认识有机物结构和性质的切入点，并介绍有机物作为药物合成原料和中间体的应用新趋势，满足用人单位对学生的专业知识要求。

本书编写时，充分考虑到高职高专教育的特点，故在内容选取上按照“以技能型人才为核心，以就业为导向、能力为本位、学生为主体”的指导思想，尽量以药学、医学检验中常见的化合物或化学现象为实例，从药品实例方面以结构、命名及反应类型为主线进行讲解，从而克服了传统的以有机官能团为线索的授课体系的弊端，以利于提高学生的学习兴趣，培养学生的分析问题，解决问题的能力。

全书内容按 72 学时编写，含理论 17 章和 9 个实训项目。可供全日制高职高专药学类、医学检验类的各专业学生使用，各章后附有自我测试，供学生练习。各校教师在使用时，可根据本校具体情况酌情选用。

本书由宋海南主编，具体编写分工如下（按章节顺序排列）：安徽医学高等专科学校宋海南（第一章、第十章、第十一章、第十六章、实训四、实训五），阜阳职业技术学院王平（第二章、第三章、实训一、实训二），安徽医学高等专科学校许玉芳（第四章、第五章、第十三章、第十七章、实训三、实训七），吉林医药学院赵文秀（第六章、第七章），浙江医药高等专科学校张新波（第八章、第九章），黑龙江护理高等专科学校荀广慧（第十二章、实训六），盐城职业技术学院石云（第十四章、第十五章、实训八），合肥立方药业集团王清（实训九）。全书由参编者互阅、讨论、修改，最后由宋海南通读、统稿后定稿。

本书编写时参考了部分已出版的教材和有关著作，从中借鉴了许多有益的内容，在此谨向相关作者表示感谢。

鉴于编者的水平和能力有限，虽经努力并多次修改，但书中难免存在错误和不妥之处，敬请专家和同行以及使用本书的老师和同学们批评指正。

目　　录

第一篇　有机化学概论

第二篇　烃及卤代烃

第三篇 有机含氧化合物

第四篇 有机含氮化合物

第五篇 天然有机化合物

第六篇 实验实训

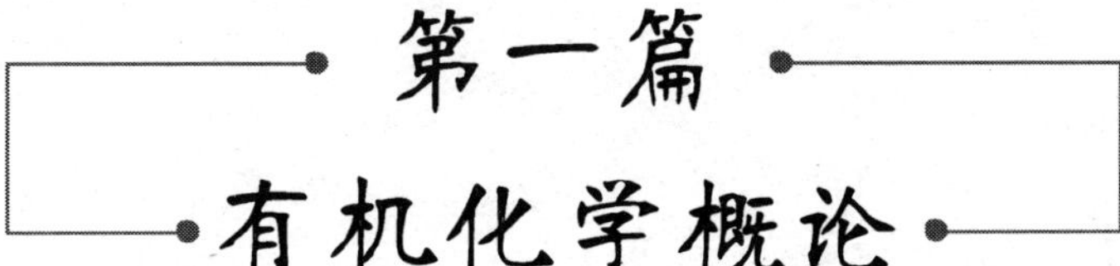

第一篇

有机化学概论

第一章　有机分子的结构与化学键

学习目标

知识要求： 掌握有机化合物的概念、特点。掌握σ键和π键的主要特点及有机化合物的分类。理解共价的断裂方式。了解有机化学的发展史、有机化学与药学的关系。

能力要求： 学会对有机化合物进行分类研究。能对有机物与无机物进行区别。

学习导航

脂肪、糖、蛋白质以及核酸等是主要成分为碳的化合物。我们日常使用的千万种物质也都是如此。这些由碳构成的化合物称为有机化合物，有机物的分子组成了生命的化学基本单元。有机物（如汽油、药物、杀虫剂和塑料）大大提高了我们的生活质量。然而，有机物的随意丢弃造成了环境的污染，引起了动植物生活环境的恶化，使人类受到伤害，感染疾病。要制造有用的有机材料同时又要掌控其影响，就需要我们了解有机分子的性质和行为，掌握并运用有机化学的反应原理。

有机化学是化学的一个分支学科，与人类生活有着极为密切的关系，是医药学类各专业重要的专业基础课程。本章讲述化学结构与化学键的基本概念是如何在有机分子中应用的。

案例

碳化合物之所以被称为“有机”的，是因为最初人们认为它们只能在生物有机体内产生。1828年德国化学家韦勒（F. Wohler）证明这种说法是错误的，他将无机盐氰酸铅转变为尿素，而尿素是哺乳动物进行蛋白质新陈代谢时的一种有机产物。

$$\underset{\text{氰酸铅}}{Pb(OCN)_2} + \underset{\text{水}}{2H_2O} + \underset{\text{氨}}{2NH_3} \longrightarrow \underset{\text{尿素}}{2H_2N\overset{\overset{\displaystyle O}{\|}}{C}NH_2} + \underset{\text{氢氧化铅}}{Pb(OH)_2}$$

有机化合物与无机化合物之间有严格的界线吗？

第一节 有机化学的研究对象

一、有机化合物与有机化学的含义

有机化学是化学学科的一个分支，它研究的对象是有机化合物（简称有机物）。有机化合物中都含有碳元素，因此，有机化合物就是碳的化合物。1848 年，德国化学家葛美林（L. Gmelin）把有机化学定义为研究碳化合物的化学。19 世纪德国肖莱马（C. Schorlemmer）提出：有机化学是研究碳氢化合物及其衍生物的化学。一些简单的含碳化合物，如二氧化碳、一氧化碳和碳酸盐等，具有无机化合物的性质，仍放在无机化学中讨论。

二、有机化学发展简史

科学的产生和发展是与当时社会生产水平和科学水平相联系的。有机化学作为一门学科产生于 19 世纪初，但人类应用有机物的历史却很久远。表 1-1 所列出的这些工作对有机化学的发展都起了重要作用。

表 1-1 有机化学发展简史

发展时期	历史事件
有机化学萌芽时期	人类使用有机物质虽已有很长的历史，但是对纯物质的认识和取得是比较近代的事情。直到 18 世纪末期，才开始由动植物取得一系列较纯的有机物质。 1773 年，首次由尿内取得纯的尿素。 1805 年，由鸦片内取得第一个生物碱——吗啡。 1806 年，伯则里（J. Berzelius）提出有机化学一词。 1828 年，韦勒首次人工用氰酸和氨水生成了尿素，实现由无机物合成有机物，给“生命力”学说第一次有力冲击。 1845 年，柯乐柏（H. Kolbe）合成醋酸，使“生命力”学说被逐渐抛弃。 1848 年，德国化学家葛美林对有机化学提出了新的定义，即现在所用的定义：碳化合物化学就是有机化学。 1854 年，M. Berthelot 合成油脂，彻底推翻“生命力”学说
经典有机化学时期	1857 年，凯库勒（F. A. Kekule）提出了碳是四价的学说。 1858 年，库帕（A. Couper）提出：“有机化合物分子中碳原子都是四价的，而且互相结合成碳链。”构成了有机化学结构理论基础。 1861 年，布特列洛夫提出了化学结构的观点，指出分子中各原子以一定化学力按照一定次序结合，这称为分子结构；一个有机化合物具有一定的结构，其结构决定了它的性质。而该化合物结构又是从其性质推导出来的，分子中各原子之间存在着互相影响。 1865 年，德国化学家凯库勒提出了苯的构造式。同年提出绝大多数有机化合物中碳为四价，在此基础上发展了有机化合物结构学说。 1874 年，荷兰化学家范霍夫（Van't Hoff）和法国化学家勒贝尔（J. A. Le Bel）提出饱和碳原子的四个价指向以碳为中心的四面体的四个顶点，开创了有机化合物的立体化学。建立了分子的立体概念，说明了旋光异构现象。 1885 年，拜尔（A. von Baeyer）提出张力学说。至此，经典的有机结构理论基本建立起来
现代有机化学时期	1917 年，美国化学家路易斯（G. N. Lewis）用电子对来说明化学键的生成。 1931 年，德国化学家休克尔（E. Huckel）用量子化学的方法讨论共轭有机分子的结构和性质

续表

发展时期	历史事件
现代有机化学时期	1933 年，英国化学家英果（K. Ingold）等用化学动力学的方法研究饱和碳原子上亲核取代反应机理。 20 世纪 60 年代，合成了维生素 B_{12}，发现了分子轨道守恒原理。 20 世纪 90 年代初，合成了海葵毒素，有人誉之为珠穆朗玛峰式的成就
中国有机化学发展突飞猛进	1965 年 9 月，中国率先人工合成牛胰岛素。这是世界上首次合成的结晶蛋白质，具有生物活性（与天然胰岛素相同）。 1981 年人工合成酵母丙氨酸转移核糖核酸。这是利用化学合成和酶促法结合方法的全合成，这种核糖核酸由 76 个核糖核苷组成，在当时国外只能合成出 9 个核糖核苷组成的核苷酸

第二节　有机化合物中的共价键

有机化合物的性质取决于结构，反之，从性质可推测化合物的结构，结构和性质的关系是有机化学的精髓。有机物绝大多数是共价化合物，对共价键的研究，能使我们更好地理解有机物的结构与性质的关系。

一、共价键的形成

共价键的形成是原子轨道的重叠或电子配对的结果，如果两个原子都有未成键电子，并且自旋方向相反，就能配对形成共价键。两个电子属于成键原子共同所有（定域性）。电子对在两核之间出现的概率最大；例如：碳原子可与四个氢原子形成四个C—H而生成甲烷。

$$\cdot\dot{\underset{\cdot}{C}}\cdot + 4H\times \longrightarrow \begin{matrix} & H & \\ & \overset{\cdot}{\times} & \\ H\times & C & \times H \\ & \overset{\cdot}{\times} & \\ & H & \end{matrix} \qquad \begin{matrix} & H & \\ & | & \\ H— & C & —H \\ & | & \\ & H & \end{matrix}$$

由一对电子形成的共价键称为单键，可用一条短线表示，如果两个原子各用两个或三个未成键电子构成的共价键，则构成的共价键为双键或三键。

二、有机化合物构造式的表达

分子中原子间相互连接的次序和方式称为分子的构造。反映有机物分子中原子之间的连接的次序及方式的式子称为有机化合物的构造式，常用的三种构造式如图 1-1 所示。

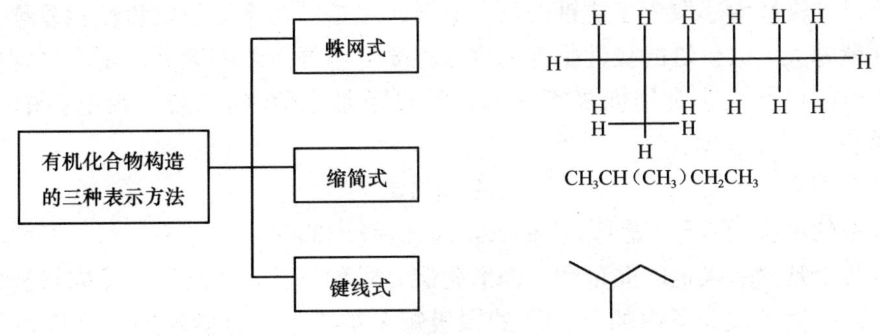

图 1-1　有机物构造式

三、共价键的重要物理量

在各类化合物中，共价键都具有一些基本特征，如共价键的键长、键角、键能和键的极性。由于各个形成共价键的原子杂化类型和成键方式不同，这些特性有所差别。根据这些特性的判别，可帮助了解分子的立体结构、分子的物理性质和化学性质。

1. 键长

以共价键结合的两个原子核间的距离称为键长。共价键的键长越长，越易受到外界影响而发生极化，共价键越不稳定；反之，则越稳定。

2. 键角

两价以上的原子形成共键价时，键与键之间的夹角称为键角。键角的大小与成键的原子特别是成键原子的杂化方式有关。

3. 键能

原子形成共价键所放出的能量或共价键断裂所需吸收的能量称为键能。键能可衡量一个键的强度，单位为 kJ/mol。对于双原子分子来说，键能就是共价键断裂时所需的能量，又称为解离能。而在多原子分子之中，即使是相同的共价键，它们的解离能也不相同，所以，多原子分子中共价键的键能是指同一类的共价键的离解能的平均值。如甲烷的四个 C—H 的离解能是不同的。

4. 键的极性

由两个相同原子形成的共价键，如 H—H 和 Cl—Cl，其成键电子云对称地分布在两个核周围，键内电量平均分布，正负电荷中心重叠在一起，该共价键没有极性，称为非极性共价键。当两个不同原子结合成共价键时，由于两原子的电负性不同而使得形成的共价键一端带电荷多些，而另一端带电荷少些，这种由于电子云不完全对称而呈极性的共价键叫做极性共价键，可用箭头表示这种极性键，也可以用 δ^+、δ^- 标出极性共价键的带电情况。例如：

$$\overset{\delta^+}{H}\longrightarrow\overset{\delta^-}{Cl}\qquad \overset{\delta^+}{CH_3}\longrightarrow\overset{\delta^-}{Cl}$$

共价键的极性大小取决于成键两原子电负性之差，两个原子电负性相差越大，共价键的极性就越大。共价键的极性是键的内在性质，与外界影响无关，是永久的性质。

共价键的极性大小常用偶极矩表示，偶极矩是电荷（q）与正负电荷中心的距离（d）的乘积，用 μ 表示：

$$\mu=q\times d$$

偶极矩的单位用 deb（德拜，Debye，1deb＝3.33564×10^{-30} C·m）表示。分子的偶极矩是各个键的偶极矩的向量和。四氯化碳是对称分子，各键偶极矩向量和为零，没有极性。而一氯甲烷分子中的 C—Cl 的偶极矩未被抵消，有偶极矩，为极性分子。所以键的偶极矩与分子的偶极矩是不相同的，要把两者严格区分开。

四、共价键的类型

根据原子轨道最大重叠原理，成键时轨道之间可有两种不同的重叠方式，从而形成两种类型的共价键——σ键和π键。共价键是电子云的重叠，所以共价键最本质的分类方式就是它们的重叠方式。我们在高中就知道可根据共价键所共享的电子对数将共价键划分为单键、双键以及三键。在有机化合物中，通常共价单键是σ键；双键和三键中一个是σ键，其余的只能是π键。

1. σ键

当原子之间只共用一对电子时，这对电子形成的化学键为单键。σ键是成键的两个原子的轨道沿着两核连线方向“头碰头”进行重叠而形成的共价键。s与s轨道，s与p轨道，p与p轨道以及s、p与杂化轨道，杂化轨道和杂化轨道之间都可以形成σ键。σ键的特点是重叠的电子在两核连线上，受原子核束缚力较大，重叠程度也大，比较牢固，σ键绕轴旋转时，电子云重叠程度不受影响。电子云对两个原子核的连线——键轴呈圆柱形对称，如图 1-2 所示。

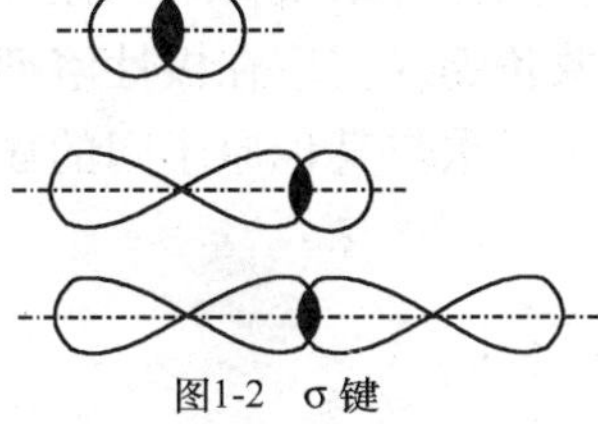
图1-2　σ键

你问我答

1. 试从存在形式、性质等方面比较σ键和π键的主要特点。
2. 以上特点会导致与有机分子产生何种异构?

σ键能以键轴为旋转轴自由旋转，这正是有机分子产生构象异构的原因。

2. π键

p电子和p电子除能形成σ键外，还能形成π键。每个π键的电子云有两块组成，分别位于由两原子核构成平面的两侧，如果以它们之间包含原子核的平面为镜面，它们互为镜像，这种特征称为镜像对称。成键方式为“肩并肩”，如图 1-3 所示。

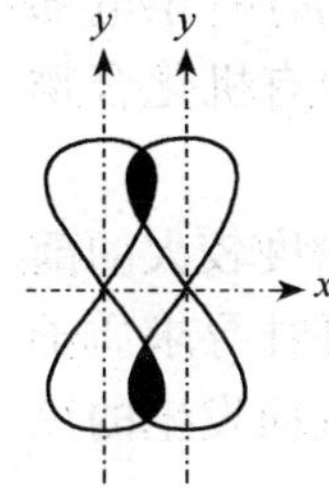

图 1-3　π键

由于π轨道重叠程度低于σ键的重叠程度，因此，π键的稳定性要小于σ键，π键的电子活泼性较高，是化学反应的积极参与者。

五、共价键的断裂方式与有机化学反应类型

任何一个有机反应过程，都包括原有的化学键的断裂和新键的形成。共价键的断裂方式有两种：均裂和异裂。由此可以把有机反应分为两种类型——自由基反应和离子型反应。

1. 均裂与自由基型反应

共价键断裂后，两个键合原子共用的一对电子由两个原子各保留一个，用黑点表

示，如 H·、H_3C·，这种带单电子的原子或基团，称自由基，它是电中性的。共价键的这种断裂方式叫均裂。

$$\text{C}\cdot\vdots\cdot\text{X} \longrightarrow \underset{\text{自由基}}{\text{C}\cdot} + \underset{\text{自由基}}{\text{X}\cdot}$$

有自由基参加的反应叫做自由基型反应。这种反应往往被光、辐射、高温或过氧化物所引发。自由基型反应是有机化学中的一个重要的反应，它也参与许多生理或病理过程。

2. 异裂与离子型反应

共价键断裂后，其共用电子对只归属于原来生成共价键的两个原子中的一个。共价键的这种断裂方式叫做异裂。产生异裂反应的条件除催化剂外，多数由于极性试剂进攻共价键或反应在极性溶剂中进行。

碳与其他原子间的 σ 键断裂时，可得到碳正离子或碳负离子：

(1) C¦:¦X (2) —(1)→ C^+ + X^- 碳正离子
—(2)→ C^- + X^+ 碳负离子

通过共价键的异裂而进行的反应叫做离子型反应，它有别于无机化合物瞬间完成的离子反应。它通常发生于极性分子之间，通过共价键的异裂而完成。

在异裂过程中，形成共价键的一对电子属于两个原子中的一个，得到一对电子带负电荷的成为负离子；失去一对电子带正电荷的成为正离子。通常用 R^+ 代表正离子，如 CH_3^+ 叫甲基正离子；用 R^- 代表负离子，如 CH_3^- 叫甲基负离子。

按照路易斯的定义，接受电子对的物质为酸，提供电子对的物质为碱。有机化学常常把一个化学反应的原因，归因于两个分子或离子的不同电性部分（亲核部分和亲电部分）相互作用的结果。所以，路易斯酸碱概念以及亲核亲电概念，都是学习有机化合物时经常使用的基本概念。

碳正离子和路易斯酸是亲电的，在反应中它们总是进攻反应中电子云密度较大的部位，所以是一种亲电试剂。碳负离子和路易斯碱是亲核的，在反应中它们往往寻求质子或进攻一个荷正电的中心以中和其负电荷，是亲核试剂。由亲电试剂的进攻而发生的反应叫亲电反应；由亲核试剂的进攻而发生的反应叫亲核反应。

小贴士

协同反应

有些反应不受外界条件的影响，如周环反应并不经历自由基或离子等活性中间体，反应物分子中化学键的断裂与产物分子中化学键的生成是经过多中心环状过渡态协同进行的，这类反应叫协同反应。根据反应活性中间体和过渡态，有机反应分为三种类型：自由基反应、离子反应及协同反应。

第三节　有机化学与生物学及药学的关系和任务

人们日常生活的衣、食、住、行离不开有机化学，人体本身的变化也是一系列有机物质的变化过程。利用有机化学可以制造出无数种在生活和生产方面不可缺少的产品。人们所穿的衣物几乎都是由有机分子组成的，如人造的聚酯或天然的纤维。有机物如汽油、药物、杀虫剂、昆虫信息素和高聚物等很大地提高了人们的生活质量。很难设想，在人类生活的哪一个方面是不受有机化学的影响的。这种密切的关系就明显地反映在这门内容丰富的课程中。

近年来人们关注的生命化学、材料化学、金属有机化学、配位化学均与有机化学相关。有机化学的学术成就也是十分令人瞩目的。1901～1996年颁发的诺贝尔化学奖中(其中有8届未颁发)，有67届的内容与有机化学有关。然而，有机物的随意丢弃越来越造成环境的污染，引起了动植物生活环境的恶化。

小贴士

药物合成化学上的一次革新——组合化学

组合化学是一门将化学合成、组合理论、计算机辅助设计及机械手结合为一体的科学。传统合成方法每次只合成一个化合物；组合合成用一个构建模块的 n 个单元与另一个构建模块的 n 个单元同时进行一步反应，得到 $n\times n$ 个化合物；若进行 m 步反应，则得到（$n\times n$）m 个化合物。有人作过统计，一个化学家用组合化学方法在2～6周的工作量，十个化学家用传统合成方法要花费一年的时间才能完成。所以，组合化学大幅度提高了新化合物的合成和筛选效率，减少了时间和资金的消耗，成为20世纪末化学研究的一个热点。

一、有机化学与生物学及药学的关系

生物学及药学与有机化学的关系非常密切。早在公元前1600年，古埃及人就有使用糖类药物强心苷的记载：小剂量能使心肌收缩的作用加强、脉搏加速；大剂量能使心脏中毒而心跳骤停。目前人类用于防治疾病的西药中，如对乙酰氨基酚（扑热息痛）、乙酰水杨酸（阿司匹林）等，绝大多数是通过化学途径合成的有机化合物，这种根据一定结构建立有机分子的手段需要有机化学的指导。我国有着世界上最丰富的中草药资源，自古以来中草药就被用于治疗各种疾病，有机化学工作者通过提取、分离纯化，搞清其有效成分，再根据有效成分的化学结构和理化性质，分析和寻找其他动植物中是否含有该成分，从而扩大药源。然后根据有效成分的结构特点进行人工合成或结构改造，以扩大药源和创制出低毒高效的新药物。如盐酸哌替啶成为镇痛药物吗啡的合成代用品，它既保留了吗啡镇痛的有效结构部分，又使成瘾性比吗啡小很多。

有机分子组成了生命的化学构筑单元。脂肪、糖、蛋白质以及核酸等天然的生物大分子是主要成分为碳的化合物。这些有机物参与了遗传、代谢等人类生命活动，因此对这些天然大分子的研究也是很重要的。这些有机化合物在体内进行着一系列复杂的变化（也包括化学变化），以维持体内新陈代谢作用的平衡。为了防治疾病，除了研究病因以外，还要了解药物在体内的变化，它们的结构与药效、毒性的关系，这些都与有机化学密切相关。现今，有机化学通过与物理学、生物学、生理学等学科的紧密配合，将对未来征服疾病、控制遗传基因、延长生命或人工合成生命等起着巨大作用。如果说 21 世纪是生命科学光辉灿烂的时代，那么化学学科通过与生物学科相结合，同样也会光辉灿烂。由此可见，学习并掌握有机物的组成、结构、性质等有机化学知识，是为今后学习生物化学、药物化学、天然药物化学和药物分析等后续课程打下坚实的基础。

二、有机化学的任务

1. 分离

提取自然存在的有机物，测定其结构和性质，加以利用，例如中草药，昆虫信息素等。

2. 研究新的规律

即研究有机物结构与性质间的关系、反应历程、影响因素等，以便控制反应方向。

3. 合成有机物

前提是确定分子结构，了解有机反应历程、条件等因素。合成就是制造新分子，是有机化学极其重要的一部分。合成可提供新的高科技材料，推动国民经济和科学技术的发展，同时探索生命的奥秘。

学习小结

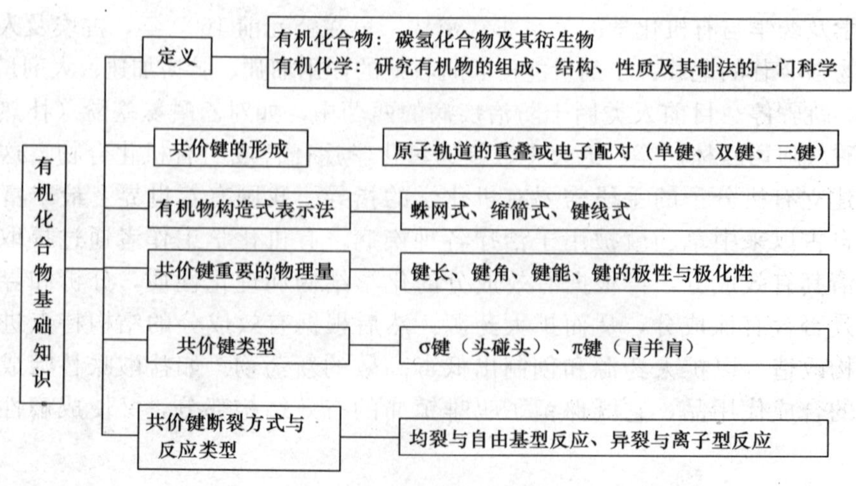

自 我 测 评

一、单选题

1. 下列化合物（　　）是有机化合物。

   A. CS_2　　B. 尿素　　C. CaC_2　　D. $NaHCO_3$

2. 下列说法正确的是（　　）。

   A. 键的解离能就是键能

   B. 具有偶极矩的分子不一定都是极性分子

   C. 成键两个原子的电负性差越大，键的极性就越强

   D. 有机化合物大多能溶于浓硫酸

3. 下列化合物（　　）互为同分异构体。

   A. $CH_3CH_2OCH_3$与CH_3COCH_3

   B. CH_3CH_2CHO与CH_3COCH_3

   C. $CH_3C(CH_3)_3$与$CH_3CH_2OCH_3$

   D. 乙醇与乙醚

二、分析题

现代有机化合物的含义是什么？有什么特征？

第二章　有机化合物的结构和反应性

学习目标

知识要求：掌握有机化合物按碳架和官能团分类的方法，熟悉常见的官能团；熟悉一些重要官能团的结构及名称；掌握烷烃的系统命名法；掌握有机化合物的特性；了解烷烃构象的透视式及掌握 Newmann 投影式表示方法。

能力要求：能够了解有机化合物数目众多和异构体现象普遍存在的本质；以典型的烷烃化合物为基础，能识别结构式中各原子的连接次序、方式，基团和官能团；通过烷烃构象的透视式和 Newmann 投影式之间的相互转化，培养空间想象能力。

学习导航

第一章介绍了由共价键组成的有机分子。根据有机分子的结构我们能否预测出这些物质会展现什么样的化学反应性呢？为了回答这个问题，本章我们要重点学习有机分子中含有一定原子的结构组合（即“官能团”）以及烷烃家族各成员的命名和结构特征。

有机化学是研究有机化合物的组成、结构、性质及其变化规律的科学。有机物数目众多，结构复杂，存在构造和立体异构，为了便于学习和研究，常按其结构特点或性质进行分类。烃是最简单的有机化合物，可以看成其他有机化合物的母体，其他有机化合物则可看成是烃的衍生物。在烃类有机物中，饱和烷烃又是最基础、最典型的一类有机化合物，因此对于它的命名、结构和性质的学习显得尤为重要。

第一节　有机化合物分类

案例

在迄今已知的约 8000 万种化合物中，绝大多数是含碳的有机化合物。而这些有机物大多数是以石油、天然气、煤等作为原料，通过人工合成的方法制得。正如有机合成大师 Woodward 所说：“有机化学家在老的自然界旁边又建立起一个新的自然界。”虽然有机化合物数目庞大，结构复杂，但它们相互之间总有一定内在联系。人们根据它们什么样的内在关系，将数目巨大的有机化合物进行分类的？又是如何命名的？

有机物数量众多，结构复杂，为了便于学习和研究，常常根据有机物的结构特点或性质进行分类，目前主要有以下两种分类方法。

一、按有机物分子构造骨架上的碳原子的结合方式分类

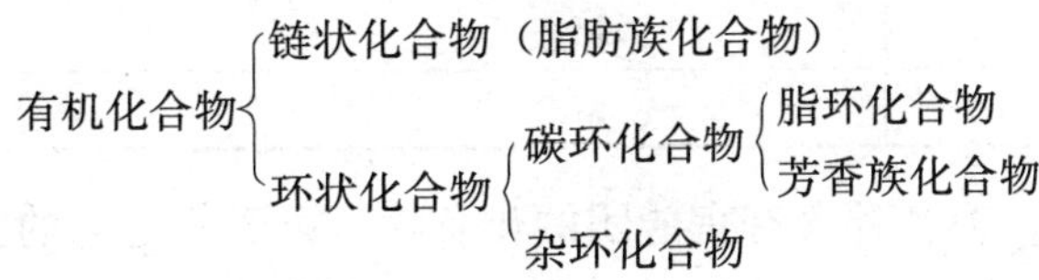

1. 链状化合物

这类化合物相互结合成链状，没有环状结构存在，因为它们是最早从有长链结构的脂肪酸和脂肪中分离出来的，也称为脂肪族化合物。

2. 环状化合物

原子间结合成闭合的环状结构，根据环状化合物是否含有杂原子（N、O、S）等，又分为碳环化合物和杂环化合物两类。碳环化合物又分为脂环化合物和芳香族化合物。芳香族化合物是具有苯环的一类化合物。在有机化学发展的初期，这类化合物是从树脂或香脂中得到的，而且它们大多数都具有芳香气味，所以称为芳香化合物。但是具有苯环的化合物不一定都有芳香气味，而有芳香气味的化合物也不一定含有苯环。所以，芳香族化合物中的“芳香”二字已失去其原有的含义。

二、按照官能团分类

有机化合物的化学性质除了和它们的碳骨构造有关外，主要还取决于分子中某些特殊的原子或原子团。这些能决定化合物基本化学性质的原子或原子团叫官能团。由于含有相同官能团的化合物的化学性质基本相似，所以可以把官能团作为主要标准对有机化合物进行分类，以便于学习。表 2-1 列举了一些有机化合物的类别及其官能团。

表 2-1　有机化合物的分类及其官能团

官能团	名称	分类名
$>C=C<$	双键	烯烃
$-C\equiv C-$	三键	炔烃
$-OH$	羟基	醇（脂肪族）酚（芳香族）
$-O-$	醚键	醚
$-CHO$	醛基	醛
$>C=O$	酮羰基	酮（羰基上不含 H）
$-COOH$	羧基	羧酸
$-SO_3H$	磺基	磺酸

续表

官能团	名称	分类名
$—NO_2$	硝基	硝基化合物
$—NH_2$	氨基	胺
—CN	氰基	腈
—X(F，Cl，Br，I)	卤素	卤代物

烷烃没有官能团，但各种含有官能团的化合物可以看作是它的氢原子被官能团取代而衍生出来的。在对有机物进行分类时，通常把这两类分类方法结合起来，这样更能反映有机物的结构和性质特点。

第二节　烷烃的命名

案例

有机化合物种类繁多，数目庞大若没有一个完整的命名方法来区分各个化合物，会造成极大的混乱，因此认真学习每一类化合物的命名是有机化学的一项重要内容。现在书籍、期刊中经常使用普通命名法和国际纯粹与应用化学联合会命名法，后者简称IUPAC命名法。中国的命名法是中国化学会结合IUPAC的命名原则和中国文字特点而制订的，在1960年修订了《有机化学物质的系统命名原则》，在1980年又加以补充，出版了《有机化学命名原则》增订本。其中，烷烃的命名又是有机化合物命名的基础，那么对于烷烃的命名有哪些方法？具体的规则有哪些？

在学习烷烃的命名之前，有必要先来了解烷烃的概念。只含有碳和氢两种元素的有机化合物叫做碳氢化合物，简称烃。烃是有机化合物中组成最简单的一类化合物，一般认为烃是有机化合物的母体，其他有机化合物可以看作是烃的衍生物。烃分子中的碳原子之间以单键结合成链状（直链或含支链），其余化合价全部为氢原子所饱和，这样的烃称为饱和烃。其中碳原子连接成开链的烃，称为脂肪烃，也即烷烃；相应的若碳原子连接成环状的烃，则称为脂环烃，也称为环烷烃。

由于有机化合物数目庞大，结构复杂，即使同一分子式，也有不同的同分异构体，所以对于它的学习一定要严格和规范化。烷烃的命名方法较多，常用的有普通命名法和系统命名法。

一、普通命名法

普通命名法的基本原则是：根据分子中碳原子的总数目称为某烷。对含有十个及十个以下碳原子的直链烷烃，采用天干顺序命名，即用甲、乙、丙、丁、戊、己、庚、辛、壬、癸表示碳原子的个数，然后加上“烷”字，就是烷烃的普通命名。例如，CH_4（甲烷）、C_2H_6（乙烷）、C_3H_8（丙烷）……$C_{10}H_{22}$（癸烷）。对含有十个碳原子以上的烷烃用汉语数字命名。例如，$C_{11}H_{24}$（十一烷）、$C_{12}H_{26}$（十二烷）、$C_{20}H_{42}$（二十烷）等。

普通命名法中用“正、异、新”词头区别同分异构体。凡直链烷烃，在名称前加一个“正”字，但通常被省略；链端第二个碳原子有甲基支链的，且无其他支链的烷烃，在名称前加一个“异”字，有两个甲基支链的，在名称前加一个“新”字。例如：

$$H_3C-\underset{\displaystyle CH_3}{\underset{|}{C}H}-CH_3$$

异丁烷

$$H_3C-\underset{\displaystyle CH_3}{\underset{|}{C}H}-CH_2CH_3$$

异戊烷

$$H_3C-\overset{\displaystyle CH_3}{\overset{|}{\underset{\displaystyle CH_3}{\underset{|}{C}}}}-CH_3$$

新戊烷或 neo-戊烷

$$H_3C-\overset{\displaystyle CH_3}{\overset{|}{\underset{\displaystyle CH_3}{\underset{|}{C}}}}-CH_2CH_3$$

新己烷或 neo-己烷

二、系统命名法

对构造比较复杂的化合物的命名可采用系统命名法。系统命名法可用于各种化合物的命名。我国现用的系统命名法是根据 IUPAC（International Union of Pure and Applied Chemistry）规定的原则，再结合我国汉语文字的特点而制定的。烷烃的系统命名法主要是确定主链和取代基的位置、数目和名称。所谓取代基（支链或侧链），在此即指各种烷基。烷烃分子中去掉一个氢原子后所剩下的基团叫做烷基，它的通式是 C_nH_{2n+1}，烷基的命名根据烷烃而定。多于两个碳原子的烷烃，有可能衍生出多个不同的烷基（表 2-2）。

表 2-2　系统命名法

烷　基	名　称	通常符号
CH_3-	甲基	Me
CH_3CH_2-	乙基	Et
$CH_3CH_2CH_2-$	丙基	*n*-Pr
$CH_3\overset{\vert}{C}HCH_3$	异丙基	*i*-Pr
$CH_3CH_2CH_2CH_2-$	正丁基	*n*-Bu
$(CH_3)_2CHCH_3-$	异丁基	*i*-Bu
$CH_3CH_2\underset{\vert}{C}HCH_3$	仲丁基	*s*-Bu
$(CH_3)_3C-$	叔丁基	*t*-Bu

此外还有两价的烷基叫亚基，三价的烷基叫次基。

在系统命名法中，直链烷烃的命名和普通命名法相同，只是不写“正”字。例如：

$CH_3CH_2CH_2CH_3$　　丁烷

$CH_3CH_2CH_2CH_2CH_2CH_3$　　己烷

对带有支链的烷烃可按下列步骤命名。

(一) 选择主链（母体）

(1) 选择含碳原子数目最多的碳链作为主链，支链作为取代基。

(2) 分子中有两条以上等长碳链时，则选择支链多的一条为主链。例如：

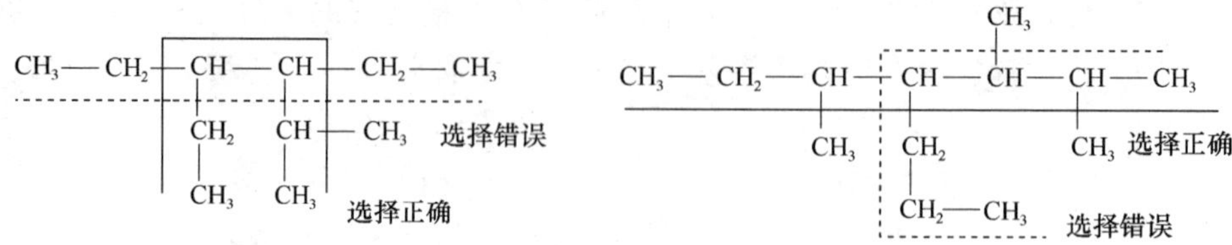

（二）碳原子的编号

(1) 从最接近取代基的一端开始，将主链碳原子用 1、2、3、…编号。

```
1  2  3  4  5  6  7  8    编号错误            1  2  3  4  5  6    编号正确
C—C—C—C—C—C—C—C                            C—C—C—C—C—C
8  7  6  |5 4  |3  2  1   编号正确            6  |5  4  |3  2  1  编号错误
         C     C                                 C      C
               |
               C
```

(2) 从碳链任何一端开始，第一个支链的位置都相同时，应使小的取代基编号较小。当主链上有几个取代基和编号有几种可能时，应采用“最低系列”编号法，即当主链以不同方向编号时，得到几种不同编号的系列，则从小到大依次比较几种编号系列中取代基的位次，最先遇到位次小的编号为合理编号。

例如：

```
 1   2   3          4   5          6   7
CH3CH2CH(CH3) CH2CH(CH3) CH2CH3
```

$CH_3CH_2CH(CH_3)CH_2CH(CH_3)CH_2CH_3$

你问我答

下列化合物的系统命名法中哪些应予以改正？

(1) $CH_3CHCH_2CH_3$（2 位上连 CH_2CH_3）　2-乙基丁烷。

(2) $CH_3CHCH_2CHCH_3$（2、4 位上各连 CH_3）　2,4-2 甲基戊烷。

(3) $CH_3CH_2CH(CH_2)_7CH_3$（3 位上连 CH_3）　3-甲基 11 烷。

（三）名称的书写次序

(1) 将支链（取代基）写在主链名称的前面。

(2) 取代基按“次序规则”小的基团优先列出。烷基的大小次序：甲基＜乙基＜丙基＜丁基＜戊基＜己基＜异戊基＜异丁基＜异丙基。

(3) 相同基团合并写出，位置用 2、3、…标出，取代基数目用二、三、……标出。

(4) 表示位置的数字间要用逗号隔开，位次和取代基名称之间要用“半字线”隔开。

例如：

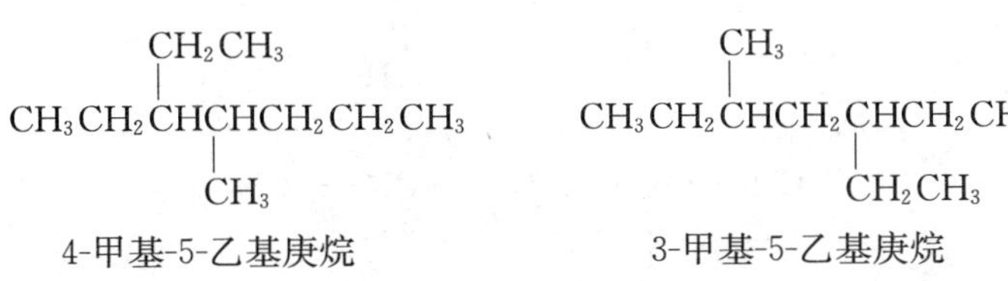

4-甲基-5-乙基庚烷　　3-甲基-5-乙基庚烷

第三节　官能团：反应中心

案例

官能团是有机化合物分子中比较活泼、容易发生化学反应的原子或基团，官能团与有机化合物的性质有何密切的关系？

有机化合物种类繁多，数量庞大，每类化合物有它特定的官能团，官能团是决定有机化合物的化学性质的原子或原子团，这些原子或原子团具有相对较高化学活性的反应位点，往往是反应的活性中心，它们常常作为一个整体来控制分子的反应活性，并且通过电子效应和空间效应影响到分子的邻位或空间距离相近部位发生变化。有机化学反应主要发生在官能团上，官能团对有机物的性质起决定作用，—X、—OH、—CHO、—COOH、$—NO_2$、$—SO_3H$、$—NH_2$、RCO—，这些官能团就决定了有机物中的卤代烃、醇或酚、醛、羧酸、硝基化合物或亚硝酸酯、磺酸类有机物、胺类、酰胺类的化学性质。碳-碳双键和碳-碳三键由于其 π 键的不饱和性常常成为反应的活性中心，因此也归属于官能团。由于各种化合物的结构存在着差异，加之它们各自连接的原子或基团也不相同，每一种化合物又有它本身的个性。弄清官能团的结构，可以推出它们的共性，弄清官能团的结构和官能团相连接的原子和基团的相互影响，又可以推出它们的个性，官能团的结构能决定该物质的性质。学习有机化学时，必须弄清楚官能团的结构，才能掌握该物质的性质。

第四节　直链烃和支链烃

案例

从烷烃的构造式可以看出，分子内各碳原子是不完全相同的。这种不同的碳原子和氢原子的差异是否会导致性质的不同？

烷烃中的碳原子在碳链中所处的地位并不相同，为加以识别，通常把碳原子分为 4 类：其中只与一个碳原子直接相连的碳原子称为伯碳原子，又称一级碳原子，用 1°表示；与两个碳原子直接相连的碳原子称为仲碳原子，又称二级碳原子，用 2°表示；与三个碳原子直接相连的碳原子称为叔碳原子，又称三级碳原子，用 3°表示；与四个碳原子直接相连的碳原子称为季碳原子，又称四级碳原子，用 4°表示。例如：

$$\begin{array}{c} \\ \\ CH_3 - \end{array}\overset{\substack{1^\circ \\ CH_3 \\ |}}{\underset{\substack{| \\ CH_3 \\ 1^\circ}}{\overset{4^\circ}{C}}} - \underset{2^\circ}{CH_2} - \overset{\substack{1^\circ \\ CH_3 \\ |}}{\underset{3^\circ}{CH}} - \overset{1^\circ}{CH_3}$$

（左端 CH_3 标注 1°）

连接在伯、仲、叔碳上的氢原子分别叫做伯（1°）、仲（2°）、叔（3°）氢原子。四种碳和三种氢原子所处的环境不同，反应性能也有差异。

你问我答

（1）写出只有伯氢原子、分子式为 C_8H_{18} 的烷烃结构式。

（2）写出分子式为 C_9H_{20}，含有 8 个 2°氢原子和 12 个 1°氢原子的烷烃结构式。

由于碳原子结合的顺序不同，从而产生直链的和带支链的异构体的异构现象。烷烃中除甲烷、乙烷、丙烷没有碳链异构现象外，其余烷烃都有碳链异构，例如丁烷有两种，戊烷有三种异构体。

丁烷 $CH_3CH_2CH_2CH_3$ $\quad CH_3-\underset{\substack{| \\ CH_3}}{CH}-CH_3$

戊烷 $CH_3CH_2CH_2CH_2CH_3$ $\quad CH_3\underset{\substack{| \\ CH_3}}{CH}CH_2CH_3$ $\quad CH_3-\overset{\substack{CH_3 \\ |}}{\underset{\substack{| \\ CH_3}}{C}}-CH_3$

随着烷烃分子碳原子数的增加，异构体的数目迅速增多。例如 C_8H_{18} 有 18 种，$C_{10}H_{22}$ 有 75 种，$C_{14}H_{30}$ 有 1858 种。

第五节　有机化合物的特性

案例

1828 年，德国化学家韦勒在研究氰酸和氨水的作用时，竟得到了一种有机物——尿素。韦勒的这一伟大发现，打破了无机物和有机物间绝对分明的界限，说明有机化合物可以用无机物为原料合成。但是有机物和无机物在组成、结构和性质上仍然存在着很多的差别，那么相对于无机化合物而言，有机化合物具有哪些特性？

有机化合物与无机化合物相比，一般具有如下特性。

一、组成结构特性

组成有机化合物的元素主要有碳、氢两种元素，此外还有氧、硫、氮、磷及卤素等少数元素，但有机化合物的数目却极为庞大，迄今已达到8000多万种，而无机物却只有十多万种，还不到有机化合物的1/10。有机化合物之所以数目众多，其主要原因是它的结构非常复杂。在有机化合物中碳与碳之间可以单键、双键、三键相连，双键、三键的位置也可以不同，还可以形成链状和环状等。另外，有机物中的同分异构现象极为普遍的，许多有机物的化学式和相对分子质量都相同，而分子中的原子排列、顺序不同，从而导致物理性质和化学性质往往差异很大。

二、物理特性

与典型的无机化合物相比，大多数有机物的熔点、沸点较低，难溶于水，易溶于有机溶剂，几乎都是电的不良导体。

三、化学特性

有机物一般对热是不稳定的，受热易分解。有机物之间的反应往往很慢，常需要加热或使用催化剂，反应时间很长。有机反应往往不是单一反应，且在大多数情况下，反应分阶段进行，往往有副产物生成。

四、生物特性

有许多有机化合物具有特殊的生理作用，参与生命活动过程中代谢反应。如载体蛋白、酶、激素等。

学习小结

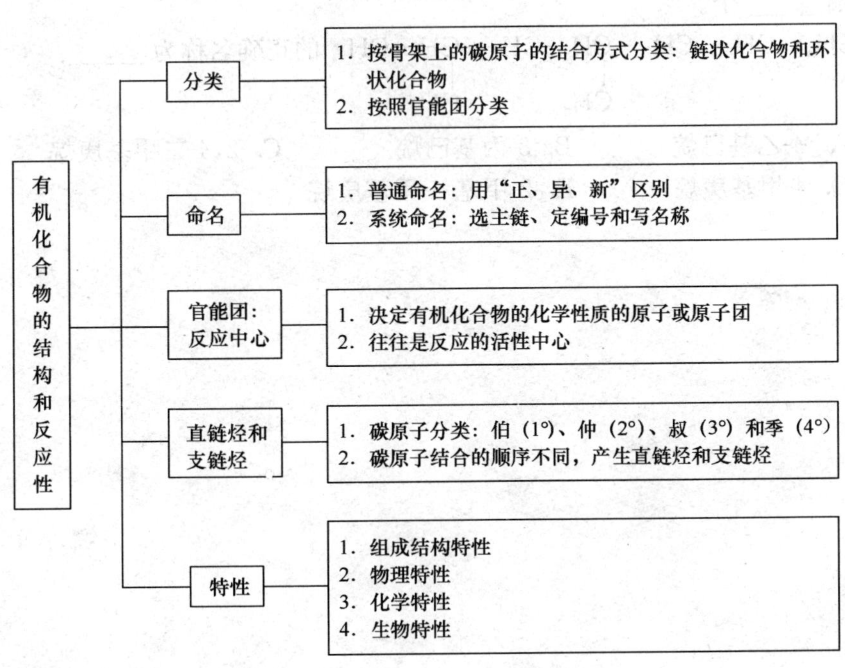

自我测评

1. 用系统命名法命名下列化合物：

(1) $(CH_3)_3CCH_2C(CH_3)_3$

(2) $(CH_3)_2CH—CH_2CH_2—\underset{\displaystyle CH_3}{\underset{|}{CH}}—\underset{\displaystyle CH_3}{\underset{|}{CH}}—CH_2CH_3$

(3) $CH_3—\overset{\displaystyle H}{\underset{\displaystyle CH(CH_3)_2}{\underset{|}{C}}}—CH_2—\overset{\displaystyle CH_3}{\overset{|}{\underset{\displaystyle CH_3}{\underset{|}{C}}}}—CH_2CH_3$

(4) $(CH_3CH_2)_2CH—\underset{\displaystyle CH_3}{\underset{|}{CH}}—CH_2CH_3$

2. 写出下列化合物的构造简式：

(1) 2,3-二甲基己烷。

(2) 由一个丁基和一个异丙基组成的烷烃。

(3) 含一个侧链和相对分子质量为86的烷烃。

(4) 分子量为100，同时含有伯、叔、季碳原子的烷烃。

3. 在 $CH_3—\overset{\displaystyle H}{\overset{|}{\underset{\displaystyle CH_2CH_3}{\underset{|}{C}}}}—\overset{\displaystyle CH_3}{\overset{|}{CH}}—CH_2—\underset{\displaystyle CH_3}{\underset{|}{CH}}—\overset{\displaystyle CH_3}{\overset{|}{\underset{\displaystyle CH_3}{\underset{|}{C}}}}—CH_3$ 中，伯碳有______个，仲碳有______个，叔碳有______个。

4. $CH_3—CH_2—CH_2—\underset{\displaystyle CH_3}{\underset{|}{CH}}—CH_2—\underset{\displaystyle CH_3}{\underset{|}{CH}}—CH_3$ 的正确名称为______。

A. 4-乙基己烷　　B. 3-丙基己烷　　C. 2,4-二甲基庚烷

D. 4-甲基庚烷　　E. 2-甲基-4-甲基庚烷

第三章　对映异构体

学习目标

知识要求： 识记立体异构、光学异构、对称因素（主要指对称面、对称中心）、手性碳原子、手性分子、对映体、非对映体、外消旋体、内消旋体等基本概念；掌握书写费歇尔投影式的方法；掌握构型的D、L和 R、S 标记法；掌握判断分子手性的方法；了解外消旋体的拆分方法。

能力要求： 从不对称物质具有旋光性的现象出发，能够理解旋光性与分子结构的关系；从立体化学的角度，理解并掌握其中涉及的概念——手性分子、对称中心、对称面、（非）对映体、内消旋体、对消旋体等。重点掌握如何差别相关碳是否手性碳，分子是否是手性分子，并学会用 R、S 来标记命名；进一步了解构型相互间转换和反应过程中的立体化学，达到理解两个对映体在体内的不同生理活到性，药理作用。在掌握立体异构理论知识的基础上，了解旋光仪测定旋光度的原理，并运用到旋光仪具体操作中，训练实验的观察能力、动手能力。

学习导航

氨基酸、生物碱及药物分子等存在着对映异构现象，不同的对映异构体，结构上的微小差异，会使其生理活性和药理作用产生显著的不同。在这一章里要从三维空间来理解有机分子的结构与性质（尤其是旋光性和生物活性）之间的关系。

同分异构在有机化学中是极为普遍的现象。除了类似于正丁烷与异丁烷这样由于分子中原子或基团的连接顺序或排列方式不同的结构异构外，还有有机物分子中的原子或原子团在三维空间的排列顺序不同所引起的一类异构，这类异构统称为立体异构。旋光异构是立体异构的一种，也称为对映异构，它与化合物的一种特殊物理性质——旋光性有关。

第一节　手性分子

案例

人们的左右手似乎是没有什么差别，可是当你将左手套戴在右手上就会觉得很不舒服。这就说明左右手是有差异的。那么左右手到底是什么关系呢？

一、手性与对映异构体

人的左右手看起来很相似，但是无论怎么调换都不能同向重合，如图 3-1（a）所示。如果将左手对着镜面，得到的镜像恰好与右手相同，如图 3-1（b）所示。这种左右手互为实物和镜像，并且相互又不能完全重合的现象称为手性。

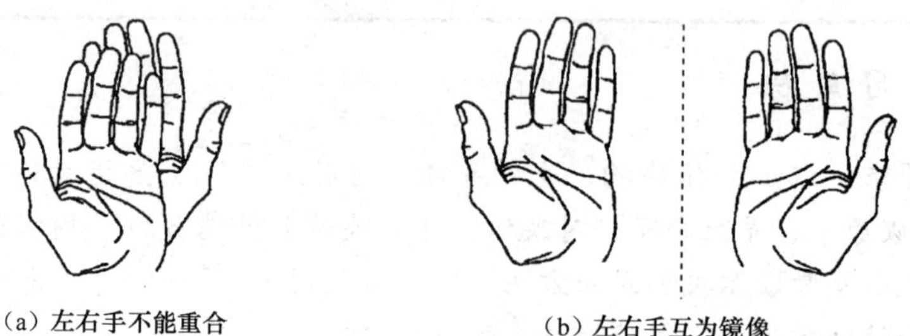

（a）左右手不能重合　　（b）左右手互为镜像

图 3-1　手性关系图

左右手这种关系同样存在于化学的微观分子中，例如乳酸分子在空间有两种不同的排列方式，这两种排列方式看起来很相似，但这两种模型互为实物和镜像，如用模型来表示彼此是不完全重合的，像乳酸这种与其镜像不能重合的分子称为手性分子（图 3-2）。这种互为实物与镜像关系，但又不能完全重合的异构体，称为对映异构体，简称对映体。这种现象称为对映异构现象。

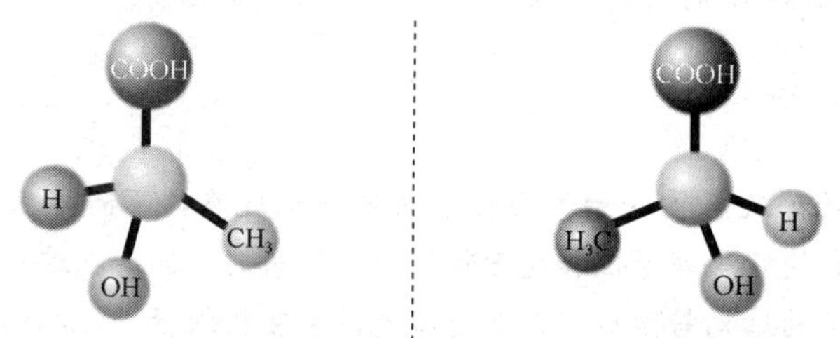

图 3-2　乳酸的对映体模型

具有手性分子的物质一般都含有手性碳原子。手性碳原子是指分子结构中与四个不同的原子或基团相连的碳原子，通常用“＊”标明。例如：

$$
\begin{array}{c}
\text{H} \\
| \\
\text{H}_3\text{C}-\text{C}^*-\text{COOH} \\
| \\
\text{OH}
\end{array}
$$

分子与其镜像不能完全重合是手性分子的特征。但要判断分子是否有手性，并非一定要看它与镜像能否重合。最好的方法观察分子有无对称因素，常见的对称因素主要有对称面和对称中心等。存在对称面或对称中心的分子具有对称性，是非手性分子；反之，无对称面或对称中心的分子则是手性分子。

二、对称因素与手性分子

巴斯德（L. Pasteur）于 1884 年提出物质的对映异构现象是由于分子的不对称结构

引起的。在此先简单地介绍有关分子对称性的一些基本概念。

1. 对称面

设想分子中有一个平面，它可以把分子分割成互为实物与镜像的两部分，这个平面就是分子的对称面。例如，2-溴丙烷分子中的对称面，整个分子是对称的，它和它的镜像能够重合，是非手性分子，所以它没有对映异构体和旋光性（图 3-3）。

2. 对称中心

设想分子中有一点，通过此中心点作任意直线，在直线上距中心点等距离的两端总会遇到相同的原子或基团，该点称为分子的对称中心，如图 3-4 所示。具有对称中心的化合物和它的镜像也能重合，这个分子就不是手性分子，也没有对映体和旋光性。

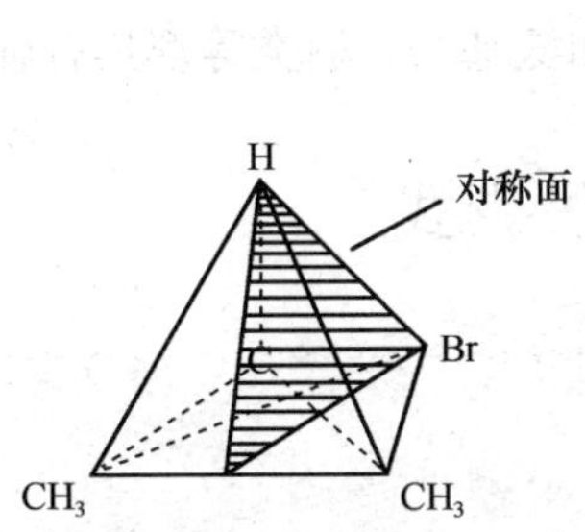

图3-3　有机物分子的对称面

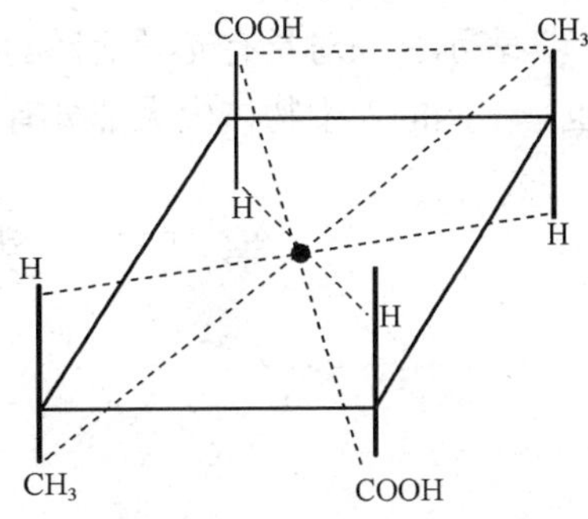

图 3-4　有机物分子的对称中心

在有机化合物中，绝大多数非手性分子都具有对称面和对称中心，因此，只要一个分子既没有对称面又没有对称中心，基本可以断定它是手性分子。

第二节　光学活性

光波正常情况下在所有平面振动，当一束普通光通过尼科耳棱镜时，只允许在一个平面内振动的光通过，其余的光都被反射掉。1815 年，法国物理学家毕奥（Jean Baptiste Biot）发现，这种具有单一的振动平面的光通过石英晶体时，振动面会转动，并且有些有机化合物，例如樟脑和酒石酸，也具有同样的作用。为什么会发生这样的现象呢？

当普通光通过一块尼科尔（Nicol）棱镜时，由于这种棱镜只能让与它镜晶轴平行振动的光通过，因此通过棱镜的光就变成了单向振动的光，这种单向振动的光称为偏振光，偏振光振动所在的平面称为称为偏振光振动平面（图 3-5）。

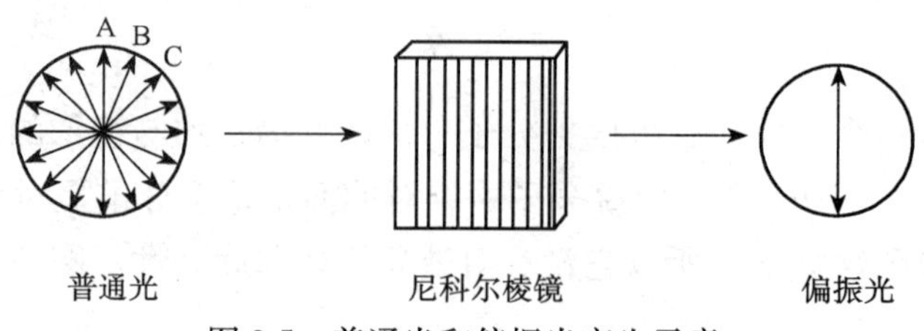

图 3-5　普通光和偏振光产生示意

前面提到乳酸具有对映异构体，当偏振光通过其中一个对映体的样品溶液时，偏振光振动面会发生向右或向左旋转一定角度，当对另一个样品溶液进行同样的实验时，偏振振动面会在相反的方向发生一个同样大小的偏转角度。这种能使偏振面旋转的性质称为旋光性。具有旋光性的物质称为旋光性物质或光学活性物质。能使偏振光振动面顺时针方向旋转的对映体称为右旋，用“+”表示，而另一个对映体能产生逆时针偏转，就是左旋，用“−”表示。一对具有光学活性的对映体除旋光方向刚好相反外，在很多情况下其生理活性也是不同的，生物体内大部分有机分子如氨基酸、糖类等都具有旋光性。

第三节　费歇尔投影式

案例

对映异构属于立体异构，其最好的表示方法是用分子球棒模型或立体透视式，但是这些方法书写立体结构式费时费力，使用起来相当不便。1891 年，德国化学家费歇尔（Fischer）提出了具有手性碳原子的分子的简单书写方式。

那么，这种方法如何表示化合物的立体结构呢？

一、费歇尔投影式

表示分子构型的方法通常有透视式和费歇尔投影式，为了方便书写和比较，常用费歇尔投影式来表示，也就是按一定投影规则把立体模型投影到平面上。书写投影式的方法如下：

（1）把含有手性碳原子的主链放在竖直的方向上，把编号小的碳原子放在上端。

（2）用“+”交叉点代表手性碳原子。

（3）竖线的两个基团表示伸向纸面后方，横线的两个基团表示伸向纸面前方。

例如乳酸费歇尔投影式可表示如图 3-6 所示。

应注意的是，费歇尔投影式是用平面式代表三维空间的立体结构。所以，使用费歇尔投影式不能将其离开纸平面翻转，否则构型将发生改变。但投影式可在纸面上移动或旋转 180°及其偶数倍，构型保持不变；如果旋转 90°或 270°，就变成原来构型的对映体了。

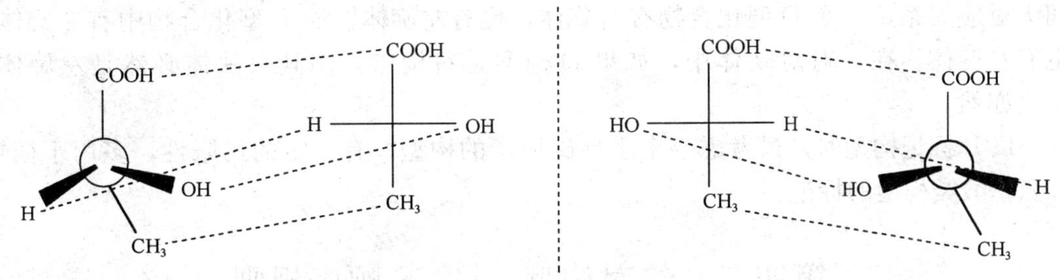

图 3-6　乳酸对映体的费歇尔式

二、对映体构型的标记

目前，标记对映体构型的方法有两种：D/L 构型标记法和 *R*/*S* 构型标记法。

D/L 构型标记法又称相对构型标记法。1951 年以前，没有试验方法可以测定分子中基团的空间排布情况，为了避免混淆，就以甘油醛的两种构型为标准做了人为的规定。

甘油醛有如下两种构型：人为规定右旋甘油醛构型以式Ⅰ表示，左旋甘油醛构型以式Ⅱ表示。并把投影式中手性碳原子上所连的羟基在右侧称为 D 型，在左侧的称为 L 型。

CHO	CHO
H—┼—OH	HO—┼—H
CH_2OH	CH_2OH
D-(+)-甘油醛	L-(−)-甘油醛
Ⅰ	Ⅱ

这样甘油醛的一对对映体的全名称分别为 D-（＋）-甘油醛和 L-（－）-甘油醛。D 和 L 表示构型，而（＋）和（－）表示旋光方向。

在人为规定甘油醛的构型基础上，其他的旋光异构体的构型可与通过化学转变方法与甘油醛联系起来而加以确定。凡是能通过化学反应与 D-（＋）甘油醛相关联的化合物，即在反应过程中不涉及手性碳原子构型变化的都属于 D 型，反之与 L-（－）甘油醛相关的为 L 型。例如：

COOH	COOH
H—┼—OH	HO—┼—H
CH_2OH	CH_2OH
D-(−)-甘油酸	L-(+)-甘油酸

由于甘油醛的构型是人为规定而不是实际测出来的，因此称为相对构型，以甘油醛为标准确定的其他物质的构型当然也是相对构型。应注意的是构型与旋光方向之

间无对应关系，一个D型化合物有右旋体，也有左旋体；而L型化合物中有左旋体，也有右旋体。在一对对映体中，如果D构型是右旋体，则其对映体必然是左旋体；反之亦然。

D/L标记构型时，只考虑一个手性碳原子的构型，有一定的局限性，多用于糖类和氨基酸类构型的标记。

第四节　绝对构型：*R*、*S*顺序规则

案例

D、L标记法有其局限性，但由于习惯的原因，此种标记法目前仍在糖类化合物和氨基酸等具有重要生理意义的物质的命名中普遍使用。

那么D、L标记法有哪些局限性？

R/*S*构型标记法是根据IUPAC的建议所采用的系统命名法，它的根据是旋光性物质的真实构型或其投影式，又称为绝对构型标记法。*R*和*S*分别为拉丁文Rectus和Sinister的缩写，意思为右和左。要了解*R*/*S*构型标记法规则，必须先掌握次序规则。

一、次序规则

次序规则是确定有机化合物优先次序的规则，利用次序规则可以将所有的基团按次序进行排列。次序规则的主要内容归纳如下。

(1) 将与双键碳原子直接相连的2个原子按原子序数大小排列，原子序数大者为优先基团；若为同位素，则质量高者为“较优”基团。例如：$—I>—Br>—Cl>—SH>—OH>—NH_2>—CH_3>—D>—H$。

(2) 若基团中与双键碳原子直接相连的原子的原子序数相同，则比较与该原子相连的其他原子的原子序数，直到比出大小为止。常见的饱和烃基优先次序为：$—C(CH_3)_3>—CH(CH_3)_2>—CH_2CH_2CH_3>—CH_2CH_3>—CH_3$。

(3) 若基团中含有不饱和键时，将双键或三键看作是以单键与2个或3个相同的原子相连。例如：

基团：	$—CH=CH_2$	$—\overset{H}{\overset{\|}{C}}—O$	$—\overset{O}{\overset{\|}{C}}—OH$	$—C\equiv CH$	$—C\equiv N$
可分别看作：	$—CH\begin{matrix}CH_2\\CH_2\end{matrix}$	$—\overset{H}{\underset{H}{C}}—O$	$—\overset{O}{\underset{O}{C}}—OH$	$—\overset{CH}{\underset{CH}{C}}—CH$	$—\overset{N}{\underset{N}{C}}—N$

二、*R*/*S* 构型标记法规则

（1）按次序规则，将手性碳原子所连的四个不同原子或基团由大到小排列成序。假设四个基团的优先次序是 a＞b＞c＞d。

（2）把次序最小的原子（或基团）d 远离观察者，其余的三个原子或基团按 a→b→c 连成一个圆面向观察者。

（3）如果 a→b→c 的排列次序是顺时针方向，就称为 *S* 构型；如果 a→b→c 是逆时针方向，则为 *R* 构型（图 3-7）。

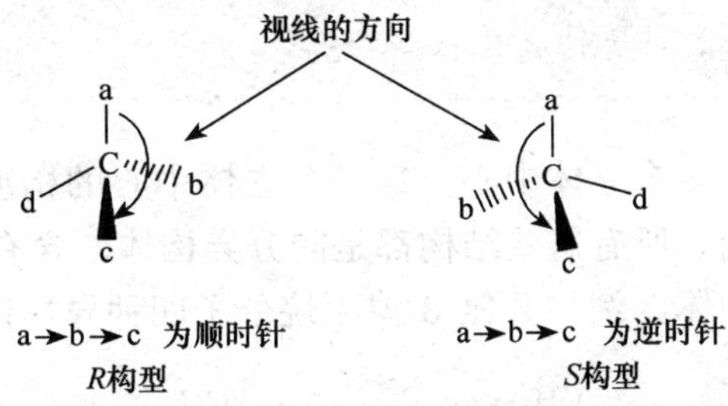

图 3-7　观察 *R*/*S* 构型的方法

例如，甘油醛先将手性碳原子上的四个原子或基团按次序规则排列，优先顺序是—OH＞—CHO＞—CH_2OH＞—H，其构型标记如下：

视线的方向

—OH→—CHO→CH_2OH为顺时针　*R*构型

—OH→—CHO→CH_2OH为逆时针　*S*构型

上面介绍的是从透视式标记构型（*S* 型或 *R* 型），也可根据 Fischer 投影式直接判断手性碳原子构型。一般可按下列原则进行：按照优先次序原则，当最小次序的原子或基团连在投影式的横线上，其余三个原子或基团从大到小按顺时针方向排列的为 *S* 型；逆时针方向排列的为 *R* 型。若最低次序的原子或基团连在投影式的横线上，其余三个原子或基团按顺时针方向排列的为 *R* 型；逆时针方向排列的为 *S* 型。例如：

R-甘油醛　*S*-甘油醛　*R*-乳酸　*S*-乳酸

R/*S* 构型系统命名法已在国际上普遍采用，当分子中含有多个手性碳原子时，它能标记出每个手性碳原子的构型，能更完整、更准确地描述一个分子的空间构型，但不能反映旋光物质间的构型联系。

第五节　具有几个立体中心的分子：非对映异构体

一般来说，分子中手性碳原子数越多，其旋光异构体的数目也越多。如分子中含有两个不相同的手性碳原子时，与它们相连的原子或基团可有四种不同的空间排列，因此，存在四个旋光异构体。

这四个异构体彼此之间是什么关系呢？

有些分子包含两个或多个立体中心，每一个立体中心的构型可能是 R 或 S，所以，就会出现几种可能的结构，所有这些结构都是同分异构体。含有两个不相同手性碳原子化合物产生四个立体异构体，例如 2-氯-3-溴丁烷分子四种异构体费歇尔投影式如下：

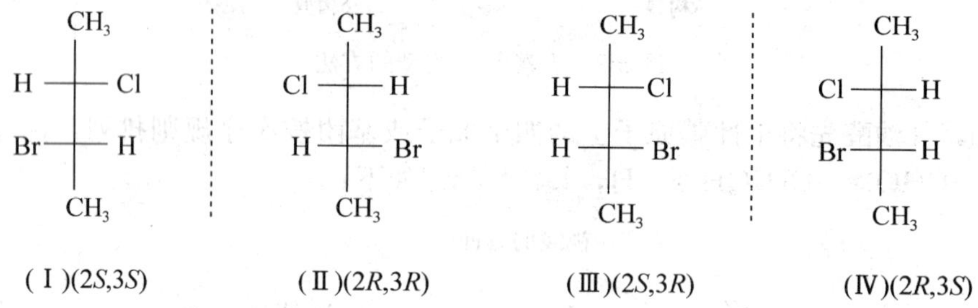

（Ⅰ）(2*S*,3*S*)　（Ⅱ）(2*R*,3*R*)　（Ⅲ）(2*S*,3*R*)　（Ⅳ）(2*R*,3*S*)

上述四个异构体中，（Ⅰ）和（Ⅱ），（Ⅲ）和（Ⅳ）互为实物与镜像关系，称为对映体。（Ⅰ）和（Ⅲ）或（Ⅳ），（Ⅱ）和（Ⅲ）或（Ⅳ）之间不是实物与镜像关系，称为非对映体。非对映异构体的旋光性不同，熔点、沸点、溶解度、密度、折射率等物理性质也很不同。在化学性质上，它们虽能发生类似的反应，但反应速率各不相同，在生理活性上也有所差异。

由此可推知：含有多个不相同手性碳原子的化合物，它们的旋光异构体的数目也随之增多。n 个不相同手性碳原子的化合物，其旋光异构体的数目最多为 2^n 个，可组成 2^{n-1} 个成对对映体。

第六节　内消旋化合物

酒石酸（2,3-二羟基丁二酸）分子中有两个相同的手性碳原子，即两个手性碳分别所连的四个基团完全相同。

这种结构特征的化合物存在几个立体异构体？有几对对映体？

2,3-二溴丁烷是含有两个相同手性碳原子的化合物，其费歇尔投影式表示如下：

(Ⅰ)(2*R*,3*R*)　(Ⅱ)(2*S*,3*S*)　(Ⅲ)(2*R*,3*S*)　(Ⅳ)(2*S*,3*R*)

（Ⅰ）和（Ⅱ）是对映体。（Ⅲ）和（Ⅳ）似乎也是对映体，但如果将（Ⅲ）在纸平面上旋转180°，即可与（Ⅳ）完全重合，实际上它们是同一个物质。同时，如果把（Ⅲ）或（Ⅳ）式的C2和C3之间用虚线分成两部分，上面部分和下面部分恰呈实物与镜像关系，这条虚线所代表的平面就是该分子的对称面，所以整个分子无旋光性。像这种由于分子内部含有相同手性碳原子，分子存在对称面，从而使旋光性互相抵消而不具有旋光性的化合物称为内消旋体，常用meso-旋体表示，如meso-酒石酸，meso-核酸二酸。酒石酸只有三个立体异构体，包括左旋体、右旋体和内消旋体。左旋体和右旋体等量混合可组成外消旋体，内消旋体和外消旋体虽然都无旋光性，但两者本质不同，内消旋体是纯净物，外消旋体则是混合物，可以分离成两种旋光性相反的化合物。内消旋体的性质与左旋体或右旋体也有差异（表3-1）。

表3-1　几种酒石酸的性质

化合物	熔点/℃	$[\alpha]_D^{25}$（水）	溶解度/［g/（100g水）］	密度（20℃）/（g/cm³）	pK_a
(＋)-酒石酸	170	＋12°	147	1.760	2.93
(－)-酒石酸	170	－12°	147	1.760	2.93
meso-酒石酸	140	0	125	1.667	3.11
(±)-酒石酸	205	0	24.6	1.680	2.96

第七节　化学反应中的立体化学

案例

在手性条件下（如手性反应物、手性试剂、手性催化剂、手性溶剂等）发生的化学反应，可能形成新的手性碳原子，由此得到并非单纯的一种旋光性化合物，而是光学异构体的混合物。

从立体化学的空间结构角度，分析一下光学异构体的产量是否相同？

当一个化学反应发生后，有可能产生新的手性中心，产物的构型取决于反应历程。例如，(*S*)-2-溴丁烷C3氯化后，形成了第二个活性中心，导致非对映体的生成。当氯连在 C3 左侧得到（2*S*，3*S*）-2-溴-3-氯丁烷，而连在右侧则生成（2*S*，3*R*）-2-溴-3-氯丁烷，值得注意的是生成的这两种对映体并非是等量的。这是因为 C3 自由基的两个面不是互为镜像的，两侧的空间位阻不同，则生成两个非对映体的速率也不同，事实也是如此，（2*S*，3*R*）-2-溴-3-氯丁烷比（2*S*，3*S*）-2-溴-3-氯丁烷的生成要有利 3 倍。若一个反应有产生几种立体异构体的可能，但实际上主要只生成了一种立体异构体，此类反应称为立体选择性反应。（*S*）-2-溴丁烷 C3 上的氯化是立体选择性反应。化学反应中的立体化学结果，是推测反应历程的重要依据。

$$\begin{array}{c}{}^{1}CH_3\\ H-\overset{2}{C}-Br\\ H-\overset{3}{C}-H\\ {}^{4}CH_3\\ 2S\\ \text{光学活性的}\end{array}\xrightarrow[-HCl]{Cl_2,h\gamma}\begin{array}{c}{}^{1}CH_3\\ H-\overset{2}{C}-Br\\ H-\overset{3}{C}-Cl\\ {}^{4}CH_3\\ 2S,3R\\ \text{光学活性的}\end{array}+\begin{array}{c}{}^{1}CH_3\\ H-\overset{2}{C}-Br\\ Cl-\overset{3}{C}-H\\ {}^{4}CH_3\\ 2S,3S\\ \text{光学活性的}\end{array}$$

第八节 拆分：对映体的分离

案例

在很多情况下，通过化学合成得到的产物往往是外消旋体，但是，在实际应用中，经常只需要其中一种异构体。由于构成外消旋体的一对对映体之间除了旋光性不同外，其他物理性质都相同，因此外消旋体的分离与一般化合物的分离不一样，需要采用特殊的方法。

那么如何将对映异构体分离开呢？

由于对映体除旋光性相反外，其他物理性质和化学性质都相同。因此不能用一般的物理、化学方法将两者分开，必须用特殊的方法才能将它们分离。将外消旋体分离成旋光体的过程称为“拆分”，主要的拆分方法有下列几种。

一、机械拆分法

1848 年，巴斯德发现外消旋酒石酸钠铵盐在低于 27℃结晶时，会从水溶液中析出两种互不相同的晶体，从形状上看是实物与镜像的关系。巴斯德用镊子和显微镜将两种晶体分开，并把每种晶体分别制成水溶液。他发现这些溶液与原来的盐不同，它们具有旋光活性，一种成为右旋溶液，另一种成为左旋溶液。像酒石酸钠铵盐这样左、右旋体具有不同晶型的外消旋体不多，因此这种方法现在很少使用。

二、酶解拆分法

酶对底物具有非常严格的空间选择反应性能，利用酶对于对映体中的一种异构体有选择性的分解作用，可以从外消旋体中把一种旋光体拆分出来。例如合成的DL-丙氨酸经乙酰化后，通过由猪肾内取得的一个酶，水解L型丙氨酸的乙酰化物的速率要比D型的快得多，因此就可以把DL-乙酰化物变为L-（+）-丙氨酸和D-（−）-乙酰丙氨酸，由于这二者在乙醇中的溶解度区别很大，可以很容易地分开。

三、诱导结晶拆分法

在一个外消旋混合物的饱和溶液中，小心地加入一定量其中一种旋光体的纯晶体作为晶种，并适当地冷却，该旋光体在晶种的诱导下从外消旋混合物中优先析出，同时另一个过剩的对映体又转变为等量的（+）和（−）的消旋体而达到平衡，并且转变的速率比结晶的速率更快一些，因此理论上讲，由一对对映体可以转变为一个纯的光活体。这种方法工艺简便、成本低、效果也较好，已有若干产品用这种方法大量生产。

四、色谱分离拆分法

用某种旋光性物质作为柱色谱的吸附剂，当外消旋体通过该吸附剂时，就会选择性地吸附某一对映体，从而就可以分别地把它们洗脱出来，这样就可以达到拆分的目的。

五、化学拆分法

这种方法应用最为广泛，其基本原理是把外消旋体中的对映体与析解剂通过化学反应转变成非对映体。

$$L_1 \cdot D_1 + D_2 \longrightarrow \begin{cases} L_1 \cdot D_2 \\ D_1 \cdot D_2 \end{cases}$$

新形成的一对物质$L_1 \cdot D_2$和$D_1 \cdot D_2$是非对映体。由于非对映体具有不同的物理性质（如溶解度、蒸气压和吸附系数等），可以通过结晶、蒸馏及色谱分离等方法将非对映体分离，最后把分离所得的两种衍生物分别变回原来的旋光物质，即可达到拆分的目的。例如，一种外消旋醇的拆分步骤如下：

(+)–ROH, (−)–ROH（外消旋体）+ 邻苯二甲酸酐 ⟶ 邻-C₆H₄(COOR–(+))(COOH), 邻-C₆H₄(COOR–(−))(COOH)（外消旋体）

$\xrightarrow{(-)\text{–}R_3'N}$ 邻-C₆H₄(COOR–(+))(COOH · R_3'N–(−)), 邻-C₆H₄(COOR–(−))(COOH · R_3'N–(−))（非对映体）$\xrightarrow{分离}$ $\xrightarrow{水解}$ (+)–ROH；$\xrightarrow{水解}$ (−)–ROH

学习小结

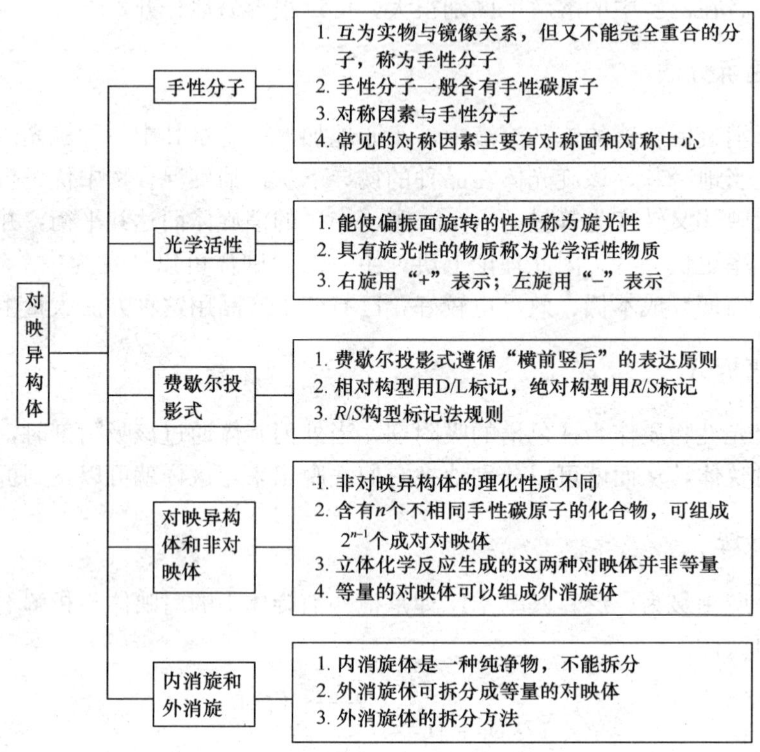

自我测评

1. 用"*"标出下列化合物的手性碳原子，并指出手性分子旋光异构体的数目：

(1) $CH_3CH(OH)CH_2Cl$　　(2) $CH_3CH(Br)CH_2CH(Cl)COOH$

(3) HOOC—CH(OH)CH(OH)COOH　　(4) $CH_2CH(OH)CH_2CH_3$

2. 下面是乳酸的四个费歇尔投影式，指出它们的构型：

(1) 上 COOH，左 H_3C，右 OH，下 H　(2) 上 COOH，左 H，右 OH，下 CH_3　(3) 上 CH_3，左 HOOC，右 OH，下 H　(4) 上 OH，左 H_3C，右 H，下 COOH

3. 用 R/S 构型标记下列各化合物的构型，指出各对是否互为对映体？非对映体？相同分子？

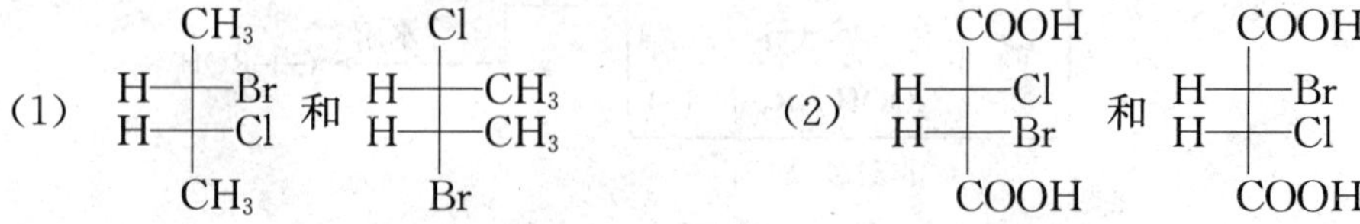

(3) $\begin{array}{c} CH_3 \\ H-\!\!\!+\!\!\!-Br \\ CHO \end{array}$ 和 $\begin{array}{c} CH_3 \\ H-\!\!\!+\!\!\!-CHO \\ Br \end{array}$　(4) $\begin{array}{c} CH_3 \\ Cl-\!\!\!+\!\!\!-H \\ COOH \end{array}$ 和 $\begin{array}{c} CH_3 \\ H-\!\!\!+\!\!\!-COOH \\ Cl \end{array}$

(5) $\begin{array}{c} CH_2CH_3 \\ H-\!\!\!+\!\!\!-OH \\ CH_3 \end{array}$ 和 $\begin{array}{c} H \\ H_3C-\!\!\!+\!\!\!-CH_2CH_3 \\ OH \end{array}$　(6) $\begin{array}{c} H \\ HO-\!\!\!+\!\!\!-CHO \\ CH_2OH \end{array}$ 和 $\begin{array}{c} CHO \\ H-\!\!\!+\!\!\!-CH_2OH \\ OH \end{array}$

4. 推测结构式。

(1) 组成为 $C_{10}H_{14}$ 的芳烃，可以从苯制得，它含有一个手性碳原子。氧化后生成苯甲酸，请确定其构造式。

(2) 化合物（A）分子式为 C_6H_{10} 有光活性，（A）与硝酸银氨溶液作用生成一沉淀物（B），（A）经催化加氢得到化合物（C）；（C）分子式 C_6H_{14}，无光学活性且不能拆分，试写出（A）、（B）、（C）的结构。

(3) C_6H_{12} 是一个具有旋光性的不饱和烃，加氢后生成相应的饱和烃。C_6H_{12} 不饱和烃是什么？生成的饱和烃有无旋光性？

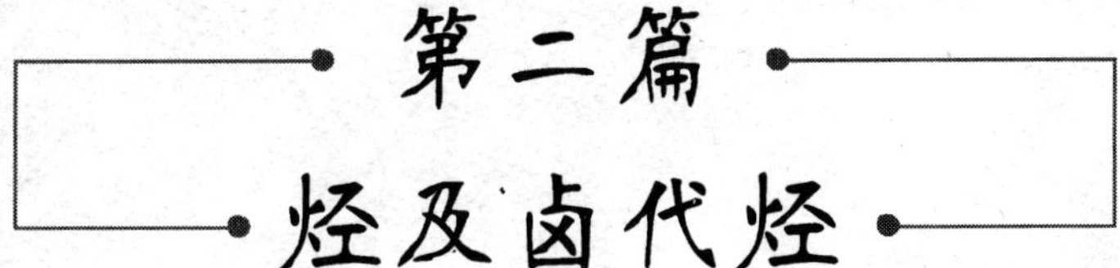

第二篇

烃及卤代烃

第四章　饱　和　烃

学习目标

知识要求：掌握烷烃的同分异构和命名方法、同系物在结构和性质上的相似性、乙烷、丁烷的异构现象及其优势构象；取代环己烷的优势构象；熟悉烃的分类；烷烃和化学性质（卤代反应、氧化反应和裂化反应）及自由基反应机理；自由基的构型及其稳定性。了解烷烃的物理性质及其变化规律；烷烃在医学上的用途。

能力要求：能用系统命名法进行烷烃的命名；学会小分子烷烃的同分异构体的写法；能解释环己烷的优势构象。

学习导航

烷烃的分布很广泛，除了天然气、石油、沼气里含有大量烷烃，在某些动植物体内也存在烷烃。另外在医药中常用作缓泻剂的液体石蜡及各种软膏基质的凡士林也都是烷烃的混合物。本章将主要学习烷烃的同系列、同分异构现象、结构、命名及理化性质，并了解重要的烷烃在医药中的应用。

分子中只含有碳氢两种元素的有机化合物称为碳氢化合物，简称为烃。烃是组成最简单的一类有机化合物，其他有机化合物可以看做是烃的衍生物。所以，一般认为烃是有机化合物的母体。烃可以分为开链烃和环状烃。在开链烃中，如果分子中的碳都以碳碳单键相连，并且其他价键都为氢原子所饱和的烃称为烷烃（也叫饱和烃）。烷有完满的含义，也就是饱和的意思。

- 烃
  - 开链烃（脂肪烃）
    - 烷烃
    - 烯烃
    - 炔烃
  - 环状烃（脂环烃）
    - 脂环烃
    - 芳香烃

第一节　烷烃的同系列及同分异构现象

一、烷烃的同系列

最简单的烷烃是甲烷，依次为乙烷、丙烷、丁烷、戊烷等，它们的分子式、构造式如下：

	分子式	构造式	构造简式
甲烷	CH_4	$\begin{array}{c} H \\ | \\ H-C-H \\ | \\ H \end{array}$	CH_4
乙烷	C_2H_6	$\begin{array}{c} H\ \ H \\ |\ \ \ | \\ H-C-C-H \\ |\ \ \ | \\ H\ \ H \end{array}$	CH_3CH_3
丙烷	C_3H_8	$\begin{array}{c} H\ \ H\ \ H \\ |\ \ \ |\ \ \ | \\ H-C-C-C-H \\ |\ \ \ |\ \ \ | \\ H\ \ H\ \ H \end{array}$	$CH_3CH_2CH_3$
丁烷	C_4H_{10}	$\begin{array}{c} H\ \ H\ \ H\ \ H \\ |\ \ \ |\ \ \ |\ \ \ | \\ H-C-C-C-C-H \\ |\ \ \ |\ \ \ |\ \ \ | \\ H\ \ H\ \ H\ \ H \end{array}$	$CH_3CH_2CH_2CH_3$

从上述结构式可以看出，链烷烃的组成都是相差一个或几个 CH_2（亚甲基）而连成碳链。

$$CH_4 \xrightarrow{CH_2} CH_3CH_3 \xrightarrow{CH_2} CH_3CH_2CH_3 \xrightarrow{CH_2} C_nH_{2n+2}$$

故烷烃的通式为 C_nH_{2n+2}。

具有同一通式，结构和化学性质相似，组成上相差一个或多个 CH_2 的一系列化合物称为同系列。同系列中的各化合物互称为同系物。同系物有相似的化学性质，物理性质也显示出一定的规律性。

二、烷烃的同分异构现象

在烷烃同系列中，甲烷、乙烷、丙烷的碳架只有一种结合方式，但从丁烷起，碳架则不只一种结合方式。例如，分子式为 C_5H_{12} 的烷烃，有 3 个异构体：

$$CH_3-CH_2-CH_2-CH_2-CH_3 \qquad \begin{array}{c} CH_3-CH-CH_2-CH_3 \\ | \\ CH_3 \end{array} \qquad \begin{array}{c} CH_3 \\ | \\ CH_3-C-CH_3 \\ | \\ CH_3 \end{array}$$

正戊烷　　　　异戊烷　　　　新戊烷

像这种分子式相同而结构不同的化合物互称为同分异构体。这种现象称为同分异构现象。把分子式相同而构造不同的化合物叫构造异构体。这种异构是由于碳链的构造不同而形成的，故又称为碳链异构。

随着碳原子数目的增多，同分异构体的数目也迅速增多（表 4-1）。

表 4-1　几种烷烃的异构体数目

C 原子数	4	5	6	7	8	9	10	…	20	…
碳链异构体数	2	3	5	9	18	35	75	…	366319	…

第二节　烷烃的结构

烷烃中最简单化合物是甲烷，以甲烷为例讨论烷烃的结构：甲烷分子是一个正四面体结构（图 4-1），碳原子位于正四面体的中心，它的四个共价单键从中心指向正四面体的四个顶点，并与氢原子连接。四个C—H键的键长都为 0.110nm，四个 H—C—H 键角都为 109.5°。

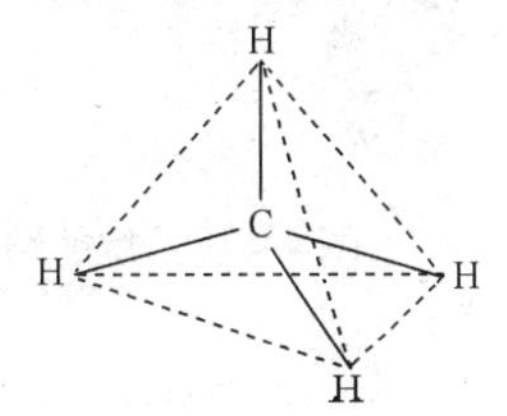

图 4-1　甲烷的正四面体结构

甲烷的正四面体结构，可以用碳原子的杂化轨道来加以解释：杂化轨道理论认为，甲烷中的碳原子并不是 s 轨道和 p 轨道参加成键，而是采用 sp^3 杂化轨道参加成键的。碳原子外层电子排布式为 $2s^2 2p^3$，其 sp^3 杂化过程可表示如图 4-2 所示。

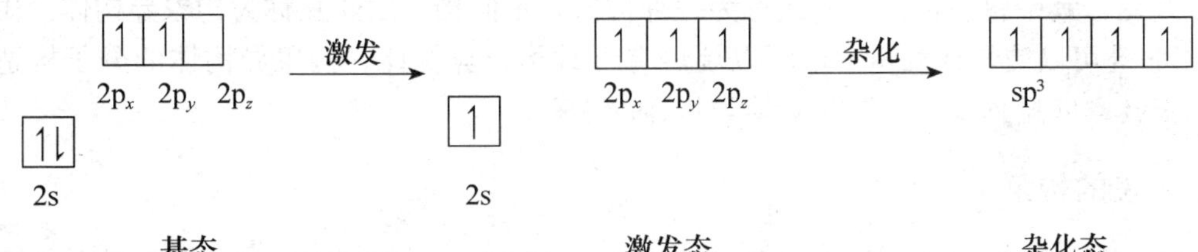

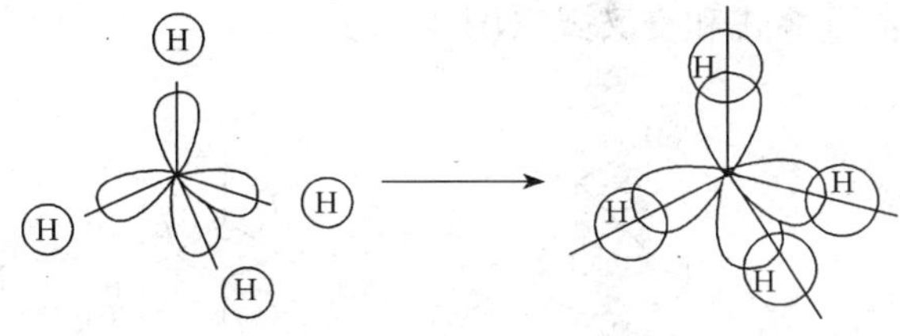

图 4-2　甲烷分子的形成与 σ 键

碳原子在成键时，首先由一个 2s 电子吸收能量受到激发，跃迁到 2p 的空轨道中，形成 4 个单电子。然后，1 个 2s 轨道和 3 个 2p 轨道混合而重新组合成 4 个能量相等的新轨道称为 sp^3 轨道，这种杂化方式称为 sp^3 杂化。每一个 sp^3 杂化轨道都含有 1/4s 成分和 3/4p 成分。四个 sp^3 轨道对称的分布在碳原子的四周，对称轴之间的夹角为 109.5°，这样可使价电子尽可能彼此离得最远，相互间的斥力最小，有利于成键。

在甲烷分子中，连接 C 和 H 两个原子核的直线叫做 C—H 的键轴。从图 4-3 中可以看出，形成 C—H 时，H 原子的 s 轨道与 C 原子的 sp^3 杂化轨道大头一瓣沿着键轴方向“头碰头”重叠——σ 重叠，形成 σ 键。从图中还可以看出，当 σ 键绕着键轴转动时，

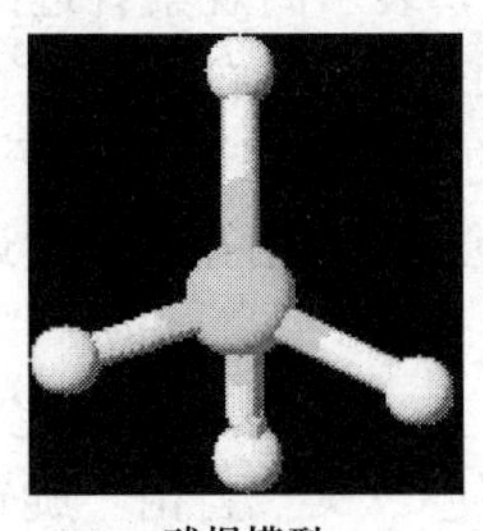
球棍模型

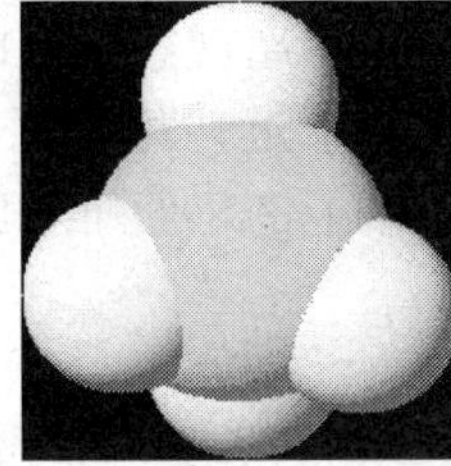
斯陶特模型

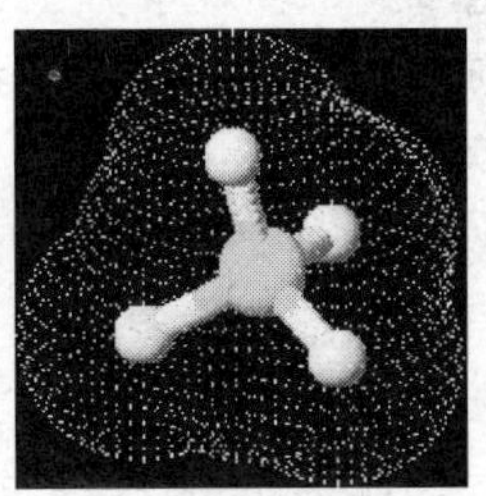
透视模型

图 4-3　甲烷分子的立体模型

轨道重叠的情况没有任何改变，σ键的强度也就没有任何改变。因此，如果没有其他因素的影响，只从轨道重叠的情况没有任何改变来看，σ键的转动是不受阻碍的。

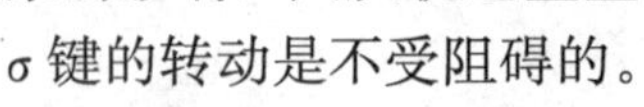

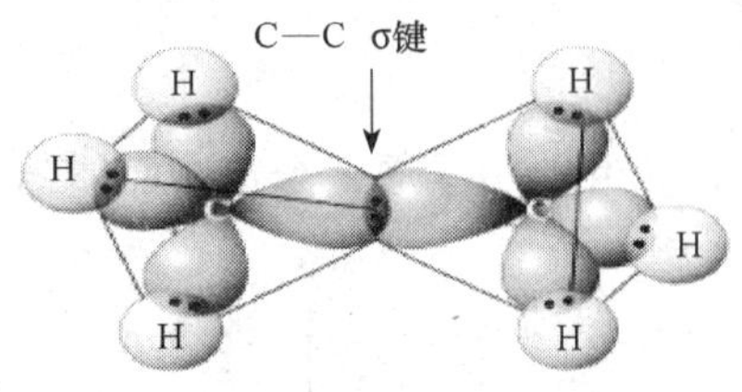

图 4-4 乙烷的结构

乙烷和其他烷烃分子中的碳原子也均为 sp^3 杂化。相邻的两个碳原子的用 1 个 sp^3 杂化轨道重叠形成 C—C σ键，余下的杂化轨道分别和氢原子的 1s 轨道重叠形成 C—H σ键（图 4-4）。其他烷烃的键角、键长也仅有微小差别。

第三节 烷烃的构象

烷烃分子中 C—C σ键旋转或扭曲时，两个碳原子上的氢原子在空间上的相对位置发生改变，其中每一种排列方式称为一种构象，不同构象之间互称为构象异构体。由于 C—C σ键可以旋转任意角度，所以烷烃有无数构象异构体。构象异构体的分子构造相同，但其空间排列不同，它是立体异构体的一种。

一、乙烷的构象

乙烷没有碳链异构，但乙烷分子中的两个碳原子可以围绕 C—C σ键旋转，乙烷有无数构象异构体，其中有两种典型的构象：重叠式和交叉式（图 4-5）。

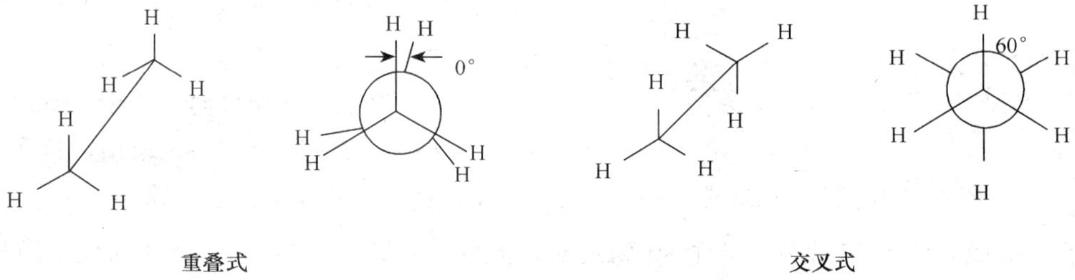

重叠式　　　　交叉式

图 4-5 乙烷两种典型的构象

有机化合物的构象常用两种三维式表示，即锯架式和 Newman 投影式。锯架式是从分子的侧面观察分子，较直观地反映了碳原子和氢原子在空间的排列情况。Newman 投影式是沿着 C—C 轴观察分子，从圆心伸出的三条线，表示离观察者近的碳原子上的价键，而从圆周向外伸出的三条线，表示离观察者远的碳原子上的价键。

重叠式两个碳原子上的氢原子相距最近，相互间的排斥力最大，分子的能量最高，是最不稳定的构象；交叉式两个碳原子上的氢原子相距最远，相互间斥力最小，分子的能量最低，是最稳定的构象（图 4-6）。

交叉式构象的能量比重叠式构象低 12.6kJ/mol，交叉式是乙烷稳定的优势构象。室温下分子间的碰撞可产生 83.8kJ/mol 的能量，足以使 C—C“自由”旋转，各构象间迅速转换，无法分离出其中某一构象异构体，但大多数乙烷分子是以最稳定的交叉式构象存在。

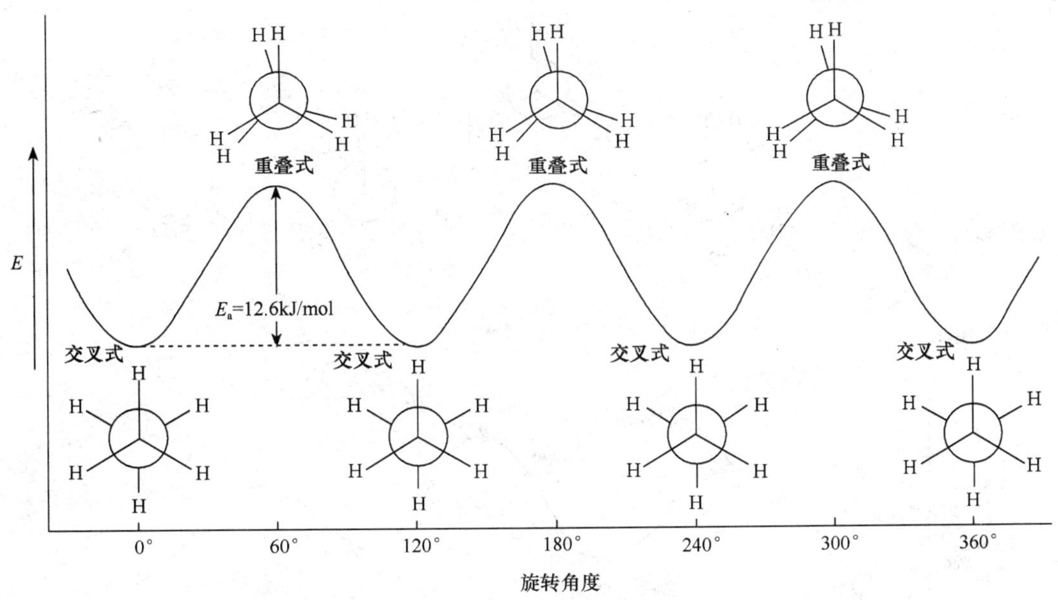

图 4-6　乙烷构象能量图

二、正丁烷的构象

正丁烷分子在围绕 C2－C3 σ 键旋转时，有 4 种典型的构象异构体，即对位交叉式、邻位交叉式、部分重叠式和全重叠式（图 4-7）。

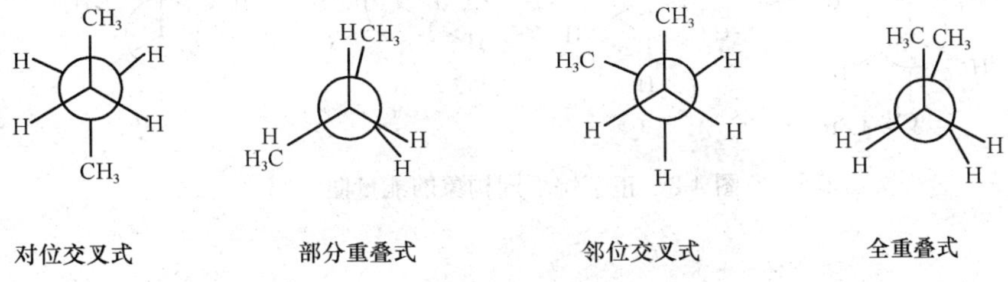

图 4-7　正丁烷的构象

对位交叉式：两个体积较大的甲基处于对位，相距最远，此种构象的能量最低。邻位交叉式：两个甲基处于邻位，靠得比对位交叉式近，两个甲基之间的范德华斥力使这种构象的能量较对位交叉式高，因而较不稳定。部分重叠式：甲基和氢原子的重叠使其能量较高，但比全重叠式的能量低。全重叠式：两个甲基及氢原子都各处于重叠位置，相互间斥力最大，分子的能量最高，是最不稳定的构象。

同乙烷相似，正丁烷各种构象之间的能量差别不太大。在室温下分子碰撞的能量足可引起各构象间的迅速转化，因此正丁烷实际上是各构象异构体的混合物。混合物中主要是以对位交叉式和邻位交叉式的构象存在，其他两种构象所占的比例很小（图 4-8）。

随着正烷烃碳原子数的增加，它们的构象也随之而复杂，但其优势构象都类似正丁烷，是能量最低的对位交叉式。因此，直链烷烃碳链在空间的排列，绝大多数是锯齿形，而不是直链，只是为了书写方便，才将其结构式写成直链（图 4-9）。

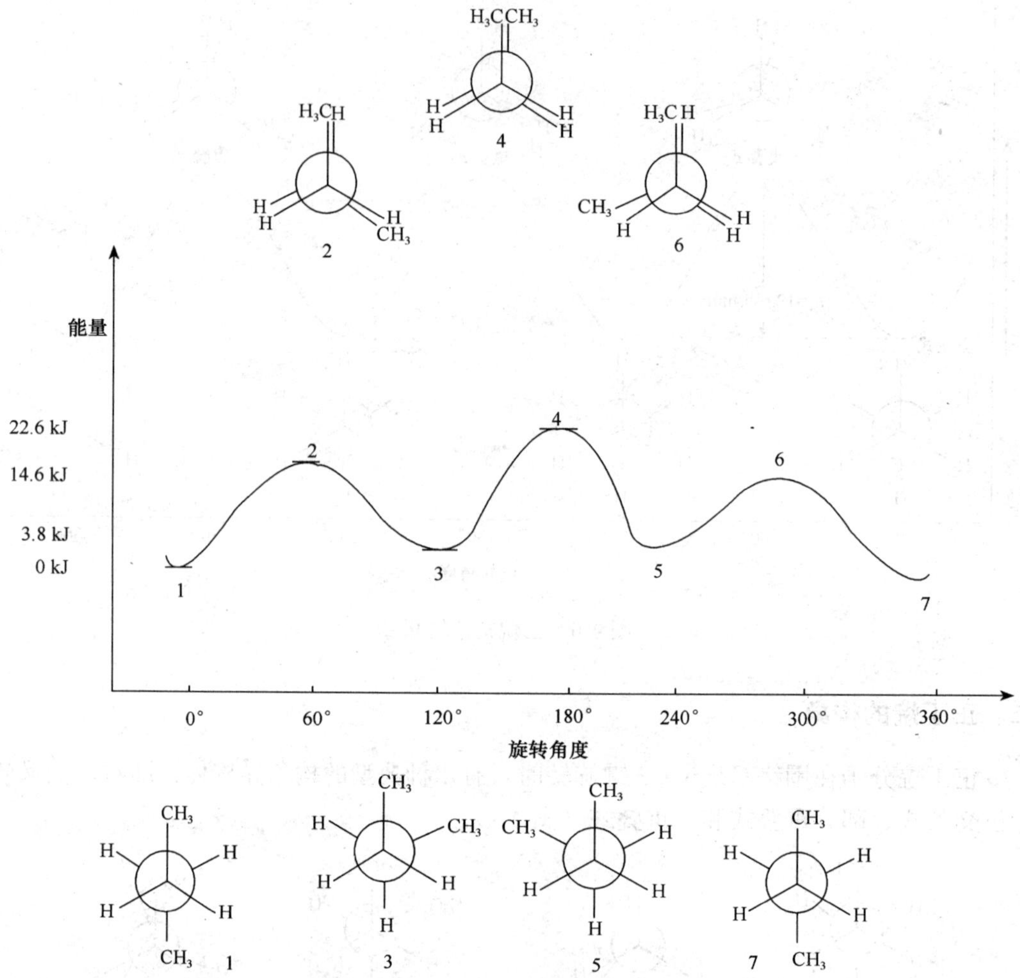

图 4-8　正丁烷不同构象的能量曲线图

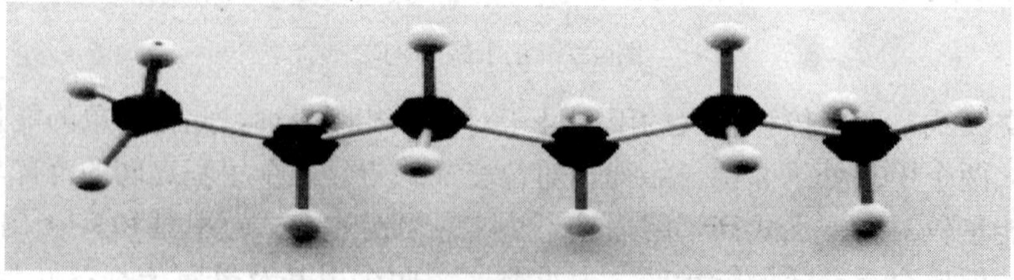

图 4-9　正己烷分子的球棍模型

分子的构象不仅影响化合物的物理和化学性质，而且影响蛋白质、酶、核酸等生物大分子的结构与功能以及药物的构效关系。许多药物分子的构象异构与其生物活性的发挥密切相关。药物受体一般只与药物多种构象中的一种结合，这种构象称为药效构象。不具有药效构象的药物很难与药物的受体结合，此种药物生物活性很低或根本无活性。例如，抗震颤麻痹药物多巴胺作用于受体的药效构象是对位交叉式。

第四节　烷烃的性质

案例

“苹果”有毒

2011年2月15日，苹果公司公布《2010年供应商责任报告》，首度公开承认它的中国供应商员工中有137名工人因污染致健康遭受不利影响，引发了媒体广泛关注。苹果公司供应商联建公司引进正己烷时，告知工人要换新的清洁剂，并没有告知正己烷的毒性，也没有为工人做防护措施。正己烷溶剂使用后的两三个月，生产车间的工人们开始出现不同程度的中毒症状。最严重的一位工人在中毒期间几乎无法行走。

看起来如此干净的车间为什么也会让人“生病”呢？

一、烷烃的物理性质

1. 状态

在室温和常压下，C1～C4的正烷烃（甲烷至丁烷）是气体，C5～C17的正烷烃（戊烷至十七烷）是液体，C18和更高级的正烷烃是固体。

2. 沸点

正烷烃的沸点随着碳原子的增多而有规律的升高。一般每增加1个碳原子，沸点升高20～30℃。同分异构体，取代基越多，沸点越低。这是由于烷烃的碳原子数越多，分子间作用力越大；取代基越多，分子间有效接触的程度越低，使分子间的作用力变弱。

3. 熔点

正烷烃的熔点随着碳原子数的增多而升高，含偶数碳原子正烷烃的熔点高于相邻的两个含奇数碳原子正烷烃的熔点。在烷烃异构体中，对称性较好的烷烃比直链烷烃的熔点高，这是由于对称性较好的烷烃分子，晶格排列较紧密，致使链间的作用力增大而熔点升高（图4-10）。

直链烷烃的熔点随分子质量的增加而升高。其中偶数碳原子的升高多一些，以致含奇数和含偶数碳原子的烷烃各构成一条熔点曲线。偶数在上，奇数在下，这是因为晶体分子间作用力不仅取决于分子大小，而且也与它们在晶格中的排列情况相关。偶数碳原子的烷烃具有较高的对称性，在晶格中其分子排列比奇数原子紧密，故分子间的作用力大一些。因此，含偶数碳的烷烃的熔点比含奇数碳的升高多一些。一般而言，熔点随分子的对称性增加而升高。

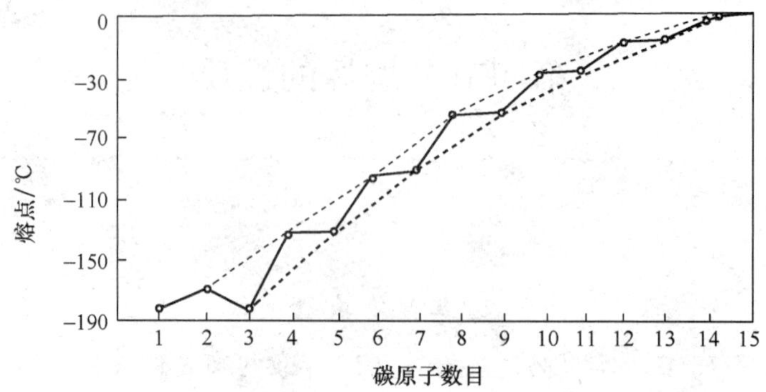

图 4-10　正烷烃的熔点与分子中所含碳原子数关系

案例分析

“毒”苹果是因为正己烷的致毒性，作为溶剂在工业中使用日益广泛。其虽属低毒性，但吸入高浓度正己烷可导致急性中毒，表现为头晕、头痛、恶心、共济失调等，重者引起神志丧失甚至死亡。长期接触出现头痛、头晕、乏力、胃纳减退；其后四肢远端逐渐发展成感觉异常，麻木、触、痛、震动和位置等感觉减退，尤以下肢为甚。进一步发展为下肢无力，肌肉疼痛，肌肉萎缩及运动障碍。

4. 相对密度（旧称比重）

直链烷烃的相对密度随分子质量的增加而略有增加，最后接近 0.8。这是因为随分子质量的增加，分子间引力增大，分子间距离减小，所以相对密度增大。烷烃是所有有机化合物中密度最小的一类化合物。

5. 溶解度

烷烃属非极性化合物，不溶于极性的水而易溶于氯仿、苯等弱极性或非极性溶剂之中，即服从“相似相溶”经验规律。

二、烷烃的化学性质

烷烃的化学性质稳定（特别是正烷烃）。在一般条件下（常温、常压），与大多数试剂如强酸、强碱、强氧化剂、强还原剂及金属钠等都不起反应，或反应速度极慢。但稳定性是相对的、有条件的，在一定条件下（如高温、高压、光照、催化剂），烷烃也能起一些化学反应。

1. 氧化反应

在空气或氧气存在下，烷烃经点火引发，可完全氧化成为二氧化碳和水，同时释放出大量的热量。因此，烷烃可以用作燃料。例如：

$$CH_4+2O_2 \xrightarrow{燃烧} CO_2+2H_2O \qquad \Delta_r H_m^{\ominus}=-881kJ/mol$$

$$2CH_3CH_3+7O_2 \xrightarrow{燃烧} 4CO_2+6H_2O \qquad \Delta_r H_m^{\ominus}=-1538kJ/mol$$

天然气、汽油及其他燃料油的燃烧主要是烷烃的燃烧，所以烷烃是重要的能源。当烷烃不完全燃烧时，常得到各种氧化中间体而污染环境。一些气态烃或极细微粒的液态烃与空气在一定比例范围内混合，点燃时会发生爆炸。煤矿井的瓦斯爆炸就是甲烷与空气的混合物5%～16%燃烧造成的。

2. 热裂反应

在没有氧气存在时，加热可断裂烷烃分子中的碳碳键，生成较小的烷基，断键可以在不同的位置发生。这些较小的烷基可以重新结合成烷烃，得到多种烷烃的混合物。

烷烃分解为较小的分子，分解产物则取决于烷烃的结构、裂化时的压力、催化剂等。当石油裂化时，产物中最主要的是甲烷、乙烷、乙烯、丙烷、丙烯、丁烷、丁烯和异丁烯等小分子。这些化合物可作为制备其他化学试剂的原料。

你问我答

（1）常温下，将等物质的量的氯气和甲烷气体在黑暗中混合，能否发生化学反应？

（2）若上题中的混合气体经短时间紫外光照射，迅速放入黑暗中，化学反应能否持续进行？

（3）以上实验说明什么问题？

3. 卤代反应

烷烃与卤素在紫外光漫射或高温下可发生卤代反应，卤素取代烷烃的一个或多个氢原子生成卤代烃，以甲烷氯代反应为例：

$$CH_4+Cl_2 \xrightarrow{漫射光} CH_3-Cl+HCl$$

甲烷的氯代反应较难停留在一元阶段，一氯甲烷还会继续发生氯化反应，生成二氯甲烷、三氯甲烷和四氯化碳。如果用超过量的甲烷与氯气反应，反应可以限制在一氯代反应，从而使反应产物以一氯甲烷为主。

其他烷烃的氯代反应反应条件与甲烷的氯代相同（光照），但产物更为复杂，因氯可取代不同碳原子上的氢，得到各种一氯代或多氯代产物。

第五节　卤代反应历程

反应历程是指化学反应所经历的途径或过程，又称为反应机理。

一、烷烃的卤代反应历程

甲烷和氯气在室温下和暗处可长期保存而不起反应；在暗处，若温度高于250℃

时，反应立即发生；在室温有紫外光的照射下，反应立即发生；若将 Cl_2 先用光照射，然后迅速在黑暗中与甲烷混合，则发生氯代反应；若将氯气照射后，在黑暗中放置一段时间，然后与甲烷混合，反应又不发生。

实验证明，烷烃的卤代反应一般需在光照或高温下进行，若在室温和暗处一般不起反应，这与卤代反应的反应历程有关。

烷烃的卤代反应为自由基链反应。这种反应的特点是反应过程中形成一个活泼的原子或游离基。凡是自由基反应，都是经过链的引发、链的传递、链的终止三个阶段来完成的。下面以甲烷的氯代反应为例来探讨。

1. 链引发

此阶段的主要特点是产生自由基。氯分子在光或高温的条件下，吸收能量发生键的均裂，生成 2 个氯自由基，这一步称为链引发。

$$Cl:Cl \xrightarrow{光} 2Cl\cdot \text{氯自由基}$$

氯自由基具有未成对的单电子，非常活泼。

2. 链增长

此阶段的主要特点是自由基与分子间相互反应。氯自由基与甲烷分子碰撞，夺取甲烷分子中的 1 个氢原子，形成氯化氢分子和另一个新的自由基——甲基自由基。甲基自由基也非常活泼，它的碳原子是 sp^2 杂化，为一平面结构，3 个 sp^2 杂化轨道分别与 3 个氢原子形成 3 个 σ 键，剩下的单电子处于与 σ 键平面垂直的未杂化的 p 轨道上。甲基自由基要获得 1 个电子才能达到八隅体电子构型，又与氯分子作用，使之均裂，生成一氯甲烷和新的氯自由基，于是开始一个新的“反应循环”。

$$Cl\cdot + CH_4 \longrightarrow \cdot CH_3 + HCl$$

$$\cdot CH_3 + Cl_2 \longrightarrow CH_3Cl + Cl\cdot$$

$$Cl\cdot + CH_3Cl \longrightarrow \cdot CH_2Cl + HCl$$

$$\cdot CH_2Cl + Cl_2 \longrightarrow CH_2Cl_2 + Cl\cdot$$

像这种每一步反应都生成一个新的自由基，使反应可以连续不断进行下去的反应叫做链式反应，又称连锁反应。反应过程表明，只要在开始时有少量高能量的氯自由基产生，反应即会继续传递下去。

3. 链终止阶段

此阶段的主要特点是自由基之间相互结合成分子。

$$Cl\cdot + Cl\cdot \longrightarrow Cl_2$$

$$CH_3\cdot + CH_3\cdot \longrightarrow CH_3CH_3$$

$$CH_3\cdot + Cl\cdot \longrightarrow CH_3Cl$$

随着反应中的自由基的减少直至消失，反应逐渐停止。

由于烷烃的卤代反应是一个自由基链反应，高级烷烃的卤代也经历甲烷卤代相似的过程，不过反应更加复杂。最终产物是由多种物质组成的混合物。

二、反应中卤素的活性顺序

卤代通常是指氯代或溴代。因为烷烃氟代反应特别剧烈，有大量热放出，不易控制。碘不活泼，难与烷烃反应。所以卤素在卤代反应中的活泼性顺序为：$F_2 > Cl_2 > Br_2 > I_2$。

三、氢原子的活性顺序

$$CH_3—CH_2—CH_3 + Cl_2 \xrightarrow{光，25℃} \underset{43\%}{CH_3—CH_2—\underset{\displaystyle Cl}{\underset{|}{CH_2}}} + \underset{57\%}{CH_3—\underset{\displaystyle Cl}{\underset{|}{CH}}—CH_3}$$

丙烷分子中有六个等价伯氢，两个等价仲氢，若氢的活性一样，则两种一氯代烃的产率，理论上为 6∶2=3∶1，但实际上为 43∶57=1∶1.33。这说明被氯取代时，各类氢的反应活性是不一样的，氢的相对活性=产物的数量÷被取代的等价氢的个数。这样可知：

$$\frac{仲氢的相对活性}{伯氢的相对活性}=\frac{57/2}{43/6}\approx\frac{4}{1}$$

即仲氢与伯氢的相对活性为 4∶1。再看异丁烷一氯代时的情况：

$$CH_3—\overset{\displaystyle CH_3}{\overset{|}{CH}}—CH_3 + Cl_2 \xrightarrow[25℃]{光} \underset{叔丁基氯\ 36\%}{CH_3—\overset{\displaystyle CH_3}{\overset{|}{\underset{\displaystyle Cl}{\underset{|}{C}}}}—CH_3} + \underset{异丁基氯\ 64\%}{CH_3—\overset{\displaystyle CH_3}{\overset{|}{CH}}—CH_2—Cl}$$

同上分析，可求得叔氢的相对反应活性：

$$\frac{叔氢的相对活性}{伯氢的相对活性}=\frac{36/1}{64/9}=\frac{5.1}{1}$$

即叔氢的反应活性为伯氢的 5 倍。故室温时三种氢的相对活性为

$$3°H : 2°H : 1°H = 5 : 4 : 1$$

第六节 重要的烷烃

一、甲烷

甲烷大量存在于自然界，它是石油气、天然气和沼气的主要成分。甲烷是无色无臭的气体，易溶于乙醇、乙醚等有机溶剂，微溶于水。甲烷容易燃烧，富含甲烷的天然气和沼气是优良的气体燃料。甲烷燃烧不充分会产生炭黑。炭黑可做黑色颜料、墨汁以及橡胶的填料。甲烷与空气混合（甲烷含量 5%～16%），遇火就会爆炸。除用做燃料外，甲烷也是一种有用的化工原料，如制造炭黑，局部氧化可制备甲醇、甲醛，与水蒸气制作“合成气”（$CO+H_2$）等，合成气是合成氨或尿素的原料。

二、石油醚

石油醚是低级烷烃的混合物，沸点范围在 30～60℃的是戊烷和己烷的混合物；沸点范围在 90～120℃的是庚烷和辛烷的混合物。它们主要被用作有机溶剂。石油醚极易燃烧并具有毒性，使用及贮存时要特别注意安全。

汽油、煤油和柴油是常用的烷烃混合物。

三、液体石蜡

液体石蜡主要成分是 18～24 个碳原子的液体烷烃的混合物，是呈透明液体。它不溶于水和醇，能溶于醚和氯仿中，液体石蜡性质稳定。

液体石蜡在医药上常用作肠道润滑的缓泻剂，口服后不被吸收且能阻止肠内水分吸收，故能使大便量增多变软，同时润滑肠壁，使大便易于排出。可用于痔疮、高血压病、动脉瘤、心衰患者的便秘和预防手术后排便困难等。

小贴士

不同标号汽油之间有何异同？

汽油分为各种不同的标号，常见的有 90 号、93 号、97 号等，它们所代表的是不同的辛烷值。辛烷值是代表汽油抗爆震燃烧能力的一个数值，越高抗爆性越好。93 号汽油的辛烷值为 93，它代表与含异辛烷 93％、正庚烷 7％的标准汽油具有相同的抗爆性，依此类推，97 号汽油就是和含异辛烷 97％的标准汽油抗爆性相同。

四、凡士林

凡士林是液体石蜡和固体石蜡的混合物，呈软膏状半固体，不溶于水，溶于醚和石油醚。因为它不能被皮肤吸收，而且化学性质稳定，不易和软膏中的药物起变化，所以在医药上常用作软膏基质。

五、石蜡

石蜡是高级烷烃的混合物，由天然石油、人造石油或页岩油的含蜡馏分经冷榨或溶剂脱蜡等方法制得。石蜡是一种无臭无味、不溶于水、无刺激性的物质，具有化学性质稳定，不会酸败，可与多种药物配伍，在体内不易被吸收的特点，在医药中常用于肠道润滑的缓泻剂或滴鼻剂的溶剂及软膏剂种药物的载体（基质）。液体石蜡还可用于蜡疗、中成药的密封材料和药丸的包衣等。在工业上用于制造蜡烛、蜡纸、防水剂和电绝缘材料等。

学习小结

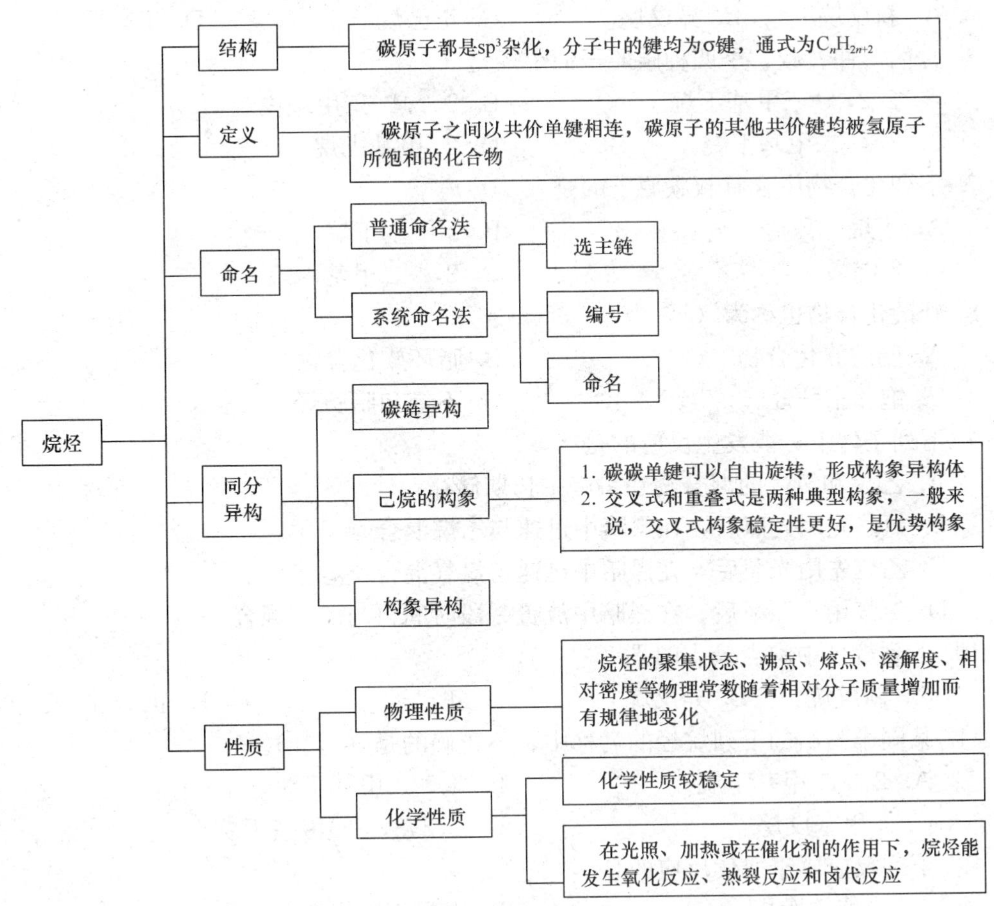

自我测评

一、单选题

1. 下面四个同分异构体中（　　）沸点最高。

   A. 己烷　　B. 2-甲基戊烷

   C. 2,3-二甲基丁烷　　D. 2,2-二甲基丁烷

2. 下列自由基中最不稳定的是（　　）。

   A. $\cdot CH_3$　　B. $\cdot C(CH_3)_3$　　C. $\cdot CH(CH_3)_2$　　D. $\cdot CH_2CH_3$

3. 下列自由基中最稳定的是（　　）。

   A. $(CH_3)_2CHCH_2CH_2\cdot$　　B. $(CH_3)_2CH\dot{C}HCH_3$

   C. $(CH_3)_2\dot{C}CH_2CH_3$　　D. $\cdot CH_2—CH(CH_3)CH_2CH_3$（$CH_3$ 连在 CH 上）

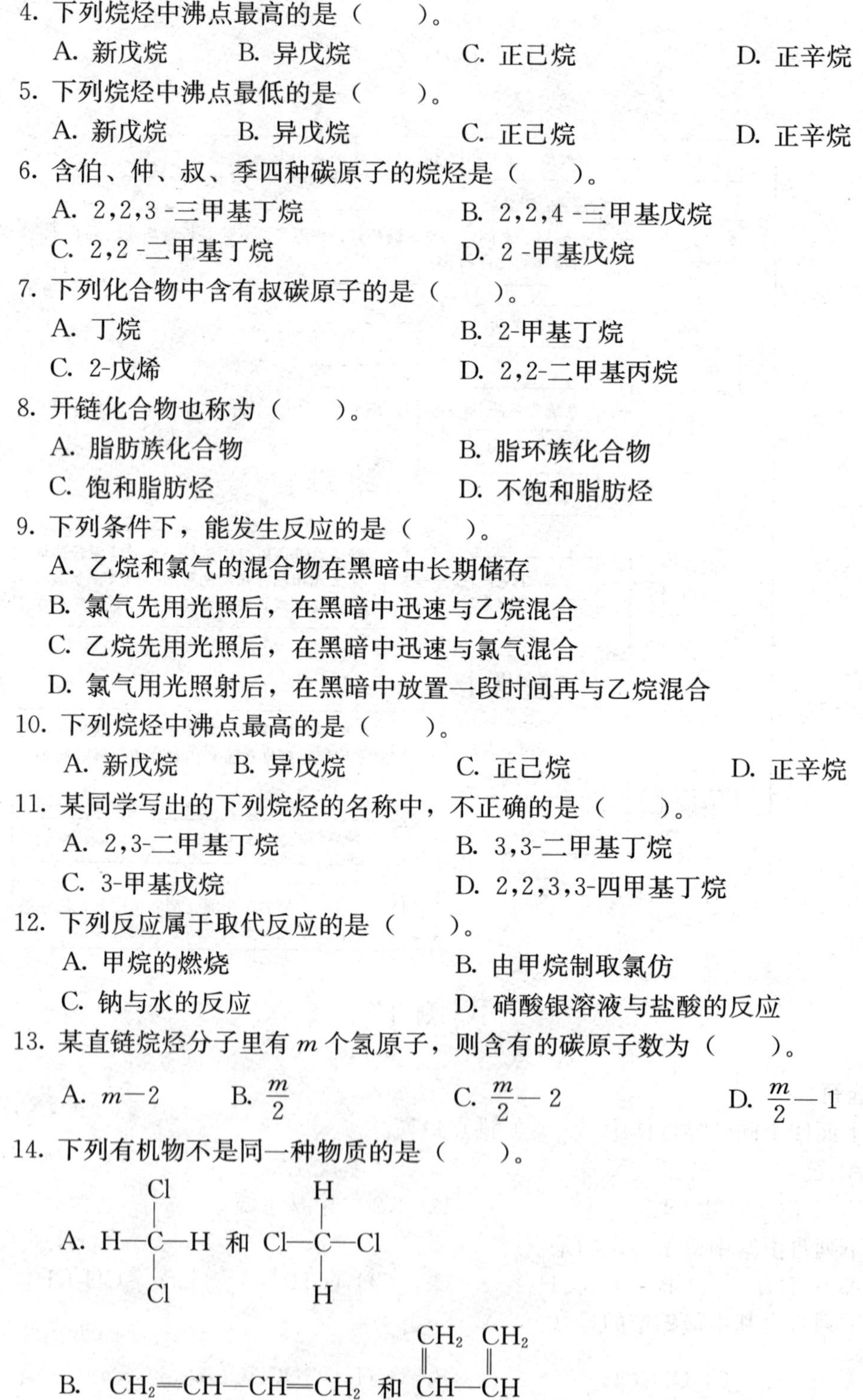

4. 下列烷烃中沸点最高的是（　　）。

A. 新戊烷　　B. 异戊烷　　C. 正己烷　　D. 正辛烷

5. 下列烷烃中沸点最低的是（　　）。

A. 新戊烷　　B. 异戊烷　　C. 正己烷　　D. 正辛烷

6. 含伯、仲、叔、季四种碳原子的烷烃是（　　）。

A. 2,2,3 -三甲基丁烷　　B. 2,2,4 -三甲基戊烷

C. 2,2 -二甲基丁烷　　D. 2 -甲基戊烷

7. 下列化合物中含有叔碳原子的是（　　）。

A. 丁烷　　B. 2-甲基丁烷

C. 2-戊烯　　D. 2,2-二甲基丙烷

8. 开链化合物也称为（　　）。

A. 脂肪族化合物　　B. 脂环族化合物

C. 饱和脂肪烃　　D. 不饱和脂肪烃

9. 下列条件下，能发生反应的是（　　）。

A. 乙烷和氯气的混合物在黑暗中长期储存

B. 氯气先用光照后，在黑暗中迅速与乙烷混合

C. 乙烷先用光照后，在黑暗中迅速与氯气混合

D. 氯气用光照射后，在黑暗中放置一段时间再与乙烷混合

10. 下列烷烃中沸点最高的是（　　）。

A. 新戊烷　　B. 异戊烷　　C. 正己烷　　D. 正辛烷

11. 某同学写出的下列烷烃的名称中，不正确的是（　　）。

A. 2,3-二甲基丁烷　　B. 3,3-二甲基丁烷

C. 3-甲基戊烷　　D. 2,2,3,3-四甲基丁烷

12. 下列反应属于取代反应的是（　　）。

A. 甲烷的燃烧　　B. 由甲烷制取氯仿

C. 钠与水的反应　　D. 硝酸银溶液与盐酸的反应

13. 某直链烷烃分子里有 m 个氢原子，则含有的碳原子数为（　　）。

A. $m-2$　　B. $\frac{m}{2}$　　C. $\frac{m}{2}-2$　　D. $\frac{m}{2}-1$

14. 下列有机物不是同一种物质的是（　　）。

A. H—C(Cl)(Cl)—H（Cl 在上、Cl 在下） 和 Cl—C(H)(H)—Cl（H 在上、H 在下）

B. $CH_2{=}CH—CH{=}CH_2$ 和
$$\begin{array}{cc} CH_2 & CH_2 \\ \| & \| \\ CH & —CH \end{array}$$

C. $C(CH_3)_3C(CH_3)_3$ 和 $CH_3(CH_2)_3C(CH_3)_3$

D.

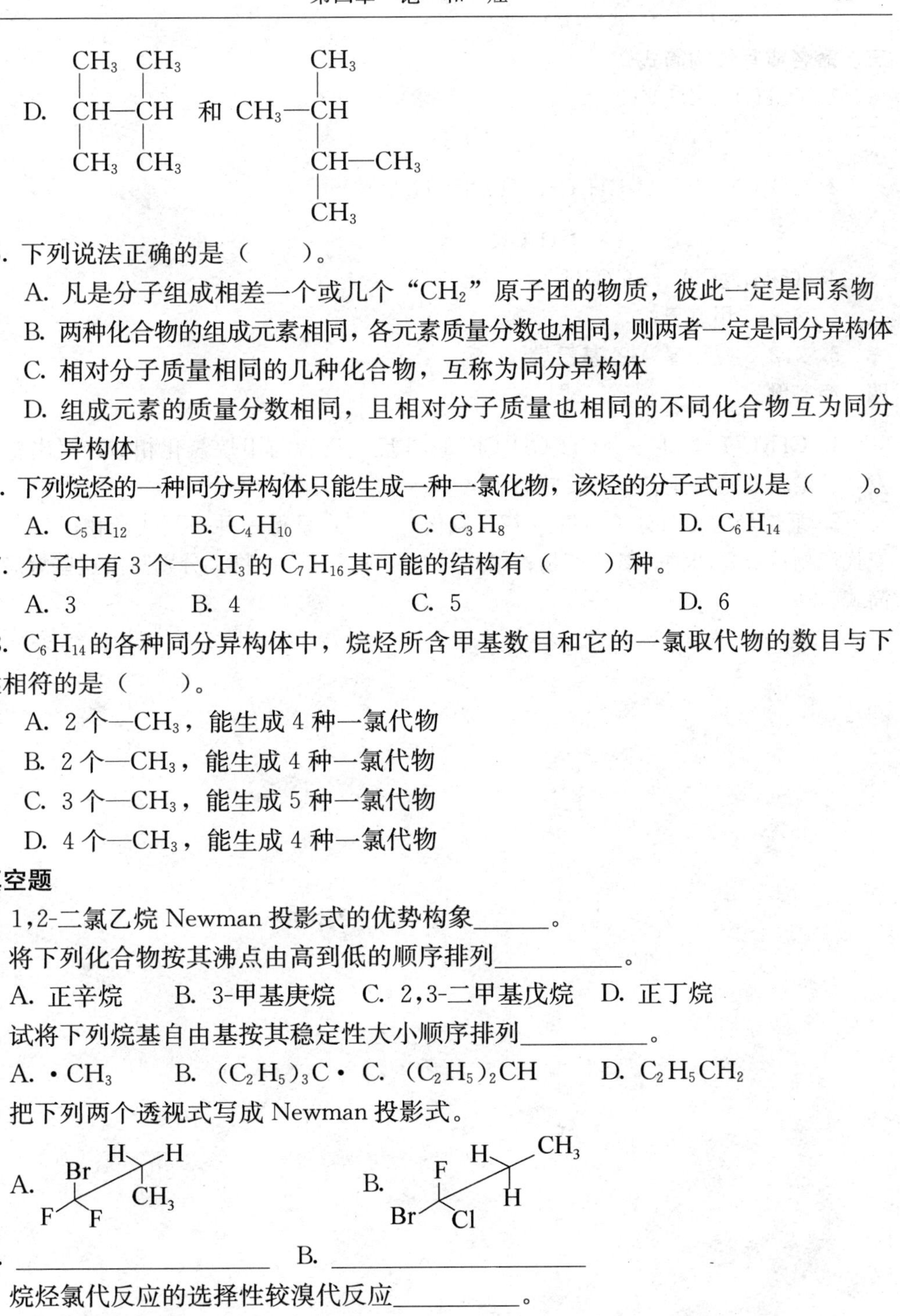

15. 下列说法正确的是（　　）。

A. 凡是分子组成相差一个或几个“CH_2”原子团的物质，彼此一定是同系物

B. 两种化合物的组成元素相同，各元素质量分数也相同，则两者一定是同分异构体

C. 相对分子质量相同的几种化合物，互称为同分异构体

D. 组成元素的质量分数相同，且相对分子质量也相同的不同化合物互为同分异构体

16. 下列烷烃的一种同分异构体只能生成一种一氯化物，该烃的分子式可以是（　　）。

A. C_5H_{12}　　B. C_4H_{10}　　C. C_3H_8　　D. C_6H_{14}

17. 分子中有 3 个—CH_3 的 C_7H_{16} 其可能的结构有（　　）种。

A. 3　　B. 4　　C. 5　　D. 6

18. C_6H_{14} 的各种同分异构体中，烷烃所含甲基数目和它的一氯取代物的数目与下列叙述相符的是（　　）。

A. 2 个—CH_3，能生成 4 种一氯代物

B. 2 个—CH_3，能生成 4 种一氯代物

C. 3 个—CH_3，能生成 5 种一氯代物

D. 4 个—CH_3，能生成 4 种一氯代物

二、填空题

1. 1,2-二氯乙烷 Newman 投影式的优势构象______。

2. 将下列化合物按其沸点由高到低的顺序排列__________。

A. 正辛烷　　B. 3-甲基庚烷　C. 2,3-二甲基戊烷　D. 正丁烷

3. 试将下列烷基自由基按其稳定性大小顺序排列__________。

A. $\cdot CH_3$　　B. $(C_2H_5)_3C\cdot$　C. $(C_2H_5)_2CH$　　D. $C_2H_5CH_2$

4. 把下列两个透视式写成 Newman 投影式。

A.（透视式：Br、F、F；H、H、CH_3）　　B.（透视式：F、Br、Cl；H、CH_3、H）

A. ____________________　B. ____________________

5. 烷烃氯代反应的选择性较溴代反应__________。

6. 自由基的链反应可分为__________、__________、__________三个阶段。

7. 含有 10 个及 10 个以下碳原子的烷烃，其一氯代物只有一种的共有 4 种，请写出这 4 种烷烃的结构简式和名称。

__________________________，__________________________，

__________________________，__________________________。

三、命名或写结构简式

1. $(CH_3)_3CCH_2CH_3$

2.
$$\begin{array}{l} \qquad\qquad\qquad\qquad\qquad\qquad\qquad\qquad\quad CH_3 \\ \qquad\qquad\qquad\qquad\qquad\qquad\qquad\qquad\quad | \\ CH_3CH_2\underset{\underset{CH_3}{|}}{C}HCH_2CH_2\underset{\underset{CH_2CH_3}{|}}{C}HCH_2CHCH_3 \end{array}$$

3. $(CH_3)_2CHCH_2C(CH_3)_3$

4. 2,3-二甲基己烷

5. 2,2,5-三甲基-4-乙基己烷

四、简答题

1. $CH_3CH_3+Cl_2 \xrightarrow{h\nu} CH_3CH_2Cl+HCl$ 反应历程与甲烷氯化相似，写出它的链引发，链增长及链终止各步的反应历程。

2. 某烷烃的相对分子质量为72，氯化时：(1) 只得一种一氯代产物；(2) 三种一氯代产物；(3) 四种一氯代产物；(4) 只有两种二氯代产物。分别写出这些烷烃的结构简式。

第五章　环　烷　烃

学习目标

知识要求： 掌握简单脂环烃的命名方法、环烷烃的构象和化学反应；熟悉环烷烃的构象；了解脂环烃的分类和同分异构、脂环烃的结构和稳定性的关系。

能力要求： 能解释脂环烃的稳定性；能根据脂环烃结构预测其稳定性大小。

学习导航

脂环烃是具有环状结构的碳氢化合物，它与开链式的脂肪烃化合物在结构上有所不同，由于碳原子的成键特点，脂环烃在化学性质上比开链脂肪烃活泼，且随着环的增大，脂环烃的化学性质逐渐呈现惰性。

脂环烃及其衍生物广泛存在于自然界中，例如有些地区所产的石油中含多量的环烷烃；挥发油是中草药中重要的有效成分，一些植物中含有的挥发油（精油），其成分大多是环烯烃及其含氧衍生物。在自然界广泛存在甾族化合物都是脂环烃的衍生物，在人体中起重要作用。

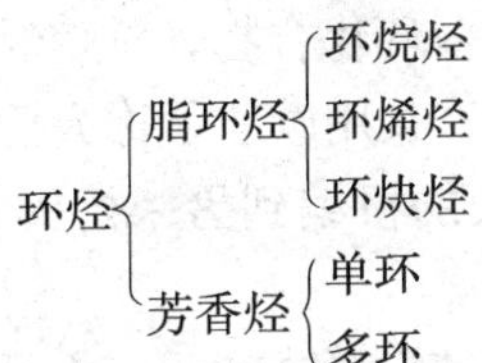

第一节　环烷烃的分类、命名和异构

一、环烷烃的分类

根据分子中所含碳环的数目及碳、氢比例的不同，脂环烃可分为单环环烷烃和多环环烷烃。多环环烷烃又可分为桥环烃、螺环烃、稠环烃。

例如：

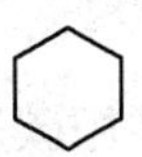

环己烷
单环脂环烃

7,7-二甲基二环［2.2.1］庚烷
桥环烃

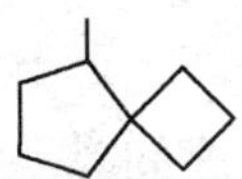

5-甲基螺［3.4］辛烷
螺环烃

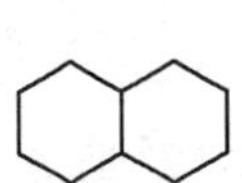

十氢萘
稠环烃

根据环的大小，环烷烃还可分为小环（3～4 个 C 原子的环）、普通环（5～7 个 C

原子的环)、中环(8～12 个 C 原子的环)、大环(12 个以上 C 原子的环)。

二、环烷烃的命名

(一) 单环环烷烃的命名

单环环烷烃由于碳原子的首尾连接成环，分子中的氢原子比相应的烷烃少 2 个，故环烷烃的通式为 C_nH_{2n}，与单烯烃互为同分异构体，其命名方法如下：

(1) 根据分子中成环碳原子数目，称为环某烷。

(2) 把取代基的名称写在环烷烃的前面。

(3) 取代基位次按“最低系列”原则列出，基团顺序按“次序规则”小的优先列出。例如：

甲基环丙烷　　1-甲基-2-乙基环戊烷

当环与长碳链相连时，用碳链作为母体。把环作为取代基。

2-甲基-3-环丙基庚烷　　1，1-二甲基-3-异丙基环戊烷

(二) 桥环烃的命名

共用两个或两个以上碳原子的多环化合物。桥烷烃指的是多环与环之间靠两个或两个以上共用碳原子相连接的多环烷烃。共用碳原子称为桥头碳，桥头碳之间的碳链称为桥。

(1) 编号。从一桥头碳沿最长的桥编到另一桥头碳，再沿次长桥编到原桥头碳，依次编下去。

(2) 书写。取代基写在前，再写“某环”，再在［ ］内写桥头碳间的原子数，数字间用“.”隔开，最后写环上所有碳的烷烃的名称。

2-甲基-6-乙基二环［3.2.1］辛烷　　2-甲基-4-异丙基二环［2.2.1］庚烷

(三) 螺环烃

螺环烷烃是指环与环之间靠一个共用碳原子相连接的多环烷烃，共用碳原子称为螺碳。螺环烷烃的命名是在成环碳原子总数的烷烃名称前加上“螺”字。螺环的编号是从螺原子的邻位碳开始，由小环经螺原子至大环，并使环上取代基的位次最小。将连接在螺原子上的两个环的碳原子数，按由少到多的次序写在方括号中，数字之间用“·”隔开，标在“螺”字与烷烃名称之间。例如：

螺［4.5］癸烷　　　　2,7,8,10-四甲基螺［4.5］癸烷

第二节　环烷烃的结构和稳定性

一、环烷烃的结构和稳定性

环烷烃中的碳原子的杂化状态和烷烃相同，也是 sp^3杂化，它们的杂化轨道之间的夹角应为 109°28′。根据环烷烃的构象分析得知环烷烃除环丙烷处于一个平面外，三元环以上的环烷烃，其成环碳原子都不在一个平面上。

小贴士

张力学说

德国化学家拜尔（Baeyer）1885 年提出有机化合物的碳原子和不对称碳原子一样，一般均位于正四面体的中心，其价键伸向四隅，各价键互成 109°28′ 的角度。当两个碳原子结合时，拜尔假定其价键在两个碳原子的中心之间直线连接。依此理论，则三或四个原子成环时，其价键必向内挠屈，形成张力，并且张力越大，环越易破裂，这就是最初的张力学说。据张力学说的原理，小环如环丙烷、环丁烷易开环，正是由于其碳原子间具有大的张力，而五元及六元环之所以稳定，是由于其环内张力极小，而五元环犹如没有张力存在。

在环丙烷分子中（图 5-1），电子云的重叠不能沿着 sp^3轨道轴对称重叠，只能偏离键轴一定的角度以弯曲键侧面重叠，形成弯曲键（香蕉键），其 C—C—C 键角为 105. 5°，H—CH 键角为 114°。由于 C—C—C 键角要从 109. 5°压缩到 105. 5°，因此，环内存在很大的张力而不稳定。

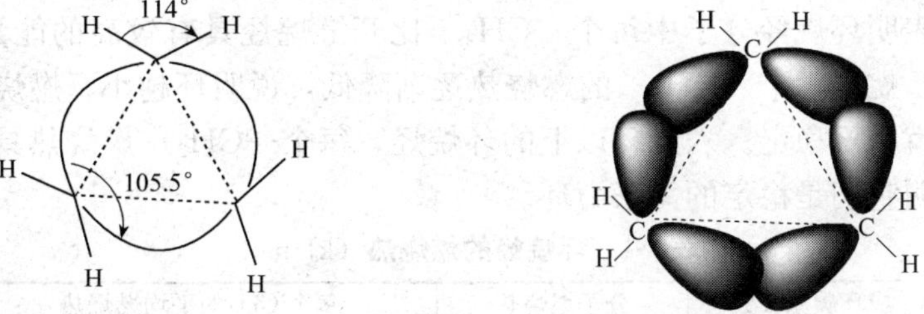

图 5-1　环丙烷分子中碳碳键的电子云的重叠（弯曲键的形成）

环丁烷的结构与环丙烷相似，C—C 键也是弯曲成键，但弯曲程度略小，且碳原子不都在一个平面上，环张力减小，因此环丁烷较环丙烷稍稳定些。

环丁烷的结构　　环戊烷的结构

环戊烷的五个碳原子四个是处在同一个平面上，另一个碳在平面外。这样的结构在不断地翻动着，处于平面外的碳沿着环迅速地变换。因而环戊烷是一个有一只角向上的近平面结构（信封式）。在这种构象中，分子的张力不会太大，因此环戊烷的化学性质比较稳定。

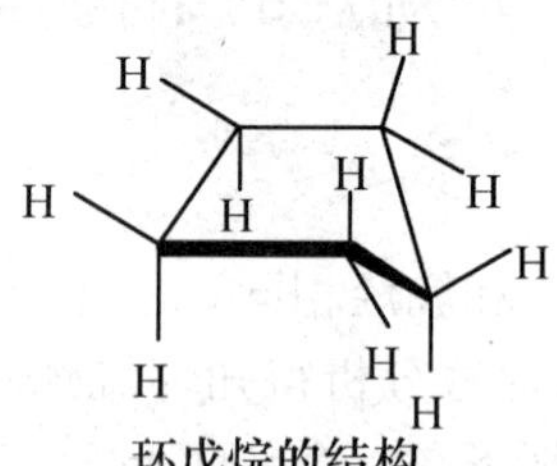

环戊烷的结构

环己烷的六个成环碳原子不共平面，C—C—C 键角保持正常键角 109°28′，无角张力。其中有四个碳原子在一个平面上，其他两个碳一个在此平面的上方，另一个在这个平面的下方（椅型）；或者两个都在此平面的上方（船型）。

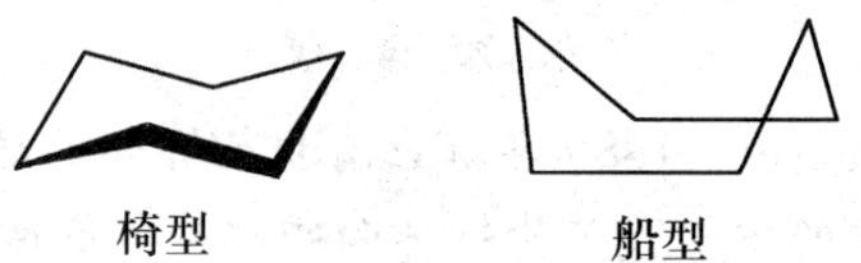

椅型　　船型

你问我答

燃烧热与化合物的稳定性有什么关系？

根据热化学实验，同样可以证明环的大小与其稳定性的关系。各种环烷烃在燃烧时，由于环的大小不同，不同环烷烃中每个—CH_2—的燃烧热由于环的大小有着明显的差别。燃烧热是指 1mol 化合物完全燃烧生成二氧化碳和水所放出的能量，通常用 kJ/mol表示，燃烧热的大小反映了分子内能的高低。

从表 5-1 环烷烃的燃烧热数据可看出，环烷烃中每个—CH_2—的平均燃烧热，高于开链烷烃，这表明环烷烃分子中每个—CH_2—比开链烷烃具有较高的能量而较不稳定。从环丙烷到环己烷，每个—CH_2—的燃烧热逐渐降低，说明环越小，燃烧热就越高，能量越高，分子就越不稳定。六元环以上的环烷烃，每个—CH_2—燃烧热具有较低值并且趋于恒定，说明它们是稳定的无张力环。

表 5-1　环烷烃的燃烧热（kJ/mol）

名称	成环碳原子数	分子燃烧热	每个 CH_2 的平均燃烧热	碳环的张力
环丙烷	3	2078.6	692.9	115.5
环丁烷	4	2728.0	682.0	109.6
环戊烷	5	3299.1	659.8	27.0
环己烷	6	3928.8	654.8	0

续表

名称	成环碳原子数	分子燃烧热	每个 CH_2 的平均燃烧热	碳环的张力
环庚烷	7	4637	662.4	26.6
环辛烷	8	5310	663.6	40.0
环壬烷	9	5981	664.1	49.5
环癸烷	10	6636	663.6	50.9
开链烷烃	—	—	654.8	—

二、环己烷及一取代环己烷的构象和稳定性

环己烷及其衍生物是一类重要的碳环化合物，它性质稳定，结构不易被破坏，这一结构单元广泛存在于天然化合物中。

1. 环己烷的构象

环己烷通过环内碳碳单键的旋转，可以有无限种构象，在这些构象的动态平衡中，有两种典型构象——船式构象和椅式构象。这两种构象的环内所有 C—C 键角均接近正常的四面体键角，几乎没有张力，其中椅式构象的能量更低，是最稳定的一种构象。常温下环己烷分子中 99%以上为椅式构象（图 5-2）。

椅型　　船型

图 5-2　环己烷的椅型和船型构象及其 Newman 投影式

椅式构象稳定的原因是因为在椅式构象中，所有氢原子都处于交叉位置。氢原子间距最远，彼此之间扭转张力最小。船式构象不稳定的原因是由于船头氢之间距离太近，产生排斥力；另外，船两边的四对氢原子都处于重叠式，氢原子之间有斥力。

椅式构象中 C—H 分为两类。第一类六个 C—H 与分子的对称轴平行，叫做直立键或 a 键（其中三个向环平面上方伸展，另外三个向环平面下方伸展）；第二类六个 C—H 与直立键形成接近 109.5°的夹角，平伏着向环外伸展，叫做平伏键或 e 键。如下：

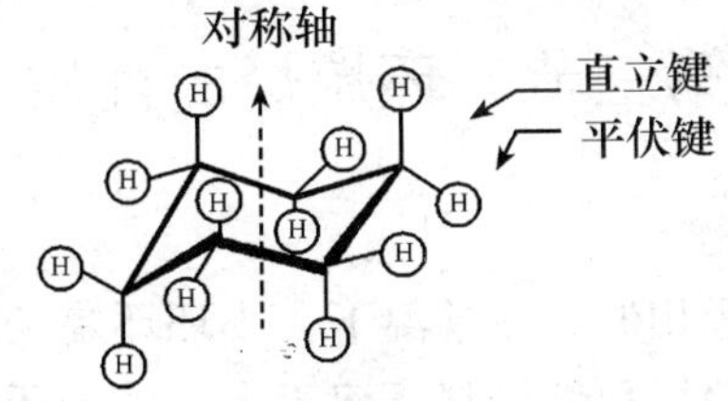

环己烷的直立键和平伏键

在室温时，环己烷的椅式构象可通过 C—C 的转动（而不经过碳碳键的断裂），由一种椅式构象变为另一种椅式构象，在互相转变中，原来的 a 键变成了 e 键，而原来的 e 键变成了 a 键。

当六个碳原子上连的都是氢时，两种构象是同一构象。连有不同基团时，则构象不同。

2. 一取代环己烷的构象

一元取代的环己烷，其取代基可以a键，也可以连在e键上，形成两种不同的构象。一般以e键取代的构象能量较低，比较稳定。这是因为e键上的取代基与环上同侧的两个a键上的氢原子距离较远，斥力较小，较为稳定。例如，甲基环烷在室温时，当取代基在a键上时，则与环上同侧的两个a键上氢的距离较近，斥力较大，故不稳定。甲基环烷在室温时，当取代基在a键上时，则与环上同侧的两个a键上的氢的距离较近，斥力较大，故不稳定。甲基以e键连结的分子约占95%，而以a键连结的分子仅占5%，且存在如下的动态平衡：

CH_3 ⇌ CH_3

95%　　5%

当取代基越大时，以e键取代的构象为主的趋势越大。所以一取代环己烷的构象稳定性有如下规律：

（1）椅型构象比船型构象稳定。

（2）环己烷的一元取代物中，以e键取代物稳定。

你问我答

以下这两个构象式实际上是相同的，都是一个甲基连于e键，另一个甲基连于a键，能量相同，稳定性相同。当环上有两个不同的取代基时，大的取代基结合在e键上的还是结合在a键上的构象最稳定？

CH_3 CH_3 ⇌ CH_3 CH_3

第三节　环烷烃的性质

一、环烷烃的物理性质

环烷烃的物理性质与烷烃相似，在常温下，小环环烷烃是气体，常见环环烷烃是液体，大环环烷烃呈固态。环烷烃和烷烃都不溶于水。由于环烷烃分子中单键旋转受到一定的限止，分子运动幅度较小，具有一定的对称性和刚性。因此，环烷烃的沸点、熔点和相对密度都比含同数碳原子的烷烃高（表5-2）。

表5-2　一些环烷烃及烷烃的物理常数比较

化　合　物	熔点/℃	沸点/℃	相对密度（d_4^{20}）
环丙烷	−127.6	−32.9	0.720（−79℃）
丙烷	−187.69	−42.07	0.5005（7℃）

续表

化 合 物	熔点/℃	沸点/℃	相对密度（d_4^{20}）
环丁烷	－90	12.5	0.703（0℃）
丁烷	－138.45	－0.5	0.5788
环戊烷	－93.9	49.3	0.7454
戊烷	－129.72	36.07	0.6262
环己烷	6.6	80.7	0.7786
己烷	－95	68.95	0.6603

二、化学性质

在环烷烃中，五元环以上环烷烃的化学性质与烷烃相似，主要发生取代反应。而小环化合物由于弯曲键和角张力的存在，C—C 较容易断裂而发生加成反应。

小贴士

1806 年法国化学家 F. 泽尔蒂纳首次从鸦片中分离出吗啡，至今已有 200 多年历史。吗啡分子中含有脂环烃的结构，杜冷丁、美沙酮、海洛因等都是吗啡的衍生物。吗啡对中枢神经系统有强烈的麻醉和镇痛作用，在医药上常被用作精神科和镇痛类药物，镇痛范围广泛，几乎适用于各种严重疼痛，包括晚期癌变的剧痛。但是，吗啡的成瘾性很强，这使得长期吸食者无论从身体，还是心理上都会对吗啡产生严重的依赖性，造成严重的毒物癖，从而使吗啡成瘾者不断增加剂量才可收到相同效果。

（一）取代反应

环烷烃在光照或加热的条件下可以发生卤代反应。

$$\text{环戊烷} + Br_2 \xrightarrow{\text{紫外线}} \text{环戊基}\text{—}Br + HBr$$

$$\text{环己烷} + Br_2 \xrightarrow{\text{紫外线}} \text{环己基}\text{—}Br + HBr$$

（二）加成反应

1. 催化氢化

环丙烷和环丁烷在催化剂铂、钯或镍的作用下可与氢发生开环加成反应。

$$\triangle + H_2 \xrightarrow[80℃]{Ni} CH_3CH_2CH_3$$

$$\square + H_2 \xrightarrow[120℃]{Ni} CH_3CH_2CH_2CH_3$$

2. 加卤素

环丙烷常温时可与卤素发生加成反应，环丁烷在加热的情况下也能发生反应。

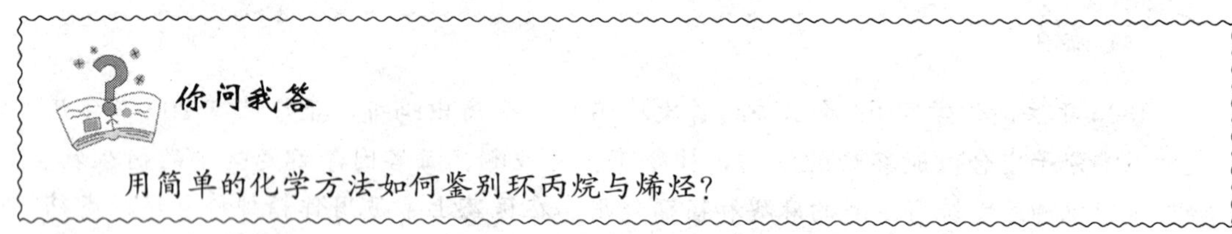

3. 加卤化氢

环丙烷在常温下即可与卤化氢发生加成反应。有取代基的环丙烷与卤化氢发生加成反应时，其产物符合马氏规则。常温时，环丁烷、环戊烷及更高级的环烷烃与氢卤酸不起反应。

4. 氧化反应

在常温下，环烷烃与一般氧化剂如 $KMnO_4$、O_3 等不起反应。

你问我答

用简单的化学方法如何鉴别环丙烷与烯烃？

学习小结

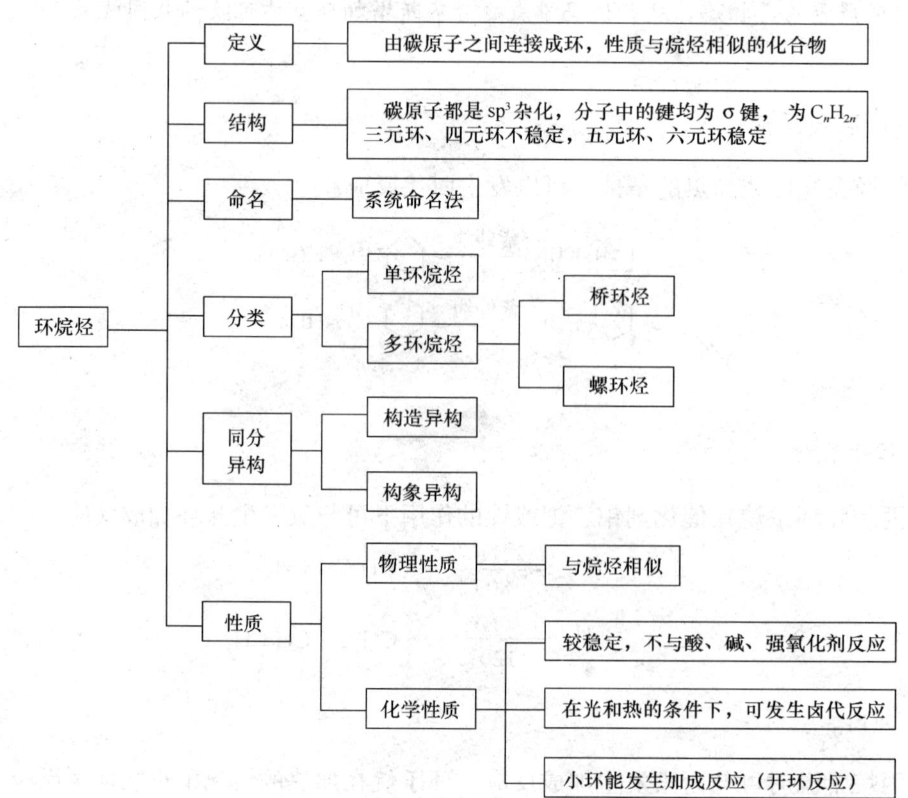

自 我 测 评

一、选择题

1. 室温下能使溴退色但不能使高锰酸钾溶液退色的是（　　）。

A. 环戊烯　　B. 环戊烷　　C. 正戊烷　　D. 1,3-二甲基环丙烷

2. △与 HBr 反应的主要产物是（　　）。

A. CH_3CH_2Br　　B. $CH_3CH(Br)CH_3$　　C. △—Br　　D. 上述都不对

3. 下列物质中化学活泼性顺序是（　　）。

i. 丙烯　　ii. 环丙烷　　iii. 环丁烷　　iv. 丁烷

A. i>ii>iii>iv　　B. ii>i>iii>iv　　C. i>ii>iv>iii　　D. i>ii>iii=iv

4. 环己烷的所有构象中最稳定的构象是（　　）。

A. 船式　　B. 扭船式　　C. 椅式

5. 下列环烷烃的稳定性顺序为（　　）。

i. 环丙烷　　ii. 环丁烷　　iii. 环己烷　　iv. 环戊烷

A. iii>iv>ii>i　　B. i>ii>iii>iv　　C. iv>iii>ii>i　　D. iv>i>ii>iii

6. 环烷烃的环上碳原子是以（　　）轨道成键的。

A. sp^2杂化轨道　　B. s 轨道　　C. p 轨道　　D. sp^3杂化轨道

7. 环烷烃的稳定性可以从它们的角张力来推断，下列环烷烃（　　）稳定性最差。

A. 环丙烷　　B. 环丁烷　　C. 环己烷　　D. 环庚烷

8. 单环烷烃的通式是（　　）。

A. C_nH_{2n}　　B. C_nH_{2n+2}　　C. C_nH_{2n-2}　　D. C_nH_{2n-6}

9. 环己烷的椅式构象中，12 个 C—H 键可区分为两组，每组分别用符号（　　）表示。

A. α 与 β　　B. σ 与 π　　C. a 与 e　　D. *R* 与 *S*

10. 下列反应不能进行的是（　　）。

A. 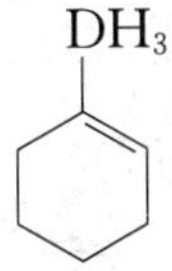 （1-DH_3-环己烯）$+KMnO_4/H^+ \longrightarrow$　　B. 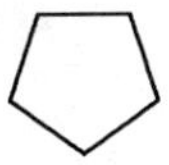 （环戊烷）$+H_2 \xrightarrow[高温]{Ni}$

C. □$+Br_2 \xrightarrow{hv}$　　D. △$+KMnO_4/H_3O^+ \longrightarrow$

11. 1,2-二甲基环己烷最稳定的构象是（　　）。

A. 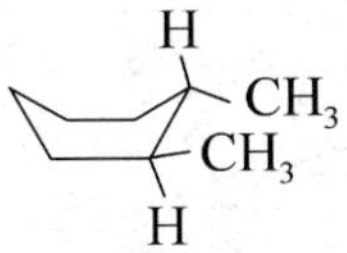 （椅式构象，H、CH_3、CH_3、H）　　B. 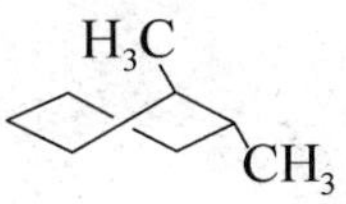 （椅式构象，H_3C、CH_3）　　C. 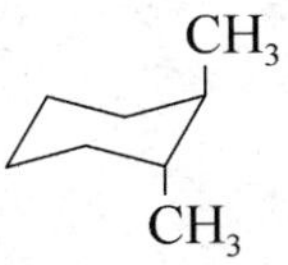 （椅式构象，CH_3、CH_3）　　D.  （椅式构象，CH_3、CH_3）

12. 有关小环烷烃比大环烷烃性质活泼的原因，下列解释不正确的是（　　）。

A. 小环烷烃与大环烷中碳原子的杂化状态不同

B. 小环烷烃分子中，碳原子之间形成弯曲键

C. 小环烷烃分子中，碳碳键已偏离的碳碳键角，分子中产生了角张力

D. 大环烷烃分子中产，碳原子可以在接近或维持正常鋅角的情况下形成碳碳σ键，因此无角张力，性质较稳定

13. 化合物 的正确名称是（　　）。

A. 环丙烷　　B. 1-甲基环丙烷

C. 1,1-二甲基环丙烷　　D. 环戊烷

14. 关于脂环烃的稳定性，下列说法正确的是（　　）。

A. 脂环烃中环越小，则环张力越小；环越大，则环张力也越大

B. 脂环烃中的环张力越大，分子就越不稳定

C. 分子的燃烧热越大，分子内能就越高，分子就越稳定

D. 脂环烃的环越小，则环张力就越大，分子就越稳定

二、命名或写结构式

1. 1-甲基-2-乙基环戊烷
2. 螺［4,5］癸烷
3. 双环［3，2，0］庚烷
4. 2,3-二甲基-8-溴螺［4.5］癸烷
5.

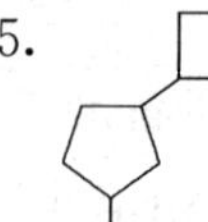

6. Cl

7. H_3C CH_3 CH_3

8. COOH

第六章　卤　代　烃

学习目标

知识要求：掌握卤代烃的分类、命名和同分异构现象；卤代烃的亲核取代反应；熟悉不同类型卤代烃的鉴别；了解卤代烃的物理性质、有机氟化物的性质及应用。

能力要求：学会运用系统命名法命名卤代烃；学会比较不同卤代烃的反应活性大小，具备应用此性质去鉴别化合物和完成化学反应的能力。

学习导航

天然卤代烃不多，大多数卤代烃为合成产物，目前商品卤代烃已超过15000种。不同卤代烃的性质差别很大，有些卤代烃性质非常稳定，可作为溶剂；有些卤代烃性质非常活泼，可作为有机合成的原料或试剂；还有些卤代烃具有特殊的用途，可用作灭火剂、冷冻剂、麻醉剂、杀虫剂，以及高分子工业的原料。

烃分子中的一个或多个氢原子被卤素原子取代后生成的化合物，称为卤代烃，可用通式R—X表示，X=Cl、Br、I、F。

R—X因C—X键是极性键，性质较活泼，能发生多种化学反应转化成各种其他类型的化合物，所以卤代烃是有机合成的重要中间体，在有机合成中起着桥梁的作用。同时卤代烃在工业、农业、医药和日常生活中都有广泛的应用。

第一节　卤代烃的分类、命名及同分异构现象

案例

卤代烃有4种分类方法，依据不同的分类标准，一个化合物可能会属于不同类别的化合物。

4-氯-1-丁烯按分类标准属于哪类卤代烃？分类的依据是什么？

一、卤代烃的分类

根据分子的组成和结构特点，卤代烃可有不同的分类法。

(1) 根据卤原子所连接烃基的种类不同，分为饱和卤代烃、不饱和卤代烃、卤代芳烃。

$CH_3CH_2CH_2I$	$CH_3CH{=}CHCH_2I$	—Br
饱和卤代烃 （卤代烷）	不饱和卤代烃 （卤代烯）	卤代芳烃

（2）根据与卤原子相连的碳原子的类型，将卤代烃分为伯（1°）卤代烃、仲（2°）卤代烃和叔（3°）卤代烃，例如：

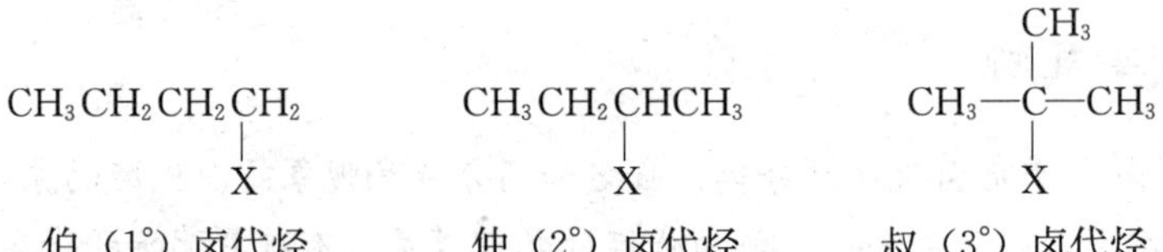

伯（1°）卤代烃　　仲（2°）卤代烃　　叔（3°）卤代烃

伯、仲、叔卤代烃又称为一级、二级、三级卤代烃。它们的化学活性不同，并呈现一定的规律。

（3）根据卤代烃中所含卤原子的数目不同，分为一卤代烃、二卤代烃和多卤代烃。例如：

CH_3Cl	$Br—CH_2—CH_2—Br$	$CHCl_2—CHCl_2$
一卤代烃	二卤代烃	多卤代烃

（4）根据卤代烃分子中卤原子的种类不同，分为氟代烃、氯代烃、溴代烃和碘代烃。

二、卤代烃的命名

（一）普通命名法

普通命名法是按与卤原子相连的烃基名称来命名的，称为“某基卤（化物）”。例如：

$CH_3CH_2CH_2Br$	$CH_2{=}CHCH_2Cl$	—CH_2Cl
正丙基溴	烯丙基氯	苄基氯

也可在母体烯名称前面加上“卤代”，称为“卤代某烃”，“代”字常省略。例如：

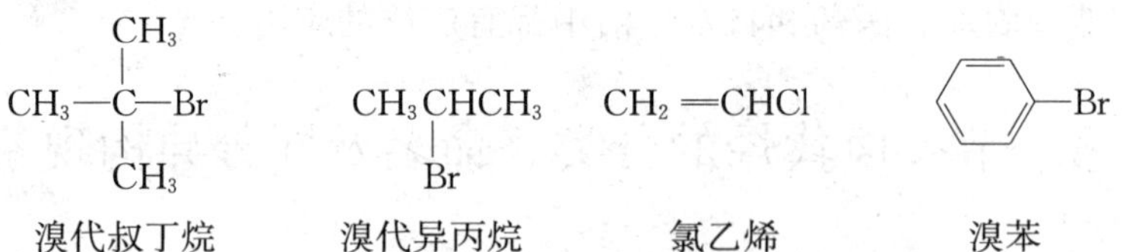

溴代叔丁烷　　溴代异丙烷　　氯乙烯　　溴苯

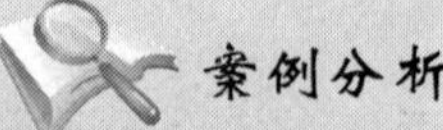

案例分析

因为4-氯-1-丁烯分子中有不饱和键，只有1个氯原子，且氯原子连在伯碳上，所以4-氯-1-丁烯分别属于脂肪族不饱和卤代烃、一卤代烃和伯卤代烃。

（二）系统命名法

对于较复杂的卤代烃，烃基的名称很难叫出，需要采用系统命名法。以相应的烃为母体，卤原子为取代基，按烃的系统命名原则命名。

1. 卤代烷

选择连有卤原子的最长碳链为主链，把卤原子作为取代基。其他的命名原则与烷烃的命名基本相同。当出现卤原子与烷基的位次相同时，应给予烷基以较小的编号；不同卤原子的位次相同时，给予原子序数较小的卤原子以较小的编号。例如：

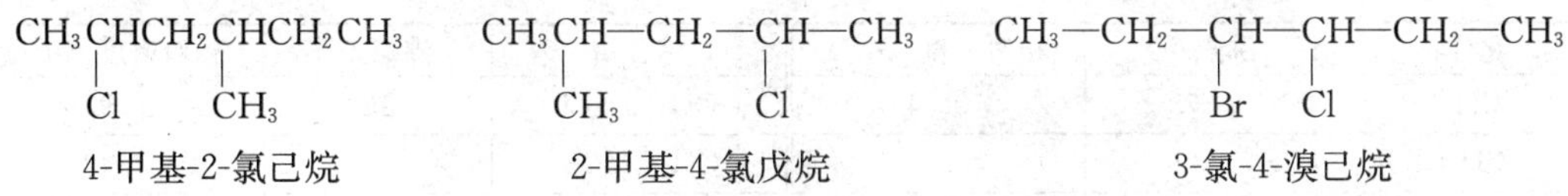

4-甲基-2-氯己烷　　2-甲基-4-氯戊烷　　3-氯-4-溴己烷

2. 卤代烯烃

选择含有双键且连有卤原子的最长碳链作为主链，编号使双键的位次尽可能小。例如：

$CH_2{=}CH{-}CH_2Cl$　　$CH_3CH{=}CHCH(CH_2CH_3)CH_2CH_2Cl$

3-氯-1-丙烯　　4-乙基-6-氯-2-己烯

3. 芳香族卤代烃

既可以将芳烃作为母体，也可以将脂肪烃作为母体。以芳烃作为母体时，芳烃的编号一般用阿拉伯数字，芳环侧链的编号用希腊字母。

3-氯-5-溴异丙苯（苯环上 Br、Cl、$CH(CH_3)_2$）　　2-苯基-1-氯丙烷（$C_6H_5CH(CH_3)CH_2Cl$）

此外，有些卤代烷有常用的俗名，如氯仿（$CHCl_3$）、碘仿（CHI_3）等。

三、同分异构现象

卤代烃的同分异构体数目比相应的烷烃的异构体数目多。如一卤代烷除了具有碳干异构体外，卤原子在碳链上的位置不同，也会引起同分异构现象。

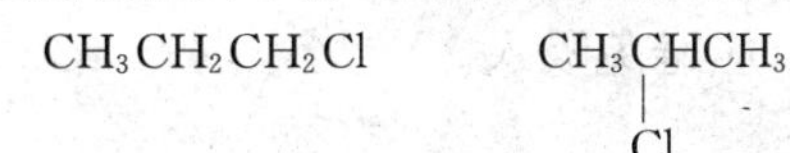

第二节　卤代烷烃的物理性质

案例

卤代烃的沸点比同数碳的相应烷烃高，如何解释这种现象？卤代烃为什么不溶于水，易溶于有机溶剂？

在室温下，除氟甲烷、氟乙烷、氟丙烷、氯甲烷、溴甲烷是气体外，常见的卤代烃多为液体，15个碳以上的卤代烷为固体。一卤代烃的密度大于碳原子数相同的烷烃，随着碳原子数的增加，这种差异逐渐减小。分子中卤原子增多，密度增大。某些卤代烷的沸点和相对密度见表6-1。

表 6-1　常见卤代烷的沸点和相对密度

化合物	沸点/℃	相对密度（d_4^{20}）	化合物	沸点/℃	相对密度（d_4^{20}）
CH_3F	−78	0.84	CH_3CH_2Cl	12	0.91
CH_3Cl	−24	0.92	CH_3CH_2Br	38	1.42
CH_3Br	4	1.73	CH_3CH_2I	72	1.94
CH_3I	42	2.28	$CH_3CH_2CH_2F$	−2.5	0.78
CH_2Cl_2	40	1.34	$CH_3CH_2CH_2Cl$	47	0.89
$CHCl_3$	61	1.50	$CH_3CH_2CH_2Br$	71	1.35
CCl_4	77	1.60	$CH_3CH_2CH_2I$	102	1.75
CH_3CH_2F	−38	0.72	—	—	—

案例分析

C—X具有较强的极性，使卤代烃分子间的引力增大，从而使卤代烃的沸点升高，密度增加，所以卤代烃的沸点比同数碳的相应烷烃高。尽管卤代烃分子具有极性，但不能和水分子形成氢键，所以卤代烃不溶于水。

卤代烃不溶于水，可与醇、乙酸乙酯、乙醚和烃类等有机溶剂混溶。许多有机物可溶于卤代烃，故二氯甲烷、氯仿、四氯化碳等是常用的有机溶剂。

不同卤代烷的稳定性不同。单氟代烷不太稳定，蒸馏时会有烯烃形成并放出氟化氢。氯代烷相当稳定，可用蒸馏方法来纯化。较高分子量的叔烷基氯化物，加热时也会放出氯化氢，因而在处理时要小心。叔丁基碘在常压下蒸馏时，会完全分解。氯仿在光照下会发生缓慢的分解并生成光气。溴代烷和碘代烷对光也敏感，在光的作用下会慢慢放出溴或碘而变成棕色或紫色，因而常存放于不透明或棕色的瓶中保存，在使用前重新进行蒸馏。卤代烃蒸气有毒，应避免吸入。

第三节　取代反应和消除反应

案例

$AgNO_3$溶液可以和卤素离子生成不同颜色的沉淀，所以$AgNO_3$溶液可以用于区分氯、溴、碘三种不同的无机盐。

是否可以用$AgNO_3$区分仲丁基氯、仲丁基溴和仲丁基碘三种不同的卤代烃呢？

一、取代反应

卤代烷的许多化学性质是由卤原子引起的。卤素原子的电负性（F：4.0，Cl：3.0，Br：2.9，I：2.6）比碳原子的电负性（2.5）大，卤代烷的碳卤键C—X键具有极性（碳原子带部分正电荷，卤素原子带部分负电荷），容易断裂，因此卤代烷的化学性质比较活泼。

卤代烷能与许多试剂作用，结果生成分子中的卤原子被其他原子或基团所取代的产物。例如：

$$RX+\begin{cases} NaOH \longrightarrow ROH\text{（醇类）}+NaX \\ NaOR' \longrightarrow R—O—R'\text{（醚类）}+NaX \\ NaCN \longrightarrow R—CN\text{（腈类）}+NaX \\ NH_3 \longrightarrow R—NH_2\text{（胺类）}+HX \\ AgONO_2 \longrightarrow R—O—NO_2\text{（硝酸酯）}+AgX\downarrow \end{cases}$$

上述反应的共同特点是，反应中卤代烷分子中与卤原子直接相连的碳原子带部分正电荷，受到带负电荷的试剂（如：OH^-、CN^-、OR^-）或含孤对电子的试剂（如：NH_3）的进攻。这些试剂称为亲核试剂，由亲核试剂对显正电性的碳原子进攻而引起的取代反应，称为亲核取代反应，以S_N表示（S代表取代，N代表亲核），反应通式如下：

$$\bar{Nu}:+R—\overset{\delta^+}{CH_2}—\overset{\delta^-}{X} \longrightarrow R—CH_2—Nu+:X^-$$

$$Nu:+R—CH_2—X \longrightarrow R—CH_2—\overset{+}{Nu}+:X^-$$

亲核试剂　卤代烷（底物）　　产物　离去基团

其中，Nu：为亲核试剂；：X^-为反应中被取代而带着一对电子离去的基团，称为离去基团。受亲核试剂进攻的卤代烷称为反应底物；卤代烷中与卤原子相连的碳原子为α-碳原子，它是反应的中心，又称为中心碳原子。

卤代烷与硝酸银的醇溶液反应生成卤化银沉淀和硝酸酯，此反应可用于鉴别卤代烃。不同的卤代烷的反应活性不同，若烃基相同，卤原子不同的卤代烃的活性顺序为：RI＞RBr＞RCl；对卤素原子相同烃基结构不同的卤代烃，活性顺序为：叔卤代烷＞仲卤代烷＞伯卤代烷。所以可根据反应性的不同定性鉴别卤代烃。

可以用硝酸银的醇溶液鉴别不同类型的卤代烃。仲丁基氯、仲丁基溴和仲丁基碘与硝酸银的醇溶液反应会生成不同颜色的沉淀，而且反应的速度也有差别。

二、消除反应

由于卤原子的电负性比较大，卤代烃中的碳卤键的极性可以通过诱导效应影响到β-碳原子，使β-碳原子上的氢原子也表现出一定的活泼性。卤代烃与强碱的醇溶液共热，可脱去一分子的卤化氢生成烯烃。这种在分子内脱去一个小分子，生成含有不饱和键化合物的反应称为消除反应。例如：

$$CH_3-\underset{\displaystyle Br}{\underset{|}{CH}}-\underset{\displaystyle H}{\underset{|}{CH_2}}+NaOH\xrightarrow[\triangle]{醇}CH_3-CH=CH_2+NaBr+H_2O$$

反应中，卤代烃脱去卤原子的同时，脱去了β-C上的氢原子，因此，也称为β-消除反应。

该反应活性顺序为：叔卤代烷＞仲卤代烷＞伯卤代烷。当卤代烃分子中含有不止一个β-C时，消除反应的产物可能就不止一种。例如：

$$CH_3-\underset{\displaystyle H}{\underset{|}{CH}}-\underset{\displaystyle Br}{\underset{|}{CH}}-\underset{\displaystyle H}{\underset{|}{CH_2}}+NaOH\xrightarrow[\triangle]{醇}\underset{2\text{-丁烯 }81\%}{CH_3-CH=CH-CH_3}+\underset{1\text{-丁烯 }19\%}{CH_3-CH_2-CH=CH_2}+NaBr+H_2O$$

大量实验表明：卤代烷发生消除反应时，主要脱去含氢较少的β-碳上的氢原子，生成双键上连有烃基较多的烯烃，这一规则称为扎依采夫（Saytzeff）规则。

第四节　一卤代烯烃和一卤代芳烃

案例

水蒸气蒸馏是将水蒸气通入不溶于水的有机物中或使有机物与水经过共沸而蒸出的操作过程，它是用来分离和提纯液态或固态有机化合物的一种方法。溴苄与对溴甲苯互为同分异构体，二者都是不溶于水的高沸点液体。

试分析二者的提纯是否都可以采用水蒸气蒸馏法？

一、分类

根据一卤代烯烃和一卤代芳烃分子中卤原子和双键的相对位置可以分为三类。

（1）乙烯式卤代烃。

$RCH=CH-X$　　如：　$CH_2=CHCl$　　Br（苯环）

（2）烯丙基式卤代烃。

$RCH=CHCH_2X$　　如：　$CH_2=CH-CH_2Cl$　　CH_2Cl（苯环）

（3）孤立式卤代烯烃。

$$RCH=CH(CH_2)_nX\qquad n\geqslant 2$$

二、物理性质

一卤代烯烃中氯乙烯为气体。一卤代芳烃为液体，苄基卤有催泪性，一卤代芳烃都比水重，不易溶于水，易溶于有机溶剂。

三、化学性质

烃基的结构对卤代烃的活性有很大的影响，用 $AgNO_3$ 的醇溶液和不同烃基的卤代烷作用，根据卤化银沉淀生成的快慢，可以测得这些卤代烃的活性次序。

$$-\overset{|}{C}=\overset{|}{C}-CH_2X\text{，}\quad C_6H_5\overset{|}{\underset{|}{C}}X > RX > -\overset{|}{C}=\overset{|}{C}X, C_6H_5X$$

烯丙式、苄基卤和三级卤代烃在室温下就能和 $AgNO_3$ 的乙醇溶液迅速作用，生成 AgX（沉淀）；一级、二级卤代烷一般要在加热下才能起反应，而乙烯式卤代烃和卤苯即使在加热下也不起反应。它们的化学活性次序可归纳如下：

$$-\overset{|}{C}=\overset{|}{C}-CH_2X, C_6H_5\overset{|}{\underset{|}{C}}X > RX > -\overset{|}{C}=\overset{|}{C}X, C_6H_5X$$

案例分析

对溴甲苯属于乙烯式卤代烃，性质较稳定，可以采用水蒸气蒸馏法进行提纯。而溴苄属于烯丙基式卤代烃，性质活泼，在高温的条件下会水解，所以不能采用水蒸气蒸馏法进行提纯。

第五节　有机氟化物

案例

氟利昂是很重要的有机氟化物，可作冰箱、空调机的制冷剂和作清洁剂等喷雾剂的推进剂。但由于对环境的破坏作用，已限制生产和使用。

氟利昂是如何影响环境的？

有机氟化物是有机化合物分子中与碳原子连接的氢被氟取代的一类元素有机化合物。分子中全部碳-氢键都转化为碳-氟键的化合物称全氟有机化合物，部分取代的称单氟或多氟有机化合物。由于氟是电负性最大的元素，氟原子的引入常常导致有机化合物产生独特的物理、化学性质和生理活性，因而在许多尖端技术和重大工业项目及医药、农药和催化工业中都对含氟化合物进行广泛而深入的研究和应用。另一方面，有些有机氟化合物也是环境污染物，造成臭氧层破坏、全球变暖、生物累积和生物毒性。

一、有机氟化物的性质

有机氟化物与其他卤代烃比较，性质独特，制备比较困难。一氟代烃不太稳定，容易脱去 HF 而生成烯烃。当烃分子中含有多个氟原子（特别是同一个碳上连有多个氟原子）时，则变得比较稳定。由于某些多氟代烃有极好的耐热性、耐腐蚀性和优良的电绝缘性，良好的性能促使其发展成尖端科学不可或缺的物质。

二、重要的有机氟化物及应用

1. 聚四氟乙烯

四氟乙烯聚合所生成的聚四氟乙烯是性能优良的塑料（商品名称 Teflon）。它具有耐酸、耐碱、耐高温和不溶于任何有机溶剂的特点，而具有特殊用途，可作人造血管等医用材料、实验室中电磁搅拌磁心的外壳，以及炊具不粘锅的“内衬”等。

2. 氟氯代烃

氟氯代烃的商品名又称为氟利昂（Freon），简写作 $F_{\times\times\times}$。F 后第一个阿拉伯数字代表分子中的碳原子数减去 1 所得，第二个数字等于分子中的氢原子数加 1，第三个数字代表分子中的氟原子数。如 CCl_2F_2 商品名为 F_{012} 或 F_{12}。

氟利昂类化合物可作冰箱、空调机的制冷剂和作清洁剂等喷雾剂的推进剂。氟利昂类制冷剂，它们具备加压易液化，汽化热大，安全性高，不燃、不爆、无臭、无毒等优良性能。不同沸点的氟利昂可用于不同的制冷场所。

气溶剂是氟利昂的另一大用处。将杀虫剂和除草剂与适当的氟利昂组成的混合物加压溶解罐装，使用时氟利昂溶媒在大气压下膨胀蒸发，其中所含的杀虫剂等溶质形成极为分散的细小粒子，使用效果极佳，因而广泛用于香水、化妆品、农药、涂料、油漆、头发喷雾剂中。

此外，随着膨松聚氨酯塑料的普及使用，作为成泡气体用的氟利昂发泡剂的使用也在不断增加；利用氟利昂的溶解性和化学惰性作干清洗剂也大量使用。

3. 溴氟代烃

溴氟代烃是一类很好的灭火剂，商品名为 Halon 的 CBr_2F_2 和 $CBrF_3$ 被广泛用于飞机、轮机舱、火箭、海上钻井平台和精密机械及图书馆的灭火装置中。它们无毒，受光和高温作用后的分解物也无毒性、无残留物。

4. 5-氟尿嘧啶

氟的原子半径很小，只有 0.072nm，C—F 键长为 0.14nm，分别与氢原子的半径及 C—H 键长相近，不会有太大的体积效应，即有“伪似作用”。在药物中引入氟原子，不会干扰对机体的作用。例如，抗癌药 5-氟尿嘧啶因与尿嘧啶的伪似作用，干扰了癌细胞 DNA 的合成而达到抗肿瘤的目的，但同时具有很大的毒副作用。

OH, F, N, N, HO

5-氟尿嘧啶

另外，在农药领域、杀虫剂、除草剂、昆虫信息素等方面都可以看到氟原子引入后明显改善了药物分子的疏水亲脂性、特效性、吸收、转运和转化降解等性能，达到高效低毒的要求。近年来国内外含氟农药得到了迅猛发展，在目前世界上1300多个农药品种中，含氟农药占12%以上。

三、有机氟化物对环境的影响

氟利昂的优良性能使其生产和使用量自20世纪30年代以来已经超过1000万t。由于其特别稳定的化学性能，不易分解，而残留在大气中并不断上升，继而对臭氧层起到破坏作用。臭氧可以吸收200～300nm波长的紫外光，臭氧层一旦出现空洞，每受到1%的破坏，抵达地球表面的有害紫外线将增加2%左右，其后果是皮肤癌和眼病增加，人体的免疫系统性能下降，海洋生物的食物链被破坏，一些植物生长受影响（包括农作物减产）。20世纪80年代末以后，为了更好地保护生态环境，国际上接连签署了多个关于限制使用和生产氟利昂的协议。

溴氟代烃中的CF_2ClBr（商品名1211），是有效的灭火剂，但对臭氧层的破坏也最强，故已于1994年禁止生产使用。

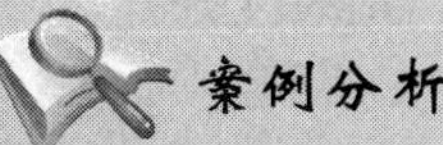

案例分析

氟利昂到达平流层后吸收了260nm波长以下的阳光，分解出氯自由基，继之与臭氧作用生成ClO·自由基，引发连锁反应，一个Cl原子可以破坏许多个O_3分子，造成了对臭氧层的破坏作用，进而影响到环境。

学习小结

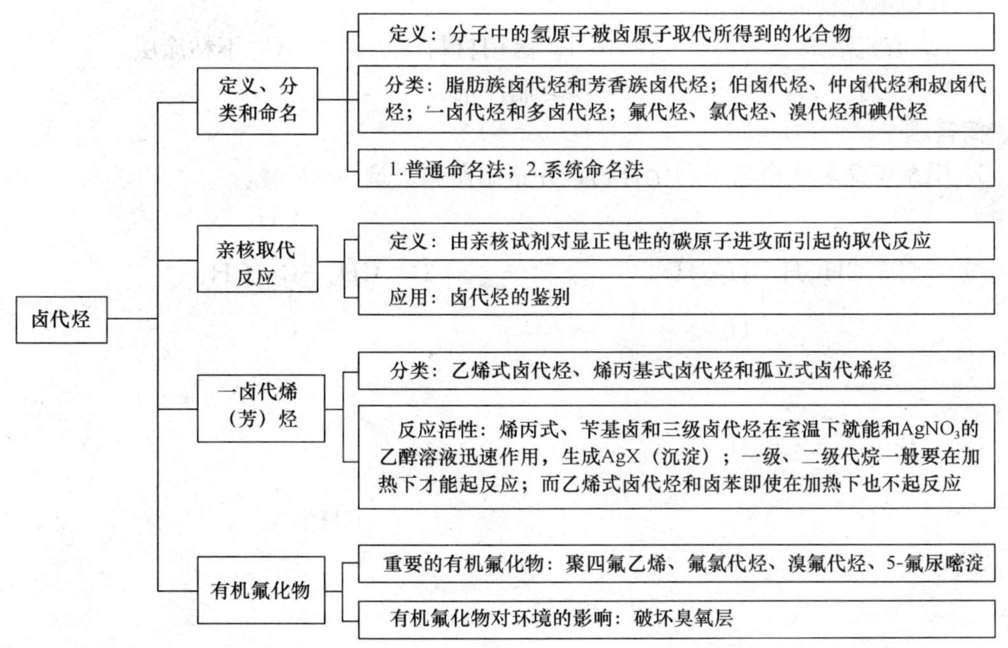

自我测评

一、单选题

1. 下列物质中，属于叔卤代烷的是（　　）。
   A. 3-甲基-1-氯丁烷　　B. 2-甲基-3-氯丁烷
   C. 2-甲基-2-氯丁烷　　D. 2-甲基-1-氯丁烷
2. 卤代烃与氨反应的产物是（　　）。
   A. 腈　　B. 胺　　C. 醇　　D. 醚
3. 烃基相同时，RX 与 $NaOH/H_2O$ 反应速率最快的是（　　）。
   A. RF　　B. RCl　　C. RBr　　D. RI
4. 区分 $CH_3CH{=}CHCH_2Br$ 和 $(CH_3)_3CBr$ 的最佳试剂是（　　）。
   A. Br_2/CCl_4　　B. $NaOH/H_2O$　　C. $AgNO_3/H_2O$　　D. $AgNO_3$/醇
5. 能破坏臭氧层的化合物是（　　）。
   A. 氯乙烯　　B. 氯仿　　C. 氟利昂　　D. 溴苯

二、多选题

1. 下列化合物属于多卤代烃的是（　　）。
   A. 1,2-二氯苯　　B. 氯仿　　C. 2-氯甲苯
   D. 2,4-二氯甲苯　　E. 烯丙基氯
2. 与 $AgNO_3$/乙醇溶液反应，立即生成白色沉淀的是（　　）。
   A. 邻氯甲苯　　B. 氯苄　　C. 1-氯环己烯
   D. 3-氯环己烯　　E. 4-氯环己烯
3. 有机氟化物的用途是（　　）。
   A. 有机溶剂　　B. 医用材料　　C. 不粘涂层
   D. 农药　　E. 制冷剂

三、简答题

1. 用系统命名法命名下列化合物，并指出所属类型：

(1) 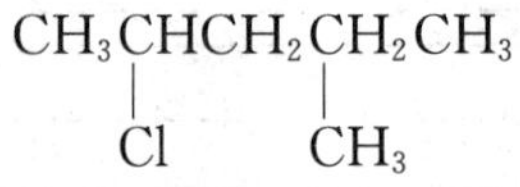 $CH_3\underset{\displaystyle Cl}{\underset{|}{C}H}CH_2\underset{\displaystyle CH_3}{\underset{|}{C}H_2}CH_3$

(2) $CH_3-\overset{\displaystyle CH_3}{\overset{|}{\underset{\displaystyle Cl}{\underset{|}{C}}}}-CH_3$

(3) Br—(环己烯环)—CH_3

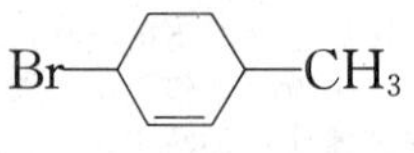

(4) 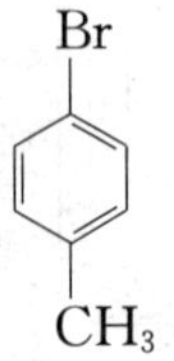 苯环，对位分别连 Br 和 CH_3

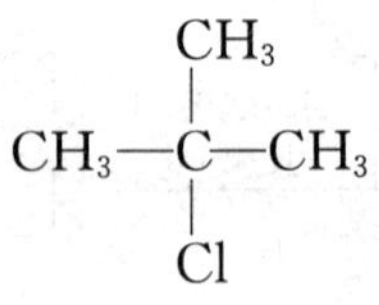

2. 完成下列反应：

(1) 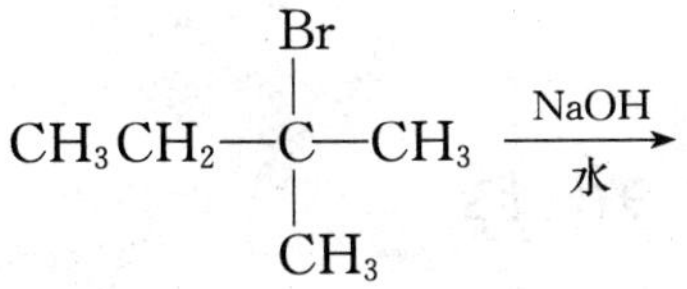 $CH_3CH_2-\underset{CH_3}{\overset{Br}{\overset{|}{\underset{|}{C}}}}-CH_3 \xrightarrow[\text{水}]{NaOH}$

(2) 环己基-CH_2Cl + $NaOCH_2CH_3 \longrightarrow$

(3) $CH_3\overset{CH_3}{\overset{|}{C}}HCH_2I + AgNO_3 \longrightarrow$

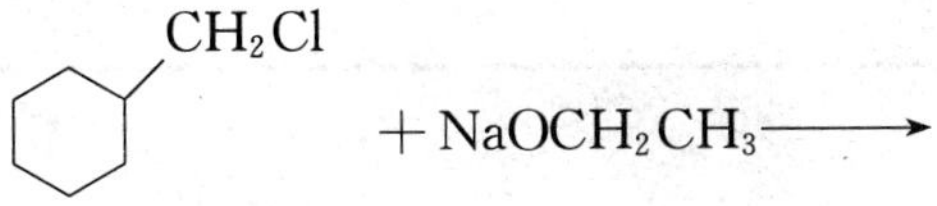

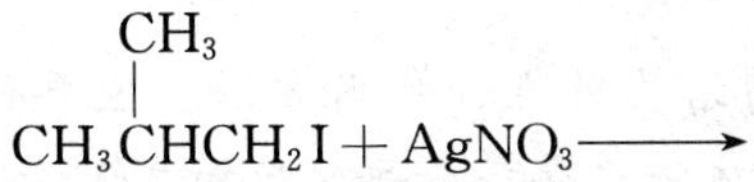

3. 用化学方法区别下列化合物：

(1) 氯苯、氯化苄、3-苯基-1-氯丁烷

(2) 2-甲基-3-溴-2-戊烯、2-甲基-4-溴-2-戊烯、2-甲基-5-溴-2-戊烯

第七章 不饱和烃

学习目标

知识要求：掌握烯烃、炔烃和二烯烃的结构特点、命名方法和主要化学性质；烯烃的顺反异构现象、产生原因及表示方法；熟悉诱导效应和共轭效应以及对有机化合物性质的影响；了解重要的不饱和烃。

能力要求：学会应用系统命名法命名简单烯烃和炔烃，以及烯烃的顺反异构体；学会根据烯烃或炔烃的氧化产物推断化合物的结构式；具备应用烯烃和炔烃的特效反应进行化合物鉴别的能力。

学习导航

不饱和烃分子中含有碳碳双键或三键，化学性质比烷烃活泼得多。不饱和烃是非常重要的有机化合物，在化学工业和生命科学中都有十分重要的地位。例如，乙炔是有机合成的重要原料，也应用于照明、金属的焊接和切割及原子吸收光谱；许多天然食物中存在的β-胡萝卜素，是天然的抗氧化剂，具有防癌、抗癌、防衰老和提高机体免疫力等功效。

分子中含有碳碳双键或三键的烃称为不饱和烃，烯烃含碳碳双键(C═C)，炔烃含碳碳三键(C≡C)，均属于不饱和烃类化合物。由于这两类不饱和键的存在，使烯烃和炔烃的化学性质比烷烃活泼得多，且性质也有很多相似之处。

第一节 烯 烃

案例

烯烃为不饱和烃，含有碳碳双键官能团，异构现象比烷烃复杂，除具有碳链异构、位置异构外，还具有顺反异构。顺反异构体不仅理化性质不同，往往还有不同的生理活性。例如，己烯雌酚是雌激素，供药用的是反式异构体，生理活性较强，而顺式异构体生理活性弱。

为什么顺反异构体的生理活性不同？

分子中含有碳碳双键的烃称为烯烃，根据分子中所含双键的数目又可分为单烯烃（含 1 个双键）、二烯烃（含 2 个双键）和多烯烃（含多个双键）。通常烯烃是指单烯烃，通式是 C_nH_{2n}（$n \geqslant 2$）。碳碳双键是烯烃的官能团。

一、烯烃的结构和异构现象

最简单的烯烃是乙烯（ $CH_2{=}CH_2$ ），其结构式为

121.6°
H H
0.11nm C ═ C 116.7°
H H
0.134nm

乙烯分子中的所有原子都在同一平面内，即为平面型分子，碳碳双键的平均键长为 0.134nm，比碳碳单键的键长 0.154nm 短；碳碳双键的平均键能是 610.28kJ/mol，是单键键能的 1.75 倍左右，说明双键并不是单键的加和。

（一）烯烃的结构

形成乙烯分子时，2 个碳原子各用 1 个 sp^2 杂化轨道沿着键轴方向“头碰头”重叠，形成 1 个 C—C σ 键。每个碳的其余 2 个 sp^2 杂化轨道分别与两个氢原子的 1s 轨道形成两个 C—H σ 键，5 个 σ 键都处于同一平面上，两个碳原子的 p 轨道的对称轴都垂直于该平面，彼此互相平行，“肩并肩”从侧面互相重叠形成 π 键，这样就在两个碳原子之间形成碳碳双键，其中一个 σ 键，另一个 π 键。形成 π 键的一对电子叫做 π 电子。π 键垂直于 σ 键所在的平面，所以乙烯为平面型分子。乙烯分子中的 σ 键和 π 键如图 7-1 所示。

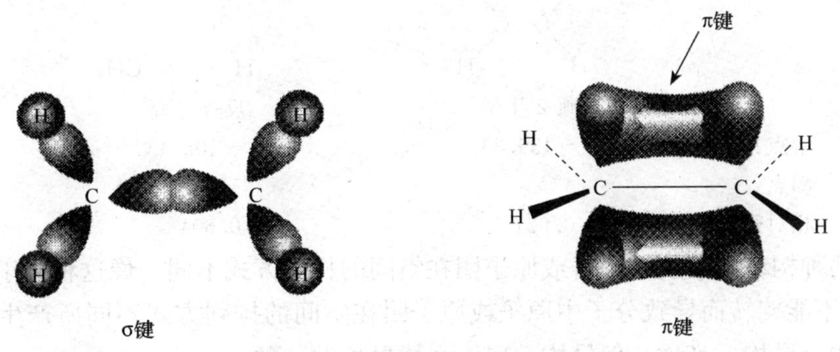

图 7-1 乙烯分子中 σ 键和 π 键

由于碳碳双键原子间的电子云密度较碳碳单键大，使两个碳原子核更接近。因此，碳碳双键的平均键长比碳碳单键的键长短。π 键是由两个 p 轨道侧面重叠而形成的，电子云的重叠程度较小，π 键的键能小。因此。π 键比 σ 键容易断裂，是发生化学反应的主要部位。

π 键两个 p 轨道侧面重叠而形成的，使 π 键相连的两个碳原子不能像 σ 键那样自由旋转。因此碳碳双键上所连接的原子和基团具有固定的空间排列，而产生顺反异构。

（二）异构现象

烯烃的异构现象比烷烃复杂，其异构体的数目也比相同碳原子数目的烷烃多。概括起来，主要有3种。

1. 碳链异构

由于碳链的骨架不同而引起的异构现象。例如：

$CH_2{=}CHCH_2CH_3$ 1-丁烯

$CH_2{=}C(CH_3)CH_3$ 2-甲基丙烯

2. 位置异构

由于双键在碳链上位置不同而引起异构现象。例如：

$CH_2{=}CHCH_2CH_3$ 1-丁烯

$CH_3CH{=}CHCH_3$ 2-丁烯

3. 顺反异构

在烯烃分子中，由于π键的存在限制了碳碳双键的旋转，所以与双键碳原子直接相连的原子或基团在空间的排列方式是固定的。当双键两端的碳原子上各自连有2个不同的原子或原子团时，则双键碳上的4个原子或原子团在空间就有两种不同的排列方式（构型），产生两种异构体。例如，2-丁烯有以下两种构型。

	顺-2-丁烯 (CH$_3$, CH$_3$ 同侧; H, H 同侧)	反-2-丁烯 (CH$_3$, H 上; H, CH$_3$ 下)
熔点：	−139.3℃	−105.4℃
沸点：	4℃	1℃
相对密度：	0.621	0.604

以上两种构型的区别是原子或原子团在空间的排列方式不同。像这种由于碳碳双键（或碳环）不能旋转而导致分子中原子或原子团在空间的排列方式不同所产生的异构现象，称为顺反异构，又称几何异构，属于立体异构的一种。

需要指出的是，并不是所有的烯烃都有顺反异构现象。产生顺反异构的条件是除了σ键的旋转受阻外，还要求两个双键碳原子上分别连接有不同的原子或基团。也就是说，当双键的任何一个碳原子上连接的两个原子或基团相同时，就不存在顺反异构现象了。例如，下列化合物就没有顺反异构体。

$(a)(a)C{=}C(a)(b)$　　$(a)(a)C{=}C(b)(c)$

二、烯烃的命名

（一）烯烃的系统命名法

（1）选主链。选择含有双键的最长碳链作为主链，侧链视为取代基，按主链中所含碳原子的数目命名为“某烯”。主链碳原子数在十以内时用天干表示，如主链含有三个碳原子时，即叫做丙烯；在十以上时，用中文字十一、十二、……表示，并在烯之前加上碳字，如十二碳烯。

（2）编号。给主链编号时从距离双键最近的一端开始，侧链视为取代基，双键的位次须标明，用两个双键碳原子位次较小的一个表示，放在烯烃名称的前面。若双键正好在中间，则主链编号从靠近取代基一端开始。

（3）取代基的名称和位次写在母体名称前面，表示方式与烷烃相同。例如：

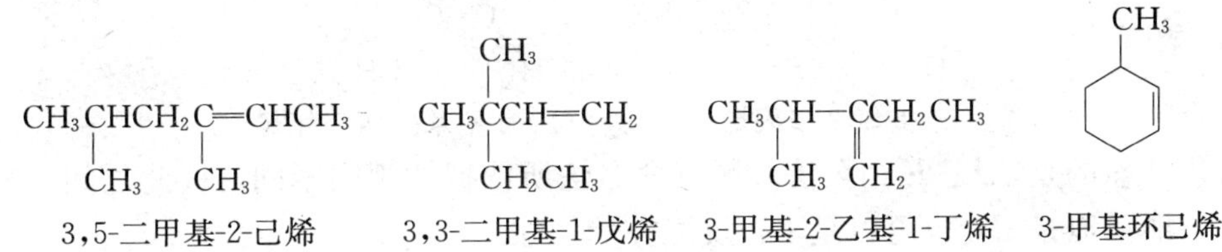

3,5-二甲基-2-己烯　　3,3-二甲基-1-戊烯　　3-甲基-2-乙基-1-丁烯　　3-甲基环己烯

你问我答

戊烯有多少种同分异构体？在这些同分异构体中有几种可能有顺反异构体存在？

烯烃去掉一个氢原子后剩下的基团称为烯基，烯基的编号自去掉氢原子的碳原子开始，例如：

$CH_2{=}CH-$	$CH_3CH{=}CH-$	$CH_2{=}CHCH_2-$
乙烯基	1-丙烯基（丙烯基）	2-丙烯基（烯丙基）

（二）顺反异构体的命名

顺反异构体的命名方法有两种，即顺、反命名法和 Z、E 命名法。

1. 顺、反命名法

当与双键相连的两个碳原子上连有相同的原子或基团时，可采用顺反命名法。两个相同原子或基团处于双键同一侧的，称为顺式；处于双键异侧时，称为反式。例如：

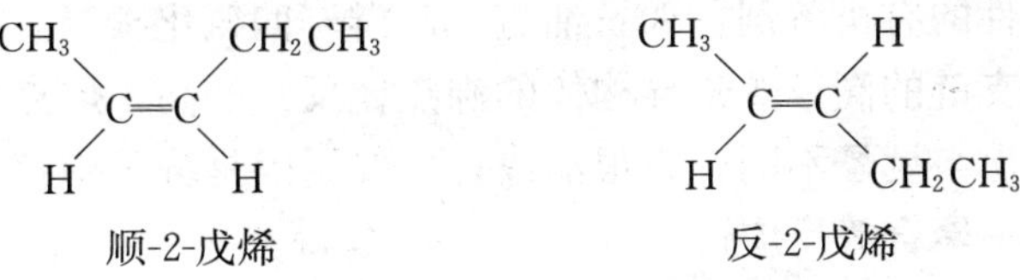

顺-2-戊烯　　反-2-戊烯

顺反构型命名法主要用于命名 2 个双键碳原子上连有相同的原子或原子团的顺反异构体。如果 2 个双键碳原子上连有不同的原子（或原子团），则需要采用以“次序规则”为基础的 Z、E 构型命名法。

2. *Z*、*E* 命名法

用 Z、E 命名法时，首先根据“次序规则”将每个双键碳原子上所连接的两个原子或基团排出大小，大者称为“优先”基团，当两个优先基团位于双键的同一侧时，用 Z（德文 Zusammen 的缩写，意为“共同”，指同侧）标记其构型；当两个优先基团位于双键的异侧时，用 E（德文 Entgegen 的缩写，意为“相反”，指不同侧）标记其构型。书写时，将 Z 或 E 加括号放在烯烃名称之前，同时用半字线与烯烃名称相连。

利用 Z、E 命名法可以命名所有的顺反异构体。例如：

(E)-1-氯-2-溴丙烯　　(Z)-2-甲基-1-氯-1-丁烯

必须注意的是，Z、E 命名法和顺反命名法所依据的规则不同，彼此之间没有必然的联系。顺可以是 Z，也可以是 E，反之亦然。如：

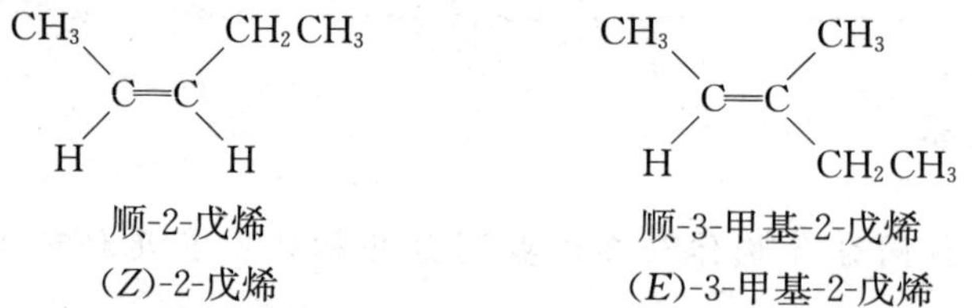

顺-2-戊烯　　顺-3-甲基-2-戊烯

(Z)-2-戊烯　　(E)-3-甲基-2-戊烯

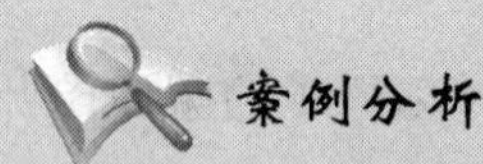

案例分析

由于顺反异构体属于不同的化合物，理化性质不同，在体内的吸收与转运不同，这主要是由于异构体中原子或基团的空间距离不同，彼此间相互作用力大小不同，在生物体中则造成药物与受体表面作用的强弱不同，导致生理活性出现差异。

三、烯烃的性质

烯烃的物理性质和相应的烷烃相似。在常温常压下，含 2～4 个碳原子的烯烃为气体，含 5～18 个碳原子的为液体，19 个碳原子以上的为固体。它们的沸点、熔点和相对密度都随分子量的增加而升高，但相对密度都小于 1，都是无色物质，不溶于水，易溶于非极性和弱极性的有机溶剂，如石油醚、乙醚、四氯化碳等。含相同碳原子数目的直链烯烃的沸点比支链的高。顺式异构体的沸点比反式的高，熔点比反式的低。

烯烃的化学性质与烷烃不同，它很活泼，主要原因是分子中存在碳碳双键，容易断裂发生加成、氧化、聚合等反应。

（一）加成反应

加成反应是烯烃的典型反应。在反应中π键断裂，双键上的两个碳原子和其他原子或基团结合，形成两个新的σ键，使烯烃变成饱和烃。

$$\rangle C=C\langle + X-Y \longrightarrow -\underset{X}{\underset{|}{C}}-\underset{Y}{\underset{|}{C}}-$$

1. 催化加氢

常温常压下，烯烃很难同氢气发生反应，但是在催化剂（如铂、钯、镍等）存在下，烯烃与氢发生加成反应，生成相应的烷烃。

$$R-CH=CH_2+H_2 \xrightarrow{\text{催化剂}} R-CH_2CH_3$$

烯烃的催化加氢反应是定量进行的，因此可以通过测量氢气体积的办法，来确定烯烃中双键的数目。

小贴士

烯烃催化加氢的应用

烯烃的催化加氢在工业上和研究工作中都具有重要意义，如油脂氢化制硬化油、人造奶油等；为除去粗汽油中的少量烯烃杂质，可进行催化氢化反应，将少量烯烃还原为烷烃，从而提高油品的质量。

2. 亲电加成反应

由于烯烃双键的形状及其电子云分布特点，烯烃容易给出电子，因而易受到正电荷或部分带正电荷的缺电子试剂（称为亲电试剂）的进攻而发生反应。这种由亲电试剂的进攻而引起的反应称为亲电加成反应。与单烯烃发生亲电加成的试剂主要有卤素（Br_2、Cl_2）、卤化氢、硫酸及水等。

1）与卤素加成

单烯烃很容易与卤素发生加成反应，生成邻二卤化物。例如，将烯烃气体通入溴的四氯化碳溶液后，溴的红棕色马上消失，表明发生了加成反应。在实验室中，常利用这个反应来检验烯烃的存在。

$$CH_3-CH=CH_2+Br_2 \xrightarrow{CCl_4} CH_3-\underset{Br}{\underset{|}{CH}}-\underset{Br}{\underset{|}{CH_2}}$$

相同的烯烃和不同的卤素进行加成时，卤素的活性顺序为：氟＞氯＞溴＞碘。氟与烯烃的反应太剧烈，往往使碳链断裂；碘与烯烃难于发生加成反应，所以一般所谓烯烃与卤素的加成，实际上是指加溴或加氯。

2）加卤化氢

烯烃与卤化氢发生加成反应，生成相应的卤代烷烃。

$$CH_2=CH_2+HX \longrightarrow CH_3CH_2X$$

不同卤化氢与相同的烯烃进行加成时，反应活性顺序为：HI>HBr>HCl，氟化氢与烯烃加成反应的同时使烯烃聚合。

当结构不对称的烯烃如丙烯，与卤化氢发生加成反应，可能得到两种不同的产物。

$$CH_3-CH=CH_2+HX \longrightarrow \begin{cases} CH_3-\underset{\displaystyle X}{\underset{|}{CH}}-CH_3 \\ CH_3-CH_2-\underset{\displaystyle X}{\underset{|}{CH_2}} \end{cases}$$

实验证明，丙烯与卤化氢加成的主要产物是2-卤代丙烷。1868年俄国化学家马尔科夫尼科夫（V. V. Markovnikov）在总结了大量实验事实的基础上，提出了一条重要的经验规则：不对称烯烃与不对称试剂（如HX、H_2SO_4）发生加成反应时，不对称试剂中带正电荷的部分，总是加到含氢较多的双键碳原子上，而带负电荷部分则加在含氢较少或不含氢的双键碳原子上，这个规则称为马尔科夫尼科夫规则，简称马氏规则。应用马氏规则可以预测不对称烯烃与不对称试剂加成时的主要产物。例如：

$$CH_3CH_2CH=CH_2+HBr \xrightarrow{\text{醋酸}} \underset{80\%}{CH_3CH_2\underset{\displaystyle Br}{\underset{|}{C}}HCH_3}$$

$$\text{1-甲基环戊烯} + HX \longrightarrow \text{1-X-1-甲基环戊烷}$$

但在过氧化物存在下，溴化氢与不对称烯烃的加成是反马氏规则的。例如，在过氧化物存在下丙烯与溴化氢的加成，生成的主要产物是1-溴丙烷，而不是2-溴丙烷。

$$CH_3-CH=CH_2+HBr \xrightarrow{\text{过氧化物}} CH_3CH_2CH_2Br$$

这种由于过氧化物的存在而引起烯烃加成取向的改变，称为过氧化物效应。该反应的反应历程是自由基加成反应历程，不是亲电加成反应历程。

过氧化物的存在，对不对称烯烃与HCl和HI的加成反应方式没有影响。

3）加硫酸

烯烃与冷的浓硫酸混合，反应生成硫酸氢酯，硫酸氢酯水解生成相应的醇。例如：

$$CH_2=CH_2+HOSO_3H \longrightarrow \underset{\text{硫酸氢乙酯}}{CH_3CH_2OSO_3H} \xrightarrow[\triangle]{H_2O} CH_3CH_2OH+H_2SO_4$$

不对称烯烃与硫酸的加成反应，遵守马氏规则。

$$CH_3-CH=CH_2+HOSO_3H \longrightarrow \underset{\text{硫酸氢异丙酯}}{CH_3\underset{\displaystyle OSO_3H}{\underset{|}{C}}HCH_3} \xrightarrow[\triangle]{H_2O} \underset{\text{异丙醇}}{CH_3\underset{\displaystyle OH}{\underset{|}{C}}HCH_3}+H_2SO_4$$

这是工业上制备醇的方法之一，其优点是对烯烃的原料纯度要求不高，技术成熟，转化率高，但由于反应需使用大量的酸，易腐蚀设备，且后处理困难。由于硫酸氢酯能溶于浓硫酸，因此可用来提纯某些化合物。例如，烷烃一般不与浓硫酸反应，也不溶于硫酸，用冷的浓硫酸洗涤烷烃和烯烃的混合物，可以除去烷烃中的烯烃。

4）加水

在酸（常用硫酸或磷酸）催化下，烯烃与水直接加成生成醇。不对称烯烃与水的加成反应也遵从马氏规则。例如：

$$CH_2=CH_2 + HOH \xrightarrow[300℃，7MPa]{H_3PO_4/硅藻土} CH_3CH_2OH$$

$$CH_3-CH=CH_2 + HOH \xrightarrow[200℃，2MPa]{H_3PO_4/硅藻土} \underset{\text{异丙醇}}{CH_3\underset{|}{\overset{}{C}}HCH_3 \atop \quad OH}$$

这也是醇的工业制法之一，称为直接水合法。此法简单、便宜，但设备要求较高。

（二）氧化反应

烯烃的碳碳双键很容易被氧化，π 键首先断开，当反应条件剧烈时 σ 键也可断裂，所以氧化产物与烯烃结构、氧化剂和氧化条件有关。

烯烃与碱性（或中性）高锰酸钾的稀溶液反应，π 键断开，在双键碳上各引入一个羟基，生成邻二醇。反应过程中，高锰酸钾溶液的紫色退去，并且生成棕褐色的二氧化锰沉淀，所以这个反应可以用来鉴定烯烃。

$$3R-CH=CH_2 + 2KMnO_4 + 4H_2O \xrightarrow[或中性]{稀\ OH^-} 3R-\underset{OH}{\underset{|}{CH}}-\underset{OH}{\underset{|}{CH_2}} + 2MnO_2\downarrow + 2KOH$$

若用酸性高锰酸钾溶液或加热，在比较强烈的反应条件下氧化，则烯烃的碳碳双键完全断裂，最终反应产物为二氧化碳、羧酸、酮或它们的混合物，氧化产物取决于烯烃的结构，反应现象是高锰酸钾溶液退色。

$$R-CH=CH_2 \xrightarrow[H_2SO_4]{KMnO_4} \underset{\text{羧酸}}{R-\overset{OH}{\overset{|}{C}}=O} + O=\overset{OH}{\overset{|}{C}}-OH \longrightarrow CO_2 + H_2O$$

$$\begin{matrix} R \\ \diagdown \\ \end{matrix} C=CH-R \xrightarrow[H_2SO_4]{KMnO_4} \underset{\text{酮}}{\begin{matrix} R \\ \diagdown \end{matrix} C=O} + \underset{\text{羧酸}}{O=\overset{OH}{\overset{|}{C}}-R}$$

（其中左侧双键碳及酮的羰基碳上各连两个 R）

由于不同结构的烯烃，氧化产物不同，因此通过分析氧化得到的产物，可以推测原来烯烃的结构。

（三）聚合反应

烯烃在催化剂或引发剂的作用下 π 键断开，相当数量的分子间自身加成，形成大分子，称为聚合物，这种由低分子结合成大分子的过程称为聚合反应，发生聚合反应的烯烃分子称为单体。例如：

$$nCH_2=CH_2 \xrightarrow{TiCl_4-Al\ (C_2H_5)_3} \lbrack CH_2-CH_2 \rbrack_n$$

小贴士

聚乙烯的用途

聚乙烯是一种无毒、电绝缘性很好的塑料，是日常生活中最常用的高分子材料之一，广泛用在日常生活用品制造及电气、食品、制药等领域。

四、诱导效应

氯原子取代烷烃分子中的氢原子后，由于氯的电负性较强，使分子中的电子云密度分布发生如下变化：

$$\overset{\delta\delta\delta+}{\underset{3}{C}} \longrightarrow \overset{\delta\delta+}{\underset{2}{C}} \longrightarrow \overset{\delta+}{\underset{1}{C}} \longrightarrow \overset{\delta-}{Cl}$$

首先，C—Cl 的电子云偏向氯原子，产生偶极，直箭头所指的方向是电子云偏移的方向，C1 带有部分正电荷；C1 上的正电荷吸引 C1、C2 键之间的电子云偏向 C1，但偏移程度要小些，则 C2 也带有少许的正电荷，同理 C3 也带有更少的正电荷。这种由于原子（或原子团）电负性不同，引起分子中的电子云沿着碳链向某一方向移动的现象称诱导效应，常用符号 I 表示。诱导效应是一种静电作用，是一种永久性的效应。诱导效应随着传递距离的增加迅速减弱，一般传递 3 个 σ 键后可忽略不计。

诱导效应中电子移动的方向是以 C—H 中的氢作为比较标准，电负性大于氢的原子或原子团称为吸电子基，吸电子基引起的诱导效应称吸电子诱导效应，用－I 表示；电负性小于氢的原子或原子团，称给电子基（或斥电子基），由给电子基引起的诱导效应称给电子诱导效应，以＋I 表示。

$$-\overset{|}{\underset{|}{C}}\rightarrow X \qquad -\overset{|}{\underset{|}{C}}\rightarrow H \qquad -\overset{|}{\underset{|}{C}}\leftarrow Y$$

X 是吸电子基 比较标准 Y 是给电子基

－I 效应 ＋I 效应

常见的给电子取代基和吸电子取代基及强弱的次序如下：

给电子基团（＋I）：

$-O^- > -COO^- > -C(CH_3)_3 > -CH(CH_3)_2 > -CH_2CH_3 > -CH_3 > -H$

吸电子基团（－I）：

$-NO_2 > -CN > -COOH > -F > -Cl > -Br > -I > -OH > -C_6H_5 > -CH{=}CH_2 > -H$

诱导效应可以很好地解释不对称烯烃加成时的马氏规则。例如，丙烯和卤化氢的加成，由于丙烯中甲基具有给电子诱导效应，使双键的 π 键电子云偏移，C1 带有部分负电荷，C2 带有部分正电荷，当与卤化氢进行反应时，亲电试剂 H^+ 首先加到带部分负电荷的双键碳原子上，形成碳正离子中间体，然后卤素负离子加到带正电荷的碳原子上。

$$CH_3 \rightarrow \overset{\delta+}{C}H{=}\overset{\delta-}{C}H_2 + \overset{\delta+}{H}-\overset{\delta-}{X} \xrightarrow{慢} [CH_3\overset{+}{C}HCH_3] + X^- \xrightarrow{快} CH_3\underset{\underset{X}{|}}{C}HCH_3$$

烯烃和溴化氢在过氧化物存在下的加成反应历程是游离基加成，反应过程中没有碳正离子中间体生成，所以最终的产物为反马氏规则的产物。

第二节　炔　　烃

案例

炔烃分子中含有不饱和的碳碳三键，与烯烃具有相似的性质，都可以与卤素发生加成反应，当分子中既有双键又含有三键时，卤素首先加到双键还是三键上？如何解释这种现象？

分子中含有碳碳三键的烃称为炔烃，碳碳三键（—C≡C—）是炔烃的官能团，炔烃的通式为 C_nH_{2n-2}（$n\geqslant 2$）。

一、炔烃的结构和异构现象

乙炔是最简单的炔烃，乙炔分子中的 4 个原子都在同一直线上，即为线型分子。

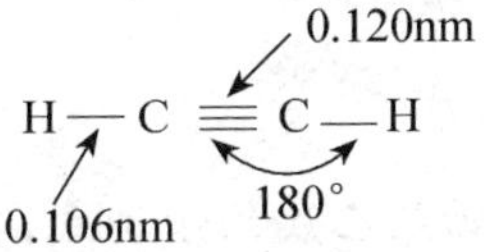

H—C≡C—H（C≡C 键长 0.120nm；C—H 键长 0.106nm；键角 180°）

乙炔分子中，2 个碳原子各以 1 个 sp 杂化轨道沿对称轴重叠，形成 C—C σ 键，每个碳原子的另 1 个 sp 杂化轨道，与氢原子的 1s 轨道重叠形成 C—H σ 键，两个 sp 杂化轨道对称地分布在碳的两侧，成为一条直线，两者之间的夹角为 180°，如图 7-2 所示。

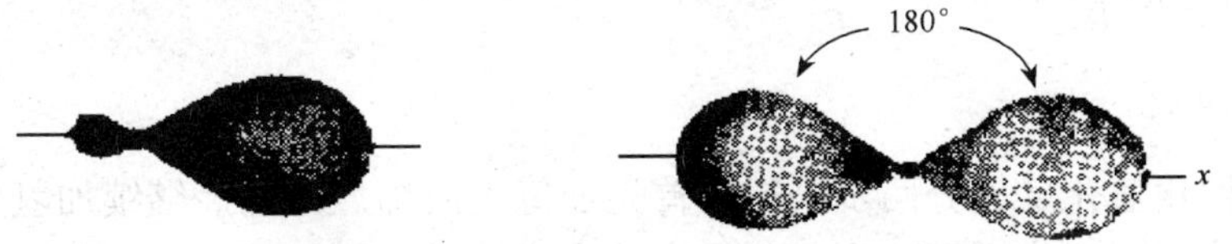

图 7-2　碳原子的 sp 杂化电子轨道

两个碳原子各有两个未杂化的 p 轨道，它们的对称轴都与 sp 杂化轨道的对称轴互相垂直，这两个 p 轨道可以在各自侧面重叠形成两个 π 键，所以碳碳三键中一个是 σ 键，两个是 π 键。实际上三键中四个 π 电子的电子云是混合在一起，它们围绕着连接两个碳核的直线成圆筒形分布，如图 7-3 所示。

由于三键的几何形状为直线型，所以炔烃无顺反异构体。与相同碳原子数的烯烃相比，炔烃的异构体数目较少。例如，丁烯有三个构造异构体，但丁炔只有两个构造异构体。

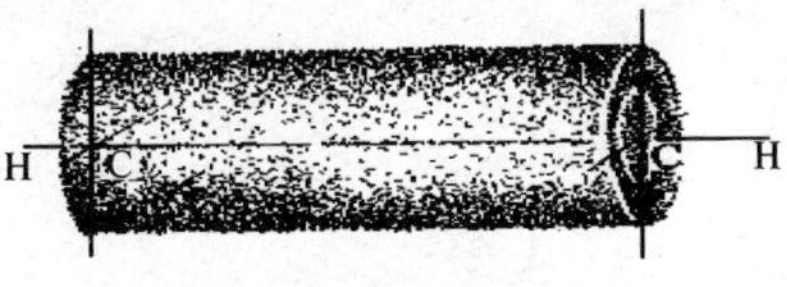

图 7-3　乙炔分子的圆筒形 π 电子云

$CH_3CH_2C{\equiv}CH$　　　　$CH_3C{\equiv}CCH_3$

1-丁炔　　　　2-丁炔

二、炔烃的命名

简单的炔烃可采用衍生物命名法，即以乙炔作母体，将其他基团看成取代基，而复杂的炔烃必须采用系统命名法，炔烃的命名与烯烃相似，只需将“烯”改为“炔”即可。例如：

$HC{\equiv}CCH(CH_3)_2$　　　　$CH_3C{\equiv}CCH(CH_3)_2$

3-甲基丁炔　　　　4-甲基-2-戊炔

若分子中既含三键，又含双键，则选择含有三键和双键的最长碳链为主链，以烯、炔两个位次的数字和的数值最小编号，碳原子数写在“烯”前；若烯、炔位次一样，则应使双键编号最小。例如：

$HC{\equiv}CCH{=}CHCH_3$　　　　$CH{\equiv}CCH_2CH{=}CH_2$

3-戊烯-1-炔　　　　1-戊烯-4-炔

$$\underset{\displaystyle CH_2CH_3}{CH_3C{\equiv}C\overset{}{C}HCH_2CH{=}CH_2}$$

$HC{\equiv}CCH_2CH(CH_3)CH{=}CH_2$

4-乙基-1-庚烯-5-炔　　　　3-甲基-1-己烯-5-炔

三、炔烃的化学性质

你问我答

按衍生物命名法，写出乙烯基乙炔的结构式，其系统命名法的名称是什么？

炔烃分子中含有π键，化学性质与烯烃相似，可发生氧化、加成、聚合等反应。此外，端基炔（—C≡C—H）还可发生一些特有的反应。

（一）加成反应

1. 催化氢化

炔烃的催化氢化反应分两步进行，首先加氢生成烯烃，烯烃继续加氢生成烷烃。反应通常不能停留在生成烯烃一步，而是直接生成烷烃。例如：

$$R{-}C{\equiv}C{-}R \xrightarrow[\text{催化剂}]{H_2} R{-}CH{=}CH{-}R \xrightarrow[\text{催化剂}]{H_2} R{-}CH_2{-}CH_2{-}R$$

如果选用活性较低的林德拉（Lindlar）催化剂（Pb-$BaSO_4$-喹啉），则可以使加氢停留在生成烯烃阶段，并得到顺式加成产物。例如：

$$C_6H_5{-}C{\equiv}C{-}C_6H_5 \xrightarrow{\text{Lindlar 催化剂}} \underset{87\%}{\begin{matrix} C_6H_5 & & C_6H_5 \\ & C{=}C & \\ H & & H \end{matrix}}$$

2. 加卤素

炔烃也能和卤素（主要是氯和溴）发生亲电加成反应，反应是分步进行的，先加一分子卤素生成二卤代烯，然后继续加成得到四卤代烷烃。例如：

$$CH_3-C\equiv CH \xrightarrow{Br_2/CCl_4} CH_3-\underset{}{\overset{Br}{C}}=\overset{Br}{CH} \xrightarrow{Br_2/CCl_4} CH_3-\underset{Br}{\overset{Br}{C}}-\underset{Br}{\overset{Br}{CH}}$$

炔烃与溴加成，使溴的颜色退去，但炔烃的加成反应比烯烃慢，炔烃需要几分钟才能使溴的四氯化碳溶液退色。

3. 加卤化氢

炔烃可与卤化氢加成，生成卤代烯烃，继续反应生成二卤代烷烃。若用溴化氢加成，则在暗处即可反应，生成的产物遵循马氏规则。在过氧化物存在下，也可生成反马氏规则的产物。

$$CH_3CH_2C\equiv CH \xrightarrow{HBr} CH_3CH_2\underset{Br}{C}=CH_2 \xrightarrow{HBr} CH_3CH_2\underset{Br}{\overset{Br}{C}}-CH_3$$

乙炔和氯化氢的加成要在亚铜盐和高汞盐的催化下才能顺利进行。例如：

$$CH\equiv CH \xrightarrow[HgCl_2]{HCl} CH_2=CHCl \xrightarrow[HgCl_2]{HCl} CH_3-CHCl_2$$

4. 加水

炔烃与水的加成反应需在硫酸汞和稀硫酸的存在下才发生反应，同样遵循马氏规则。反应时，首先是三键与一分子水加成，生成羟基与双键碳原子直接相连的加成产物，称为烯醇。能量较高的烯醇式中间体不稳定，立即发生分子内重排。如果炔烃是乙炔，则最终产物是乙醛，其他炔烃的最终产物都是酮。

$$HC\equiv CH+HOH \xrightarrow[H_2SO_4]{HgSO_4} \underset{\text{乙烯醇}}{[CH_2=CH-OH]} \xrightarrow{\text{重排}} \underset{\text{乙醛}}{CH_3-CHO}$$

（二）氧化反应

在高锰酸钾等氧化剂作用下，炔烃三键断裂，生成羧酸、二氧化碳，同时高锰酸钾溶液紫红色退去，但高锰酸钾溶液退色的速度比烯烃慢。

$$RC\equiv CR' \xrightarrow[H^+]{KMnO_4} R-\overset{O}{\overset{\|}{C}}-OH+R'-\overset{O}{\overset{\|}{C}}-OH$$

$$RC\equiv CH \xrightarrow[H^+]{KMnO_4} R-\overset{O}{\overset{\|}{C}}-OH+CO_2$$

根据氧化产物的种类和结构，可推断炔烃的结构。

（三）聚合反应

乙炔也可以发生聚合反应，与烯烃不同的是，炔烃一般不聚合成高分子化合物，而是发生二聚或三聚反应。在不同催化剂作用下，乙炔可以分别聚合成链状或环状化合物。例如：

$$2CH \equiv CH \xrightarrow[NH_4Cl]{Cu_2Cl_2} CH \equiv C-CH=CH_2$$

$$3CH \equiv CH \xrightarrow[高温]{催化剂} \text{(苯)}$$

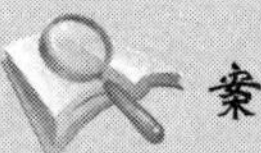

案例分析

当分子中既有双键又含有三键时，卤素首先加到双键上。碳碳三键的 p 轨道重叠程度比碳碳双键的 p 轨道重叠程度大，三键 π 电子与碳原子结合得更紧密，不易被极化。所以，碳碳三键的活泼性不如碳碳双键。

（四）端基炔的特性

乙炔和具有 RC≡CH（端基炔烃）结构特征的炔烃，有直接与三键碳原子相连的氢原子。三键碳原子是 sp 杂化，杂化轨道中 s 成分越多，电子云越靠近碳原子核，所以三键碳原子的电负性较大，使 C—H 极性增加，氢的活性增强而显示弱酸性，能被金属取代生成金属炔化物。

1. 被碱金属取代

乙炔和具有 RC≡CH 结构的炔烃与强碱氨基钠反应生成炔化钠。

$$RC \equiv CH \xrightarrow[NH_3]{NaNH_2} RC \equiv CNa$$

在有机合成中，炔化钠是非常有用的中间体，它可与卤代烷反应来合成高级炔烃。

$$RC \equiv CNa + R'X \longrightarrow RC \equiv CR' + NaX$$

2. 被重金属取代

乙炔或端基乙炔与硝酸银的氨溶液或氯化亚铜的氨溶液反应，则分别生成白色的炔化银或棕红色的炔化亚铜沉淀。

$$RC \equiv CH + [Ag(NH_3)_2]^+ \longrightarrow RC \equiv CAg\downarrow \text{炔化银（白色）}$$

$$RC \equiv CH + [Cu(NH_3)_2]^+ \longrightarrow RC \equiv CCu\downarrow \text{炔化亚铜（棕红色）}$$

上述反应极为灵敏，常用来鉴定乙炔和端基乙炔。金属炔化物在潮湿及低温时比较稳定，而在干燥时能因撞击或受热发生爆炸。所以实验完毕后，应立即加硝酸将它分解，以免发生危险。

第三节 二 烯 烃

案例

二烯烃分子中的 2 个双键的位置和它们的性质有密切的关系，其中比较重要的是共轭二烯烃，其具有一般单烯烃的化学通性，但还能发生特殊的1,4-加成反应。

何种条件下能发生1,4-加成反应？

分子中含有2个或2个以上碳碳双键的不饱和烃为多烯烃，多烯烃中最重要的是二烯烃。二烯烃分子中含有2个碳碳双键，通式是 C_nH_{2n-2}（$n \geqslant 3$）。

一、二烯烃的分类和命名

二烯烃分子中的2个碳碳双键的位置和它们的性质有密切的关系。根据2个碳碳双键的相对位置不同，将其分为3类。

1. 隔离二烯烃（又称孤立二烯烃）

2个双键被2个或2个以上单键隔开，例如1,4-戊二烯。隔离二烯烃分子中2个双键距离较远，相互影响小，其性质与单烯烃相似。

$$>C=C-(C)_n-C=C<$$

隔离二烯（$n \geqslant 1$）

2. 聚集二烯烃（又称累积二烯烃）

2个双键与同1个碳原子相连，例如丙二烯。此类二烯烃稳定性较差，一般很少见。

$$>C=C=C<$$

聚集二烯

3. 共轭二烯烃

2个双键中间隔1个单键，例如1,3-丁二烯。共轭二烯烃具有特殊的结构和性质。

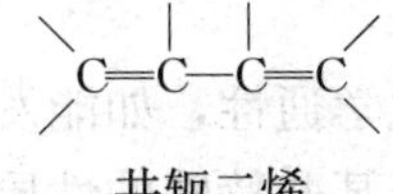

共轭二烯

二烯烃的命名与单烯烃相似，首先选择含2个双键的最长碳链作为主链，称为“某二烯”，从距离双键最近的一端开始给主链上的碳原子编号，将2个双键的位次标于主链名称之前，并用逗号隔开。取代基名称及位次写在母体名称的前面。例如：

$CH_2=C(CH_3)-CH=CH_2$

2-甲基-1,3-丁二烯

$CH_2=C(CH_3)-CH(CH_3)-CH=CH_2$

2,3-二甲基-1,4-戊二烯

二、共轭二烯烃的结构和共轭效应

以最简单的共轭二烯烃1,3-丁二烯为例。正常的碳碳单键键长为0.154nm，双键键长为0.133nm，而1,3-丁二烯分子中单键键长为0.148nm，双键键长为0.134nm，即单键比正常的缩短了，双键比正常的拉长了，单双键键长发生了部分的平均化，这是由于两个双键的特殊位置造成的。在1,3-丁二烯分子中四个碳原子都是sp^2杂化的，相邻碳原子之间以sp^2杂化轨道相互重叠形成三个碳碳σ键，其余的sp^2杂化轨道分别与氢原子的1s轨道重叠形成六个碳氢σ键。这些σ键都处在同一平面上，即1,3-丁二烯的四个碳原子和六个氢原子都在同一个平面上。

此外，每个碳原子还有一个未参与杂化的p轨道，这些p轨道垂直于分子平面且彼此间相互平行。不仅C1与C2、C3与C4的p轨道发生了侧面重叠形成两个π键，由于两个π键靠得很近，C2与C3的p轨道也发生了一定程度的重叠（但比C1—C2或C3—C4之间的重叠要弱一些），也具有π键的性质，如图7-4所示。在1,3-丁二烯分子中，π电子的运动范围不是局限在成键原子之间，而是在整个分子内的4个碳原子上运动，比普通π键中的电子具有更大的运动空间，称为π电子的离域，这样形成的π键称共轭π键。像1,3-丁二烯分子这样，具有共轭π键的特殊结构体系，称共轭体系（图7-5）。在共轭体系中，π电子的离域使电子云密度平均化，键长趋于平均化，体系能量降低而稳定性增加，这种效应称为共轭效应。当共轭体系的一端受到电场的影响时，由于π电子的离域，这种影响会沿着共轭链传递到整个共轭体系。因此，共轭效应的影响不会因链的增长而减弱，它的影响是远程的。

像1,3-丁二烯分子这种单双键交替的共轭体系称为π-π共轭。此外还有p-π共轭、σ-π超共轭。

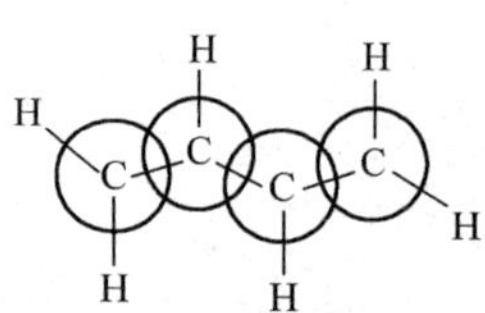

图7-4　四个p轨道相互侧面重叠

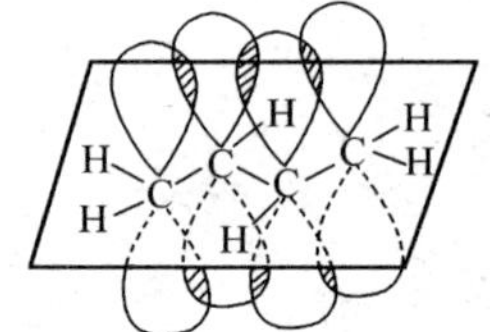

图7-5　1,3-丁二烯的共轭π键

三、共轭二烯烃的化学性质

共轭二烯烃具有一般单烯烃的化学通性，如能发生加成、氧化、聚合等反应。由于共轭体系的存在，使共轭二烯烃具有某些特殊的性质。

（一）1,2-加成与1,4-加成

共轭二烯烃与一分子卤素、卤化氢等亲电试剂进行加成反应，产物通常有两种。例如1,3-丁二烯与溴加成，得到1,2-加成和1,4-加成两种产物：

$$CH_2=CH-CH=CH_2 + Br_2 \begin{cases} \xrightarrow{\text{1,2-加成}} \underset{\displaystyle Br}{\underset{|}{CH_2}}-\underset{\displaystyle Br}{\underset{|}{CH}}-CH=CH_2 \\ \xrightarrow[\text{1,4-加成}]{} \underset{\displaystyle Br}{\underset{|}{CH_2}}-CH=CH-\underset{\displaystyle Br}{\underset{|}{CH_2}} \end{cases}$$

1,4-加成又称共轭加成，是共轭二烯烃的特殊反应。

案例分析

共轭二烯烃的1,2-加成和1,4-加成是竞争反应，哪一种加成占优势，取决于反应条件。一般在低温及非极性溶剂中以1,2-加成为主，高温及极性溶剂中以1,4-加成为主。

（二）双烯合成反应

共轭二烯烃可与含双键或三键的不饱和化合物发生1,4-加成，生成具有六元环状结构化合物的反应称为双烯合成或狄尔斯-阿尔德反应。

进行双烯合成需要两种化合物：一类叫双烯体，即共轭二烯类化合物；另一类叫亲双烯体，即不饱和化合物如单烯类或炔类。当亲双烯体双键碳原子上连有吸电子基（如—CHO、—CN、—NO_2等）时，成环容易进行，收率也高。例如：

$$\text{丁二烯} + CH_2{=}CH_2 \xrightarrow[\text{高压}]{200\sim300℃} \text{环己烯}$$

$$\text{丁二烯} + CH_2{=}CH{-}CHO \xrightarrow{\triangle} \text{环己烯-4-甲醛（—CHO）}$$

双烯合成反应的应用非常广泛，是合成六碳环化合物的一种重要手段。

第四节 重要的不饱和烃

一、月桂烯

俗称香叶烯，无色或淡黄色油状液体，具有令人愉快的甜香脂气味。月桂烯具有三个双键，其中两个为共轭双键，存放过久会聚合或被氧化。

由于化学性质活泼，月桂烯易于发生Diels-Alder反应、还原反应和氧化反应等，在有机药物合成中有重要的应用。月桂烯也是香料产业中重要的化学品原料和中间体，如合成薄荷、柠檬醛、香茅醇、香叶醇、橙花醇和芳樟醇等。

二、乙烯

乙烯为无色、略有甜味的气体，密度0.567g/cm^3，难溶于水，易溶于乙醇、乙醚等有机溶剂。易燃，燃烧时火焰明亮且有黑烟。当空气中含有3%～36%乙烯时，形成爆炸性的混合物，遇火星发生爆炸。乙烯可作为未成熟果实的催熟剂。乙烯在医药上与氧气混合可做麻醉剂，麻醉迅速，苏醒也快。长期接触乙烯会有头晕、乏力等中毒症状。乙烯用量最大在于生产聚乙烯，聚乙烯是日常生活应用最广的高分子材料之一，可用于食品袋、塑料水壶、塑料瓶等。聚乙烯在医药方面主要可作薄膜、人工关节、注射制品及药品的包装，还用做绝缘材料及防辐射保护材料。

三、丙烯

丙烯为无色气体，燃烧时有明亮火焰，广泛用于有机合成，丙烯聚合后生成的聚丙烯相对密度小，力学强度比聚乙烯高，耐热性好。主要用做薄膜、纤维、耐热和耐化学腐蚀的管道及装置、电缆和医疗器械等。

四、柠檬烯 1-甲基-4-（1-甲基乙烯基）环己烯

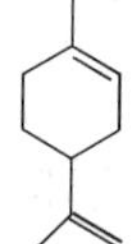

动物实验显示具有良好的镇咳、祛痰、抑菌作用，复方柠檬烯在临床上用于利胆、溶石、促进消化液分泌和排除肠内积气。

学习小结

- 不饱和烃
  - 烯烃
    - 结构：碳碳双键是官能团，π键易断裂，性质活泼
    - 异构现象：位置异构、碳链异构、顺反异构
    - 命名：系统命名法、顺反异构体的命名（顺、反命名法和*Z*、*E*法）
    - 化学性质：催化加氢、亲电加成、氧化反应、聚合反应
  - 炔烃
    - 结构：碳碳三键是官能团，性质与双键相似，但没有双键活泼
    - 异构现象：位置异构、碳链异构
    - 命名：系统命名法（注意烯炔的命名）
    - 化学性质：加成反应、氧化反应、聚合反应、端基炔的反应
  - 二烯烃
    - 分类：隔离二烯烃、聚集二烯烃和共轭二烯烃
    - 共轭效应：共轭体系中π电子的离域使键长平均化，体系能量降低，稳定性增加
    - 化学性质：1,2-加成和1,4-加成反应、双烯合成反应
  - 重要的不饱和烃
    - 月桂烯：可用于古龙香水的消臭剂，也中合成香料的重要原料
    - 乙烯：生产聚乙烯，是常用的原用高分子材料
    - 丙烯：广泛应用于有机合成
    - 柠檬烯：有良好的镇咳、祛痰和抑菌作用

自我测评

一、单选题

1. 下列化合物中无顺反异构的是（　　）。

A. 2-甲基-2-丁烯　　B. 4-甲基-3-庚烯

C. 2,3-二氯-2-丁烯　　D. 1,3-戊二烯

2. 下列化合物不能使溴水退色的是（　　）。

A. 1-丁炔　　B. 2-丁炔　　C. 丁烷　　D. 1-丁烯

3. 下列化合物能与银氨溶液反应，产生白色沉淀的是（　　）。

A. 1,3-丁二烯　　B. 1-丁炔　　C. 乙烯　　D. 2-戊炔

4. 下列化合物不能使高锰酸钾溶液紫红色退色的是（　　）。

A. 4-甲基-2-戊炔　　B. 3-甲基己烷　　C. 环己烯　　D. 甲基环己烯

5. 用酸性高锰酸钾溶液氧化下列化合物，能生成酮的是（　　）。

A. 2-戊炔　　B. 1-丁烯　　C. 3-甲基环己烯　　D. 3-甲基-2-戊烯

二、多选题

1. 烷烃里混有少量的烯烃，除去的方法是（　　）。

A. 通入水中　　B. 通入乙醇　　C. 通入硫酸中

D. 通入溴水中　　E. 用分液漏斗分离

2. 鉴定末端炔烃的常用试剂有（　　）。

A. Br_2的CCl_4溶液　　B. $KMnO_4$溶液　　C. 硝酸银的氨溶液

D. $NaNO_3$溶液　　E. 氯化亚铜的氨溶液

3. 下列化合物结构中，属于隔离二烯烃的是（　　）。

A. 2,5-庚二烯　　B. 1,4-戊二烯　　C. 1,3-戊二烯

D. 丙二烯　　E. 1,3-丁二烯

三、简答题

1. 写出下列化合物的名称：

(1) 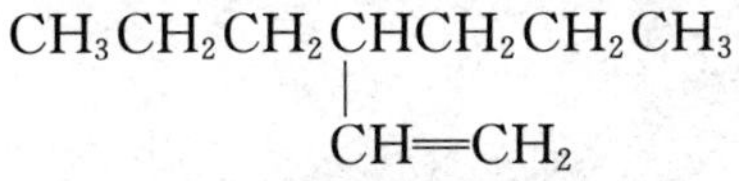 $CH_3CH_2CH_2\underset{\displaystyle CH{=}CH_2}{\underset{|}{C}H}CH_2CH_2CH_3$

(2) $CH_3\underset{\displaystyle CH_3}{\underset{|}{C}H}CH_2CH_2C{\equiv}CH$

(3) $(H_3C)_3C(H_3C)C{=}C(CH_3)(CH_2CH_3)$（$(H_3C)_3C$ 与 CH_3 在双键同侧，H_3C 与 CH_2CH_3 在双键同侧）

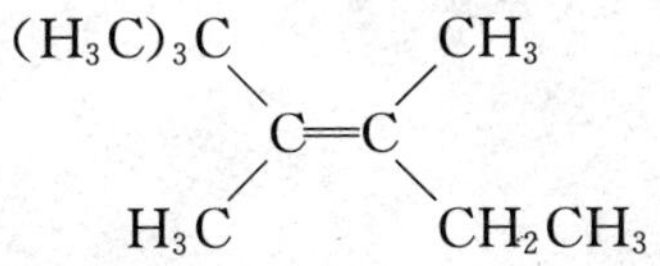

(4) 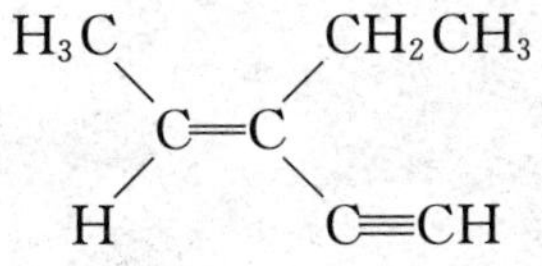 $(H_3C)(H)C{=}C(CH_2CH_3)(C{\equiv}CH)$（$H_3C$ 与 CH_2CH_3 在双键同侧，H 与 $C{\equiv}CH$ 在双键同侧）

2. 完成下列反应式：

(1) 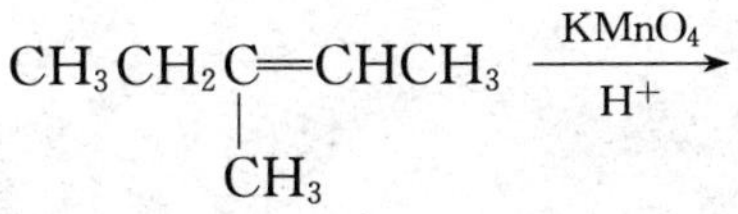 $CH_3CH_2\underset{\displaystyle CH_3}{\underset{|}{C}}{=}CHCH_3 \xrightarrow[H^+]{KMnO_4}$

(2) $CH_3\underset{\displaystyle CH_3}{\underset{|}{C}H}CH{=}CH_2 + HBr \longrightarrow$

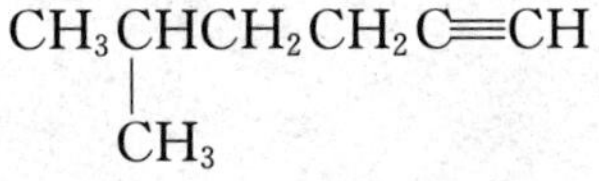

(3) $HC{\equiv}C\underset{\displaystyle CH_3}{\underset{|}{C}H}CH_3 \xrightarrow[H^+]{KMnO_4}$

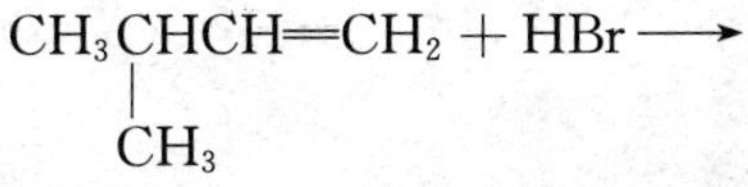

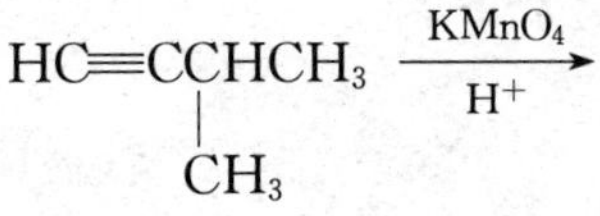

(4) $CH{\equiv}CCH_2CH_3 + H_2O \xrightarrow[H_2SO_4]{HgSO_4}$

3. 用化学方法区别下列化合物：

（1）1-丁炔和 2-丁炔

（2）乙烷、乙烯、乙炔

4. 推导结构：

有 A 和 B 两个化合物，它们互为构造异构体，都能使溴的四氯化碳溶液退色。A 与 $Ag(NH_3)_2NO_3$ 反应生成白色沉淀，用 $KMnO_4$ 溶液氧化生成丙酸（CH_3CH_2COOH）和二氧化碳；B 不与 $Ag(NH_3)_2NO_3$ 反应，而用 $KMnO_4$ 溶液氧化只生成一种羧酸。试写出 A 和 B 的构造式。

第八章　苯和芳香性

学习目标

知识要求：掌握苯、萘及其同系物的结构、命名；苯的亲电取代反应、加成及氧化反应，芳烃侧链的反应；萘的化学性质。熟悉苯环上亲电取代反应机理、定位效应及应用；蒽及菲的结构。了解常见的芳香烃和致癌芳烃。

能力要求：能熟练对苯、萘及其衍生物进行命名，能熟练应用取代效应预测一取代苯发生取代反应的主要产物，会选择合适的反应路线合成苯的衍生物。

学习导航

芳香化合物都含有苯环结构单元，苯环是一个高度不饱和体系，但它具有与普通不饱和化合物烯、炔明显不同的特殊性质（高稳定性、易发生取代反应、难发生加成反应），这种特殊性质被称为芳香性。本章介绍含有苯环的芳烃的化学性质。

有机化学发展之初，从天然的树脂、香精油中提取得到的有芳香气味的一类化合物。通过对许多有关芳香族化合物分子组成和结构的研究，证明它们基本上都含有苯环的结构。为了与脂肪族化合物相区别，将此类化合物称为芳香族化合物。后来发现，许多含有苯环结构的化合物并无香味，甚至还具有难闻的气味，因而“芳香”这一术语已失去原有的含义。

随着非苯芳烃的发现，芳香烃的含义也有了新的发展。芳香性指从组成上看具有高度的不饱和性，却不容易发生加成和氧化反应而较易发生取代反应，此时芳环体系并不被破坏的特殊性质。芳香烃主要是指具有“芳香性”的碳氢化合物。

芳烃根据分子中是否含有苯环，可分为苯系芳烃和非苯系芳烃。含有苯环的芳烃称为苯系芳烃；不含苯环，但具有芳环结构特征的芳香性物质称为非苯系芳烃。

苯系芳烃：

（1）单环芳烃。分子中含一个苯环的芳烃，例如：

$-CH_2CH_3$　　$CHCH_3$ / CH_3　　$CH{=}CH_2$

苯　　乙苯　　异丙苯　　苯乙烯

（2）多环芳烃。分子中含两个或两个以上独立苯环的芳烃，例如：

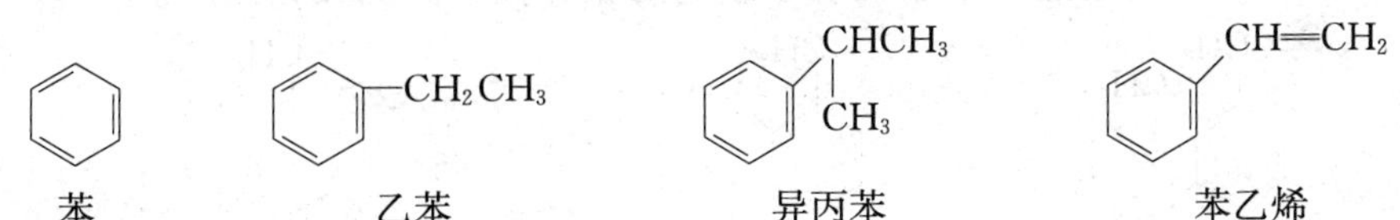

联苯　　萘　　蒽

非苯芳烃：

环戊二烯负离子　环庚三烯正离子　薁

第一节　苯及其同系物的命名

苯的同系物用作工业试剂已有 180 多年，许多物质的名称源于化学的历史传统。如下列化合物的名称通常为流传下来的普遍名称，几乎没有系统的 IUPAC 名称。虽然中文名称没有变化，但是英文名称是不同的，不是以 benzene 做母体。

CH_3　　OH　　$CH{=}CH_2$

普通名称：　甲苯　　苯酚　　苯乙烯

苯是最简单的单环芳烃。苯环上氢原子被烷基取代而成的苯的一元取代物，命名时以苯为母体，烷基为取代基，称为“某烷基苯”，其中的“基”字通常省略。例如：

CH_2CH_3　　$CH_2CH_2CH_3$　　$CH(CH_3)_2$

乙苯　　正丙苯　　异丙苯

二取代的苯，由于取代基的相对位置不同，可以产生三种异构体，可用阿拉伯数字表示取代基的相对位置，也可用邻或 *o*-（ortho）、间或 *m*-（meta）、对或 *p*-（para）来表示。例如：

CH_3 CH_3　　CH_3 CH_3　　CH_3 CH_3

1,2-二甲苯　　1,3-二甲苯　　1,4-二甲苯

邻（*o*-）二甲苯　　间（*m*-）二甲苯　　对（*p*-）二甲苯

当苯环上有三个或者更多取代基时，可用阿拉伯数字表示取代基的位置。取代基相同的三元取代物，也可用连、偏、均表示它们的相对位置。例如：

CH_3 CH_3 CH_3　　CH_3 CH_3 CH_3　　CH_3 H_3C CH_3

1,2,3-三甲苯　　1,2,4-三甲苯　　1,3,5-三甲苯

连三甲苯　　偏三甲苯　　均三甲苯

当苯环上连接复杂烷基时，以苯环为取代基，侧链为母体进行命名。例如：

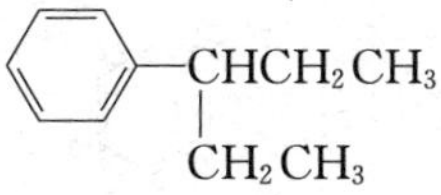

3-苯基戊烷 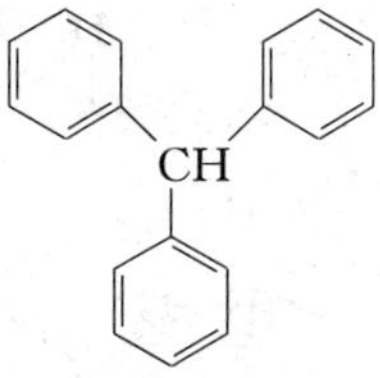　　三苯甲烷

取代基含有双键或三键等不饱和基团时，一般作为取代烯烃或取代炔烃来命名。例如：

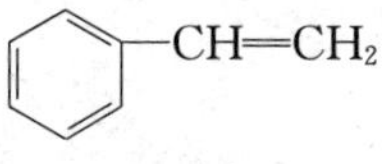

苯乙烯 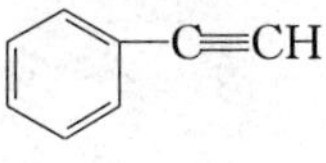　　苯乙炔

当苯环上含有两个不同基团（官能团）时，命名按下列顺序，排在前面的官能团为母体，排在后面的作为取代基。羧基（—COOH）、醛基（—CHO）、羟基（—OH）、氨基（—NH_2）、烷氧基（—OR）、烷基（—R）、卤素（—X）、硝基（—NO_2）。例如：

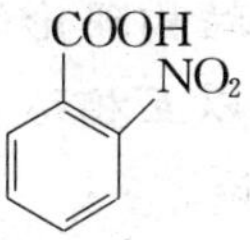

邻硝基苯甲酸 　　对氯苯酚 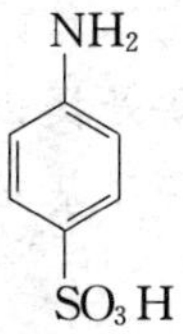　　对氨基苯磺酸

芳香烃分子中去掉1个氢原子后，所剩下的一价原子团称为芳基（aryl），可用Ar-表示。常见的取代基有：

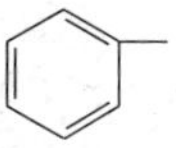

或 C_6H_5—、Ph—苯基

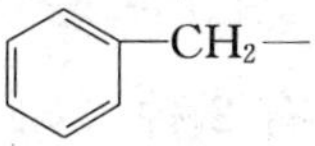

—CH_2— 或 $C_6H_5CH_2$— 苯甲基(苄基)

第二节　苯的结构：对芳香性的初步认识

一、凯库勒结构式

对于苯分子中6个碳和6个氢的结合方式，曾引起许多化学家的兴趣。1865年德国化学家凯库勒（Kekulé）首先提出了苯环状结构。他认为，苯的6个碳原子连结成一个平面环状六边形，每个碳原子与1个氢原子相连。

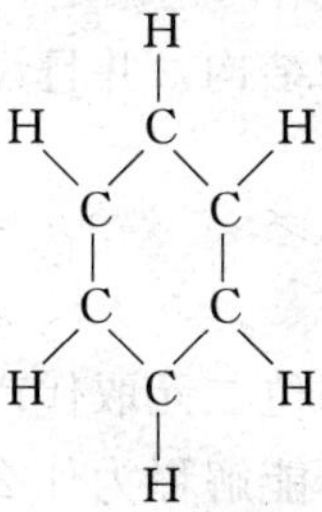

为了满足碳的4价，凯库勒将苯的结构表示为

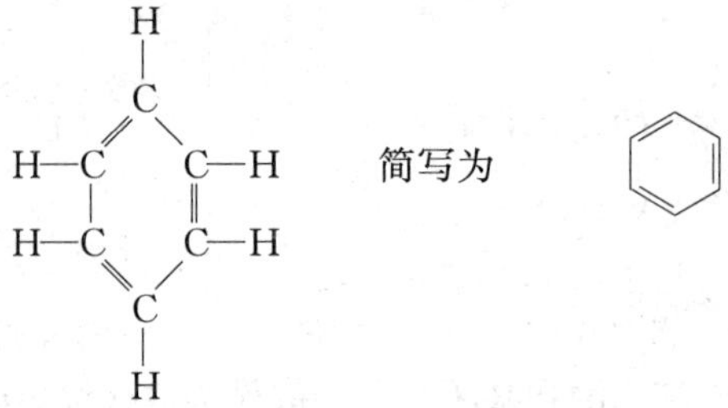

简写为

小贴士

凯库勒简介

凯库勒（1829～1896），德国化学家。在吉森大学学习建筑，后来他多次聆听化学大师李比希的讲演，深受吸引和启发，遂改攻化学，并在李比希的实验室里积极、严谨地进行研究工作，获得博士学位。凯库勒对有机化学结构理论的建立做了许多重要贡献，主要是提出了有机物分子中碳原子为四价且可以互相结合成碳链，为现代结构理论奠定了基础，并第一次提出了苯的环状结构理论。

由于当时多重键刚被提出（1859年），因此具有单双键交替的环状结构看起来有些奇怪。

凯库勒式能够解释苯的一些性质，如催化加氢可生成环己烷；苯的一元取代物只有一种。因此，凯库勒式当时受到人们的普遍接受。但是这个式子对以下一些现象不能解释：

（1）凯库勒式中含有3个双键，但在一般条件下，苯不容易发生加成和氧化反应，而易发生取代反应。

（2）根据凯库勒式，苯的邻位二元取代物应有2种（如下所示），但实际上只有1种。

和

（3）根据氢化热的测定，环己烯的氢化热 $\Delta H=-119$ kJ/mol，那么环己三烯的氢化热 $\Delta H=-119$ kJ/mol×3＝－357kJ/mol，但是实际测得苯的氢化热 $\Delta H=-206$ kJ/mol。从氢化热的数值来看，苯的氢化热比环己三烯低151kJ/mol，也就是说，苯的共轭能等于151kJ/mol，共轭能越高，结构越稳定。

凯库勒曾用两个式子来表示苯的结构，并且设想这两个式子之间的摆动代表着苯的真实结构：

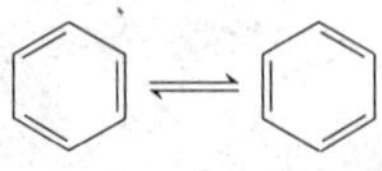

这种观点可以解释为什么苯的邻位二元取代产物只有一种以及为什么苯不易像其他烯烃那样发生加成反应。但它仍然不能解释为什么苯环具有特有的稳定性。因此，凯库勒式并不能确切地反映苯的真实情况。

二、苯分子结构的近代概念

经现代物理方法如 X-射线衍射分析和光谱方法等测定，苯分子是一个平面正六边形构型，键角都是 120°，碳碳键长都是 0.1397nm，既不是典型的单键，也不是典型的双键，而是介于碳碳单键 0.154 nm 和双键 0.134 nm 之间，键长完全平均化，所有的键角都是 120°。示例如下：

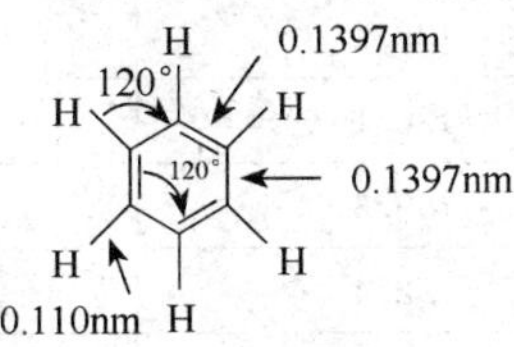

正六边形结构

所有的原子共平面

C—C 键长均为 0.1397mm

C—H 键长均为 0.110mm

所有键角者为 120°

杂化轨道理论认为，苯分子中的 6 个碳原子都是 sp^2 杂化，每个碳原子的 3 个 sp^2 杂化轨道分别与 2 个相邻的碳原子 sp^2 杂化轨道和 1 个氢原子的 s 轨道形成 2 个碳碳 σ 键和 1 个碳氢 σ 键，所有的 σ 键都在同一个平面上，因此 6 个碳和氢原子均在同一平面上。此外，每个碳原子剩下的 1 个未参加杂化的 p 轨道，它们的对称轴彼此平行，且垂直于 σ 键所在的平面，这样 6 个 p 轨道依次“肩并肩”平行重叠，形成了一个 6 个电子的闭合大 π 键的共轭体系（图 8-1）。由于共轭效应使 π 电子高度离域，电子云完全平均化，碳碳键长完全相同，故无单双键之分。

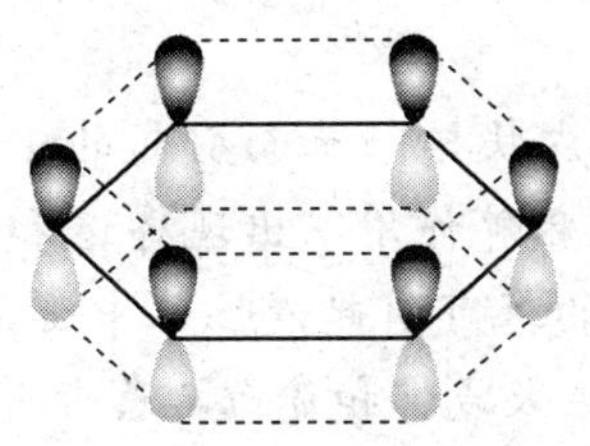

苯的共轭大 π 键

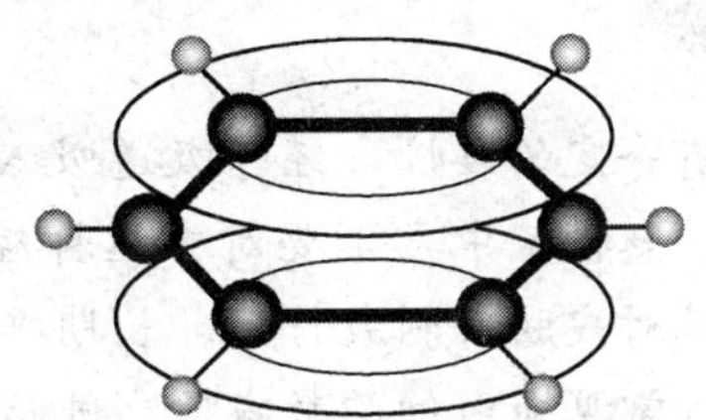

苯分子中的 π 电子云分布

图 8-1　苯的分子结构

由于苯分子中碳碳键完全相同，为此，常用正六边形内加一个圆圈来表示苯的结构（⌬），圆圈表示 π 电子离域在整个环上。虽然如此，为了方便起见，本书仍按习惯采用苯的凯库勒结构式。

第三节　苯及同系物的性质

一、苯及其同系物的物理性质

苯及其同系物一般为无色有芳香味的液体，不溶于水，易溶于乙醚、四氯化碳和石油醚等有机溶剂。它们几乎都比水轻，相对密度在 0.86～0.93。沸点随分子量的升高而升高，每增加一个碳原子的沸点增值通常是 20～30℃。苯及其同系物的物理常数见表 8-1。

表 8-1 苯及其同系物的物理常数

名称	熔点/℃	沸点/℃	密度/(g/cm^3)
苯	5.5	80	0.879
甲苯	−95	110.6	0.867
邻-二甲苯	−25.2	144.4	0.880
间-二甲苯	−47.9	139.1	0.864
对-二甲苯	13.2	138.4	0.861
乙苯	−95	136.1	0.867
正丙苯	−99.6	159.3	0.862
异丙苯	−96	152.4	0.862
苯乙烯	−33	145.8	0.906

二、苯及其同系物的化学性质

由于苯环是一个稳定的共轭体系，所以其化学性质与不饱和烃有显著不同，具有特殊的“芳香性”，即容易发生取代反应，不容易发生氧化和加成反应。由于芳环比较稳定，只有在特殊的条件下才能起加成反应。侧链烃基则具有脂肪烃的基本性质。

小贴士

苯具有一定的毒性，经呼吸道吸入苯蒸气或皮肤接触苯而引起的中毒有急性、慢性之分。急性苯中毒主要对中枢神经系统产生麻醉作用，出现昏迷和肌肉抽搐，高浓度的苯对皮肤有刺激作用。长期接触低浓度的苯可引起慢性苯中毒，出现造血障碍，早期常见血白细胞数减低，进而出现血小板数减少和贫血，患者可有鼻出血、牙龈出血、皮下出血等临床表现。

（一）苯的亲电取代反应

与烯烃一样，苯在它的σ键骨架的上面和下面也有π电子云，对亲电子试剂起提供电子的作用。因此，苯环的取代反应是亲电取代反应。包括卤代、硝化、磺化反应和傅克反应等。

苯环上的亲电取代反应是指亲电试剂在一定条件下与苯环作用，苯环上的氢原子被亲电试剂取代的反应。

$$C_6H_5\text{—}H + E^+ \longrightarrow C_6H_5\text{—}E + H^+$$

苯环上的亲电取代分两步，首先亲电试剂 E^+ 进攻苯环上的离域π电子云，从苯环的π体系中得到2个π电子，接着亲电试剂 E^+ 与苯环的一个碳原子直接相连，形成σ配合物。此时，该碳原子的杂化态由 sp^2 变成 sp^3，苯环的共轭体系被破坏，能量比苯高，不稳定。第一步反应速率比较慢，是决定整个反应速率的关键。反应的第二步，和烯烃加成反应相似，碳正离子中间体不稳定，σ配合物迅速失去一个质子，重新恢复为稳定的苯环结构，生成取代物。其亲电取代反应机理可表示如下：

$$C_6H_6 \xrightarrow[\text{慢}]{E^+} [C_6H_6E]^+ \;(\sigma\text{配合物}) \xrightarrow[\text{快}]{-H^+} C_6H_5E \;(\text{取代物})$$

σ配合物　取代物

1. 卤代反应

在三卤化铁或铁粉的催化下，苯与卤素反应，苯环上的氢被卤原子取代，生成卤代苯，同时放出卤化氢。不同卤素，反应活性也不同。氟最活泼，由于反应不易控制而无实际意义。碘过于稳定，不易发生反应，所以卤代反应通常是指苯与氯、溴的反应。例如：

$$C_6H_6 + Cl_2 \xrightarrow{Fe\text{或}FeCl_3} C_6H_5Cl + HCl$$

$$C_6H_6 + Br_2 \xrightarrow{Fe\text{或}FeBr_3} C_6H_5Br + HBr$$

这是工业生产上合成氯苯和溴苯的方法。在反应中还有少量二卤代苯生成。

2. 硝化反应

苯与浓硝酸和浓硫酸的混合物（混酸）共热，苯环上的氢原子被硝基（$-NO_2$）取代，生成硝基苯的反应，称为硝化反应。

$$C_6H_6 + HNO_3 \xrightarrow[50\sim60^\circ C]{\text{浓}H_2SO_4} C_6H_5NO_2 + H_2O$$

硝基苯

3. 磺化反应

苯和浓硫酸共热时，苯环上的氢原子被磺酸基（$-SO_3H$）取代，生成苯磺酸的反应，称为磺化反应。

$$C_6H_6 + H_2SO_4 \rightleftharpoons C_6H_5SO_3H + H_2O$$

苯磺酸

磺化反应为可逆反应，为了使反应正向进行，常用发烟硫酸（其中的三氧化硫能结合水分子）作磺化剂。苯磺酸是一种强酸，易溶于水难溶于有机溶剂。在磺化反应的混合物中通入水蒸气或将苯磺酸与稀硫酸一起加热，可以脱去磺酸基，故在有机合成上很重要。苯磺酸在高温下，磺化反应可以继续进行，生成间苯二磺酸。

小贴士

对十二烷基苯磺酸钠的应用

$CH_{12}H_{25}-C_6H_4-SO_3Na$ 属阴离子表面活性剂，因生产成本低、性能好，因而用途广泛，是家用洗涤剂用量最大的合成表面活性剂。烷基苯磺酸钠有支链结构（ABS）和直链结构（LAS）两种，支链结构生物降解性小，会对环境造成污染，而直链结构易生物降解，生物降解性可大于90%，对环境污染程度小。

4. 傅列德尔-克拉夫茨反应（简称傅-克反应）

（1）傅-克烷基化反应：在无水三氯化铝等路易斯酸存在下，苯与卤代烷反应，苯环上的氢被烷基取代生成烷基苯。例如：

$$C_6H_6 + CH_3CH_2Cl \xrightarrow{AlCl_3} C_6H_5CH_2CH_3 + HCl$$

傅-克烷基化反应中的烷基化试剂，除了卤代烷外，醇或烯在酸催化下也能和苯环发生烷基化反应。例如：

$$C_6H_6 + CH_3CH{=}CH_2 \xrightarrow{HF} C_6H_5CH(CH_3)_2$$

$$C_6H_6 + CH_3\underset{\displaystyle OH}{\underset{|}{C}}HCH_2CH_3 \xrightarrow{H_2SO_4} C_6H_5\overset{\displaystyle CH_3}{\overset{|}{C}}HCH_2CH_3$$

你问我答

写出苯与1-氯丙烷在无水三氯化铝催化下的反应方程式。

傅-克烷基化反应中，当烷基化试剂有3个或3个以上碳原子的直链烷基时，由于碳正离子的重排，生成异构化产物为主要产物。例如：

$$C_6H_6 + CH_3CH_2CH_2CH_2Cl \xrightarrow[0℃]{AlCl_3} C_6H_5CH(CH_3)CH_2CH_3 + C_6H_5CH_2CH_2CH_2CH_3$$

重排产物（主，65%）　　未重排产物（次）

（2）傅-克酰基化反应：在三氯化铝等催化剂存在下，苯与酰卤或酸酐反应，苯环上的氢被酰基取代，生成芳酮，是制备芳酮的重要方法，药物合成中常有应用。例如：

$$C_6H_6 + CH_3COCl \xrightarrow[\triangle]{AlCl_3} C_6H_5COCH_3 + HCl$$

乙酰氯　　苯乙酮

$$C_6H_6 + (CH_3CH_2CO)_2O \xrightarrow{AlCl_3} C_6H_5COCH_2CH_3 + CH_3CH_2COOH$$

乙酸酐　　1-苯-1-丙酮

在酰基化反应中，碳链不会发生重排，因此合成某些烷基苯时，可用间接方法，即先酰化，然后再用适当方法还原成相应的烷基苯。例如：

$$C_6H_6 + (CH_3CH_2CH_2CO)_2O \xrightarrow{AlCl_3} C_6H_5COCH_2CH_2CH_3$$

$$\xrightarrow[HCl]{Zn\text{-}Hg} C_6H_5CH_2CH_2CH_2CH_3$$

苯环上有强的吸电子基如硝基、磺酸基等时，不能发生傅-克反应。含氨基（$—NH_2$）等取代基的化合物因呈碱性，能与三氯化铝等酸性催化剂生成盐，因此，这些基团的存在也会影响傅-克反应的正常进行。

小贴士

傅-克反应采用大量的 Lewis 酸（$AlCl_3$、$FeCl_3$ 等）催化惰性很强的苯、甲苯进行亲电取代反应，生产中存在着严重的设备腐蚀和环境污染问题。因此，开发绿色环保的催化剂引起了很多研究者所关注。目前，固体酸催化剂由于催化效果好、易于分离回收，有些还可多次重复使用，对环境友好，在傅-克反应中得到了广泛的应用。

（二）苯环的加成反应

苯环是稳定的，一般不易发生加成反应，但在特殊条件下可发生加氢和加卤素的反应。

1. 催化加氢

苯在加热、加压和催化剂（Pt、Ni）作用下，苯能与 3 分子氢加成生成环己烷。这是工业上制备环己烷的方法。

$$C_6H_6 + 3H_2 \xrightarrow[\text{高温、高压}]{Ni} C_6H_{12}$$

2. 加氯

在紫外线照射下，苯可以和 3 分子氯发生加成反应生成六氯环己烷。

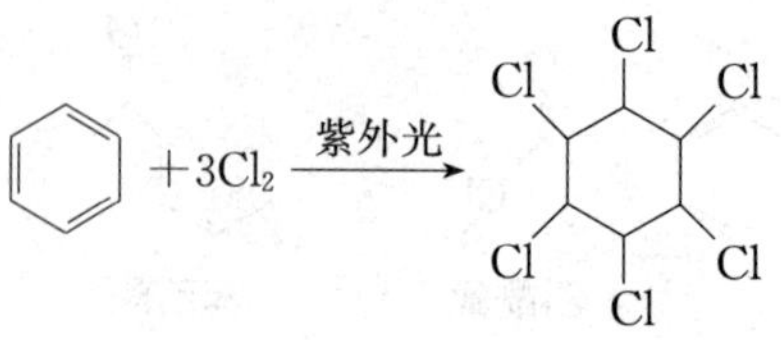

$$C_6H_6 + 3Cl_2 \xrightarrow{\text{紫外光}} C_6H_6Cl_6$$

六氯环己烷

小贴士

六氯环己烷中有六个碳原子和六个氢原子，俗称“六六六”，曾作为农药使用，但由于它的化学稳定性，残毒性较大而被淘汰，目前基本上已被高效的有机磷农药代替。

（三）苯环的氧化反应

苯环不易氧化，对一般氧化剂如高锰酸钾等是稳定的。但在强烈的条件如高温和五氧化二钒催化下，苯可以被空气氧化，生成顺丁烯二酸酐。

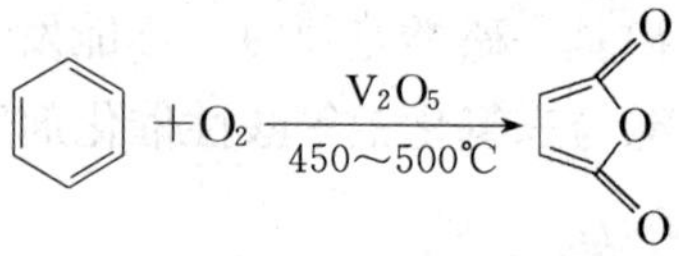

$$C_6H_6 + O_2 \xrightarrow[450\sim500℃]{V_2O_5} \text{顺丁烯二酸酐}$$

顺丁烯二酸酐

小贴士

苯侧链卤代反应与烷烃的卤代反应机理相同，属于自由基反应。反应中间体为苄基自由基，苄基自由基较稳定。

（四）芳烃侧链的反应

1. 卤代反应

在光照或高温条件下，烷基苯与卤素反应时，不发生环上取代，而是侧链 α-C 原子上的氢被卤素取代，如甲苯与氯反应：

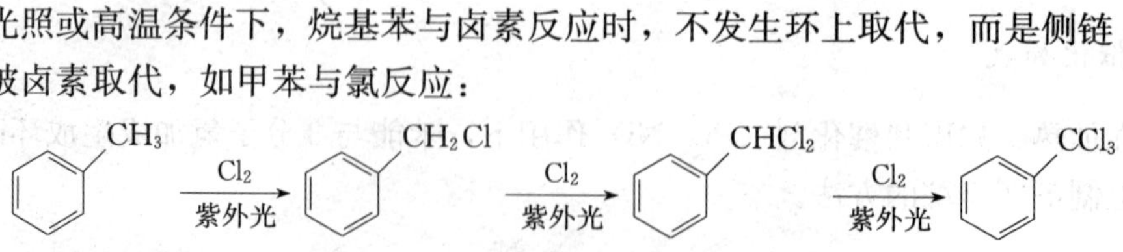

$$C_6H_5CH_3 \xrightarrow[\text{紫外光}]{Cl_2} C_6H_5CH_2Cl \xrightarrow[\text{紫外光}]{Cl_2} C_6H_5CHCl_2 \xrightarrow[\text{紫外光}]{Cl_2} C_6H_5CCl_3$$

氯化苄　　二氯甲基苯　　三氯甲基苯

反应一般得混合物，如控制好条件，可以得到某一产物为主的氯化物。在工业上可利用此反应生产氯苄和三氯甲苯。

如果侧链超过两个碳原子时，卤素原子主要取代 α-活泼氢原子。例如：

$$C_6H_5CH_2CH_3 + Br_2 \xrightarrow[\text{或加热}]{\text{光照}} C_6H_5CHBrCH_3 + HBr$$

你问我答

用化学方法鉴别甲苯和苯。

2. 苯环的氧化反应

在强氧化剂（如 $KMnO_4/H_2SO_4$、$K_2Cr_2O_7/H_2SO_4$）作用下，苯环上含 α-H 的侧链能被氧化，无论环上的支链长短如何，氧化产物均为苯甲酸。若苯环侧链的 α-C 原子上不连有氢原子时，侧链不被氧化。

$$C_6H_5CH_3 \xrightarrow[\triangle]{KMnO_4/H^+} C_6H_5COOH$$

苯甲酸

$$o\text{-}C_6H_4(CH_3)(CH_2CH_3) \xrightarrow[\triangle]{KMnO_4/H^+} o\text{-}C_6H_4(COOH)_2$$

邻苯二甲酸

$$p\text{-}(CH_3)_2CH\text{-}C_6H_4\text{-}C(CH_3)_3 \xrightarrow[\triangle]{KMnO_4/H^+} p\text{-}HOOC\text{-}C_6H_4\text{-}C(CH_3)_3$$

第四节　苯环亲电取代反应的定位效应及应用

苯分子与亲电试剂进行一元取代反应时，只生成一种产物。当苯环上已有一个取代基存在时，新引进的基团可进入原取代基的邻、间、对位，生成 3 种异构体。如果仅从进攻的概率测算（假设进入各个位置的概率均等），邻位异构体应占 40%，间位异构体应占 40%，对位异构体应占 20%。

可实际情况往往不是这样，原来存在的取代基会对即将发生的取代反应产生影响，以硝化反应为例：

$$C_6H_6 \xrightarrow[50\sim60℃]{HNO_3,\ H_2SO_4} C_6H_5NO_2$$

$$C_6H_5CH_3 \xrightarrow[30℃]{HNO_3, H_2SO_4} \text{邻-}CH_3C_6H_4NO_2 + \text{对-}CH_3C_6H_4NO_2 + \text{间-}CH_3C_6H_4NO_2$$

62%　　33%　　5%

$$C_6H_5NO_2 \xrightarrow[90\sim100℃]{HNO_3, H_2SO_4} \text{邻-}C_6H_4(NO_2)_2 + \text{对-}C_6H_4(NO_2)_2 + \text{间-}C_6H_4(NO_2)_2$$

6%　　1%　　93%

可以看出，取代基对苯环的亲电取代反应的影响包括两个方面，首先是影响苯环亲电取代反应的活性，其次是影响第二个取代基进入苯环的位置。甲苯硝化主要生成邻位和对位取代产物，且反应比苯容易；而硝基苯硝化主要生成间位取代产物，且反应比苯困难。磺化、卤代等反应也有类似的规律。可见，第二个取代基进入苯环的位置，与亲电试剂的类型无关，仅与环上原有取代基的性质有关，受环上原有取代基的控制。苯环上原有的取代基称为定位基，定位基的这种影响称为定位效应。

根据取代基对苯环亲电取代反应活性的影响极其定位效应，可将取代基大致分为三类：邻对位致活基团、间位致钝基团和邻对位致钝基团。

一、邻对位致活基团

邻对位致活基团使新引入的取代基主要进入原基团邻位和对位（邻对位产物之和大于 60%），且活化苯环（即亲电取代反应比苯容易进行）。这类取代基具有给电子效应，能使苯环的电子云密度增加，有利于亲电取代反应的发生。其结构特征是定位基中与苯环相连的原子不含双键或三键（卤素除外）；多数含有未共用电子对或带有负电荷，使新取代基主要进入它们的邻、对位。常见邻对位致活基团有：

$—\ddot{N}R_2$、$—\ddot{N}HR$、$—\ddot{N}H_2$、$—\ddot{O}H$、$—\ddot{O}R$、$—\ddot{N}HCOR$、$—R$（$—CH_3$）等

$—\ddot{N}R_2$、$—\ddot{N}HR$、$—\ddot{N}H_2$、$—\ddot{O}H$、$—\ddot{O}R$、$—\ddot{N}HCOR$、$—R$（$—CH_3$）等

1. 甲基或烷基

甲基或其他烷基连接在苯环上时，由于甲基（或烷基）的给电子性，对苯环产生给电子的诱导效应（+I 效应）；同时甲基的 3 个 C—H σ 键与苯环的 π 键有很小程度的重叠，形成 σ-π 超共轭效应，使苯环上电子云密度增加。邻、对位电子云密度增加较多，有利于亲电试剂的进攻，并且形成的中间体的正电荷得以分散，能量较低。而进攻间位时所形成的中间体正电荷不易分散，能量较高。所以甲苯的亲电取代反应不仅比苯容易，而且主要发生在甲基的邻位和对位。

$$C_6H_5CH_3 \xrightarrow[FeBr_3]{Br_2} o\text{-}BrC_6H_4CH_3\ (38\%) + p\text{-}BrC_6H_4CH_3\ (62\%) + m\text{-}BrC_6H_4CH_3\ (<1\%)$$

2. *羟基或甲氧基*

羟基对苯环产生吸电子诱导效应（－I 效应），使苯环电子云密度降低；同时羟基氧原子上的孤对电子与苯环上的 π 电子云形成 p-π 共轭体系，具有供电子的共轭效应（＋C 效应）。二者相互矛盾，但共轭效应起主导作用，所以总的结果使苯环电子云密度增加，并且邻、对位电子云密度增加较多。在反应瞬间，亲电试剂进攻邻、对位所形成的中间体的正电荷，通过共轭效应得以分散，中间体比较稳定，能量较低。相对来说间位中间体的正电荷未能得到分散，中间体不稳定，能量较高。所以苯酚和苯甲醚的亲电取代反应比苯容易，主要生成邻、对位产物。

$$C_6H_5OCH_3 \xrightarrow{HNO_3,\ H_2SO_4} o\text{-}O_2NC_6H_4OCH_3\ (31\%) + p\text{-}O_2NC_6H_4OCH_3\ (67\%) + m\text{-}O_2NC_6H_4OCH_3\ (3\%)$$

二、间位致钝基团

间位致钝基团使苯环钝化（即亲电取代反应比苯难于进行），并使新取代基主要进入它们的间位。其结构特征是定位基中与苯环相连的原子一般都含有双键或三键或带有正电荷。常见的间位定位基有：

$$-\overset{+}{N}R_3、-NO_2、-C\equiv N、-COOH、-CHO、-SO_3H$$

以硝基为例来讨论间位定位基的影响。当硝基连接在苯环上时，硝基对苯环产生吸电子诱导效应（－I 效应）；同时硝基中的氮氧双键与苯环的大 π 键形成 π-π 共轭体系，产生吸电子的共轭效应（－C 效应）。两种电子效应作用方向一致，使苯环电子云密度降低，而邻、对位电子云密度降低更多，因此亲电试剂进攻间位有利，所形成的中间体比较稳定，能量较低。所以硝基苯的亲电取代反应比苯难，主要生成间位产物。

三、邻对位致钝基团

卤苯是一般规律的例外。卤素原子属于邻、对位定位基，它又是钝化基团。当卤素与苯环相连时，存在着吸电子的诱导效应（－I 效应）；同时卤原子的孤对电子能与苯环形成供电子的 p-π 共轭效应（＋C 效应）。由于卤素的吸电子诱导效应强于供电子的共轭效应，使得苯环上的电子云密度降低，因此卤苯在发生亲电取代反应时比苯困难。在反应瞬间，动态共轭效应起主导作用，使得邻、对位中间体的正电荷得以分散，形成较稳定的中间体，能量较间位中间体低，所以卤苯的亲电取代反应主要发生在邻、对位。

第五节　多取代苯的合成策略

一、二取代苯的取代反应

二取代苯再进行亲电取代反应时，第三个取代基进入苯环的位置取决于环上原有两个取代基的协同效应。

两个取代基的定位效应一致时，它们的作用具有加和性，因此第三个取代基主要进入它们共同确定的位置。例如，下列箭头表示第三个取代基将进入的位置。

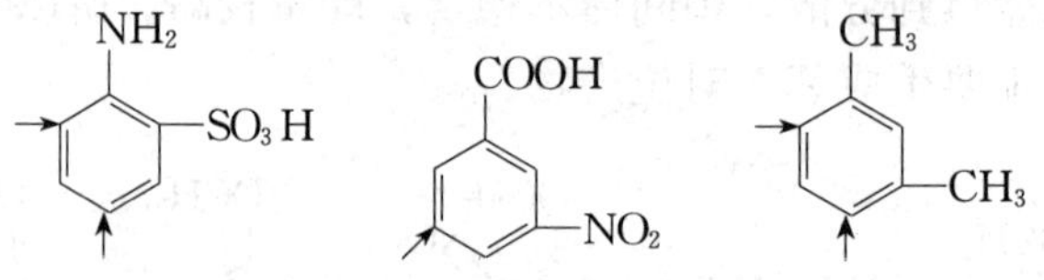

NH_2　SO_3H　　$COOH$　NO_2　　CH_3　CH_3

(1)　　(2)　　(3)

取代位置有时候也受到其他因素的影响，如（3）所示，由于空间效应的影响，两个甲基之间的位置很难进入取代基，虽然这个位置是两个甲基的邻位。

两个定位基定位效应不一致时，大致可分为三类。

（1）如果两个都是邻、对位定位基，第三个取代基进入苯环的位置主要由定位效应较强的基团来决定。如果两个取代基的定位作用强度相差较小，则得到两个取代基定位作用的混合物。例如：

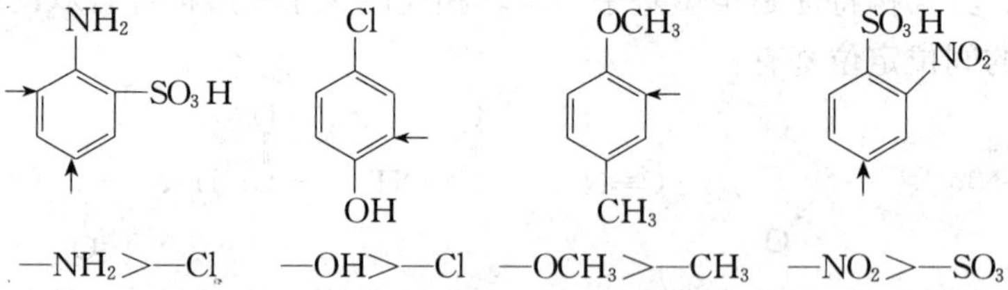

NH_2　SO_3H　　Cl　OH　　OCH_3　CH_3　　SO_3H　NO_2

$-NH_2>-Cl$　$-OH>-Cl$　$-OCH_3>-CH_3$　$-NO_2>-SO_3H$

（2）如果其中一个是邻、对位定位基，另一个是间位定位基，则第三个基团进入的位置主要由邻、对位定位基来决定，同时也要考虑空间位阻效应。例如：

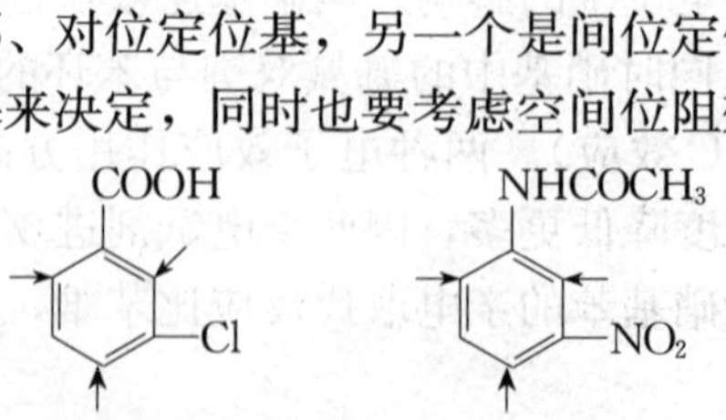

$COOH$　Cl　　$NHCOCH_3$　NO_2

（3）如果两个都是间位定位基，二者的定位效应又相互矛盾时，反应很难发生。

二、定位规则在多取代苯合成中的应用

在有机合成中，运用上述定位效应，可设计尽量合理的路线，从而提高效率，以达

到降低成本，获得较好经济效益的目的。例如，由苯合成间硝基溴苯，可以设计两种合成路线，用反应式表示如下：

$$\xrightarrow[50\sim60℃]{混酸}\ (NO_2)\ \xrightarrow[FeBr_3]{Br_2}\ (NO_2,\ Br)$$

$$\xrightarrow[FeBr_3]{Br}\ (Br)\ \xrightarrow{混酸}\ (Br,\ NO_2) + (Br,\ NO_2)$$

显然第一种合成路线是合理的。利用定位规律可以选择合理的合成路线，得到较高产率的产物，避免复杂的分离过程。例如由甲苯合成3-硝基-4-溴-苯甲酸，需在苯环上引入一个溴原子和一个硝基，另外，还要把甲基转变为羧基。溴处于原甲基的对位，硝基苯处于原甲基的间位，因此，溴需在甲基转变为羧基之前引入，而硝基需在甲基转变为羧基之后再引入。由此可见，由甲苯合成目标分子的合成路线为，甲苯先进行溴化，经分离得到对溴甲苯，然后进行氧化，将甲基氧化为羧基，最后进行硝化，用反应式表示如下：

$$(CH_3)\ \xrightarrow[FeBr_3]{Br_2}\ (CH_3,\ Br)\ \xrightarrow{KMnO_4/H^+}\ (COOH,\ Br)\ \xrightarrow{混酸}\ (COOH,\ NO_2,\ Br)$$

利用磺化反应的可逆性，可以制备一些用一般方法难以制备的化合物。例如，由苯酚制备邻溴苯酚：

$$(OH)\ \xrightarrow{H_2SO_4}\ (OH,\ SO_3H)\ \xrightarrow[FeBr_3]{Br_2}\ (OH,\ Br,\ SO_3H)\ \xrightarrow[\triangle]{H_2O}\ (OH,\ Br)$$

第六节　多环芳烃与癌症

案例

1775年英国外科医生P. 波特发现烟囱清扫工人多患阴囊癌；1892年有人发现从事煤焦油和沥青作业的工人多患皮肤癌；1915年日本的山极胜三郎和市川厚一用动物实验证明煤焦油可以诱发皮肤癌；其他各国也有类似的报道。

那么烟灰、煤焦油中什么成分会导致癌症呢？

按照苯环相互连接的方式，多环芳烃可分为以下几种：

（1）联苯和联多苯类。这类多环芳烃分子中有两个或两个以上的苯环直接以单键相连。

联苯　　对三联苯

（2）多苯代脂烃类。这类多环芳烃可看作脂肪烃分子中的氢原子被两个或多个苯基取代。

CH_2

二苯甲烷

（3）稠环芳烃类。这类多环芳烃是由 2 个或 2 个以上的苯环共用 2 个相邻碳原子而形成的多环碳氢化合物。

一、稠环芳烃

（一）萘及其衍生物

萘是最简单的稠环芳烃，分子式为 $C_{10}H_8$。萘存在于煤焦油中，含量为 4%～10%。

1. 萘的结构

萘是由 2 个苯环稠合而成，成键方式与苯类似。它的 10 个 p 轨道组成闭合 π 轨道，在这个 π 轨道中共有 10 个 π 电子（图 8-2），因此萘也具有芳香性。但萘分子中 10 个碳原子并不完全相同，有 4 个处于 α 位，4 个是 β 位，还有 2 个是稠合碳原子，所以萘的键长不像苯那样完全平均化。

图 8-2　萘的结构

小贴士

由于萘的键长不是完全平均化。因此在化学性质上萘较苯易发生取代、加成和氧化反应。

2. 萘及其衍生物的命名

萘环的编号如下所示，其中 1、4、5、8 位是一样的，称为 α 位；2、3、6、7 位也是一样的，称为 β 位。萘的一元取代物命名时，可用阿拉伯数字或 α、β 来标明取代基的位置；二元和多元取代物，则用阿拉伯数字标明取代基的位置。例如：

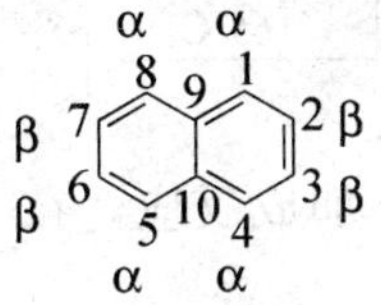

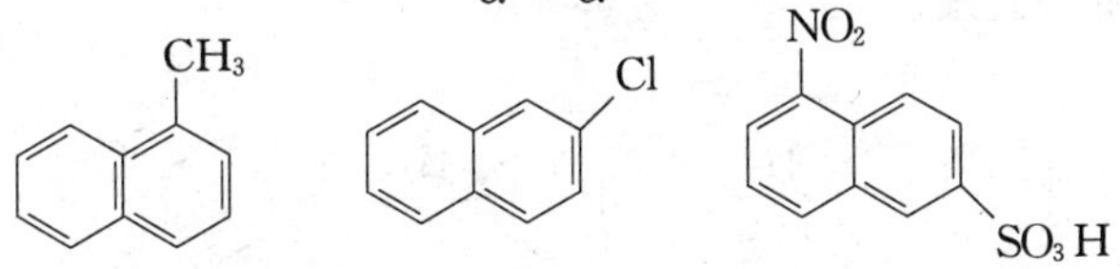

1-（或 α-）甲基萘　2-（或 β-）氯萘　5-硝基-2-萘磺酸

3. 萘的物理性质

白色晶体，熔点 80.5℃，沸点 218℃，可升华，不溶于水，能溶于乙醇、乙醚和苯等有机溶剂。萘有防虫作用，市场上出售的卫生球就是萘的粗制品，因其污染环境和对化学纤维有腐蚀作用，近年来逐渐减少了其用量。

4. 萘的化学性质

(1) 亲电取代反应：萘可以发生卤代、硝化和磺化等反应。由于萘分子中电子云分布不均匀，α 位上的电子云密度较高，发生亲电取代反应时，多发生在 α 位。例如：

在三氯化铁催化下，将氯气通入萘的苯溶液中，主要生成 α-氯萘。

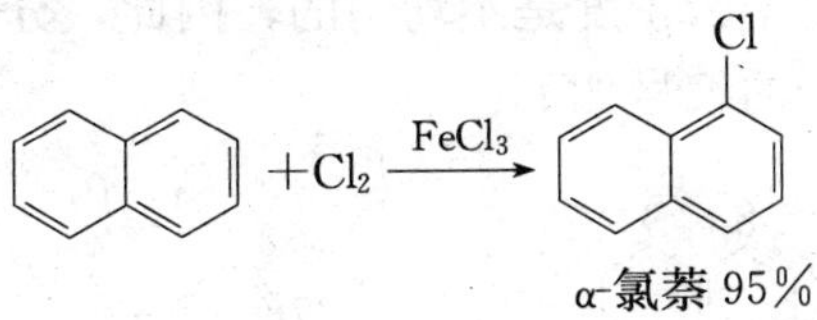

$$+Cl_2 \xrightarrow{FeCl_3}$$

α-氯萘 95%

萘用混酸进行硝化，主要生成 α-硝基萘。α-硝基萘是合成染料和农药的中间体。

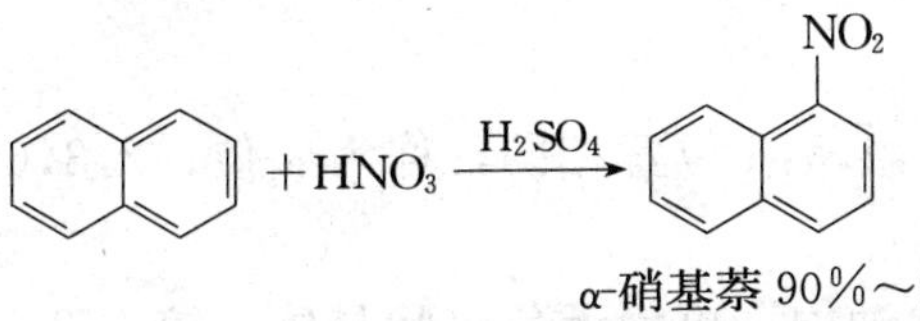

$$+HNO_3 \xrightarrow{H_2SO_4}$$

α-硝基萘 90%～95%

萘的磺化反应比较特殊，在低温下，α-萘磺酸为主要产物，高温时，主要生成 β-萘磺酸。这是因为在低温时，磺化反应发生在电子云密度较高的 α 位，生成动力学控制的产物。在较高温度时，α 位热稳定性较差，而 β 位比较稳定，由于磺化反应是可逆反应，当温度升高时，脱去磺酸基的速度加快，生成热力学控制的产物。

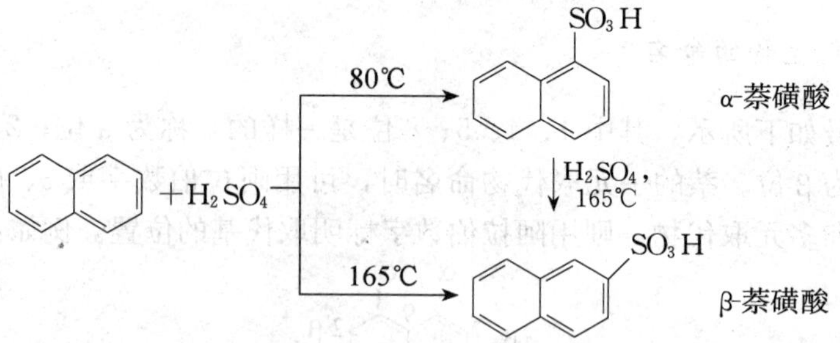

$$C_{10}H_8 + H_2SO_4 \xrightarrow{80℃} \alpha\text{-萘磺酸}$$

$$C_{10}H_8 + H_2SO_4 \xrightarrow{165℃} \beta\text{-萘磺酸}$$

$$\alpha\text{-萘磺酸} \xrightarrow{H_2SO_4,\ 165℃} \beta\text{-萘磺酸}$$

（2）加成反应：萘比苯容易发生加成反应，在一定的温度、压力和催化剂作用下，萘加氢生成四氢萘和十氢萘。

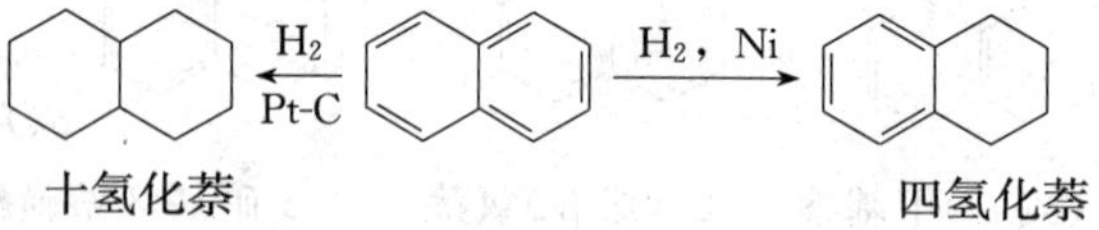

$$\text{十氢化萘} \xleftarrow[Pt\text{-}C]{H_2} \text{萘} \xrightarrow{H_2,\ Ni} \text{四氢化萘}$$

（3）氧化反应：萘比苯易氧化，氧化反应发生在α位。在缓和条件下，萘氧化生成1,4-萘醌；在强烈条件下，萘氧化生成邻苯二甲酸酐。

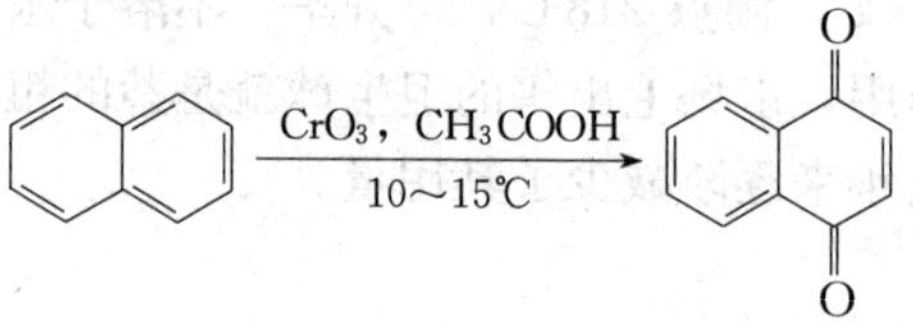

$$\text{萘} \xrightarrow[10\sim15℃]{CrO_3,\ CH_3COOH} \text{1,4-萘醌}$$

（二）蒽和菲

蒽和菲的分子式皆为$C_{14}H_{10}$，由三个苯环稠合而成，两者互为同分异构体。

蒽和菲的结构与萘环相似，分子中所有的原子都在同一个平面，是闭合的共轭体系。但分子中碳原子上的电子云密度是不均匀的，因此，分子中各碳原子的编号是固定的，它们的结构式和碳原子的编号如下：

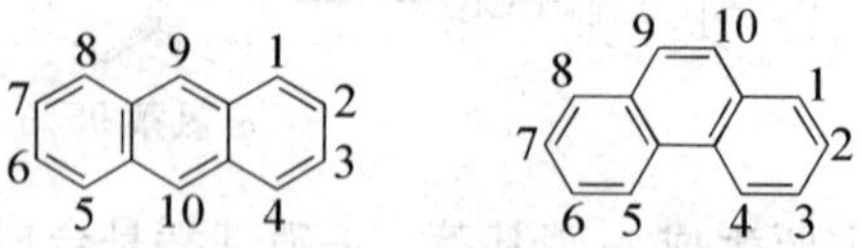

蒽　　菲

在蒽和菲的结构中1,4,5,8位置相同，称为α-位；2,3,6,7位置相同，称为β-位；9,10位置相同，称为γ-位。

蒽和菲都存在于煤焦油中。蒽为无色片状晶体，熔点217℃，沸点354℃；菲为具有光泽的无色晶体，熔点101℃，沸点340℃。

蒽和菲的芳香性比苯和萘都差，不如苯稳定，能够进行加成反应，该反应为非芳香性的多烯特征反应。蒽在9位和10位发生1,4加成，生成具有两个分开的芳香苯环化合物。相似地，菲在9位和10位发生1,2加成，产生有两个芳香环的产物（因为稠环的桥头碳原子很少被取代，所以经常不编号）。

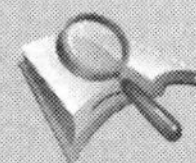

案例分析

1933年库克从煤焦油中分离出苯并（a）芘，它属于多环芳香烃。多环芳烃类物质并非直接致癌物，必须经细胞微粒体中的混合功能氧化酶激活后才具有致癌性。如苯并（a）芘进入机体后，除少部分以原形态随粪尿排出外，一部分经肝、肺细胞微粒体中混合功能氧化酶激活而转化为数十种代谢产物，其中转化为羟基化合物或醌类者，则是一种解毒反应，转化为环氧化物者，特别是转化成7,8-环氧化物，则是一种活化反应，7,8-环氧化物再代谢产生7,8-二氢二醇-9,10-环氧化物，便可能成为终致癌物。

二、致癌芳香烃

致癌芳香烃大多是蒽和菲的衍生物。在煤焦油和烟熏食物中都含有少量的致癌芳香烃。三个苯环稠合的稠环芳烃本身不致癌，若分子中某些碳上连有甲基时就有致癌性。四环和五环的稠环芳烃和它们的部分甲基衍生物有致癌性。多环芳烃类的致癌物质来源于各种烟尘，包括煤烟、油烟、柴草烟等。用明火熏烤食品——熏鱼、熏肉、熏肠、烤羊肉串等，不是良好的饮食习惯，应尽可能少吃这类食品。另外，煎鱼烧肉时，如果火猛手慢，鱼或肉就会烧焦煎煳。由于鱼和肉焦煳后会产生强烈的致癌物，所以应该把焦煳的鱼、肉扔掉。

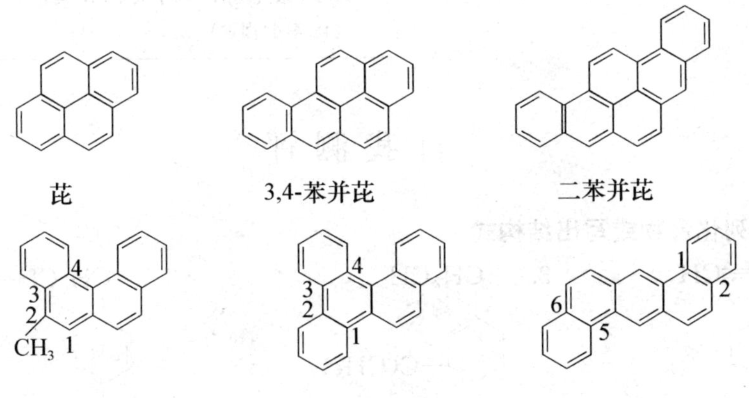

芘　　3,4-苯并芘　　二苯并芘

2-甲基-3,4-苯并菲　　1,2,3,4-二苯并菲　　1,2,5,6-二苯并蒽

其中3,4-苯并芘的致癌作用最强，它的致癌作用来自于芳烃氧化物的环氧化作用，可被DNA亲核部位进行，产生的DNA衍生物不能正确地被转录，在复制中产生突变。

$\xrightarrow[\text{肝酶}]{O_2}$　+　O　O

学习小结

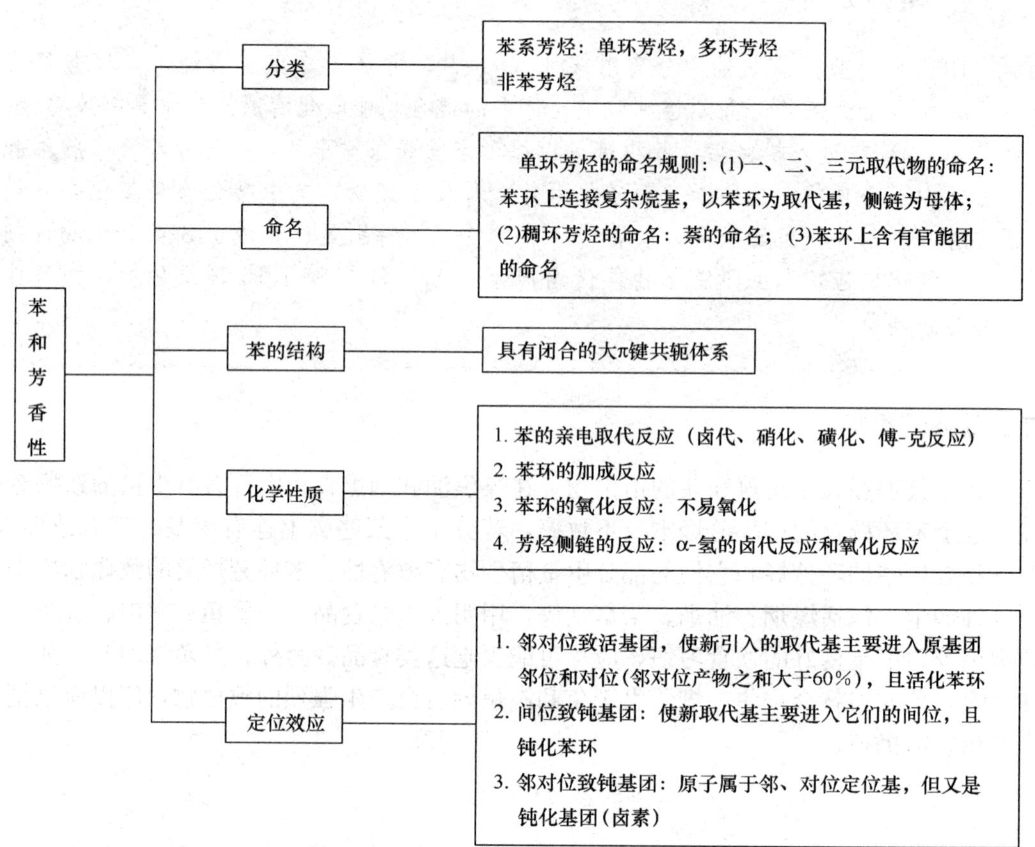

自我测评

一、命名下列化合物或写出结构式

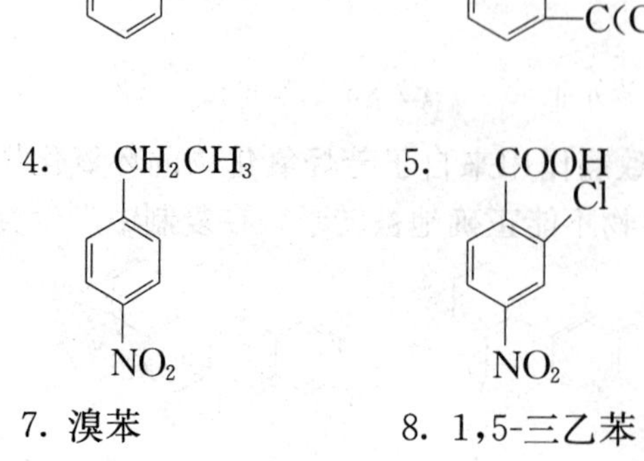

3. $CH_2CH{=}CH_2$ / CH_3

6. $C_{12}H_{25}$ / SO_3Na

7. 溴苯　　8. 1,5-三乙苯　　9. 1,2-二苯基乙烯

10. 2-甲基萘

二、单选题

1. 下列化合物没有芳香性的是（ ）。

A. 甲苯　　B. 苯　　C. 邻二甲苯　　D. 环己烯

2. 下列化合物中最容易进行硝化反应的是（ ）。

A. 甲苯　　B. 硝基苯　　C. 苯　　D. 苯甲酸

3. 下列化合物发生亲电取代反应时，最容易进行的是（ ）。

A. 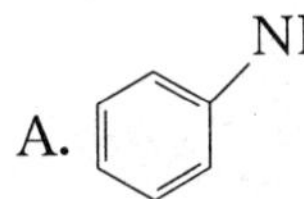

B. 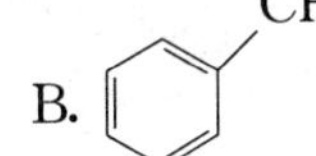

C. 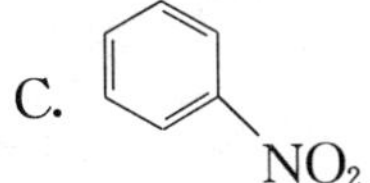

D. 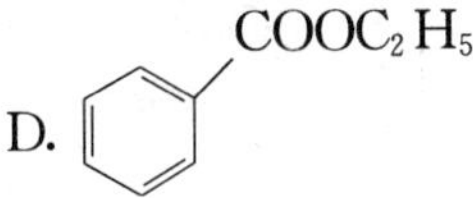

4. 属于邻对位定位基的是（ ）。

A. $—NO_2$　　B. —CHO　　C. —COOH　　D. —OH

5. 属于间位定位基的是（ ）。

A. $—NO_2$　　B. —Cl　　C. —OH　　D. $—NH_2$

6. 甲苯与苯可用（ ）试剂鉴别。

A. 溴水　　B. 酸性高锰酸钾溶液

C. 土伦试剂　　D. 硝酸银醇溶液

三、完成下列反应式

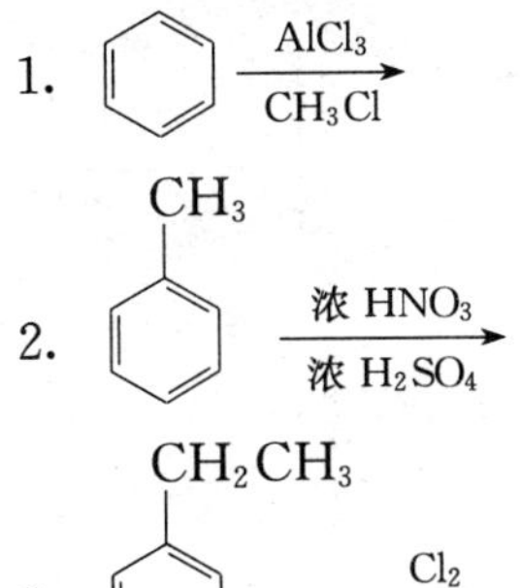

1. 苯 $\xrightarrow[CH_3Cl]{AlCl_3}$

2. CH_3-苯 $\xrightarrow[浓\ H_2SO_4]{浓\ HNO_3}$

3. CH_2CH_3-苯 $\xrightarrow[光照]{Cl_2}$

4. CH_2CH_3-苯 $\xrightarrow[H^+]{KMnO_4}$

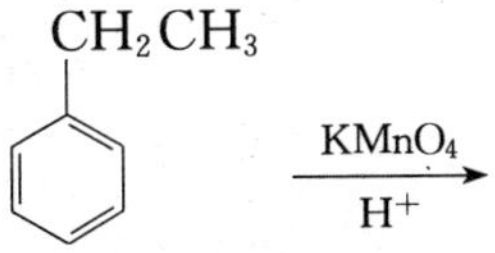

四、按照亲电取代反应活性由强到弱的顺序排列下列化合物

1. 苯、溴苯、硝基苯、甲苯、苯酚

2. 苯甲醚、苯甲酸、苯、氯苯

3. 氯苯、对氯硝基苯、2,4-二硝基氯苯

五、用化学方法鉴别下列各组化合物

1. 甲苯　甲基环己烷　3-甲基环己烯

2. 乙苯　苯乙烯　苯乙炔

3. 2-戊烯　1,1-二甲基环丙烷　环戊烷

六、以苯、甲苯及其他试剂合成下列化合物

1. 对氯苯磺酸　　2. 间氯苯甲酸　　3. 2-甲基-5-硝基苯甲酸

七、推断题

1. 3种三溴苯经过硝化后，分别得到3种、2种和1种一元硝基化合物，试推测原来三溴苯的结构和写出它们的硝化产物。

2. 分子式为C_9H_{12}的芳烃A，以高锰酸钾氧化后得二元羧酸。将A进行硝化，只得到两种一硝基产物。推测A的结构，并写出有关反应式。

第九章　萜类和甾族化合物

学习目标

知识要求： 掌握萜类和甾族化合物结构的基本特征；熟悉萜类和甾族化合物的类别及性质；了解甾族化合物的命名方法。

能力要求： 能识别萜类和甾族化合物以及所属类别，能依据萜类和甾体的结构推测其主要性质。

学习导航

萜类和甾族化合物具有重要的生理作用。它们有的是药物合成的原料，有的是中药的有效成分，有的可以直接用于临床治疗。萜类化合物是从植物中取得的一类具有香味的物质，我国早在古代就有从植物中提取香精油等作为药物和香料的记载。甾族类药物的开发和在医药领域的应用一直以来都很重要，尤其甾族激素的应用非常广泛。

很多人工合成的有机药物是萜类和甾族化合物的衍生物，它们与医药的关系十分密切。萜类和甾族化合物虽在化学组成和结构上有较大差异，但两者在生物体内都是以醋酸为基础物质，通过一定的生源途径而产生的，把这些来源于醋酸的化合物统称为醋源化合物。

第一节　萜类化合物

案例

风油精对于许多人来说都不陌生，是夏季居家旅游必备药品。腹痛时将风油精数滴滴在肚脐（神阙穴）内，可起祛寒止痛作用。此法对于因受凉、过食冷饮等引起的寒性腹痛效果尤佳。

那么风油精的主要成分是什么？具有哪些功能？

萜类化合物在自然界中广泛存在。它们是中草药中一类比较重要的有效成分，同时也是一类重要的天然香料，是挥发油（又称香精油）的主要成分。

小贴士

海洋萜类与陆地萜类

海洋萜类种类极其丰富，其中很多具有抗癌、抗菌和其他活性。它与陆地萜类主要有三点不同：

（1）在陆地生物体中，主要合成单萜，可产生很多常见的有香味的植物挥发油；在海洋生物体内主要生成分子量较高的二萜、二倍半萜等。

（2）海洋萜类分子中含有特殊的官能团，例如卤素、异氰基和呋喃环。

（3）海洋萜类有特殊的环状结构。

一、萜类的结构

萜类化合物在结构上的共同点是分子中的碳原子都是5的整数倍，而且由异戊二烯作为基本骨架单元，可以看成是由两个或两个以上异戊二烯单位以头尾相连或互相聚合而成，这种结构特征称为“异戊二烯规则”。因此，萜类化合物也可以认为是异戊二烯的低聚合物以及它们的氢化物和含氧衍生物的总称。异戊二烯的结构简式为

$$\underset{头}{CH_2}=\overset{\overset{\displaystyle CH_3}{|}}{C}-CH=\underset{尾}{CH_2}$$

头 尾

异戊二烯

例如：月桂烯是由两分子异戊二烯头尾相连；而柠檬烯相当于一个分子异戊二烯发生1,4加成，另一分子异戊二烯发生1,2加成。“异戊二烯规则”在萜类成分的结构测定中具有很大的价值。

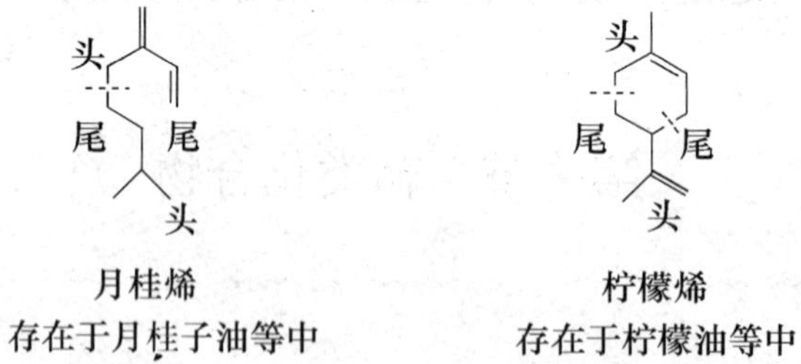

月桂烯 存在于月桂子油等中　　柠檬烯 存在于柠檬油等中

二、萜的分类

萜类化合物有多种分类，最常见的是按照在其分子中含有的异戊二烯的数目加以分类(表9-1)。

表9-1　萜的分类

异戊二烯单位数目	碳原子数	类　别
2	10	单萜
3	15	倍半萜

续表

异戊二烯单位数目	碳原子数	类　别
4	20	二萜
6	30	三萜
8	40	四萜
＞8	＞40	多萜

对于萜类化合物还可以按照成环的数目加以分类，如链状单萜、单环单萜类、双环单萜等。

三、一些重要的萜类化合物

（一）单萜类化合物

单萜类由 2 个异戊二烯单位组成，含 10 个碳原子。根据 2 个异戊二烯单位相互连接的方式不同，可分为链状单萜类、单环单萜类、双环单萜类和三环单萜类化合物。单萜化合物是某些挥发油的主要成分。

1. 链状单萜类化合物

链状单萜类化合物的基本骨架如下：

你问我答

根据异戊二烯规律分割柠檬醛和香叶醇的碳架。

(1) 柠檬醛（$C_{10}H_{16}O$）：广泛存在于各种挥发油中，是香茅属植物柠檬草挥发油的主要成分。柠檬醛一般为无色或淡黄色的液体，具有强烈的柠檬香味，可用作香料；也是合成维生素 A 的主要原料。天然的柠檬醛是顺反异构体的混合物。

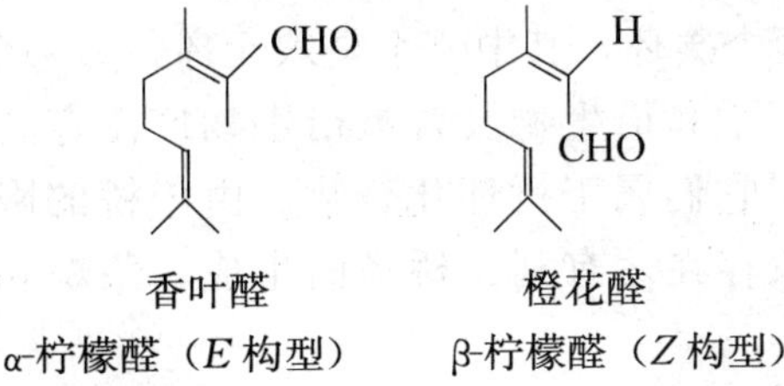

香叶醛　α-柠檬醛（*E* 构型）　　橙花醛　β-柠檬醛（*Z* 构型）

(2) 香叶醇和橙花醇（$C_{10}H_{18}O$）：香叶醇为不饱和伯醇，它是玫瑰油、马丁香油和香茅油等香精油的主要成分之一。香叶醇常温下为无色至黄色的油状液体，具有温和、甜的玫瑰花气息，广泛用作日用香精和食用香精。香叶醇为 *E* 构型，它的 *Z* 构型异构体是橙花醇，存在于橙花油及其他挥发油中。

香叶醇（*E* 构型）　　橙花醇（*Z* 构型）

2. 单环单萜类化合物

单环单萜类分子中都含有一个六元碳环，其中比较重要的有苧烯和薄荷醇等。

苧烯　　薄荷醇　　松节二醇

(1) 苧烯（$C_{10}H_{16}$）：又称柠檬烯，因为分子中有一个手性碳原子，所以有一对对映异构体。它们都是有柠檬香气味的无色液体，用作香料、溶剂及合成橡胶的原料。

(2) 薄荷醇（$C_{10}H_{20}O$）：又称薄荷脑，是薄荷油的主要成分，有芳香清凉的香味，为左旋体，在医疗上用作清凉剂、祛风剂及防腐剂，是清凉油、人丹等的主要成分之一。

(3) 松节二醇（$C_{10}H_{20}O_2$）：是薄荷烷的二羟基衍生物，又名1,8-萜二醇，在自然界中很少见，某些挥发油在长期保存过程中可能生成。松节二醇在医药上用作防腐剂和弱的利尿剂，也是治疗支气管炎的药物。松节二醇有一对顺反异构体，一般以顺式存在。

案例分析

风油精由薄荷脑、樟脑、水杨酸甲酯、桉叶油、丁香酚等成分组成，风油精主要有疏风散寒、行气镇痛、祛淤散肿等功能。涂搽风油精于人中、太阳、印堂等穴位，可预防中暑和感冒。

3. 双环单萜类化合物

双环单萜的母体是两个碳环，其中一个是六元环，另一个可以是三元环、四元环或五元环。它们的某些不饱和衍生物及含氧衍生物广泛存在于植物中，其中最常见的是蒎族和莰族化合物，它们属于桥环化合物。由于桥的限制，蒎烷多为稳定的椅式构象，莰烷以船式构象存在才有利于桥环的生成。蒎烷和莰烷的衍生物广泛存在于植物体内。

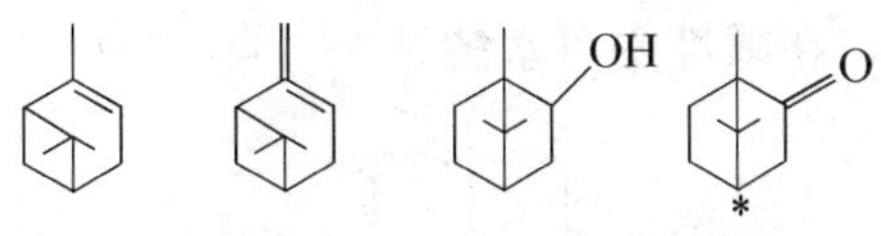

α-蒎烯　β-蒎烯　莰醇　莰酮

（1）蒎烯（$C_{10}H_{16}$）：又名松油二烯或松香精，有α-蒎烯和β-蒎烯两种。α-蒎烯是松节油的主要成分，含量约为70%～80%；β-蒎烯也存在于松节油中，但含量较少。松节油有局部止痛作用。α-蒎烯又是合成冰片、樟脑等的重要原料。

（2）莰醇（$C_{10}H_{18}O$）和莰酮（$C_{10}H_{16}O$）：2-莰醇又名龙脑或冰片，为无色片状晶体，有清凉气味。主要存在于热带植物龙脑的挥发油中。具有发汗、镇痉、止痛等作用，是人丹、冰硼散、冰樟酯（牙痛药水）等的主要成分。

小贴士

樟脑与臭丸（卫生球）区别

夏天的时候，人们把樟脑和臭丸放入衣柜里，以防昆虫的蛀蚀。樟脑无毒，对人体和衣服没有任何不良影响。而臭丸是由萘制造而成，萘是从原油或煤焦油提取的一种稠环芳烃化合物。它升华出来的“臭”气有毒性，尤其伤害肝脏。它也与丝绸和尼龙起化学反应，使衣服上出现孔洞。

2-莰酮又名樟脑，为白色闪光晶体，主要存在于樟树中，把樟树的枝、干、叶等切碎，用水蒸气蒸馏就得到樟脑。樟脑有很好的杀虫、防虫效果。

（二）倍半萜类化合物

倍半萜类化合物是由三个异戊二烯单位聚合而成的。其结构同样可以是链状或环状结构的烃类、醇类、酮类或内酯等。环可以是单环、双环、三环或四环等。

1. 金合欢醇（$C_{15}H_{26}O$）

金合欢醇（$C_{15}H_{26}O$）又名法尼醇，是一种无环倍半萜醇。法尼醇存在于玫瑰、茉莉及橙花的香精油中，是一种珍贵的香料。

CH_2OH

金合欢醇

2. 山道年（$C_{15}H_{18}O_3$）

山道年（$C_{15}H_{18}O_3$）属于双环倍半萜，临床上用作驱蛔虫药和退热药。山道年为无色结晶，不溶于水，易溶于有机溶剂，可从菊科植物蛔蒿的未开放的花蕾中提取。山道年分子中存在γ-内酯环，在碱性中可水解。

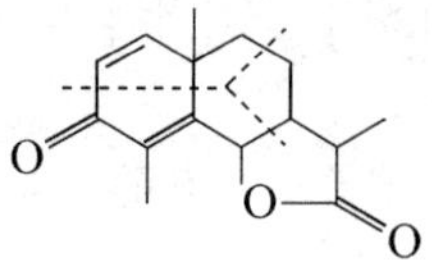

山道年

（三）二萜类化合物

二萜类化合物由四个异戊二烯单位组成，含有二十个碳原子，有链状、单环、双环、三环和四环等多种结构。二萜类广泛分布于动、植物界。

1. 植物醇（$C_{20}H_{40}O$）

植物醇（$C_{20}H_{40}O$）又名叶绿醇，属链状二萜。叶绿醇是叶绿素的一个组成部分，用碱水解叶绿素可得叶绿醇，叶绿醇是合成维生素 K_1 及维生素 E 的原料。

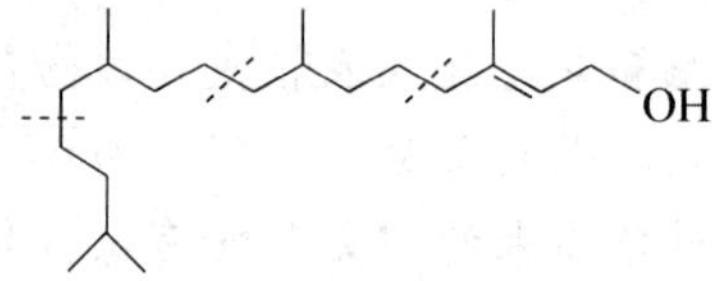

植物醇

小贴士

维生素 A 为哺乳动物正常生长发育所必须的物质，人体内如缺乏维生素 A 则发育不健全，皮肤粗糙，并能引起眼角硬化症、眼睛干燥和夜盲症。此外会引起生殖功能衰退、骨骼成长不良及生长发育受阻等症状。

2. 维生素 A（$C_{20}H_{30}O$）

维生素 A（$C_{20}H_{30}O$）属单环二萜类化合物，有维生素 A_1 和维生素 A_2 两种，它们的生理作用相同，结构也相似。维生素 A_2 的生理活性只有维生素 A_1 的 40%，通常把维生素 A_1 叫做维生素 A。

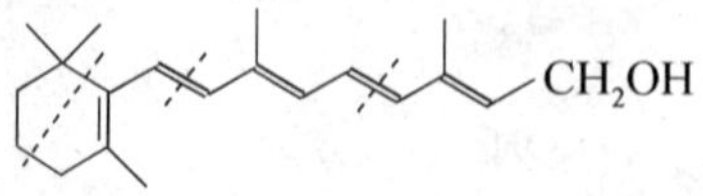

维生素 A_1 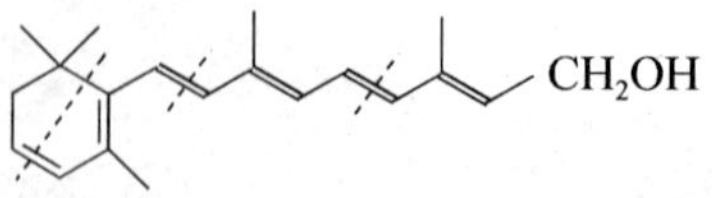　　维生素 A_2

维生素 A 为淡黄色结晶，又叫视黄醇，不溶于水，易溶于有机溶剂，主要存在于奶油、蛋黄、鱼肝油中。维生素 A 受紫外光照射后失去活性，在空气中易被氧化。

（四）三萜类化合物

三萜类化合物由六个异戊二烯单元组成，含 30 个碳原子。

1. 甘草次酸

甘草次酸是一种五环三萜类化合物，具有肾上腺皮质激素样作用，可代替去氧皮质酮用于阿狄森病的治疗。甘草中的主要成分甘草皂苷经酸水解后，得 2 分子葡萄糖醛酸和 1 分子甘草次酸。

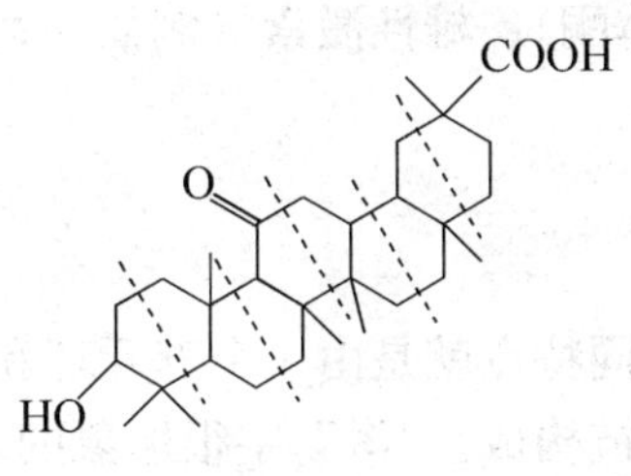

甘草次酸

小贴士

灵芝是一种大型药用真菌。其中三萜和多糖是灵芝最主要的两大活性成分。现代药理研究表明，灵芝三萜类化合物具有保肝、抗肿瘤、抗 HIV-1 及 HIV-1 蛋白酶活性、抗组织胺释放、抑制血管紧张素、抗氧化等作用。

2. 角鱼鲨烯

角鱼鲨烯是很重要的三萜，属开链三萜，又称鱼肝油萜，为淡黄色不溶于水的油状液体。具有抗肿瘤、抑制心血管疾病和增强免疫力的功能，是一种无毒性的具有防病治病作用的海洋生物活性物质。

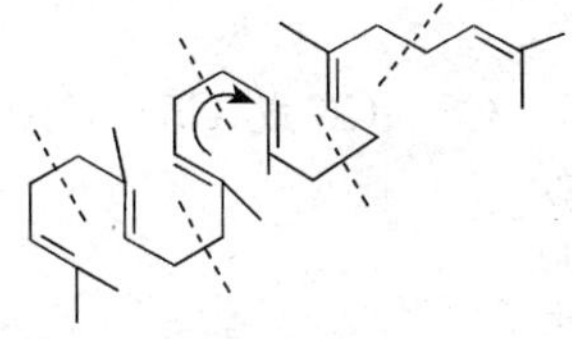

角鱼鲨烯

（五）四萜类化合物

四萜在自然界分布很广，这类化合物的分子中都含有一个 C═C 双键共轭体系，所以它们多带有黄至红的颜色，常被叫做多烯色素。例如胡萝卜素等，其结构式为

胡萝卜素

第二节　甾族化合物

甾族化合物是广泛存在于生物体组织内的一类重要的有机天然化合物，并对动、植物的生命活动起着重要的调节作用。人体含有的甾体激素有肾上腺皮质激素（例如氢化可的松）、雌性激素（例如黄体酮）、雄性激素（例如睾丸素）等。甾族化合物是医药和制药工业上的一类重要化合物。

一、甾族化合物的基本结构

甾族化合物在结构上的共同特点就是由 1 个五元环和 3 个六元环稠合而成的环戊烷并多氢化菲（甾烷）和三个侧链构成。“甾”字很形象的表达了这种特征，“田”字表示 A、B、C、D 有 4 个环，“巛”表示在 3 个碳原子 C10、C13 及 C17 上有 3 个侧链，其中 C10、C13 上常连有甲基，称为角甲基，它们都位于环平面的前方，用实线表示。C17 上为烃基、羟基或其他基团。甾族化合物在 C3 上一般有羟基。

甾族化合物都含有甾烷的结构，有的甾族化合物中含有双键，环上所连的基团也有所不同。

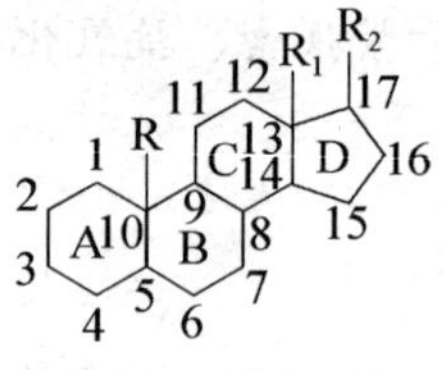

甾烷

> **小贴士**
>
> 如果甾族化合物的 C4～C5、C5～C6 或 C5～C10 间有双键，A、B 稠合的构型并无差异，则无正系与别系之分。

二、甾族化合物的立体结构

在自然界的大多数甾族化合物中，B 环和 C 环，C 环和 D（强心苷元和蟾毒苷元除外）环都是以反式稠合的，而 A 环和 B 环有顺式或反式两种稠合方式。在甾族化合物中，当 A、B 两环顺式稠合时，相当于顺十氢化萘的构型和构象，即 C5 上的氢原子和 C10 上的角甲基在环系的同一边，都伸向环系的前方，一般用实线表示，叫正系或 5β-型；另一类是 A、B 两环反式稠合，C5 上的氢原子与 C10 上的角甲基不在环系的同一边，C5 上的氢原子伸向环系平面的后方，用虚线表示，称为别系或 5α-型。例如：

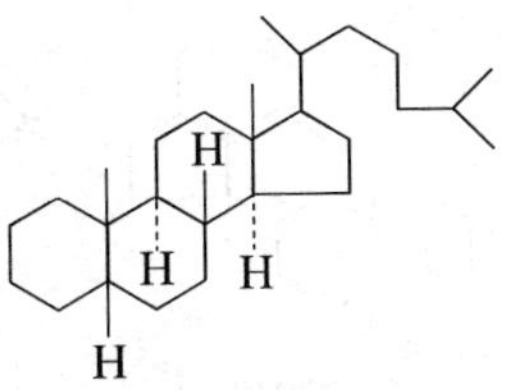

H H H H H H

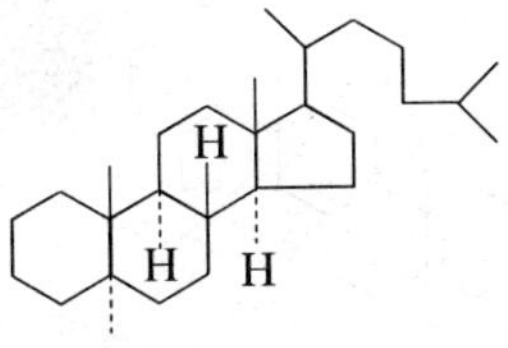

正系 A、B环顺式稠合 别系 A、B环反式稠合

此外，甾族化合物环上所连的取代基也有不同的空间取向，其构型的标示与上述规定相同，即环上的取代基与C10上的角甲基处于环系平面同侧的为β-构型，用实线表示；环上的取代基与C10上的角甲基不处于环系平面同侧的为α-构型，用虚线表示；若构型无确定时，可用波纹线表示。例如：

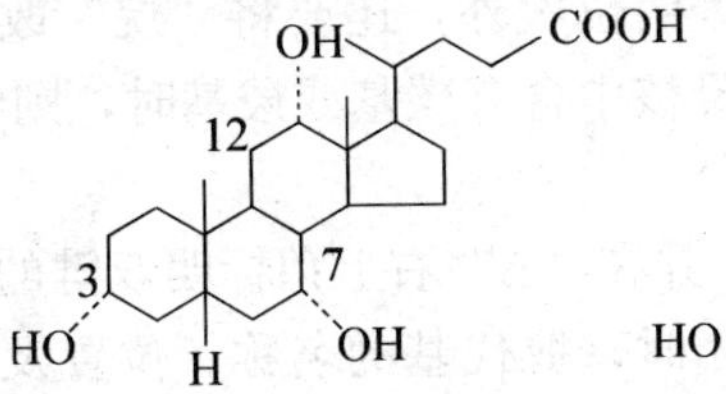

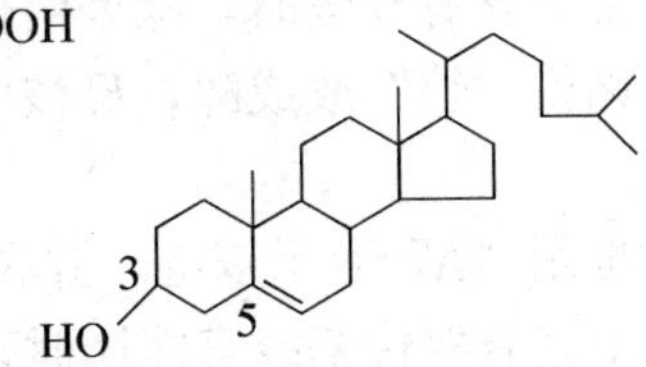

OH COOH 12 7 3 HO H OH 3 5 HO

胆酸（C3、C7、C12羟基为α-构型） 胆固醇（C3羟基为β-构型）

三、甾族化合物的命名

自然界的甾族化合物常根据其来源或生理作用命名。用系统命名法命名时，首先是选择相应的甾烷作为母体，再根据取代基的位置、数目、名称与构型来命名。

1. 甾族化合物母体的命名（表9-2）

表9-2 常见的甾族化合物母体名称

甾体母体名称	R	R_1	R_2
甾烷	H—	H—	H—
雌甾烷	H—	CH_3—	H—
雄甾烷	CH_3—	CH_3—	H—
孕甾烷	CH_3—	CH_3—	CH_3CH_2—
胆烷	CH_3—	CH_3—	$CH_3CH_2CH_2$（CH_3）CH—
胆甾烷	CH_3—	CH_3—	$(CH_3)_2CHCH_2CH_2CH_2$（CH_3）CH—

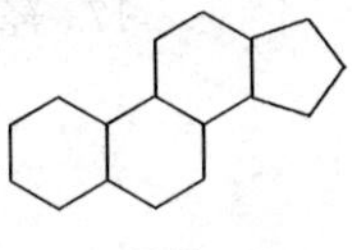

甾烷 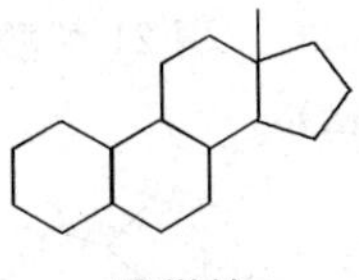 雌甾烷

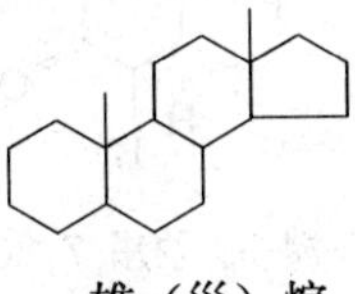

雄（甾）烷 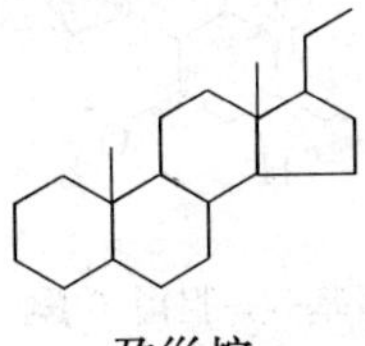 孕甾烷

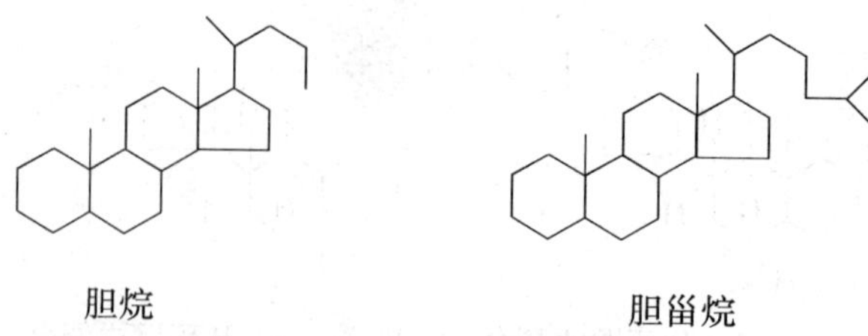

胆烷　　　　胆甾烷

2. 甾族化合物的命名

甾族化合物的命名是选择相应的母体后，再根据以下几条规则对化合物进行命名。

（1）母体甾烷含有双键时，除表明位次外，还要将“烷”改成相应的“烯”，母核中含有羟基，则将“烷”改成醇，母核中含有羰基或羧基时，则将“烷”改成“酮”或“酸”等。

（2）有时也用“Δ”表示双键，并在“Δ”右上角标明双键的位次。

（3）母核上连有取代基或官能团时，取代基的名称、位置及构型放在母核名称前，若官能团作为母体时，将其放在母核名称之后。

3β,17α-二羟基-1,5(10)-雌甾三烯
（α-雌二醇）

17α-甲基-17β-羟基雄甾-4-烯-3-酮
（甲基睾丸素）

17α,21-二羟基孕甾-4-烯-11,20-三酮-21-醋酸酯
（醋酸可的松）

17α-羟基-4-孕甾烯-20-二酮

3β-羟基-5α-胆甾-6-酮

6β-溴-5β-孕甾-7,20-二酮

四、重要的甾族化合物

（一）甾醇类

甾醇又名固醇，广泛存在于动植物组织中，根据其来源分为动物甾醇和植物甾醇两类。

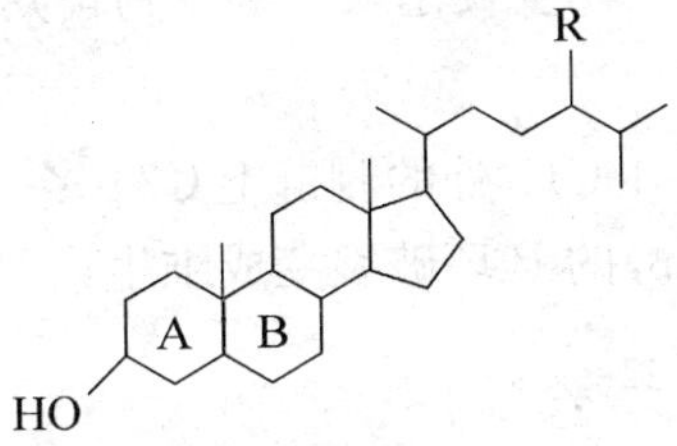

R
A B
HO

胆甾（固）醇

1. 胆甾醇（胆固醇）

因最初是从胆石中发现的固体醇而得名。胆甾醇分布很广，存在于动物的脂肪和人体血液、胆中，蛋黄中含量也较多，是最重要的动物甾醇。

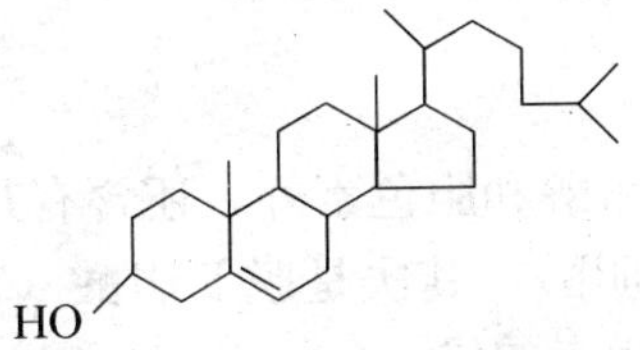

HO

胆甾醇（Δ^5-3β羟基胆甾烯）

胆甾醇为无色或略带黄色的固体，熔点为148℃，难溶于水，易溶于乙醚、氯仿、苯及热的乙醇中，油脂中的胆甾醇不能皂化。胆甾醇C3上的羟基易与高级脂肪酸成酯，C=C上也易发生类似烯烃的加成及氧化等反应。

2. 7-脱氢胆甾醇和维生素 D_3

7-脱氢胆甾醇属于动物甾醇，存在于皮下，当紫外线照射7-脱氢胆甾醇时，B环破裂，得到维生素 D_3。

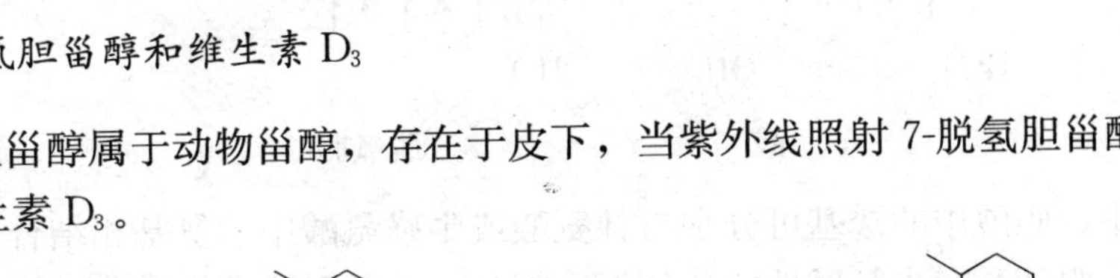

HO　紫外光　HO

7-脱氢胆甾醇　维生素 D_3

3. 麦角甾醇和维生素 D_2

麦角甾醇属于植物甾醇，是植物甾醇中最重要的甾醇，存在于麦角、酵母等物质中。在空气中极不稳定，一般保存于植物油中。

小贴士

维生素 D_2、维生素 D_3 均为无色结晶，都是脂溶性维生素。维生素 D 具有促进机体对钙、磷的吸收，维持血液中钙、磷正常浓度的功能，因此也叫抗佝偻病维生素。当维生素 D 严重缺乏时，儿童便患软骨病（佝偻病），成人则得软骨症。

它与 7-脱氢胆固醇相比，在 C17 处的侧链上 C24 多一个甲基和 C22、C23 多一个双键。在紫外线照射下，麦角甾醇的 B 环破裂变成维生素 D2（或称骨化醇）。

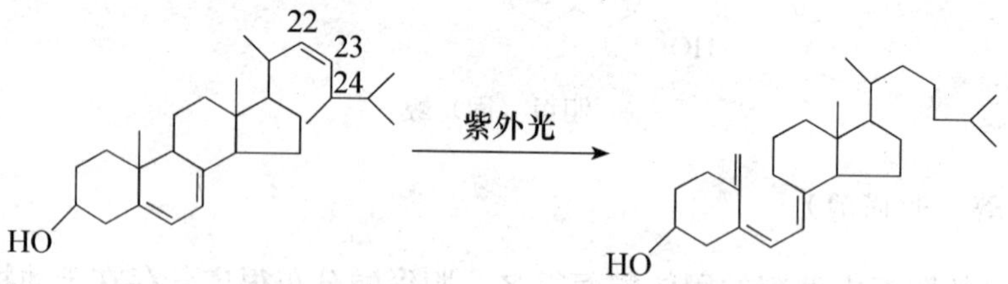

22
23
24
HO
紫外光
HO

麦角甾醇　　维生素 D_2

（二）胆甾酸类

在动物胆汁中除了含有胆甾醇和胆色素外，还含有几种结构与胆甾醇类似的酸，统称为胆甾酸。其中最重要的是胆酸，其次是脱氧胆酸（7-脱氧胆酸）。它们的结构特征是 A、B 环为顺式稠合，分子中无双键，C3、C7 和 C12 上的羟基为 α-构型，C17 上连有含 5 个碳原子的侧链，链端是羧基。

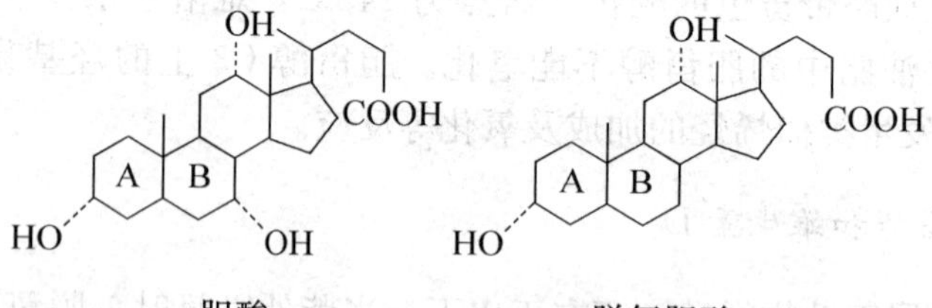

OH
COOH
A B
HO
OH
OH
COOH
A B
HO

胆酸　　脱氧胆酸

在胆汁中，胆酸中的羧基可分别与甘氨酸或牛磺氨酸中的氨基相结合形成甘氨胆酸或牛磺胆酸。胆汁酸在小肠碱性的条件下大部分以盐的形式存在，称为胆汁酸盐（简称胆盐），它们是胆苦的主要原因。胆汁酸盐是良好的乳化剂，可以帮助脂类乳化。它们能中和食糜（部分水解的食物与胃分泌的胃液组成的酸性混合物），促进小肠的消化过程。

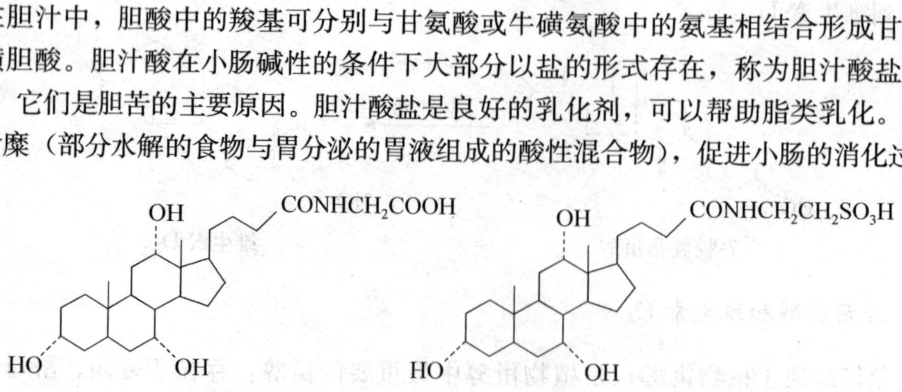

OH
$CONHCH_2COOH$
HO
OH
OH
$CONHCH_2CH_2SO_3H$
HO
OH

甘氨胆酸　　牛磺胆酸

小贴士

糖皮质激素的主要生理功能是参与了有机体的糖、蛋白质、脂肪及物质水盐的物质代谢作用，同时通过以上作用影响肝、脑、心和肌肉等重要器官的改变。它在药理上还具有抗炎、抗毒、抗过敏和抗休克的作用，是常用的有效药物。

盐皮质激素的主要生理功能是促使体内保留钠及钾，调节水盐代谢，是维持电解质平衡和体液容量的重要激素。这类激素主要有醛固酮、11-脱氧皮质酮等。

（三）甾族激素类

激素是由内分泌腺以及具有内分泌功能的一些组织所产生的微量化学信息分子，可对生物体产生重要的生理作用。具有甾核结构的激素称为甾族激素，主要包括肾上腺皮质激素和性激素。

1. 肾上腺皮质激素

肾上腺皮质激素亦称类皮质激素，是由肾上腺皮质分泌的激素。按其生理功能可以分为两大类，即糖皮质激素和盐皮质激素。这两类激素在调节糖代谢或调节无机盐代谢的功能上有差异。

肾上腺皮质的结构上有相似之处，一般甾烷母核 C3 为酮基，C4～C5 之间为双键，C17 上都连有—$COCH_2OH$ 基团，肾上腺皮质激素的一般结构式如下：

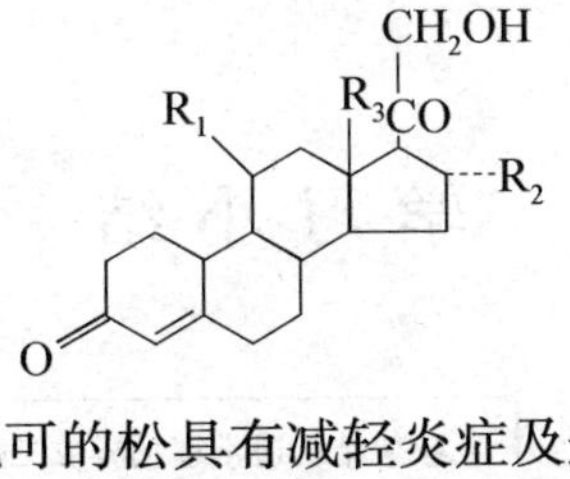

CH_2OH, R_1, R_3, CO, R_2, O

在药物方面，可的松及氢化可的松具有减轻炎症及过敏反应的功能，临床上多用以控制严重中毒感染、皮肤病及风湿性关节炎等。

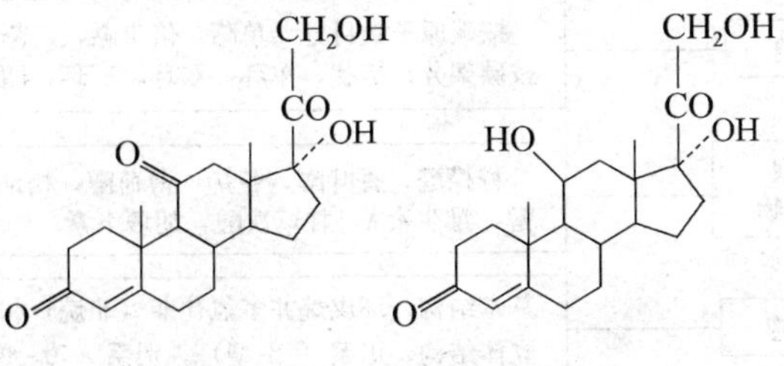

CH_2OH, CO, OH, O, O　　　CH_2OH, CO, OH, HO, O

可的松　　　氢化可的松

醛固酮和脱氧皮质酮对电解质代谢有显著的影响，通过调节肾脏对钠的重吸收，维持水平衡。

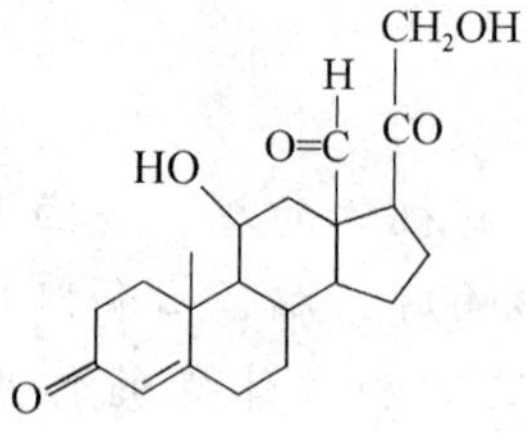

醛固酮 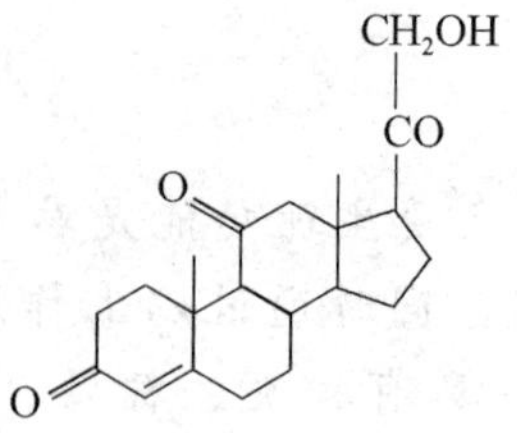　　脱氧皮质酮

2. 性激素

可分为雌性激素和雄性激素两大类。它是性腺（卵巢、睾丸）分泌物，有促进动物发育及第二性征（如声音、体形）等的作用。动物体内分泌的激素，数量虽少，但对动物的生长发育却起重要的作用，如控制生长、营养和性机能等。

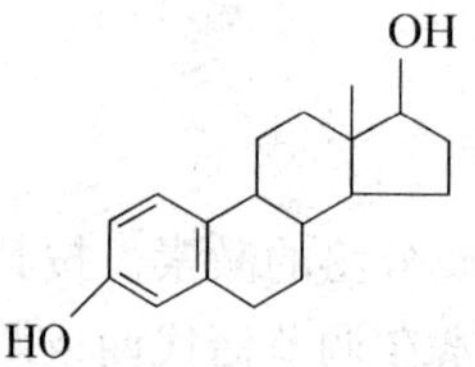

β-雌二醇 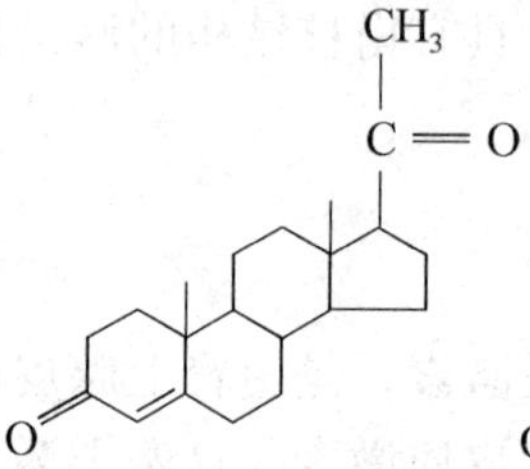　　孕甾酮（黄体酮） 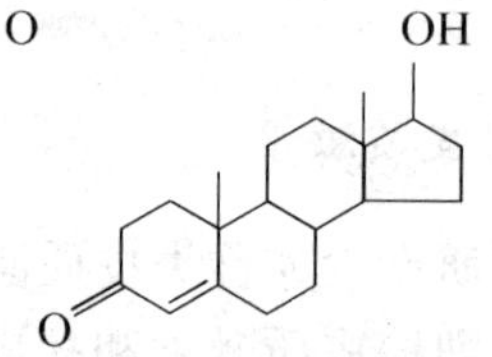　　睾丸素

α-雌二醇、β-雌二醇和雌三醇中，β-雌二醇的作用最强。孕甾酮又叫黄体酮，是孕甾烷的衍生物，孕甾酮的主要生理作用是阻止排卵，停止月经，减少子宫收缩等，使受精卵在子宫中着床发育。

学习小结

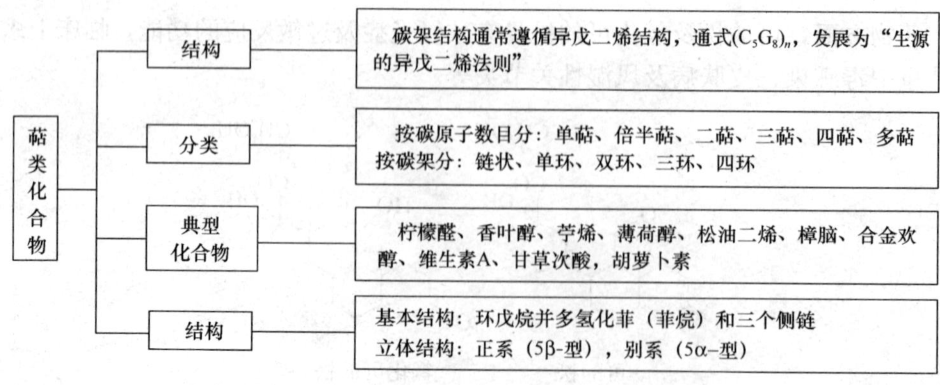

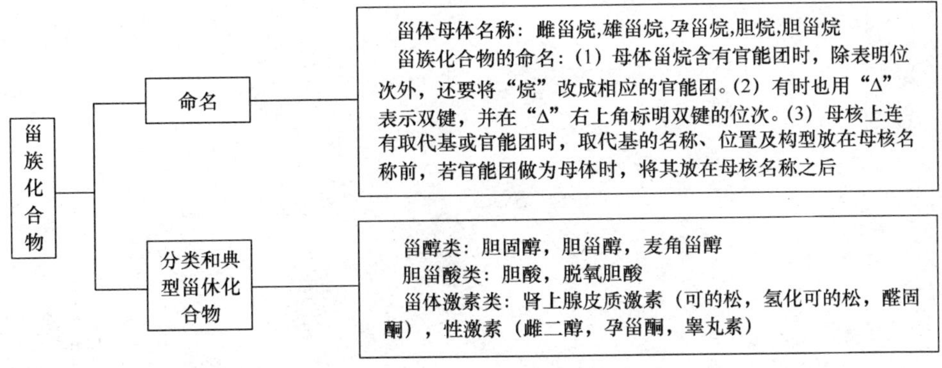

自我测评

1. 什么是萜类化合物？其分子结构有何特点？

2. 写出甾体化合物的基本骨架，并标出碳原子的编号顺序，举出几个重要的甾体化合物。

3. 用系统命名法命名下列甾体化合物：

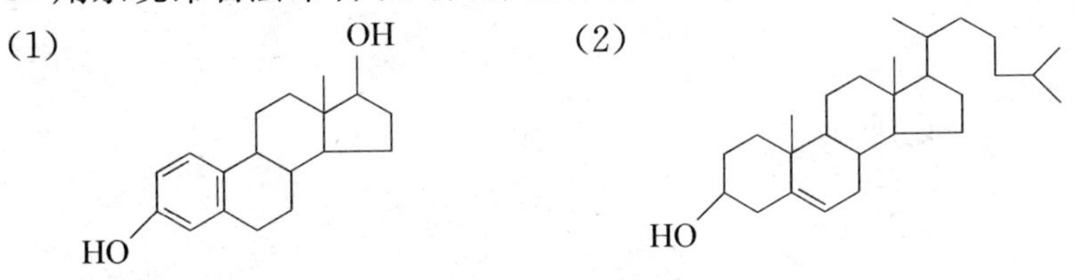

4. 单选题。

(1) 通常认为形成萜类化合物的基本单元是（　　）。

A. 异戊二烯　B. 1,2-戊二烯　C. 1,3-戊二烯　D. 1,4-丁二烯

(2) 薄荷醇属于（　　）类化合物。

A. 单萜　B. 倍半萜　C. 二萜　D. 三萜

(3) 甾体化合物的基本结构是（　　）。

A. 环戊烷　B. 全氢菲　C. 甾烷　D. 苯并菲

(4) 甾族化合物的正系是指（　　）。

A. A/B 环顺式稠合　B. B/C 环顺式稠合

C. A/C 环顺式稠合　D. A/B 环反式稠合

(5) 下列化合物不属于甾族化合物的是（　　）。

A. 可的松　B. 胆固醇　C. 肾上腺皮质激素　D. 维生素 A

第三篇

有机含氧化合物

第十章　醇、酚、醚

学习目标

知识要求：掌握醇、酚、醚的命名方法、化学反应和鉴别方法熟悉官能团的特征反应，了解醇、酚、醚的分类和异构现象，醇羟基和酚羟基的区别，醇、酚、醚的物理性质及其变化规律。

能力要求：能理解氢键对醇、酚的沸点和溶解性的影响；能说出醇、酚、醚的官能团，能用化学方法鉴别醇、酚、醚。

学习导航

根据世界卫生组织的事故调查显示，50%～60%的交通事故与酒后驾驶有关，酒后驾驶已经被世界卫生组织列为车祸致死的首要原因。通过本章的学习，将认识以乙醇（酒的主要成分）为代表的醇类以及酚类和醚类化合物，这类化合物与人类关系密切，以它们为原料，通过适当的方法，可以生产出许多的有机物为人们所用。让我们一起走进醇、酚、醚的世界，共同认识更多生活中和医药上常用的化合物。

醇、酚和醚都是烃的含氧衍生物，羟基与脂肪烃基直接相连的叫醇，羟基与芳香烃基直接相连的叫酚，两烃基与氧直接相连的叫醚。

R—OH	C_6H_5—OH	R—O—R′　　C_6H_5—O—R
醇	酚	醚

醇、酚和醚也可以看作是水的烃基衍生物。醇、酚和醚是一类重要的有机化合物，它们有的是药物合成的重要原料、溶剂或中间体。

第一节　醇

案例

1998年春节前夕，山西省文水县农民王青华购得34t工业酒精（含甲醇），加水勾兑成散装白酒 57t 出售给个体户王晓东等人。王晓东明知该酒甲醇严重超标，仍将其加进自制的酒中，转手批发给从事个体经营的朔州市杨万才和灵丘县刘世春等人大量销售。结果在山西朔州市发生了震惊全国的用工业酒精兑制白酒的“毒酒案”，致使 140 余人中毒，其中 32 人死亡，1 人双目失明。我国有关部门规定：用粮食酿造的白酒，每 100mL 中甲醇含量不得超过 0.04g，用薯干和代用品酿造的白酒则不得超过 0.12g。据技术监督局给出的鉴定报告：该散装酒中含的甲醇超国家标准达 900 倍之多，是地地道道的毒酒。

甲醇究竟是怎样一种物质呢？

一、醇的结构、分类和命名

醇是烃分子中的氢原子被羟基取代后生成的化合物。那么是否含有羟基的烃类衍生物都叫醇呢？实际上并非如此。在芳香化合物中，假如羟基连在支链烷基上，也叫做醇(芳香醇)，如苯甲醇 $C_6H_5CH_2OH$。但如果羟基直接连在苯环上就叫做酚，而不叫做醇。

（一）醇的分类

（1）据含—OH 数目可分为：一元醇（CH_3CH_2OH）、二元醇（$OHCH_2CH_2OH$）、多元醇等。

（2）据—OH 所连的 C 原子种类可分为：伯醇、仲醇、叔醇。

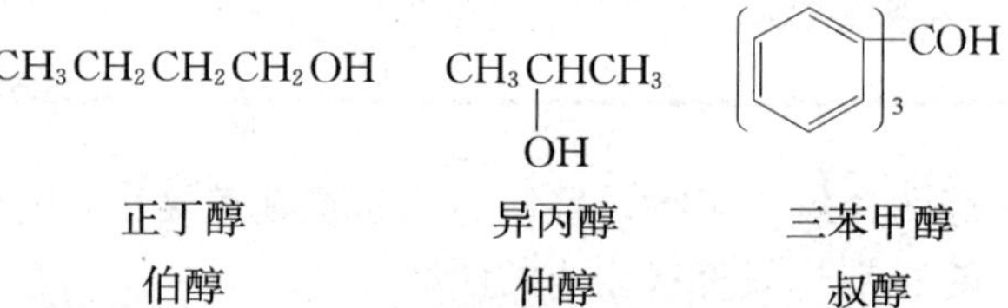

正丁醇 伯醇　　异丙醇 仲醇　　三苯甲醇 叔醇

（3）据—OH 所连的烃基可分为脂肪醇和芳香醇。脂肪醇又分为饱和醇和不饱和醇，羟基与脂环烃基相连的醇叫脂环醇；羟基与芳香烃基相连的醇叫芳香醇。例如：

饱和脂肪醇：CH_3CH_2OH

不饱和脂肪醇：$CH_2{=}CHCH_2OH$；$CH{\equiv}CCH_2OH$

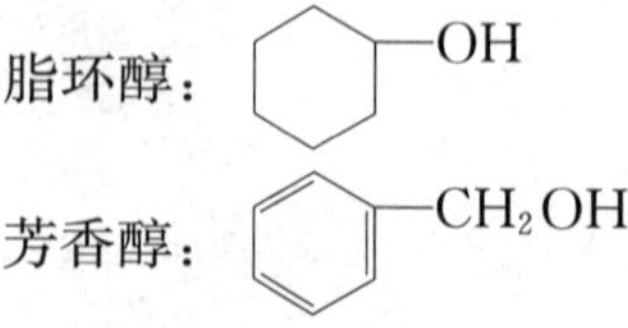

（二）醇的命名

1. 普通命名法

简单醇常采用普通命名法，即在相应的烷基名称后加一个“醇”字。例如：

CH_3OH 甲醇

$CH_3CH(OH)CH_3$ 异丙醇

$C_6H_5CH_2OH$ 苄醇

$C_6H_{11}OH$ 环己醇

$CH_3CH_2CH_2CH_2OH$ 正丁醇

$CH_3CH_2CH(OH)CH_3$ 仲丁醇

$CH_3CH(CH_3)CH_2OH$ 异丁醇

$(CH_3)_3COH$ 叔丁醇

$(C_6H_5)_3COH$ 三苯甲醇

$CH_3CH(OH)—CH(CH_3)CH_3$ 3-甲基-2-丁醇

$CH_3CH_2CH(CH_3)CH_2OH$ 2-甲基丁醇

2. *系统命名法*

结构比较复杂的醇，采用系统命名法，即选择含有羟基的最长碳链作为主链，把支链看作取代基，从离羟基最近的一端开始编号，按照主链所含的碳原子数目称为“某醇”，羟基在1位的醇，可省去羟基的位次。例如：

$CH_3CH(OH)CH_2CH_3$ 2-丁醇

$CH_3CH(CH_2CH_3)CH_2CH_2OH$ 3-甲基-1-戊醇

$CH_3CH_2CH(CH_3)CH(CH_3)CH_2CH(OH)CH_3$ 4,5-二甲基-2-庚醇

如果是不饱和醇，则选含有羟基和不饱和键的最长链为主链，从离羟基近端编号。书写时，将表示链中碳原子个数的字放在“烯”或“炔”的前面。命名芳香醇时，可将芳基作为取代基加以命名。例如：

$C_6H_5CH_2CH_2OH$ 2-苯基乙醇

$C_6H_5CH=CHCH_2OH$ 3-苯基-2-丙烯-1-醇

多元醇的命名应选择包括连有尽可能多的羟基的碳链做主链，以羟基的数目称一醇、二醇、三醇等，并在名称前面标出羟基的位次。例如：

$CH_2(OH)—CH(OH)—CH_2(OH)$ 丙三醇

$CH_3—CH(OH)—CH_2(OH)$ 1,2-丙二醇

$CH_2(OH)—CH_2—CH_2(OH)$ 1,3-丙二醇

二、醇的结构

醇分子中，氧原子的价层电子为 sp^3 杂化，其中两个 sp^3 杂化轨道分别与碳原子和氢原子结合成 C—O、O—H 两个 σ 键。余下两个 sp^3 杂化轨道被未共用电子对占据。图 10-1 为甲醇的结构示意图，图 10-2 为甲醇模型示意图。

三、醇的物理性质

烃类分子都是非极性或近似于非极性化合物，分子间作用力小，因此它们都具有较低的熔、沸点，易溶于有机溶剂而不溶于水。而含有羟基的醇类化合物彼此之间能形成

氢键，醇分子之间形成氢键，使醇类溶、沸点较烃类高。醇能和水形成氢键，在水中有较好的溶解性。如表 10-1 所示为一些常见醇的物理常数。

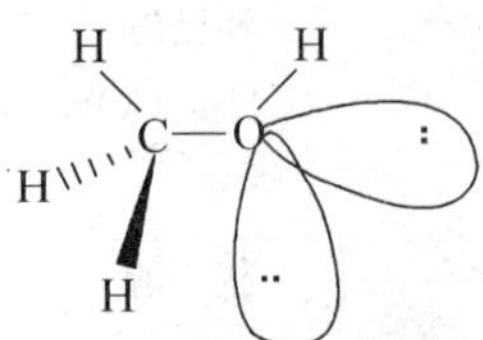
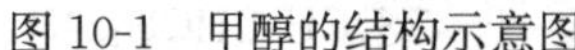

图 10-1　甲醇的结构示意图

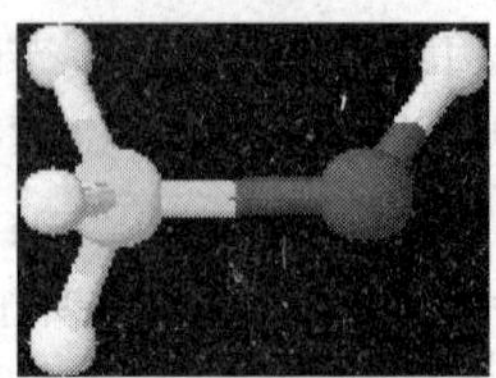
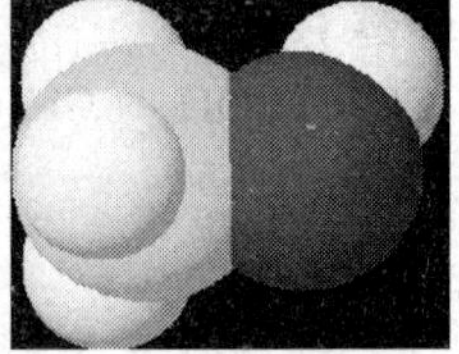

图 10-2　甲醇模型示意图

表 10-1　一些常见醇的物理常数

化合物	熔点/℃	沸点/℃	密度 d/（kg/m^3）	水中溶解度/（%w）
CH_3OH	−97	64.7	0.792	∞
CH_3CH_2OH	−115	78.4	0.789	∞
正 C_3H_7OH	−126	97.2	0.804	∞
异 C_3H_7OH	−88.5	82.3	0.786	∞
正 C_4H_9OH	−88.6	117.7	0.810	7.5
仲 C_4H_9OH	−114	99.5	0.808	12.5
异 C_4H_9OH	−108	107.9	0.802	10
叔 C_4H_9OH	26	82.5	0.789	∞
$CH_2{=}CHCH_2OH$	−129	97	0.855	∞
$PhCH_2OH$	−15	205	1.046	0.08
$HOCH_2CH_2OH$	−16	197	1.113	∞
$HOCH_2CH(OH)CH_2OH$	18	290	1.261	∞

1. 状态

C_1～C_4是低级一元醇，是无色流动液体，比水轻。C_5～C_{11}为油状液体，C_{12}以上高级一元醇是无色的蜡状固体。甲醇、乙醇、丙醇都带有酒味，丁醇开始到十一醇有不愉快的气味，二元醇和多元醇都具有甜味，故乙二醇有时称为甘醇。

2. 沸点

醇的沸点比含同数碳原子的烷烃、卤代烷高。例如：CH_3CH_2OH 为 78.5℃，CH_3CH_2Cl 为 12℃。这是因为液态时醇分子之间有缔合现象存在，这种氢键缔合的结果，使它具有较高的沸点。

$$\begin{array}{cccccccc} H- & O\cdots & H- & O\cdots & H- & O\cdots & H- & O\cdots \\ & | & & | & & | & & | \\ & H & & R & & H & & R \end{array}$$

在同系列中醇的沸点也是随着碳原子数的增加而有规律地上升。如直链饱和一元醇中，每增加一个碳原子，它的沸点升高 15～20℃。此外在同数碳原子的一元饱和醇中，沸点也是随支链的增加而降低。在相同碳数的一元饱和醇中，伯醇的沸点最高，仲醇次之，叔醇最低。若分子量相近，含羟基越多沸点越高。

$CH_3-(CH_2)_2-CH_2OH$　117℃　　$CH_3-CH_2-CH(OH)-CH_3$　99.5℃

$CH_3-CH(CH_3)-CH_2OH$　108℃　　$CH_3-C(CH_3)_2-OH$　82℃

你问我答

乙醇和水的混合物如何分离？

3. 溶解度

低级的醇能溶于水，分子量增加溶解度就降低。含有三个以下碳原子的一元醇，可以和水混溶。正丁醇在水中的溶解度就很低，只有8%，正戊醇就更小了，只有2%。高级醇和烷烃一样，几乎不溶于水。低级醇之所以能溶于水主要是由于它的分子中有和水分子相似的部分——羟基。醇和水分子之间能形成氢键。所以促使醇分子易溶于水。

当醇的碳链增长时，羟基在整个分子中的影响减弱，在水中的溶解度也就降低，以至于不溶于水。相反的，当醇中的羟基增多时，分子中和水相似的部分增加，同时能和水分子形成氢键的部位也增加了，因此二元醇的水溶性要比一元醇大。甘油富有吸湿性，故纯甘油不能直接用来滋润皮肤，一定要掺一些水，否则它会从皮肤中吸取水分，使人感到刺痛。

案例分析

甲醇俗称木精、木醇，为无色透明略带乙醇气味的易挥发液体，甲醇能和水以任意比相溶。甲醇有较强的毒性，对人体的神经系统和血液系统影响最大，它经消化道、呼吸道或皮肤摄入都会产生毒性反应，甲醇蒸气能损害人的呼吸道黏膜和视力。因为甲醇进入体内很快被肝脏的脱氢酶氧化成甲醛，甲醛不能被同化利用，能凝固蛋白质，破坏视网膜。甲醛进一步氧化的产物甲酸不能被机体很快代谢而潴留于血中，使pH下降，导致酸中毒而致命。

四、醇的化学性质

（一）与活泼金属作用

醇中羟基上的氢较活泼，能被金属所取代，生成氢气和醇金属盐，醇能和Na、Mg、Al等活泼金属反应，生成相应的醇盐，并放出氢气。

$$ROH + Na \longrightarrow RONa + H_2\uparrow$$

醇的酸性比水弱，反应比水慢。这是因为，醇可以看作是水分子中的一个氢被羟基取代的产物，由于烷基的推电子能力比氢大，氧氢之间电子云密度大，同水相比，O—H 键难于断裂。

与羟基相连的烷基增大时，烷基的斥电子能力增强，氢氧之间电子云密度更大，氢氧键更难于断键；同时烷基的增大，空间位阻增大，使得解离后的烷氧基负离子难于溶剂化。各种结构不同的醇与金属钠反应的速度如下：

$$CH_3OH > RCH_2{-}OH > \underset{\displaystyle R}{\underset{|}{R{-}CH{-}OH}} > \overset{\displaystyle R}{\overset{|}{\underset{\displaystyle R}{\underset{|}{R{-}C{-}OH}}}}$$

醇是比水更弱的酸，或者说烷氧负离子 RO—的碱性比 OH—强。所以当醇钠遇水时立即水解。这是一个“强酸”从弱酸盐中置换出“弱酸”的反应。例如：

$$RCH_2ONa + H_2O \longrightarrow RCH_2OH + NaOH$$

你问我答

请分别写出金属镁、铝与乙醇反应的方程式。

其他活泼金属如镁、铝等也可与醇反应生成醇镁和醇铝。醇镁和醇铝都是很重要的有机合成试剂。

（二）与无机酸反应

1. 与氢卤酸反应

醇与氢卤酸反应生成卤代烃，这是制备卤代烃的重要方法。反应如下：

$$ROH + HX \longrightarrow RX + H_2O$$

$$X = Cl、Br、I$$

该反应的反应速率取决于醇的结构和酸的性质，各类醇的反应活性顺序与不同类型卤代烃的取代反应活性顺序相一致。

不同的醇在与相同的氢卤酸反应时的活性为：烯丙型醇、叔醇＞仲醇＞伯醇。

HX 的活泼次序：HI＞HBr＞HCl。

由浓盐酸与无水氯化锌配成的溶液称为卢卡斯（Lucas）试剂。卢卡斯试剂可以用于鉴别 6 个碳原子以下的伯、仲、叔醇。因 C_6 以下的伯、仲、叔醇，可以溶于卢卡斯试剂，生成的是卤代烃和水的混合物，溶液变浑浊。生成的氯代烃不溶解，显出混浊，不同结构的醇反应的速度不一样，根据生成浑浊的时间不同，可以推测反应物为哪一种醇。

$$(CH_3)_3COH + HCl \xrightarrow[20℃]{ZnCl_2} (CH_3)_3C{-}Cl + H_2O \quad \text{立即混浊分层}$$

$$\underset{\displaystyle OH}{\underset{|}{CH_3CH_2CHCH_3}} + HCl \xrightarrow[20℃]{ZnCl_2} \underset{\displaystyle Cl}{\underset{|}{CH_3CH_2CHCH_3}} + H_2O \quad \text{放置片刻后混浊分层}$$

$$CH_3CH_2CH_2CH_2OH + HCl \xrightarrow[20℃\quad 1h不起反应，加热才反应]{ZnCl_2} CH_3CH_2CH_2CH_2Cl + H_2O$$

2. 与含氧无机酸反应

醇与无机含氧酸（如硝酸、亚硝酸、硫酸和磷酸等）反应，脱去一分子的水而生成相应的无机酸酯。

（1）与硫酸反应：硫酸是二元酸，可生成两种硫酸酯，即酸性酯和中性酯。例如：

$$CH_3OH + HOSO_2OH \longrightarrow CH_3OSO_2OH + H_2O$$

硫酸氢甲酯

$$CH_3OSO_2OH + HOSO_2OCH_3 \xrightarrow[\triangle]{减压蒸馏} CH_3OSO_2OCH_3 + H_2SO_4$$

硫酸二甲酯

（2）与硝酸反应：HNO_3 能很快地和伯醇作用生成酯。

$$CH_3CH_2OH + HONO_2 \longrightarrow CH_3CH_2ONO_2 + H_2O$$

硝酸乙酯

$$(CH_3)_2CHCH_2CH_2OH + HONO \longrightarrow (CH_3)_2CHCH_2CH_2ONO + H_2O$$

亚硝酸异戊酯

$$\begin{array}{l} CH_2-O-H \quad HO-NO_2 \\ | \\ CH-O-H + HO-NO_2 \\ | \\ CH_2-O-H \quad HO-NO_2 \end{array} \xrightarrow{H_2SO_4} \begin{array}{l} CH_2-O-NO_2 \\ | \\ CH-O-NO_2 \\ | \\ CH_2-O-NO_2 \end{array} + 3H_2O$$

甘油三硝酸酯

小贴士

亚硝酸异戊酯和甘油三硝酸酯（又叫硝化甘油）是临床上用作缓解心绞痛的药物。甘油三硝酸酯也是一种炸药，遇到震动会发生猛烈爆炸，通常将它与一些惰性材料混合以提高其使用安全性，这就是诺贝尔发明的硝化甘油炸药。另外，在临床上甘油三硝酸酯有扩张冠状动脉的作用，用于治疗心绞痛。

（三）脱水反应

醇的脱水方式有两种：一种是分子内脱水生成烯烃，另一种是分子间脱水生成醚。

1. 分子内脱水

醇与强酸（除 HX 外）如硫酸、磷酸、硫酸氢钾和对甲苯磺酸等共热，脱水生成烯烃。

$$CH_3CH_2-OH \xrightarrow[170℃]{浓H_2SO_4} CH_2=CH_2$$

$$环己醇(C_6H_{11}-OH) \xrightarrow[170℃]{浓H_2SO_4} 环己烯$$

不同类型的醇分子内脱水时的难易程度相差很大，其反应活性次序是：叔醇>仲醇>伯醇。仲醇、叔醇的脱水反应，若有两种不同的取向时，则遵循查依采夫规则，即优先形成具有较多烷基取代的烯烃。

$$CH_3CH_2CH_2CH(OH)CH_3 \begin{cases} \xrightarrow[\triangle]{\text{浓硫酸}} CH_3CH_2CH{=}CHCH_3 \ (\text{主产物}) \\ \xrightarrow[\triangle]{\text{浓硫酸}} CH_3CH_2CH_2CH{=}CH_2 \end{cases}$$

2. 分子间脱

水在 H_3PO_4 或浓 H_2SO_4 存在时，相对较低的温度有利于伯醇的两分子间脱水，生成醚。同样的条件下，叔醇主要发生分子内脱水，而不会生成醚。

$$CH_3CH_2{-}OH \xrightarrow[140℃]{\text{浓 } H_2SO_4} CH_3CH_2{-}O{-}CH_2CH_3$$

分子间脱水反应可用于制备低级的简单醚，其活性次序为：伯醇>仲醇>叔醇。

一般情况下，较高的温度有利于醇的分子内脱水，较低的温度有利于醇的分子间脱水。

（四）氧化反应

氧化反应是有机化学中的重要反应，广义地讲在有机化合物分子中加入氧或脱去氢都属于氧化反应。伯醇、仲醇可以被氧化剂（$KMnO_4$、$K_2Cr_2O_7+H_2SO_4$）氧化，其产物是醛、酸，仲醇是酮。叔醇因为它连羟基的叔碳原子上没有氢，所以不容易氧化。例如：

$$\left.\begin{matrix} RCH_2OH \\ R_2CHOH \\ R_3COH \end{matrix}\right\} \xrightarrow[\text{(橙红色)}]{K_2Cr_2O_7} \begin{matrix} RCHO \xrightarrow{[O]} RCOOH + Cr^{3+} \ (\text{绿色}) \\ R_2C{=}O + Cr^{3+} \ (\text{绿色}) \\ (-) \ \text{颜色不变} \end{matrix}$$

用 CrO_3/稀硫酸溶液氧化伯醇反应在有机分析中还可用来将伯醇、仲醇和烯烃、炔烃区别开来，因为后两者不被氧化。这个氧化反应进行时现象很明显，溶液的颜色从清澈的橙色变成浑浊的蓝绿色。

$$\underset{}{CH_3CH_2OH} + \underset{(\text{橙色})}{Cr^{6+}} \longrightarrow CH_3CHO + \underset{(\text{绿色})}{Cr^{3+}}$$

利用三氧化铬能氧化乙醇的原理，制成了酒精测定仪，用于检测酒后驾车的违章司机。

（五）邻二醇的特殊反应

邻二醇分子中的两个羟基连在相邻的两个碳原子上，除了具有一元醇的一般化学性质外，由于两个羟基的相互作用，还具有一些特殊性质。

1. 与氢氧化铜的反应

邻二醇与新沉淀的氢氧化铜反应，可生成一种深蓝色的溶液，例如：

$$\begin{matrix} CH_2{-}OH \\ | \\ CH_2{-}OH \\ | \\ CH_2{-}OH \end{matrix} + Cu(OH)_2 \longrightarrow \begin{matrix} CH_2{-}O \\ | \\ CH{-}O \\ | \\ CH_2OH \end{matrix}\!\!>Cu \quad \text{蓝色可溶性的甘油铜}$$

此反应迅速，现象明显，实验室中常用于此鉴别具有邻二羟基的多元醇。

2. 与高碘酸的反应

邻二醇可被高碘酸氧化，反应时连有两个羟基的碳碳单键断裂，两个碳原子均被氧化成羰基，生成两分子的羰基化合物。

$$\text{ph}-\underset{\text{OH}}{\underset{|}{\text{CH}}}-\overset{\text{CH}_3}{\overset{|}{\underset{\text{OH}}{\underset{|}{\text{C}}}}}-\text{CH}_3 \xrightarrow[\text{HOAc, H}_2\text{O}]{\text{HIO}_4} \text{phCHO}+\text{CH}_3-\underset{\text{O}}{\underset{\|}{\text{C}}}-\text{CH}_3+\text{HIO}_3$$

$$HIO_3+AgNO_3 \longrightarrow AgIO_3\downarrow \text{（白色）}+HNO_3$$

这个反应可用于邻二醇的定量测定。并可根据氧化产物的性质、数量推测原来的二元醇结构。

五、重要的醇

1. 乙醇（C_2H_5OH）

乙醇（俗名酒精）是无色、透明、易挥发的液体，与水可以混溶，也是非常好的有机溶剂。乙醇是酒的主要成分，可以饮用，少量乙醇有兴奋神经的作用，大量乙醇有麻醉作用，可使人体中毒，甚至死亡。

临床上常使用70%～75%乙醇水溶液作外用消毒剂。长期卧床病人用50%乙醇溶液涂擦皮肤，有收敛作用，并能促进血液循环，可预防褥疮。在医药上常用乙醇配制酊剂，如碘酊（俗称碘酒），就是碘和碘化钾的乙醇溶液。

你问我答

甘油可以用作护肤品滋润皮肤，使用之前必须加水稀释，否则反而会使皮肤干裂，这是为什么呢？

小贴士

乙醇进入人体后有90%左右在肝脏内代谢、分解，大部分氧化成二氧化碳和水，其余一小部分可经尿液、汗液、唾液以及呼吸道排出。乙醇在体内主要是经肝脏代谢，在脱氢酶的催化下，乙醇被氧化成乙醛，乙醛很快会在乙醛脱氢酶的作用下氧化成乙酸，而乙酸是可以被机体吸收利用的，所以适量饮酒并不会造成乙醇中毒。但是乙醇在体内的代谢速率是有限度的，过量饮酒超过机体的极限，就会引起乙醇蓄积中毒，特别是在肝脏和大脑中，最终引起酒精中毒症状，严重时甚至会因心脏被麻痹或呼吸中枢丧失功能而窒息死亡。

2. 丙三醇

又称甘油，为无色、吸湿性强、有甜味的黏稠液体，沸点 290℃，能与水或乙醇混溶。在医药上甘油可用作溶剂，如酚甘油、碘甘油等。对便秘患者，常用栓剂或 50% 油溶液灌肠，它既有润滑作用，又能产生高渗压，可引起排便反射。

甘油与浓硝酸浓硫酸作用得到硝化甘油。硝化甘油进行加热或撞击，即猛烈分解，瞬间产生大量气体而引起爆炸，因此硝化甘油可以用做炸药。硝化甘油有扩张冠状动脉的作用，在医药上用来治疗心绞痛。

3. 环己六醇

环己六醇最初由动物肌肉中得到，又名肌醇，存在于动物心脏、肌肉和大脑中。肌醇为白色晶体，能溶于水，不溶于乙醇、乙醚中。熔点为 225℃。肌醇为某些酵母生成所必需的营养素，它能促进肌肉和其他组织中的脂肪代谢，也能降低血压，可用于治疗肝硬化、肝炎、脂肪肝等。

4. 山梨醇和甘露醇

山梨醇和甘露醇均为六元醇，二者互为异构体。它们均为白色结晶粉末，味甜，广泛存在于水果中。山梨醇和甘露醇均易溶于水，它们的 20%或 25%的高渗溶液，在临床上用作渗透性利尿药，能降低颅内压，消除脑水肿。

5. 苯甲醇

又名苄醇，以酯的形式存在于植物香精油中。它是无色液体，有芳香味，沸点 205℃，微溶于水，可与乙醇、乙醚混溶。因具有微弱的麻醉作用和防腐功能，故含有苯甲醇的注射用水称为无痛水。如用它作为青霉素钾盐的溶剂，常可减轻注射该药时的疼痛感。10%的苯甲醇软膏或其洗剂可作为局部止痒剂。

第二节 酚

一、酚的分类和命名

根据羟基所连的芳环不同，分为苯酚、萘酚、蒽酚等。根据酚羟基的数目不同分为一元酚、二元酚、多元酚。

酚的命名，一般是在“酚”字前面加上芳环的名称作母体，再加上其他取代基的名称和位次。当酚羟基为官能团时，命名为芳酚，其他基团作为取代基。含两个羟基称二酚，三个羟基称三酚。例如：

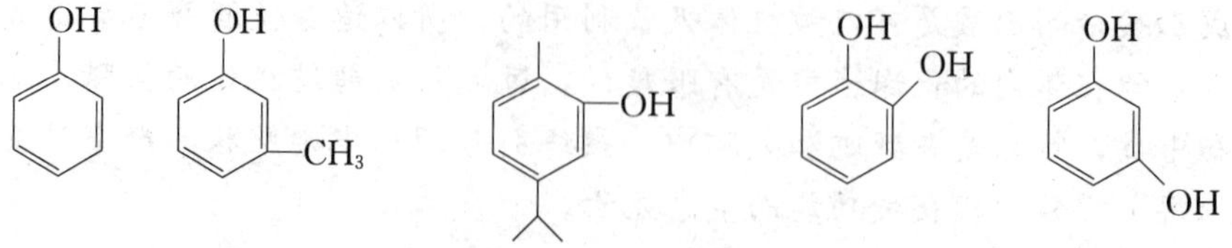

苯酚　　间甲苯酚　　2-甲基-5-异丙基苯酚　　邻苯二酚　　间苯二酚

对苯二酚 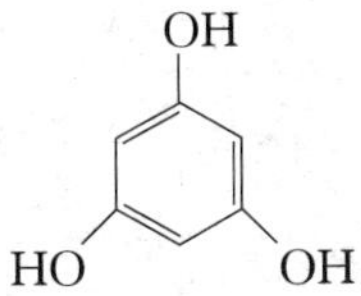　　间苯三酚 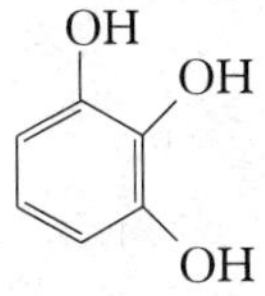　　连苯三酚 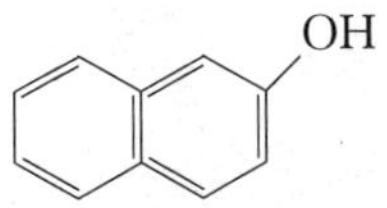　　β-萘酚

结构复杂的酚，可以将酚羟基作为取代基来命名。例如：

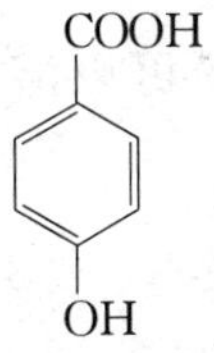

对羟基苯甲酸 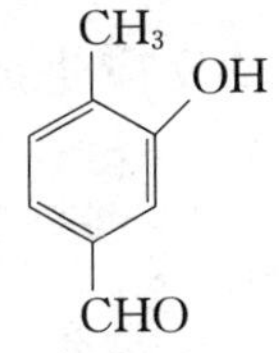　　3-羟基-4-甲基苯甲醛 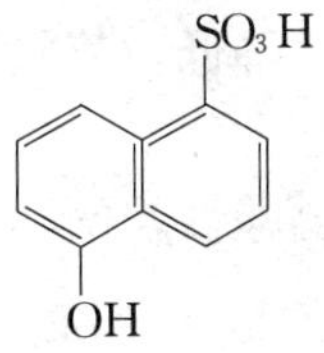　　5-羟基-1-萘磺酸

二、酚的结构

羟基直接和芳环相连的化合物为酚，结构通式 Ar-OH。连接在苯环上的酚羟基与连接在脂肪烃基上的醇羟基在结构上有很大差别。首先，酚羟基中的氧原子为 sp^2 杂化，醇羟基中的氧原子也为 sp^3 杂化；其次，酚羟基氧原子上的未共用电子对参与 p-π 共轭，而醇羟基的氧原子不参与共轭（图 10-3）。

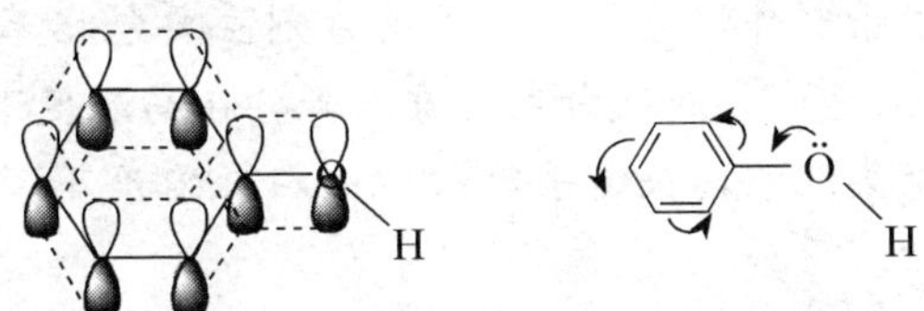

图 10-3　苯酚中的 p-π 共轭示意图

三、酚的物理性质

酚一般多为固体。少数烷基酚为液体。由于分子间形成氢键，所以沸点都很高，微溶于水。纯的酚是无色的，由于易被氧化往往带有红色至褐色。酚毒性很大，杀菌和防腐作用是酚类化合物的重要特性之一，消毒用的“来苏儿”即甲酚（甲基苯酚各异构物的混合物）与肥皂溶液的混合液。

四、酚的化学性质

酚分子结构具有羟基和苯环，应具有羟基和苯环的化学性质，但不能认为酚的性质是醇的芳香烃性质的简单加和。由于酚中羟基与苯环形成大的 p-π 共轭体系，由于氧的给电子共轭作用，与氧相连的碳原子上电子云密度增高，所以酚不像醇那样易发生亲核取代反应；相反，由于氧的给电子共轭作用使苯环上的电子云密度增高，使得苯环上易发生亲电取代反应。

亲核取代反应

酸性

亲电取代反应

（一）弱酸性

酚比醇的酸性大，这是因为酚中的氧的给电子作用，使得电子向苯环转移，氧氢之间的电子云密度降低，氢氧键减弱，易于断裂，显示出酸性。苯酚的酸性比羧酸、碳酸弱，比水、醇强。

酚类具有弱酸性，酚可以与氢氧化钠反应生成酚钠，故酚可以溶于氢氧化钠溶液中。

$$C_6H_5OH + NaOH \longrightarrow C_6H_5ONa + H_2O$$

小贴士

酚类化合物在医药上的应用

酚类化合物在医药上主要是用作中间体、解热镇痛药和消毒剂。例如水杨酸不仅是合成阿司匹林（乙酰水杨酸）的中间体，它还可以用于止痛灵、利尿素、水杨酸钠、水杨酰胺等药物的生产。

酚类化合物还可用于制作消毒剂。酚类消毒剂主要包括苯酚、煤酚皂溶液（又称来苏儿）、六氯酚、黑色消毒液及白色消毒液等。在高浓度下，酚类可裂解并穿透细胞壁，使菌体蛋白凝集沉淀，快速杀灭细胞；在低浓度下，可使细菌的酶系统失去活性，导致细胞死亡。

酚的酸性比碳酸的酸性弱，向酚钠溶液中通入二氧化碳，酚又可以游离出来。利用此反应可以把酚同其他有机物分离。

$$C_6H_5ONa + CO_2 + H_2O \longrightarrow C_6H_5OH + NaHCO_3$$

溶于水　　　　不溶于水

酚的酸性受到与芳环相连的其他基团的影响，当芳环上连有吸电子基团时，由于共轭效应和诱导效应的影响，使的氧氢之间的电子云向芳环上移动，氧氢之间的电子云密度减小，更易解离出氢离子，从而显示出更强的酸性。相反，当芳环上连有给电子基团时，由于共轭效应和诱导效应的影响，使的氧氢之间的电子云增大，氧氢之间的共价键增强，难解离出氢离子，表现为酸性降低。例如：

对硝基苯酚（OH，NO_2）　$K_a = 7\times10^{-9}$

对甲基苯酚（OH，CH_3）　$K_a = 6.9\times10^{-11}$

（二）芳环的亲电取代反应

酚中由于羟基的给电子作用，使得芳环上电子云密度增大，芳环的活性增大，容易发生亲电取代反应，如卤代、硝化、磺化等。

1. 取代

苯酚与溴水反应非常快，室温下立刻反应得到三溴苯酚白色沉淀，反应非常灵敏，现象明显，10mg/L 的苯酚溶液也可以检出，此反应可用于苯酚的定性鉴别和定量测定。

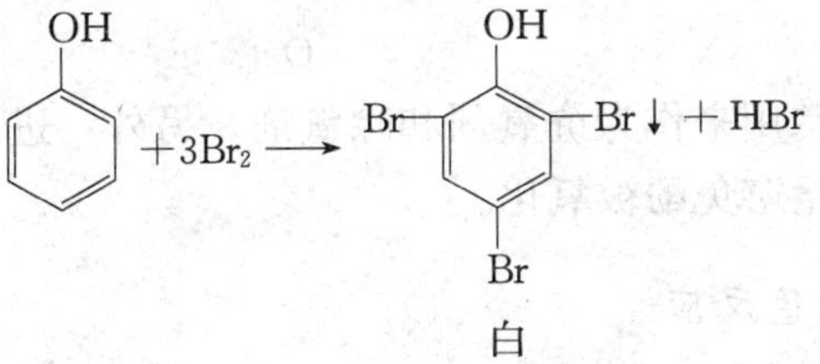

$$C_6H_5OH + 3Br_2 \longrightarrow 2,4,6\text{-}Br_3C_6H_2OH\downarrow + HBr$$

白

2. 硝化

室温下，苯酚即可与稀硝酸发生硝化反应，得到邻硝基苯酚和对硝基苯酚的混合物。

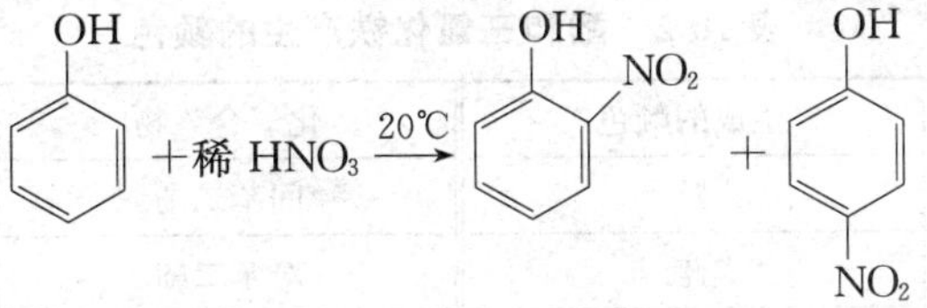

$$C_6H_5OH + 稀\ HNO_3 \xrightarrow{20℃} o\text{-}O_2NC_6H_4OH + p\text{-}O_2NC_6H_4OH$$

邻硝基苯酚可形成分子内氢键，对硝基苯酚不能形成分子内氢键，因此邻硝基苯酚比对硝基苯酚沸点低，可用蒸馏的方法把二者分开。

苯酚与浓硝酸作用，可得到 2,4,6-三硝基苯酚，俗名苦味酸，是烈性炸药。

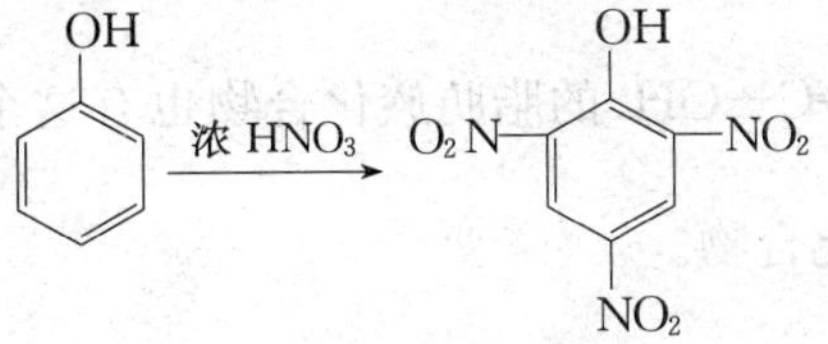

$$C_6H_5OH \xrightarrow{浓\ HNO_3} 2,4,6\text{-}(O_2N)_3C_6H_2OH$$

3. 磺化反应

室温下苯酚与浓硫酸作用，发生磺化反应，得到邻位产物，升高温度主要得到对位产物。

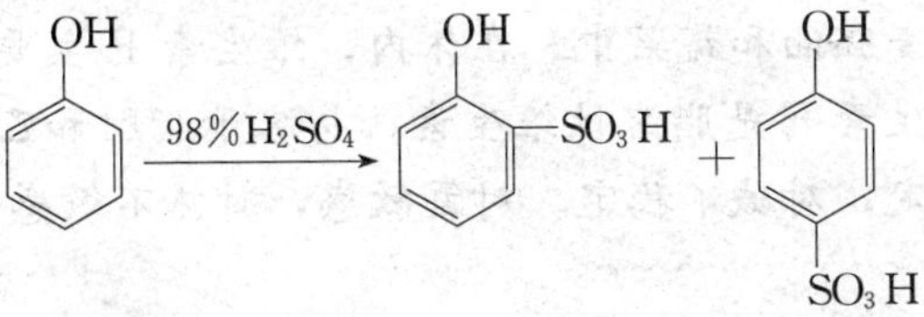

$$C_6H_5OH \xrightarrow{98\%H_2SO_4} o\text{-}HO_3SC_6H_4OH + p\text{-}HO_3SC_6H_4OH$$

（三）氧化反应

酚比醇更容易氧化，空气中的氧就能将酚氧化而生成有色物质，氧化物的颜色随着氧化程度的深化而逐渐加深，由无色而呈粉红色、红色以至深褐色。例如，苯酚或对苯二酚（是常用的显影剂）被氧化生成对苯醌（棕黄色），邻苯二酚被氧化生成邻苯醌。

$$\text{C}_6\text{H}_5\text{OH} \xrightarrow[\text{[O]}]{K_2Cr_2O_7-H_2SO_4} \text{O=C}_6\text{H}_4\text{=O}$$

对苯醌（黄色）

酚易被氧化的性质常用来作为抗氧剂和除氧剂。另外，进行磺化、硝化或卤化时，必须控制反应条件，尽量避免酚被氧化。

（四）与 $FeCl_3$ 的颜色反应

大多数酚都能与 $FeCl_3$ 溶液发生显色反应，结构不同的酚所显颜色不同（表 10-2）。

$$6C_6H_5OH + FeCl_3 \longrightarrow H_3[Fe(OC_6H_5)_6] + 3HCl$$

苯酚　　　　紫色（络离子）

表 10-2　酚和三氯化铁产生的颜色

化合物	生成的颜色	化合物	生成的颜色
苯酚	紫	间苯二酚	紫
邻甲苯酚	蓝	对苯二酚	暗绿色结晶
间甲苯酚	蓝	1,2,3-苯三酚	淡棕红色
对甲苯酚	蓝	1,3,5-苯三酚	紫色沉淀
邻苯二酚	绿	α-萘酚	紫色沉淀

具有烯醇式结构 $\gt C=C-OH$ 的脂肪族化合物也有这个反应。因此，该反应可用于鉴别含有烯醇式结构的化合物。

小贴士

1922 年科学家们发现了维生素 E，1938 年首次人工合成。维生素 E，又名生育酚，是指具有 α-生育酚生物活性的一类物质，自然界中共有 8 种。维生素 E 主要在植物油、油性种子、麦胚油和蔬菜中。在体内，维生素 E 主要存在于细胞膜、血浆脂蛋白和脂库中。维生素 E 是脂溶性维生素，易溶于脂肪和乙醇等有机溶剂中，不溶于水，对热、酸稳定，对碱不稳定，对氧敏感，对热不敏感。

五、重要的酚

1. 苯酚

苯酚是最简单的酚。俗名石炭酸，最初是从煤焦油中发现的。苯酚为无色固体，有特殊的刺激性气味。易被氧化，空气中放置即可被氧化而带有微红色。室温时稍溶于水，65℃以上可与水混溶，易溶于乙醇、乙醚、苯等有机溶剂。

苯酚在医药上用作消毒剂，在苯酚固体中加入10%的水，即是临床所用的液化苯酚。3%～5%苯酚水溶液可以消毒外科手术器械。由于其易氧化，因此平时应贮藏于棕色瓶内，密闭避光保存。苯酚的苯环上引入烷基、苯基、氯等取代基，能增强其杀菌能力。

2. 甲苯酚

俗称煤酚，存在于煤焦油中，通常为邻、间、对三种异构体的混合物，有杀菌作用，杀菌能力比苯酚强。它的47%～53%的肥皂水溶液在医药上用做消毒剂，叫来苏儿，临床上加水稀释后用于皮肤、器械。

你问我答

苯酚具有毒性，会使神经中毒。对皮肤有强烈的腐蚀性，当不小心把苯酚沾到皮肤上时，如何用简单的方法处理？

3. 苯二酚

苯二酚有邻、间、对三种异构体，均为无色结晶体，溶于乙醇、乙醚中。间苯二酚用于合成染料、酚醛树脂、胶黏剂、药物等，医药上用做消毒剂。对苯二酚具有还原性，可用做显影剂。

邻苯二酚（俗名儿茶酚）的一个重要衍生物为肾上腺素。它既有氨基又有酚羟基，显两性，既溶于酸也溶于碱，微溶于水及乙醇，不溶于乙醚、氯仿等，在中性、碱性条件下不稳定，医药上用其盐酸盐，有加速心脏跳动，收缩血管，增加血压，放大瞳孔的作用，也有使肝糖分解增加血糖的含量以及使支气管平滑肌松弛的作用。一般用于支气管哮喘，过敏性休克及其他过敏性反应的急救。

第三节 醚

一、醚的结构和命名

醚可以看作是醇或酚羟基中的氢原子被烃基取代而成的化合物。醚分子中的键-O-叫醚键。醚键是醚的官能团。醚的通式是R-O-R，Ar-O-R或Ar-O-Ar。

与醚键相连接的两个烃基相同者称为简单醚，两个烃基不同者称为混合醚。具有环状结构的醚称为环醚。

醚的命名可根据醚键所连的烃基来命名。简单醚的命名是在相应的烷基前加“二”，后面加“醚”，“二”可以省略不写；混合醚名称是将小的烃基写在前，大的烃基写在后，最后加上“醚”，“基”字可以省略。烃基中有一个芳香烃基时，芳香烃基写在前。

环醚的命名常以烃基为主体，称为环氧某烷。复杂的醚也可将烃氧基作为取代基来命名。例如：

$CH_3CH_2OCH_2CH_3$ （二）乙（基）醚

$CH_3OCH_2CH_2CH_3$ 甲（基）丙（基）醚

$CH_3CH_2OCH_2CH{=}CH_2$ 乙基烯丙基醚

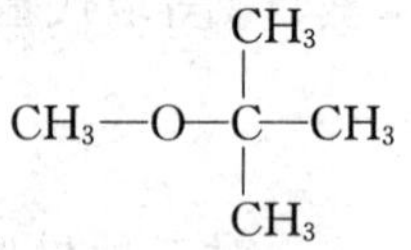

$CH_3{-}O{-}C(CH_3)_2{-}CH_3$ 甲基叔丁基醚

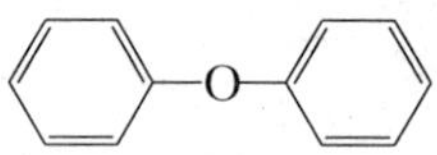

$C_6H_5{-}O{-}C_6H_5$ 二苯醚

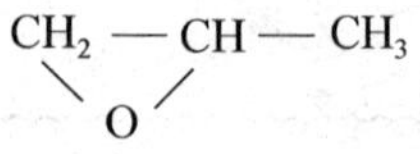

$\underset{\diagdown O \diagup}{CH_2{-}CH{-}CH_3}$ 1,4-环氧丙烷

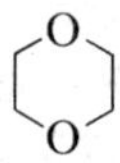

1,4-二氧六环

1,4-环氧丁烷（四氢呋喃）

结构比较复杂的醚可以当作烃的烃氧基衍生物来命名。将较大的烃基当作母体，剩下的—OR（烷氧基）看作取代基。

$CH_3OCH_2CH_2OCH_3$ 1,2-二甲氧基乙烷

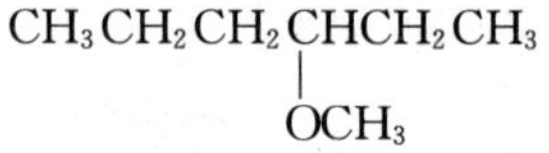

$CH_3CH_2CH_2CH(OCH_3)CH_2CH_3$ 3-甲氧基己烷

环醚一般叫做环氧某烃或按杂环化合物命名的方法命名：

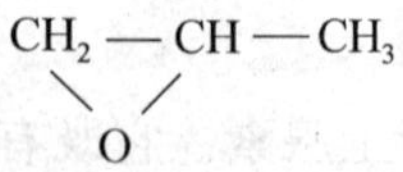

$\underset{\diagdown O \diagup}{CH_2{-}CH{-}CH_3}$ 1,2-环氧丙烷

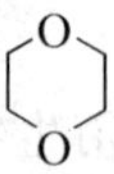

1,4-二氧六环

1,4-环氧丁烷（四氢呋喃）

多元醚命名时，首先写出多元醇的名称，再写出另一部分烃基的数目和名称，最后加上“醚”字。

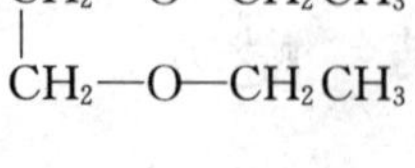

$$\begin{array}{l} CH_2{-}O{-}CH_2CH_3 \\ | \\ CH_2{-}O{-}CH_2CH_3 \end{array}$$ 乙二醇二乙醚

二、醚的物理性质

大多数醚在室温下为液体，有香味，易燃。醚分子间不能形成氢键，沸点比相应的醇和酚低得多，与烷烃很接近。例如：乙醚的沸点为34.5℃，正丁醇的沸点为117.2℃，正戊烷的沸点为36.1℃。但是醚分子中的氧原子仍能与水分子中的氢原子生成氢键，因此

醚在水中的溶解度与同数碳原子的醇相近。例如：乙醚和正丁醇在水中的溶解度都是每100g水中约溶8g。醚是良好的有机溶剂，常用来提取有机物或作为有机反应的溶剂。

三、醚的化学性质

（一）锌盐的生成

醚都能溶解于冷的强酸中。由于醚链上的氧原子具有未共用电子对，能接受强酸中的 H^+ 而生成锌盐，一旦生成即溶于冷的浓酸溶液中。烷烃不与冷的浓酸反应也不溶于其中。所以用此反应可区别烷烃和醚。

$$R-\ddot{\underset{..}{O}}-R + H_2SO_4 \longrightarrow R-\underset{H}{\overset{..}{O}}-R + HSO_4^-$$

$$R-\ddot{\underset{..}{O}}-R + HCl \longrightarrow [R-\overset{H}{\underset{..}{O}}-R]^+ Cl^-$$

锌盐在浓酸中稳定，在水中水解，醚即重新分出。利用此性质可以将醚从烷烃或卤代烃中分离出来。如：正戊烷和乙醚几乎具有相同沸点，醚溶于冷浓硫酸中，正戊烷不溶于浓硫酸。把正戊烷和乙醚的混合液与冷浓硫酸混合，则得到两个明显的液层。

（二）醚链的断裂

在较高温度下，强酸能使醚链断裂。使醚链断裂最有效的试剂是浓的氢碘酸(HI)。烷基醚断裂后生成碘代烷和醇或酚，其中醇又可以进一步与过量的碘化氢作用形成碘代烷。混合醚发生醚键断裂时，一般是较小的烃基变成碘代烷。例如：

$$CH_3CH_2-O-CH_3 + HI \xrightarrow{\triangle} CH_3CH_2OH + CH_3I$$

$$C_6H_5-O-CH_3 + HI \xrightarrow{\triangle} C_6H_5-OH + CH_3I$$

（三）过氧化物的生成

许多烷基醚在和空气接触时，会慢慢生成不易挥发的过氧化物。过氧化物是不稳定的，加热时容易分解而发生强烈的爆炸。因此醚类应避免暴露在空气中，一般应放在深色玻璃瓶中，避光保存。可以加入微量的对苯二酚或其他阻氧化剂以阻止过氧化物的生成。

贮藏过久的乙醚在使用前，尤其是在蒸馏以前，应当检验是否有过氧化物。检验过氧化物的方法如下。

1. 用KI淀粉纸检验

如有过氧化物存在，KI被氧化成 I_2 而使含淀粉纸变为蓝紫色。

2. 加入 $FeSO_4$ 和KCNS溶液检验

如有红色 $[Fe(CNS)_6]^{3-}$ 络离子生成，则证明有过氧化物存在。除去过氧化物的方法如下：先加入还原剂 Na_2SO_4 或 $FeSO_4$ 后摇荡，以破坏所生成的过氧化物。

在贮藏醚类化合物时，可在醚中加入少许金属钠或铁屑，以避免过氧化物形成。

小贴士

麻醉药的发现

麻醉药的发现与化学的发展密不可分，是医生与化学家密切合作的结果。1842年3月30日，英国医生朗格用喷洒有乙醚的毛巾捂在患者的嘴上，成功地帮患者切除了颈部的囊肿，被誉为“乙醚麻醉的发明者”。麻醉术的发明，为外科手术开辟了新纪元。乙醚，这种可以使手术无痛的药物，立刻被推广到全世界。在它的启发下，英国产科医生辛普逊在1847年冬天又发现了一种比乙醚麻醉作用更强的药物——氯仿，化学名称叫三氯甲烷。接着，各种局部麻醉药及各种麻醉的新方法被相继发现，从此，外科学进入了一个飞速发展的新时代。

四、重要的醚

1. 环氧乙烷

环氧乙烷是最简单的环醚，为无色液体，能溶于水、乙醇、乙醚中，环氧乙烷为三元环，非常活泼。在酸性碱性条件下易与含活泼氢的试剂发生反应，断裂C—O键，从而开环。

环氧乙烷是一个三元环，有角张力和扭转张力。它与一般醚不同，化学性质非常活泼，容易和许多含活泼氢的试剂作用开环生成双官能团化合物。

环氧乙烷（CH_2—CH_2，以O桥连）$\xrightarrow{H^+或OH^-}$

- $\xrightarrow{R\text{-}MgX}$ HO — CH_2CH_2 — R
- $\xrightarrow{H_2O}$ HO — CH_2CH_2 — OH (乙二醇)
- $\xrightarrow{HCl}$ HO — CH_2CH_2 — Cl (氯乙醇)
- $\xrightarrow{C_2H_5OH}$ HO — CH_2CH_2 — OC_2H_5 (乙二醇单乙醚)
- $\longrightarrow$ — $(OCH_2CH_2O)_n$ — (聚乙二醇)
- $\xrightarrow{NH_3}$ $HOCH_2CH_2$—NH $\longrightarrow$ $(HOCH_2CH_2)_2$—NH $\longrightarrow$ $(HOCH_2CH_2)_3$—N
  乙醇胺　二乙醇胺　三乙醇胺
- $\xrightarrow{脂肪酸或酚}$ 聚醚类表面活性剂

环氧乙烷与甲醇、乙醇、丁醇等作用生成相应的乙二醇醚类物质，具有醚和醇的双重性质，是很好的溶剂，俗称溶纤剂，广泛用于纤维工业和油漆工业。

2. 四氢呋喃

四氢呋喃是最强的极性醚类之一，在化学反应和萃取时用做一种中等极性的溶剂。无色易挥发液体，有类似乙醚的气味。溶于水、乙醇、乙醚、丙酮、苯等多数有机溶剂。

四氢呋喃是一种重要的有机合成原料且是性能优良的溶剂，特别适用于溶解PVC；聚偏氯乙烯和丁苯胺，广泛用作表面涂料、防腐涂料、印刷油墨、磁带和薄膜涂料的溶剂，并用作反应溶剂，用于电镀铝液时可任意控制铝层厚度且光亮。

3. 大环多醚——冠醚

它们的结构特征是分子中具有—$(OCH_2CH_2)_n$—重复单位。由于它们的形状似皇冠，故统称冠醚。这类化合物具有特有的简化命名法，名称 x-冠-y 中的 x 是代表环上原子的总数，y 字代表氧原子总数。

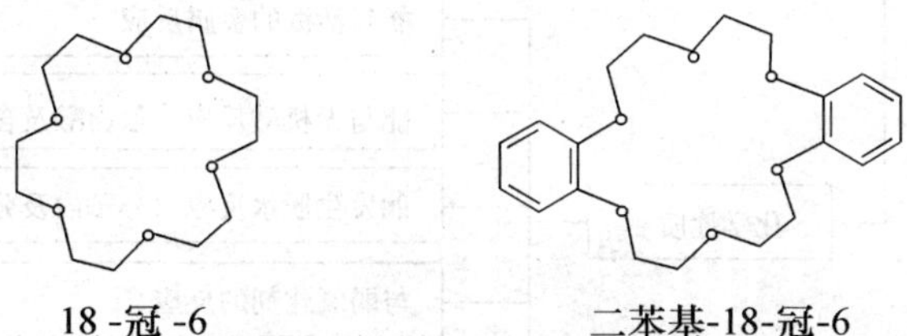

18-冠-6　　　　二苯基-18-冠-6

冠醚的重要特点是具有特殊的络合能力，因此根据环中间的空穴大小，可以与不同离子络合，如12-冠-4可以络合 Li^+，但不能络合 K^+；而18-冠-6可以络合 K^+，但不络合 Li^+ 或 Na^+。

冠醚的另一个特点是可与许多有机物互溶。这点在有机合成上也很有用，因为有机合成常用无机试剂，而有机物与无机物常常找不到一个共同适合的溶剂，从而影响反应顺利地进行，冠醚在这方面可以起到很突出的作用。

环己烯 $+ KMnO_4 \longrightarrow$ 反应不易发生

环己烯 $+ KMnO_4 \xrightarrow{18\text{-冠-}6}$ 反应即刻发生

这是由于该醚能与 K^+ 络合，使高锰酸钾能以络合物形式溶于环己烯中，使氧化剂能很好地和反应物接触。因而氧化反应速率大大加快。产率也大为提高，在这个反应中冠醚实际上是促使氧化剂由水转移到有机相，是相转移剂，所以冠醚被称为相转移催化剂。

$KMnO_4 + 18\text{-冠-}6 \rightleftharpoons (K^+)\ MnO_4^-$ 溶于有机相

固相或水相

学习小结

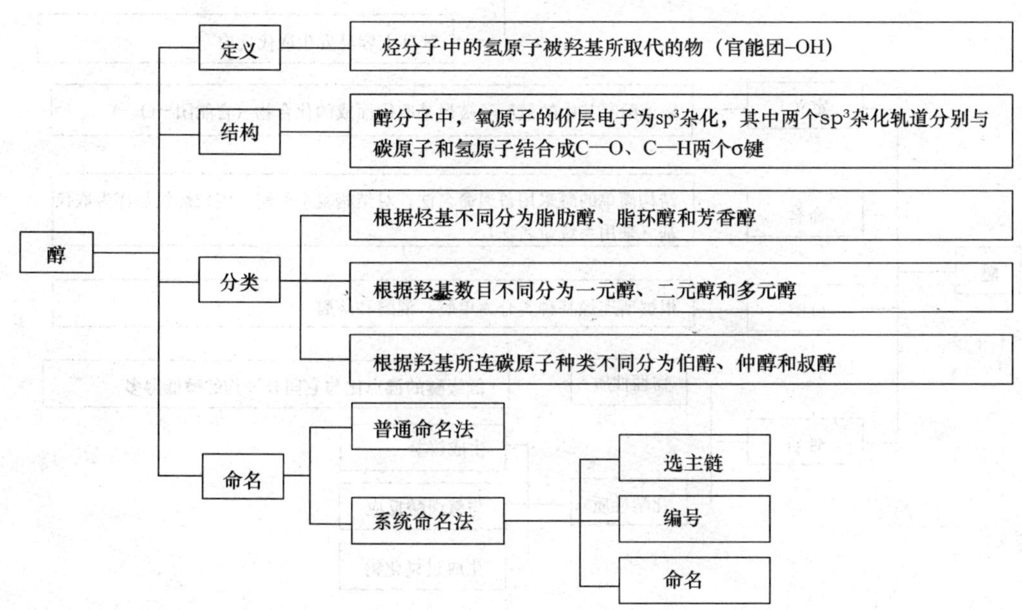

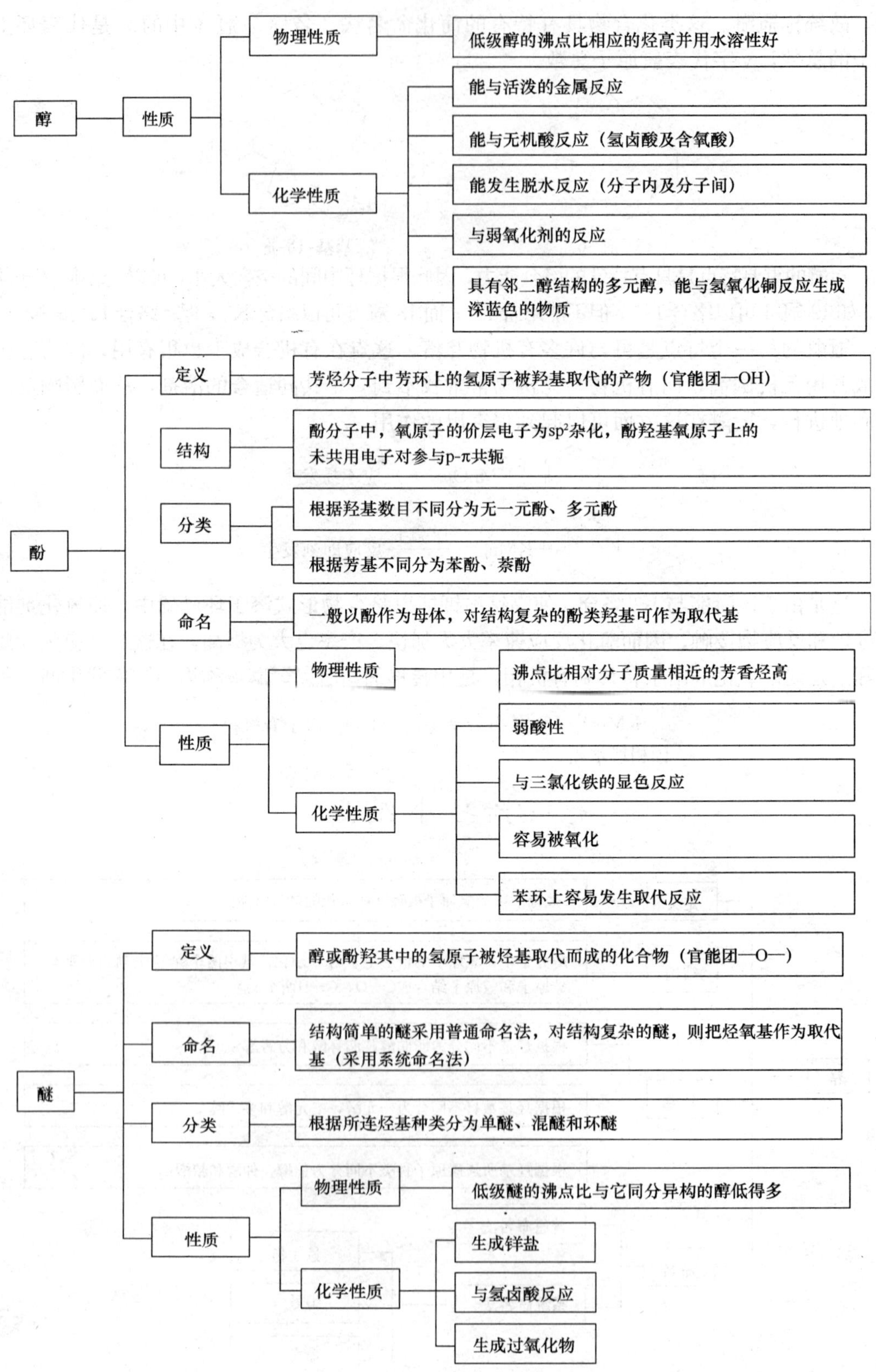
醇
性质
物理性质
低级醇的沸点比相应的烃高并用水溶性好
化学性质
能与活泼的金属反应
能与无机酸反应（氢卤酸及含氧酸）
能发生脱水反应（分子内及分子间）
与弱氧化剂的反应
具有邻二醇结构的多元醇，能与氢氧化铜反应生成深蓝色的物质
酚
定义
芳烃分子中芳环上的氢原子被羟基取代的产物（官能团—OH）
结构
酚分子中，氧原子的价层电子为sp²杂化，酚羟基氧原子上的未共用电子对参与p-π共轭
分类
根据羟基数目不同分为无一元酚、多元酚
根据芳基不同分为苯酚、萘酚
命名
一般以酚作为母体，对结构复杂的酚类羟基可作为取代基
性质
物理性质
沸点比相对分子质量相近的芳香烃高
化学性质
弱酸性
与三氯化铁的显色反应
容易被氧化
苯环上容易发生取代反应
醚
定义
醇或酚羟其中的氢原子被烃基取代而成的化合物（官能团—O—）
命名
结构简单的醚采用普通命名法，对结构复杂的醚，则把烃氧基作为取代基（采用系统命名法）
分类
根据所连烃基种类分为单醚、混醚和环醚
性质
物理性质
低级醚的沸点比与它同分异构的醇低得多
化学性质
生成鉾盐
与氢卤酸反应
生成过氧化物

自我测评

一、选择题

1. 下列物质与卢卡斯试剂作用最先出现浑浊的是（　　）。

A. 伯醇　B. 仲醇　C. 叔醇

2. 下列物质酸性最强的是（　　）。

A. H_2O　B. CH_3CH_2OH　C. 苯酚　D. HC≡CH

3. 下列化合物能够形成分子内氢键的是（　　）。

A. o-$CH_3C_6H_4OH$　B. p-$O_2NC_6H_4OH$

C. p-$CH_3C_6H_4OH$　D. o-$O_2NC_6H_4OH$

4. 能用来鉴别 1-丁醇和 2-丁醇的试剂是（　　）。

A. KI/I_2　B. $I_2/NaOH$　C. $ZnCl_2$　D. Br_2/CCl_4

5. 常用来防止汽车水箱结冰的防冻剂是（　　）。

A. 甲醇　B. 乙醇　C. 乙二醇　D. 丙三醇

6. 不对称的仲醇和叔醇进行分子内脱水时，消除的取向应遵循（　　）。

A. 马氏规则　B. 次序规则　C. 扎依采夫规则　D. 醇的活性次序

7. 医药上使用的消毒剂“煤酚皂”俗称“来苏儿”，是 47%～53%（　　）的肥皂水溶液。

A. 苯酚　B. 甲苯酚　C. 硝基苯酚　D. 苯二酚

8. 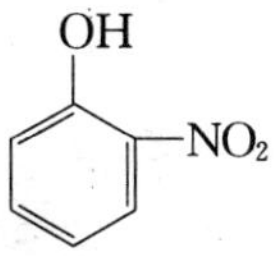 （邻硝基苯酚：OH、NO_2 邻位取代的苯环）比（间硝基苯酚：OH、NO_2 间位取代的苯环）易被水蒸气蒸馏分出，是因为前者（　　）。

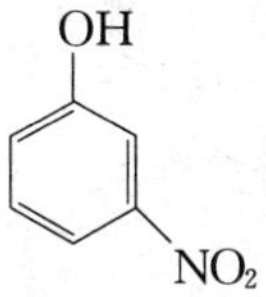

A. 可形成分子内氢键　B. 硝基是吸电子基

C. 羟基吸电子作用　D. 可形成分子间氢键

9. 禁止用工业酒精配制饮料酒，是因为工业酒精中含有下列物质中的（　　）。

A. 甲醇　B. 乙二醇　C. 丙三醇　D. 异戊醇

10. 下列化合物中与 HBr 反应速度最快的是（　　）。

A. 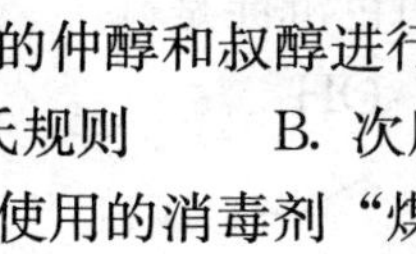 C_6H_5—$CH(OH)CH_2CH_3$（苯环上连 $HOCHCH_2CH_3$）　B. 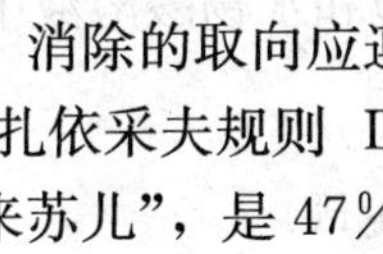 C_6H_5—CH_2CH_2OH

C. 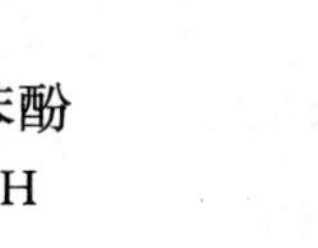 C_6H_5—$CH_2CH(OH)CH_3$（苯环上连 CH_2CHCH_3，OH 在 CH 上）　D. 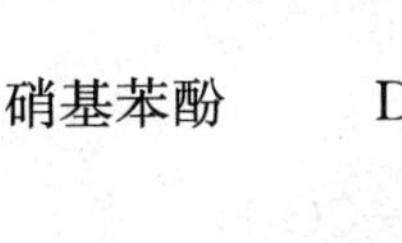 C_6H_5—$CH(CH_3)CH_2OH$（苯环上连 H_3CCHCH_2OH）

11. 下列酚类化合物中，pK_a值最大的是（　　）。

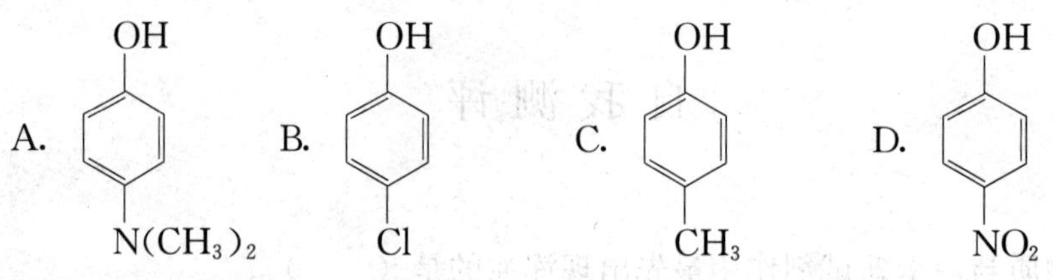

12. 最易发生脱水成烯反应的（　　）。

A. —OH　　B. —CH_2OH

C. —OH —CH_3　　D. —$CH_2CC_2H_5$（CH_3，OH）

13. 与卢卡斯试剂反应最快的是（　　）。

A. $CH_3CH_2CH_2CH_2OH$　　B. $(CH_3)_2CHCH_2OH$

C. $(CH_3)_3COH$　　D. $(CH_3)_2CHOH$

14. 加适量溴水于饱和水杨酸溶液中，立即产生的白色沉淀是（　　）。

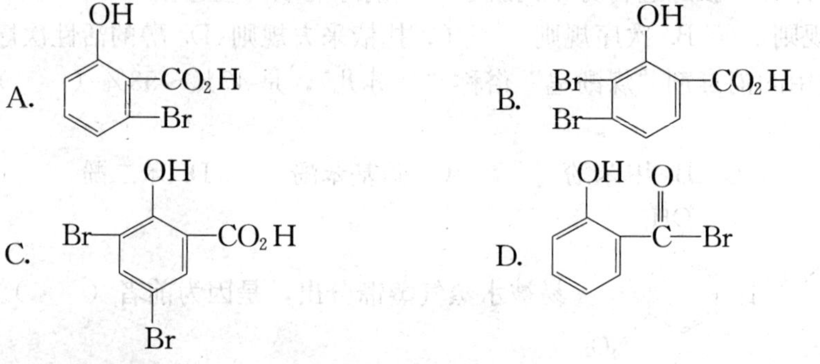

15. 下列化合物中，沸点最高的是（　　）。

A. 甲醚　　B. 乙醇　　C. 丙烷　　D. 氯甲烷

16. 丁醇和乙醚是（　　）异构体。

A. 碳架　　B. 官能团　　C. 几何　　D. 对映

17. 乙醇沸点（78.3℃）与分子量相等的甲醚沸点（−23.4℃）相比高得多是由于（　　）。

A. 甲醚能与水形成氢键

B. 乙醇能形成分子间氢键，甲醚不能

C. 甲醚能形成分子间氢键，乙醇不能

D. 乙醇能与水形成氢键，甲醚不能

18. 下列四种分子所表示的化合物中，有异构体的是（　　）。

A. C_2HCl_3　　B. $C_2H_2Cl_2$　　C. CH_4O　　D. C_2H_6

19. 下列物质中，不能溶于冷浓硫酸中的是（　　）。

A. 溴乙烷　　B. 乙醇　　C. 乙醚　　D. 乙烯

20. 下列化合物的酸性次序是（　　）。

i. C_6H_5OH；ii. $HC\equiv CH$；iii. CH_3CH_2OH；iv. $C_6H_5SO_3H$

A. i>ii>iii>iv　　B. i>iii>ii>iv

C. ii>iii>i>iv　　D. iv>i>iii>ii

二、命名或写结构式

1. $CH_3—CH(CH_3)—CH(OH)—CH_3$

2. $CH_3CH_2O—C_6H_5$

3. 邻甲基苯酚

4. $H_3C—C(OH)(C_6H_5)—CH_3$

5. 1,2,4-苯三酚

6. $CH_3CH=CHCH_2OH$

三、完成下列反应方程式

1. $C_6H_5ONa + CH_3CH_2I \longrightarrow$

2. $CH_3CH_2CH(OH)CH_3 \xrightarrow{K_2Cr_2O_7+H_2SO_4}$

3. $CH_3OCH_2CH_2CH_3 + HI \longrightarrow$

四、鉴别题

1. 苯甲醇　　对-甲苯酚　　苯甲醚

2. 1-戊醇　　2-戊醇　　2-甲基-2-丁醇

五、简答题

1. 醚常在有机合成中作溶剂，但使用前一定要检验是否含有过氧化物。怎样检验？若有如何除去？

2. 为什么分子量相近的醇的沸点比醚的高？

第十一章　醛、酮、醌：羰基化合物

学习目标

知识要求： 掌握醛和酮的命名方法、化学反应及鉴别方法；熟悉醛、酮的分类、结构、物理性质及制备方法；了解重要的醛、酮及在医药领域的作用。

能力要求： 学会运用化学方法鉴别醛、酮，具备简单醛、酮的制备能力。

学习导航

众所周知，甲醛是家装、食品和服装等诸多领域中的污染元凶，但甲醛又是乌洛托品等许多药物的合成原料。喹诺酮类等是具有酮的结构的一类药物。醛和酮具有什么样的结构特点和化学性能，使之在生产和生活中扮演了如此重要的角色？通过本章的学习可以解开其中之谜，并为后续药物知识的学习奠定良好的基础。

碳原子以双键和氧原子相连接的基团称为羰基，即 $>C=O$。醛和酮都是含羰基的化合物。除甲醛外，羰基分别与烃基和氢原子相连的化合物称为醛；羰基与两个烃基相连的化合物成为酮。它们在性质上有很多相似的地方。

$$\underbrace{\overset{R}{\underset{H}{>}}C=O\quad(RCHO)}_{\text{醛}}\qquad\underbrace{\overset{R}{\underset{R'}{>}}C=O\quad(R-\overset{O}{\overset{\|}{C}}-R')}_{\text{酮}}$$

醌是对含有环己二烯二酮构造的一类化合物的总称，也属于羰基化合物。本章重点讨论醛和酮。醛和酮是一类很重要的化合物。它们不仅是药物合成的重要原料和中间体，而且许多药物也具有醛酮的结构。

第一节　醛、酮

案例

不少搬进新家的朋友或多或少出现头晕、头痛、乏力、视物模糊等情况。专家指出，这是患上了“装修后遗症”——甲醛中毒。而且发生在我们身边因为甲醛中毒所导致的各种疾病的案例也越来越多，中华人民共和国国家标准《居室空气中甲醛的卫生标准》规定：居室空气中甲醛的最高容许浓度为0.08mg/m³。

为什么甲醛会成为室内环境的污染源呢？甲醛又为什么会对人体造成伤害呢？

一、醛和酮的结构、分类和命名

（一）结构

在醛、酮的分子结构中都含有羰基（$-\overset{O}{\overset{\|}{C}}-$ 或—CO—）官能团。

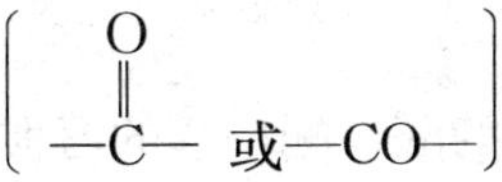

$$-\overset{O}{\overset{\|}{C}}- \qquad R\vdots\overset{O}{\overset{\|}{C}}-H \qquad R\vdots\overset{O}{\overset{\|}{C}}\vdots R'$$

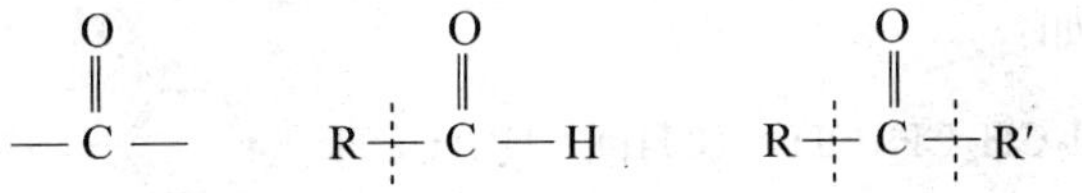

羰基　　醛　　酮

（R、R′可以相同，也可不同）

醛、酮羰基中的碳原子与氧原子均为 sp^2 杂化，碳原子的3个杂化轨道分别与氧原子及其他两个碳或氢原子形成3个σ。羰基碳和氧各余一个未参与杂化的p轨道，且彼此平行相互重叠成π键，并且与3个σ键所构成的平面相垂直。羰基的碳氧双键成键情况与烯烃相似，一个σ键，一个π键。

由于氧原子的电负性大于碳原子，羰基中的π电子云偏向氧原子，羰基氧带部分负电荷，羰基碳带部分正电荷，因而羰基是极性基团，具有较大的偶极矩，负极向氧一面，正极指向碳的一面。例如：

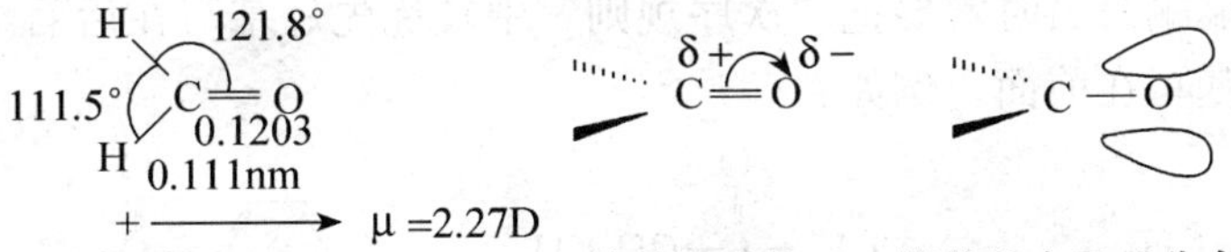

H　121.8°
111.5°　C═O　0.1203
H　0.111nm
+——→ μ =2.27D

甲醛的结构

δ+　δ−
C═O

羰基的结构

C—O

羰基的电子云分布

（二）分类

醛酮根据烃基结构的不同，通常可以分为脂肪族醛酮、脂环族醛酮和芳香族醛酮；根据脂肪烃基中是否含有不饱和键，又可分为饱和醛酮和不饱和醛酮；也可根据分子中所含羰基的数目分为一元醛酮和多元醛酮。例如：

$CH_3CH_2CH_2CHO$	脂肪醛	$CH_3CH_2-\overset{O}{\overset{\|}{C}}-CH_3$	脂肪酮
环己基—CHO	脂环醛	环己酮（环—O）	脂环酮
苯基—CHO	芳香醛	苯基—$\overset{O}{\overset{\|}{C}}-CH_3$	芳香酮

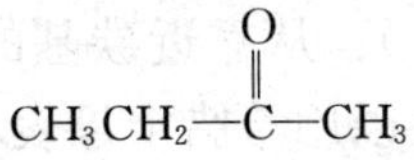

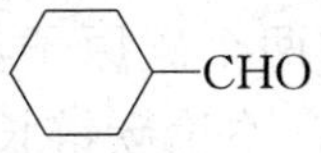

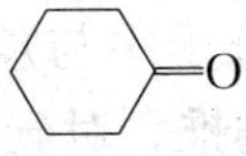

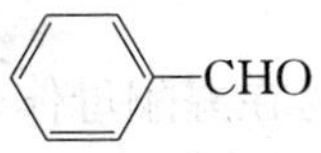

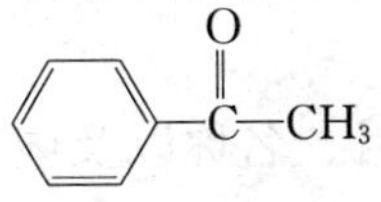

$CH_3CH{=}CHCHO$ 不饱和醛　　$CH_3CH{=}CH{-}\overset{O}{\overset{\|}{C}}{-}CH_3$，环己-2-烯酮 } 不饱和酮

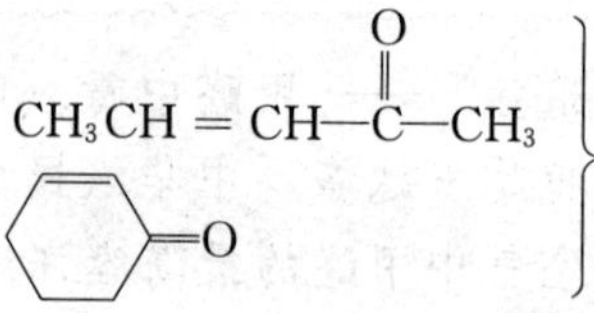

$\begin{matrix} CH_2CHO \\ | \\ CH_2CHO \end{matrix}$ 二元醛　　$CH_3{-}\overset{O}{\overset{\|}{C}}{-}CH_2{-}\overset{O}{\overset{\|}{C}}{-}CH_3$ 二元酮

（三）命名

1. 普通命名法

普通命名法适合于简单的醛、酮，醛的习惯命名法与伯醇相似，只需把“醇”字改为“醛”字即可。例如：

$CH_3CH_2CH_2CH_2OH$	$(CH_3)_2CHCH_2OH$	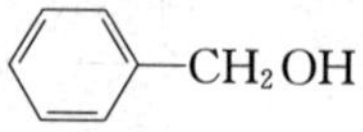 $C_6H_5{-}CH_2OH$
正丁醇	异丁醇	苯甲醇
$CH_3CH_2CH_2CHO$	$(CH_3)_2CHCHO$	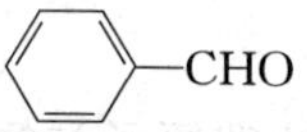 $C_6H_5{-}CHO$
正丁醛	异丁醛	苯甲醛

还有一些醛的名称，是由相应羧酸的名称而来。例如：

HCHO	$C_6H_5{-}CH{=}CHCHO$	邻羟基苯甲醛（苯环上连 CHO 和 OH）
蚁醛	肉桂醛	水杨醛

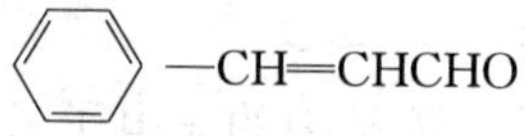

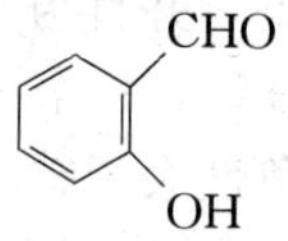

酮的命名：在羰基所连接的两个烃基名称后再加上“甲酮”两字，“甲”字习惯上可以省略。脂肪混酮命名时，要把“次序规则”中较优先烃基写在后面。但芳基和脂基的混酮，要把芳基写在前面。例如：

$CH_3{-}\overset{O}{\overset{\|}{C}}{-}CH_3$	$CH_3{-}\overset{O}{\overset{\|}{C}}{-}CH_2CH_3$	$C_6H_5{-}\overset{O}{\overset{\|}{C}}{-}CH{=}CH_2$
二甲基（甲）酮（二甲酮）	甲基乙基（甲）酮（甲乙酮）	苯基乙烯基（甲）酮

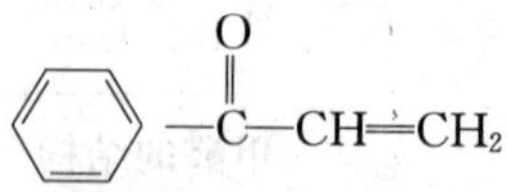

2. 系统命名法

（1）选取主链（母体）：选择含有羰基的最长碳链作为主链。不饱和醛酮的命名，主链须包含不饱和键。芳香族醛酮命名时，常把脂链作为主链，芳环作为取代基。

（2）确定主链碳原子的位次（编号）：从靠近羰基的一端开始给主链编号。主链碳原子位次除用阿拉伯数字表示外，也可以用希腊字母表示，与羰基直接相连的碳原子为α-碳原子，其余依次为β、γ、δ……位；酮分子中与羰基直接相连的两个碳原子都是α-碳原子，可分别用α、α'表示，其余以此类推。对碳链末端碳原子，不论碳链长短，均可用ω表示。

（3）写名称：将取代基的位次、数目、名称以及羰基的位次依次写在醛酮母体名称

之前。当酮基位次只有一种可能时，位次号数可省略。醛基总在碳链的一端，可不表明位次。

（4）不饱和醛（酮）：选择同时含不饱和键与醛基（酮基）的最长碳链，主链按不饱和链命名，最后再加上醛字，酮则标明酮的位置号后加上酮字。例如：

$\overset{\omega}{\underset{5}{C}}H_3\overset{\gamma}{\underset{4}{C}}H_2\overset{\beta}{\underset{3}{C}}H(CH_3)\overset{\alpha}{\underset{2}{C}}H_2\underset{1}{C}HO$（母体）

3-甲基戊醛

（β-甲基戊醛）

$\overset{\beta'}{C}H_3\overset{\alpha'}{C}H(CH_3)—C(=O)—\overset{\alpha}{C}H(CH_3)\overset{\beta}{C}H_3$

α,α′-二甲基-3-戊酮

（2,4-二甲基-3-戊酮）

$CH_3CH_2CH_2\overset{3}{C}H(\overset{4}{C}H═\overset{5}{C}H_2)\overset{2}{C}H_2\overset{1}{C}HO$（母体）

3-正丙基-4-戊烯醛

$CH_3—CH(CH_3)—CH_2CHO$

3-甲基丁醛

$C_6H_5—CH(CH_3)—CHO$

2-苯基丙醛

$CH_3—C(=CH_2)—CHCH_2CH_2—CH(CH_3)—CH_2CHO$

3,7-二甲基-6-辛醛

$CH_3CH_2—C(=O)—CH_2CH_3$

3-戊酮

$CH_3—C(=O)—CH_2—C(=O)—CH_3$

2，4-戊二酮

3-甲基环戊酮

（5）含芳基的醛和酮则总是把芳基作为取代基，环酮称为环某酮。如：

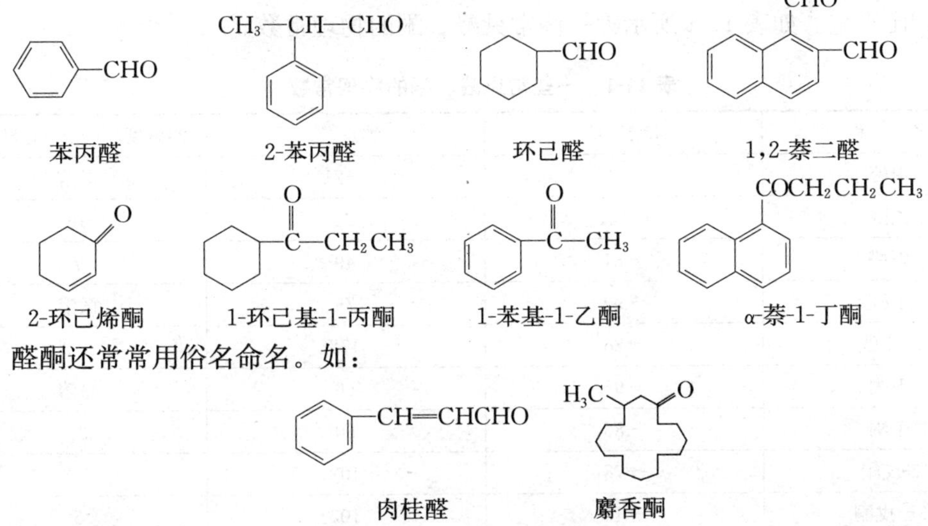

苯丙醛　　2-苯丙醛　　环己醛　　1,2-萘二醛

2-环己烯酮　　1-环己基-1-丙酮　　1-苯基-1-乙酮　　α-萘-1-丁酮

醛酮还常常用俗名命名。如：

肉桂醛　　麝香酮

案例分析

新装修的居室内甲醛主要来源就是家居装修中人造板、家具、塑料壁纸和涂料等大量使用的黏合剂，一旦家装家具遇热、变潮，甲醛就会从这些材料中挥发出来，对人体造成危害。在我国有毒化学品优先控制名单上，甲醛也高居第二位，被列为高毒化学品。它的毒性主要体现在强烈刺激人的眼睛、皮肤、呼吸道黏膜等，最终

造成人体免疫功能异常、肝损伤及神经中枢系统受到影响，并导致胎儿畸形、白血病、慢性呼吸道疾病、女性月经紊乱、急性精神抑郁症、鼻咽癌等疾病。甲醛已经被世界卫生组织确定为致癌和致畸形物质。

二、醛和酮的理化性质

很多药物都是醛、酮类化合物，由于醛、酮的性质活泼，能发生多种化学反应，被广泛用于药物合成，最简单的醛、酮分别是甲醛和丙酮。

（一）醛和酮的物理性质

常温常压下除甲醛是气体外，十二个碳原子以下的醛、酮都是液体，高级醛和酮是固体。低级醛具有强烈刺激气味，但 C_8～C_{13}的中级脂肪醛和一些芳醛、芳酮有花果香味，所以 C_8～C_{13}的醛常用于香料工业。

醛、酮分子间不能形成氢键，所以其熔沸点比相对分子质量相近的醇和羧酸要低；但羰基的极性较强，使分子间作用力增加，熔沸点比相对分子质量相近的烷烃和醚要高。醛、酮的羰基能与水形成氢键，所以低级醛和酮在水中有相当大的溶解度。一元脂肪醛（酮）的相对密度小于 1，比水轻；多元脂肪醛（酮）和芳香醛（酮）的相对密度大于 1，比水重。如表 11-1 所示为一些常见醛、酮的物理常数。

表 11-1　一些常见醛、酮的物理常数

名　称	熔点/℃	沸点/℃	溶解度/（g/100g H_2O）
甲醛	−92	−21	易溶
乙醛	−121	21	16
丙醛	−81	49	7
丁醛	−99	76	微溶
苯甲醛	−26	178	0.3
丙酮	−95	56	易溶
丁酮	−86	80	26
2-戊酮	−78	102	6.3
3−戊酮	−40	102	5
环已酮	−45	155	2.4
苯乙酮	21	202	不溶
二苯酮	48	306	不溶

（二）醛和酮的化学性质

醛、酮中的羰基与碳碳双键一样也是由一个 σ 键和一个 π 键构成，σ 键稳定，π 键不稳定，因此，醛酮的羰基容易发生 π 键断裂的加成反应；由于羰基上碳氧两原子的电负性相差大，羰基中键的极性强，氧原子带有部分负电荷，碳原子带有部分正电性。碳原子易受带负电性的亲核试剂进攻，发生亲核加成反应；羰基的强极性作用，使相邻碳上的碳氢键的电子云下降，易发生 α 碳原子上的 C—H 断裂，发生 α 取代；醛基上的 C—H 的电子云也下降，发生 H 脱去的氧化反应。

(1) 卤代和卤仿反应
(2) 羟醛缩合反应
→ H—C(R_2)(R_1)—C(=O)—R(H)
O ← (1) 亲核加成；(2) 还原反应
(H) ← 醛的氧化

1. *羰基的亲核加成反应*

醛和酮分子中的羰基中含有 π 键，容易断裂，因此醛和酮可以和氢氰酸、亚硫酸氢钠、醇、格氏试剂以及氨的衍生物等试剂发生加成反应。除格氏试剂外，其余几种试剂与醛、酮的加成反应可用下列通式表示：

$$\overset{+}{C}=\overset{-}{O} + H-Nu \rightleftharpoons C(OH)(Nu)$$

Nu：—CN　—SO_3Na　—OR　—NHOH　—$NHNH_2$　—NHNH—C_6H_5

1）与 HCN 的加成

醛、酮与 HCN 加成，生成 α-羟基腈，又称为氰醇。

$$R(CH_3)H\text{—}C=O + H-CN \xrightleftharpoons{OH^-} R(CH_3)H\text{—}C(OH)CN$$

α-羟基腈(氰醇)

产物 α-羟基腈比原来的醛或酮增加了一个碳原子，这是使碳链增长的一种方法。羟基腈在酸性水溶液中水解，即可得到羟基酸。

$$CH_3-\overset{O}{\overset{\|}{C}}-H + HCN \rightarrow CH_3\overset{OH}{\overset{|}{C}}HCN \xrightarrow{H_2O,\ H^+} CH_3\overset{OH}{\overset{|}{C}}HCOOH + NH_3$$

α-羟基丙腈　　α-羟基丙酸（乳酸）

(1) 醛、酮结构对反应速率的影响：羰基碳原子带有正电性越高，越容易与亲核试剂吸引成键；羰基碳原子连接的基团体积越大，位阻越大，亲核试剂与碳原子碰撞吸引越困难；因此，反应速率是：

甲醛＞脂肪醛＞芳香醛＞脂肪族甲基酮＞其他的酮和芳香酮

因此，能与 HCN 加成的醛和酮是醛、脂肪族甲基酮和 8 个碳以下的脂环酮。

(2) 溶剂的酸碱性对速率的影响：在碱性条件下可以加快反应速率，这是由于 HCN 是弱酸，加碱促进 HCN 的电离，增大了 CN^- 浓度，从而加快了反应速率。

$$HCN \underset{H^+}{\overset{OH^-}{\rightleftharpoons}} H^+ + CN^-$$

合成"有机玻璃"的原料就是通过丙酮和 HCN 作用制得的。

$$(CH_3)_2C{=}O + HCN \xrightarrow[pH=8]{NaOH} (CH_3)_2C(OH)CN \xrightarrow[H_2SO_4]{CH_3OH} CH_2{=}C(CH_3){-}C(=O){-}OCH_3$$

丙酮羟氰　α-甲基丙烯酸甲酯

由于氢氰酸有剧毒，实验室常用氰化钾或氰化钠滴加无机强酸来代替氢氰酸，并且操作要在通风橱内进行。

2）与 $NaHSO_3$ 的加成反应

醛、脂族甲基酮和低级环酮（C_8 以下）都能与亚硫酸氢钠饱和溶液（40%）发生加成反应，生成α-羟基磺酸钠。

$$R(CH_3)HC{=}O + H{-}SO_3Na \overset{OH^-}{\rightleftharpoons} R(CH_3)HC(OH)SO_3Na$$

α-羟基磺酸钠

α-羟基磺酸钠为无色结晶，易溶于水，但不溶于饱和的亚硫酸氢钠溶液，以结晶析出。所以这个反应可用来鉴别醛、脂族甲基酮和 C_8 以下的环酮。生成的α-羟基磺酸钠遇稀酸或稀碱都可以分解为原来的醛或酮，因此，该反应也常用于能发生反应的醛、甲基酮与不反应的芳香酮等的分离、提纯。

$$R{-}C(OH)(SO_3Na){-}H(CH_3) \xrightarrow{稀 HCl} R{-}C(=O){-}H(CH_3) + NaCl + SO_2\uparrow + H_2O$$

$$R{-}C(OH)(SO_3Na){-}H(CH_3) \xrightarrow{稀 Na_2CO_3} R{-}C(=O){-}H(CH_3) + Na_2SO_3 + NaHCO_3$$

α-羟基磺酸钠与氰化钠或氰化钾水溶液反应，也可生成α-羟基腈，这样可避免使用易挥发的氢氰酸。例如：

$$CH_3{-}C(=O){-}H + NaHSO_3 \xrightarrow{稀 OH^-} CH_3CH(OH)SO_3Na \xrightarrow{NaCN} CH_3CH(OH)CN + Na_2SO_3$$

3）与氨的衍生物加成反应

氨分子中氢原子被其他原子或基团取代后生成的化合物叫做氨的衍生物。如羟氨（NH_2OH）、肼（NH_2NH_2）、苯肼（$NH_2NH{-}C_6H_5$）、2,4-二硝基苯肼（$NH_2NH{-}C_6H_3(NO_2)_2$）等都是氨的衍生物。醛、酮可以和氨的衍生物发生加成反应，产物分子内继续脱水得到含有碳氮双键的化合物。分别生成肟、腙、苯腙及 2,4-二硝基苯腙。这一反应可用下列通式表示：

$$\text{>}C{=}O + H{-}NH{-}Y \underset{}{\overset{加成}{\rightleftharpoons}} \left[{-}C(OH){-}NH{-}Y\right] \xrightarrow{-H_2O} \text{>}C{=}N{-}Y$$

不稳定

—Y：—OH —NH_2 —NH—C_6H_5 —NH—$C_6H_3(NO_2)_2$（2,4-二硝基苯基）

上式也可直接写成：

$$\rangle C{=}O + H_2N{-}Y \rightleftharpoons \rangle C{=}N{-}Y + H_2O$$

所以醛和酮与氨的衍生物的反应是加成—脱水反应，这一反应又叫做羰基化合物与氨的衍生物的缩合反应。例如：

$$(CH_3)_2C{=}O + \begin{cases} H_2N{-}OH \text{ 羟胺} \\ H_2N{-}NH_2 \text{ 肼} \\ H_2N{-}NH{-}C_6H_5 \text{ 苯肼} \\ H_2N{-}NH{-}C_6H_3(NO_2)_2 \text{ 2,4-二硝基苯肼} \end{cases} \longrightarrow \begin{cases} (CH_3)_2C{=}N{-}OH \text{ 丙酮肟} \\ (CH_3)_2C{=}N{-}NH_2 \text{ 丙酮腙} \\ (CH_3)_2C{=}N{-}NH{-}C_6H_5 \text{ 丙酮苯腙} \\ (CH_3)_2C{=}N{-}NH{-}C_6H_3(NO_2)_2 \text{ 丙酮 2,4-二硝基苯腙} \end{cases} + H_2O$$

上述氨的衍生物可用于检查羰基的存在，又称为羰基试剂。羰基试剂与醛和酮的缩合产物一般都是具有固定熔点的结晶固体，因此，只要测定反应产物的熔点，就能确定参加反应的醛和酮。特别是 2,4-二硝基苯肼几乎能与所有的醛和酮迅速反应，生成橙黄色或橙红色的 2,4-二硝基苯腙晶体，反应明显，便于观察，常被用来鉴别醛和酮。又由于肟、腙在稀酸作用下水解成原来的醛、酮，所以这些羰基试剂也用于醛、酮的分离及提纯。

4）与醇的加成反应

在干燥氯化氢气体或其他无水强酸催化下，醛能与一分子醇发生加成反应生成半缩醛，半缩醛不稳定，可以与另一分子醇进一步发生脱水反应生成缩醛。

$$RHC{=}O + H{-}OR' \xrightleftharpoons{\text{干HCl}} \underset{\text{(半缩醛)}}{RHC(OH)(OR')} \underset{\text{干HCl}}{\xrightleftharpoons{R'OH}} \underset{\text{(缩醛)}}{RHC(OR')(OR')} + H_2O$$

上述反应可以看成是一分子醛与两分子醇间脱去一分子水生成缩醛。

$$RHC{=}O + \begin{matrix} H{-}OR' \\ H{-}OR' \end{matrix} \xrightleftharpoons{\text{干HCL}} RHC(OR')(OR') + H_2O$$

加酸可以促进失水反应。但是水是弱亲核试剂，可以与醛、酮的羰基加成形成水合物，所以，为了使该可逆反应的平衡向右移动，降低水的影响，必须用干燥的 HCl。

半缩醛结构中的羟基称为半缩醛羟基，因与醚键连接在同一碳原子上，通常不稳定，难以分离出来。缩醛是同碳二醚结构，性质与醚相似，对氧化剂和碱都很稳定。但可以在稀酸中水解成原来的醛基。

$$CH_3CH(OCH_3)_2 \xrightarrow[H^+]{H_2O} CH_3CHO + 2CH_3OH$$

乙醛缩二甲醇

因此在有机合成中常利用该性质来保护活泼的醛基，待氧化或其他影响醛基的反应完成后，用稀酸分解缩醛，把醛基又释放出来。

酮较难发生反应，只有在特殊装置中，不断除去水才可用得到缩酮。

虽然许多半缩醛不稳定，但是单糖分子内的羰基与羟基形成的环状半缩醛（酮）结构是稳定的，因此半缩醛、缩醛的结构和性质是学习糖化学的基础。

5）与格氏试剂加成

醛、酮能与格氏试剂发生亲核加成再失水的反应。

$$R(H)C{=}O + R{-}MgX \longrightarrow R(H)C(R)(OMgX) \xrightarrow{H_2O} R(H)C(R)(OH) + Mg(OH)X$$

这是由于格氏试剂 $R^{\delta-}-Mg^{\delta+}X$ 是强极性化合物，与 Mg 相连的碳带有负电性，具有很强的亲核性，而 Mg 则带有正电性。因此在加成中，$R^{\delta-}$ 进攻羰基碳，$Mg^{\delta+}X$ 则与羰基氧结合，所得的加成物经水解后即生成醇。

甲醛与格氏试剂加成水解生成伯醇，其他醛生成仲醇，酮则得到叔醇。例如：

$$CH_3\overset{O}{\overset{\|}{C}}{-}H + CH_3\overset{MgBr}{\overset{|}{C}}HCH_3 \xrightarrow{干醚} CH_3\overset{OMgBr}{\overset{|}{C}}HCH(CH_3)_2 \xrightarrow{H_3O^+} CH_3\overset{OH}{\overset{|}{C}}HCH(CH_3)_2$$

3-甲基-2-丁醇（53%～54%）

（仲醇）

$$H\overset{O}{\overset{\|}{C}}{-}H + C_6H_5{-}MgCl \xrightarrow{干醚} H{-}\overset{OMgCl}{\overset{|}{C}}H{-}C_6H_5 \xrightarrow{H_2O^+} C_6H_5{-}CH_2OH$$

苯甲醇（90%）

（伯醇）

$$C_6H_5{-}\overset{O}{\overset{\|}{C}}{-}C_6H_5 + C_6H_5{-}MgBr \xrightarrow{干醚} (C_6H_5)_3C{-}OMgBr \xrightarrow{NH_4Cl,\ H_2O} (C_6H_5)_3C{-}OH$$

三苯甲醇（55%）

（叔醇）

2. *α-活泼氢的反应*

醛、酮分子中 α-碳原子上的 H 称为 α-氢原子。α-氢原子在羰基吸电子诱导作用下，α-碳氢键极性加强，α-氢原子具有质子化倾向，化学性质较活泼，容易被其他原子或基团取代，主要发生如下反应。

1）卤代和卤仿反应

醛和酮分子中的α-氢原子容易被卤素取代，生成α-卤代醛、酮，一卤代醛或酮往往可以继续卤化为二卤代、三卤代产物。例如：

$$CH_3CHO \xrightarrow[H_2O]{Cl_2} CH_2ClCHO \xrightarrow{Cl_2} CHCl_2CHHO \xrightarrow{Cl_2} \underset{\text{三氯乙醛}}{CCl_3CHO}$$

在酸催化下，卤代反应可以控制在生成一卤代物阶段。例如：

$$CH_3-\overset{\overset{\displaystyle O}{\|}}{C}-CH_3 + Br_2 \xrightarrow[65℃]{CH_3COOH} \underset{\alpha\text{-溴丙酮}}{CH_3-\overset{\overset{\displaystyle O}{\|}}{C}-CH_2Br} + HBr$$

在碱催化下，反应产物难以控制，多数情况是所有α-氢原子全部被卤素取代，生成多卤代产物。

$$(H)R\overset{\overset{\displaystyle O}{\|}}{C}CH_3 + 3Br_2 \xrightarrow{OH^+} (H)R\overset{\overset{\displaystyle O}{\|}}{C}CBr_3 + 3HBr$$

乙醛和甲基酮在碱性条件下的卤代反应：由于结构中有乙酰基（$-COCH_3$），其中的甲基上三个氢原子都能被卤素取代，得到三卤甲基，三卤甲基具有很强的吸电子作用，使羰基碳原子带有更多正电荷，在碱的作用下，迅速与OH^-发生亲核加成反应，进一步弱化了三卤甲基与羰基间的共价键，从而发生三卤甲基的离去，生成了卤仿和少一个碳原子的羧酸。

例如：

$$(H)R-\overset{\overset{\displaystyle O}{\|}}{C}-CH_3 + \underset{(X_2+NaOH)}{3NaOX} \longrightarrow (H)R-\overset{\overset{\displaystyle O}{\|}}{C}-CX_3 + 3NaOH$$
$$\xrightarrow{NaOH} (H)RCOONa + CHX_3$$

上式也可直接写成：

$$CH_3-\overset{\overset{\displaystyle O}{\|}}{C}-H(R) + 3NaOX \longrightarrow H(R)COONa + CHX_3 + 2NaOH$$

因为这个反应有卤仿生成，所以称为卤仿反应。

$$CH_3CH_2OH \xrightarrow{NaOI} CH_3CHO \xrightarrow{NaOI} HCOONa + \underset{\text{碘仿（黄色）}}{CHI_3\downarrow}$$

小贴士

碘仿本身无杀菌作用，当应用于局部组织后，慢慢释放出元素碘，有缓和的消毒防腐作用，常制成碘仿纱布或软膏，用于创口、溃疡，也用于眼睑炎。4%～6%碘仿纱布可用于伤口包扎。

由于乙醛和甲基酮在强碱中最后有沉淀三卤甲烷生成，所以该反应又称为卤仿的反

应。当与碘的强碱性溶液作用下生成是黄色的碘仿沉淀，因此，可以用来鉴别乙醛和甲基酮。由于卤素与强碱有氧化作用，可以把醇氧化为醛和酮，因此β-甲基醇氧化后生成了羰基与甲基相连的结构，从而也能发生卤仿的反应。因此可利用碘仿反应来鉴别乙醛、甲基酮以及含有 $CH_3\underset{}{\overset{OH}{\overset{|}{C}}}H—$ 构造的醇。

2）羟醛缩合反应

含有α-氢原子的醛在稀碱溶液中相互作用，一分子醛的α-氢原子加到另一分子醛的羰基氧原子上，剩余部分加到羰基碳原子上，生成β-羟基醛。因此这个反应称为羟醛缩合。β-羟基醛在加热下易脱水生成α，β-不饱和醛。例如：

$$CH_3—\overset{O}{\overset{\|}{C}}—H + CH_2CHO \xrightarrow[5℃]{10\%NaOH} \underset{\beta\text{-羟基丁醛}}{CH_3\overset{OH}{\overset{|}{C}H}—\overset{H}{\overset{|}{C}H}CHO} \xrightarrow[\triangle]{-H_2O} \underset{\text{2-丁烯醛(巴豆醛)}}{CH_3CH═CHCHO}$$

α，β-不饱和醛进一步催化加氢，则得到饱和醇。

$$CH_3CH═CHCHO \xrightarrow[Ni]{H_2} CH_3CH_2CH_2CH_2OH$$

该反应增长了醛的碳链，因此可用于增长醛的碳链的合成反应。由于酮的空间位阻较大，酮两边连接的烃基是斥电子基，使羰基碳上的正电性下降，因此，酮的反应速度慢，只有把生成的产物及时分离出来，使平衡向右移动，才能得到缩合产物。

含有α-H的两种不同的醛发生羟醛缩合后得到4种产物，它们难以分离，实际意义不大。因此，要获得较高的得率，一般选择两种相同醛之间的缩合，或者选择一种含有α-H，另一种不含α-H的醛之间进行缩合。得到单一的缩合产物α，β-羟基醛，进一步失水后得到α，β-不饱和醛。例如：

$$C_6H_5—CHO + CH_3CHO \xrightarrow[\triangle]{稀\ NaOH} \underset{\text{肉桂醛}}{C_6H_5—CH═CH—CHO}$$

3. 还原反应

醛和酮都可以被还原，用不同的还原剂，可以把羰基还原成相应的醇，或者还原成亚甲基（$—CH_2—$）。

1）羰基还原为醇羟基

醛或酮都能很容易地分别被还原为伯醇或仲醇。

$$R—\overset{O}{\overset{\|}{C}}—H(R') \xrightarrow{[H]} R—\overset{OH}{\overset{|}{C}H}—H(R')$$

在不同的条件下，用不同的试剂可以得到不同的产物。

(1) 催化加氢：用金属（Pt、Pd、Ni）作为催化剂加氢还原，醛还原为伯醇，酮还原为仲醇，如果分子中含不饱和键，也可被还原。例如：

$$RCHO + H_2 \xrightarrow{Pt或Ni} \underset{\text{伯醇}}{RCH_2OH}$$

$$\mathrm{RCOR'+H_2 \xrightarrow{Pt或Ni} \underset{\underset{R'}{|}}{RCHOH}}$$

仲醇

$$\mathrm{CH_2{=}CH{-}CHO+H_2 \xrightarrow{Pt或Ni} CH_3CH_2\underset{\underset{R'}{|}}{C}HOH}$$

仲醇

(2) 用金属氢化物还原：氢化铝锂（$LiAlH_4$）和硼氢化钠（$NaBH_4$）是选择性还原剂，它们只能使羰基发生加氢还原，而不能使碳碳双键发生加氢还原，因此利用这一反应可以得到不饱和醇。

$$\mathrm{CH_2{=}CH{-}CHO+H_2 \xrightarrow[无水乙醚]{LiAlH_4} CH_2{=}CHCHOH}$$

不饱和仲醇

$$\mathrm{C_6H_5{-}CH{=}CH{-}CHO+H_2 \xrightarrow{NaBH_4} C_6H_5{-}CH{=}CHCHOH}$$

不饱和仲醇

小贴士

沃尔夫-凯惜纳-黄鸣龙还原法

醛或酮与水合肼在高沸点溶剂（如二甘醇、三甘醇等）中与碱共热，羰基被还原成亚甲基。这一反应最初由俄国人沃尔夫和德国人凯惜纳共同发明的，后经我国化学家黄鸣龙改进了反应条件，所以称为沃尔夫-凯惜纳-黄鸣龙还原法。

2）羰基还原为亚甲基

用锌汞齐与浓盐酸做催化剂时，羰基可以被还原为亚甲基，最终得到烃类化合物。此反应又被称为克莱门森反应。此法操作简便，回收率高，常用于酮，特别是芳香酮的还原。但此法只适用于对酸稳定的化合物。例如：

$$\mathrm{C_6H_5{-}COCH_3 \xrightarrow{Zr\text{-}Hg，浓HCl} C_6H_5{-}CH_2CH_3}$$

4. 醛的氧化反应

醛很容易被氧化成相应的羧酸，即使是弱氧化剂也能氧化醛基；而酮基比较稳定，需要较强的氧化剂作用或在强烈的氧化条件下才能发生氧化，并伴随着碳链的断裂。

醛放置在空气中就能被氧化，光对醛的氧化有催化作用，芳香醛比脂肪醛更容易氧化。因此，醛类化合物要避光、隔离氧气保存。

1）与弱氧化剂的反应

常用的弱氧化剂有土伦试剂、费林试剂和班氏试剂。

(1) 与土伦试剂反应：土伦试剂中氧化剂是银氨配离子，能够氧化醛类化合物。但银氨配离子的氧化能力较弱，酮比较稳定，所以，土伦试剂无法氧化酮类化合物。

$$(Ar)R—CHO + 2[Ag(NH_3)_2]^+ + 2OH^- \longrightarrow (Ar)R—COONH_4 + 2Ag\downarrow + 2NH_3 + H_2O$$

土伦试剂不能氧化碳碳双键和碳碳三键，选择性较好。例如，工业上用它来氧化巴豆醛制取巴豆酸。

$$CH_3CH=CHCHO \xrightarrow{[Ag(NH_3)_2]OH} CH_3CH=CHCOOH$$

(2) 与费林试剂反应：费林试剂是由硫酸铜与酒石酸钾钠的碱溶液等体积混合而成的蓝色溶液。费林试剂能将脂肪醛氧化成脂肪酸，同时二价铜离子被还原成砖红色的氧化亚铜沉淀。但费林试剂不能氧化芳香醛。因此可用费林反应来区别脂肪醛和芳香醛。

$$RCHO + \underset{\text{蓝色}}{2Cu(OH)_2} + NaOH \xrightarrow{\triangle} RCOONa + \underset{\text{红色}}{Cu_2O\downarrow} + 3H_2O$$

甲醛的还原性较强，与费林试剂反应可生成铜镜，可借此性质鉴别甲醛和其他醛类。

$$HCHO + Cu(OH)2 + NaOH \xrightarrow{\triangle} HCOONa + Cu\downarrow + 2H_2O$$

小贴士

丙酮是体内物质代谢的中间产物。在正常情况下，血液中的丙酮含量很低，但糖尿病患者由于新陈代谢紊乱的缘故，体内常有过量的丙酮产生，从尿中排出体外。临床上，用亚硝酰铁氰化钠 [$NaFe(CN)_5NO$] 的氨水溶液来检查，如果尿样呈鲜红色，说明有丙酮存在。

2) 与希夫试剂的反应

希夫试剂是粉红色的品红溶液与亚硫酸作用生成的无色溶液，它与醛作用能生成紫红色，而酮不能。甲醛与希夫试剂所显的紫红色在加浓硫酸后不退色，其他醛与希夫试剂作用产生的红色遇浓硫酸会退色。该方法可以鉴别醛酮，也可单独鉴别甲醛。

3) 康尼扎罗反应

不含 α-氢原子的醛，如 HCHO、C_6H_5CHO，在浓硫酸作用下，可发生自身氧化还原反应，即一分子醛氧化成羧酸，羧酸在强碱性条件下酸碱反应为羧酸盐；另一分子则被还原成醇，这种反应称为康尼扎罗反应，属于歧化反应。如：

$$2HCHO \xrightarrow{\text{浓 NaOH}} HCOONa + CH_3OH$$

$$C_6H_5—CHO + HCHO \xrightarrow{\text{浓 NaOH}} HCOONa + C_6H_5—CH_2OH$$

两种不含 α-氢的醛在浓碱的作用下，也能发生歧化反应（交叉歧化反应），但产物相当复杂。例如，工业上用甲醛和乙醛为原料制取季戊四醇。

三、不饱和醛酮

（一）α，β-不饱和醛酮的化学性质

亲电加成反应，由于羰基是一强吸电子基团，它的存在不但降低了烯键对亲电加成

的活性，而且还能控制加成反应的取向，使氢原子连接到 α 碳原子上，负性基团连到 β 碳原子上，

$$CH_3CH=CHCCH_3(=O) + HCl(气) \xrightarrow{1,4\ 加成} CH_3CH(Cl)CH=C(OH)CH_3 \longrightarrow CH_3CH(Cl)CH_2CCH_3(=O)$$

（二）亲核加成反应

羰基的强吸电性能使烯键对亲电子试剂变得钝化。但与亲核试剂却易进行。

α,β 不饱和醛、酮与氢氰酸、醇、氨的衍生物等作用，主要生成 1,4 加成产物。例如：

$$C_6H_5CH=CHCOC_6H_5 \xrightarrow[C_2H_5OH]{KCN,\ CH_3COOH} C_6H_5CH(CN)CH_2COC_6H_5 \quad 93\%\sim96\%$$

（三）还原反应

还原反应产物视所采用的还原方法而异。例如：以氢化铝锂（$LiAlH_4$）为还原剂，主要是还原羰基生成醇。

$$\text{2-环己烯酮} \xrightarrow[乙醚]{LiAlH_4} \xrightarrow{H_2O} \text{2-环己烯醇 (H, OH)}$$

在低温下以锂/氨为还原剂，或用钯/碳催化氢化，主要还原烯键。

$$\text{3-甲基-2-环己烯酮} \xrightarrow[Pd/C]{H_2} \text{3-甲基环己酮 (CH}_3\text{, H)}$$

如以硼氢化钠（$NaBH_4$）为还原剂，则主要还原羰基，但也可能产生一部分烯键与羰基同时被还原的产物。

$$\text{2-环己烯酮} \xrightarrow[C_2H_5OH]{NaBH_4} \text{2-环己烯醇 (H, OH)} + \text{环己醇 (H, OH)}$$

四、乙烯酮

烯酮是一类具有聚集双键体系的不饱和酮，其中最简单的是乙烯酮。

$$CH_2=C=O \qquad (CH_3)_2C=C=O$$

乙烯酮　　二甲基乙烯酮

五、重要的醛和酮及其在药学上的应用

（一）甲醛

甲醛（HCHO）又称蚁醛，常温下为具有强烈刺激性臭味的无色气体，易溶于水，一般以水溶液保存，36%～40%的甲醛水溶液称福尔马林。福尔马林具有凝固蛋白质的作用，具有广谱杀菌作用，广泛用作消毒剂和防腐剂。临床上用于外科、手套、污染物等的消毒，也用于保藏解剖标本的防腐剂。原因是甲醛溶液能使蛋白质变性，致使细菌死亡，因而有消毒、防腐作用。甲醛有毒，对眼黏膜、皮肤都有刺激作用，过量吸入蒸气会引起中毒。

甲醛分子中羰基与两个氢相连，空间位阻小，性质非常活泼，极易被氧化成甲酸，进一步氧化则成为二氧化碳和水。因此，有甲醛生成的氧化还原反应，常常得到的终产物是二氧化碳和水。

甲醛还易聚合，生成具有环状结构的三聚甲醛或多聚甲醛。因此久置的甲醛水溶液会产生混浊或沉淀，三聚甲醛多多聚甲醛加热可解聚为甲醛。甲醛的这一性质被用于它的保存和运输。

甲醛与氨作用会形成环状的化合物，称为环六亚甲基四胺 $(CH_2)_6N_4$，药品名称为乌洛托品，医药上用作利尿剂及尿道消毒剂。

$$6HCHO + 4NH_3 \longrightarrow \underset{\text{乌洛托品}}{(CH_2)_6N_4} + 6H_2O$$

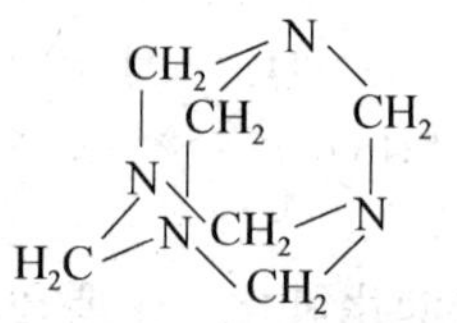

N
CH₂　CH₂　CH₂
N　N　N
H₂C　CH₂　CH₂

乌洛托品立体结构

（二）乙醛

乙醛（CH_3CHO）常温下为无色、有刺激性气味的液体，沸点 21℃，易挥发，易溶于水、乙醇、乙醚氯仿等溶剂。乙醛室温时，有少量硫酸存在下，容易聚合成性质稳定的三聚乙醛。乙醛具有典型的醛的性质。是有机合成的重要原料，可用来合成乙酸、乙醇、三氯乙醛等。三氯乙醛与水反应后的产物——水合三氯乙醛（简称水合氯醛）是白色晶体，能溶于水，有刺激气味，临床上用作镇静和催眠的药物，使用较为安全，对失眠烦躁和惊厥症状有良好的疗效。

（三）苯甲醛

苯甲醛（C_6H_5CHO）是最简单的芳香醛，常以结合状态存在于水果（如杏、李、梅）的果仁中，为无色液体，沸点 179℃，具有强烈的苦杏仁气味，微溶于水，易溶于乙醇和乙醚中。苯甲醛易被空气中的氧氧化成白色的苯甲酸固体，所以在保存时常加少量对苯二酚作为抗氧化剂。

苯甲醛在工业上主要用来制造染料、香精，也是合成芳香族化合物的原料。

(四) 丙酮

丙酮（CH_3COCH_3）是最简单的酮，为无色、易挥发的液体，沸点56℃，具有特殊气味，与极性和非极性液体均能混溶，是良好的有机溶剂，能溶解油脂、树脂、蜡和橡胶等许多物质。在塑料工业上，丙酮用于制造有机玻璃的原料；在医药工业上，丙酮用于制备氯仿及碘仿，也是各种维生素和激素生产过程中的萃取剂。

(五) 香荚兰醛

香荚兰醛（$C_8H_8O_3$）又称香草醛，为白色结晶，熔点80～81℃，由于分子结构中有酚羟基、醚键，为芳香醛，所以，具有这些类化合物的性质，有特殊的香味，可作为食品中的香料和药品中的矫味剂，也可作为饲料。

第二节 醌

一、醌的构造和命名

醌是对含有环己二烯二酮构造的一类化合物的总称，常见的有苯醌、萘醌、蒽醌以及它们的衍生物。醌型结构有对位和邻位两种。

对苯醌　　邻苯醌

具有醌型构造的化合物通常具有颜色。对位的醌多呈现黄色，邻位的醌多呈现红色或橙色，所以它是许多染料和指示剂的母体。

醌类化合物是以苯醌、萘醌等作为母体来命名的。两个羰基的位置可用阿拉伯数字标明写在醌名字前。也可用邻、对、远或α、β等表明两上羰基的相对位置。母体上如有取代基，可将取代基的位置、数目、名称写在前面。例如：

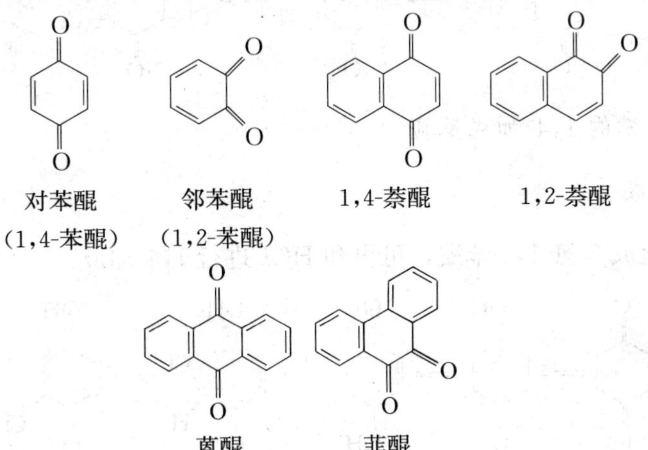

二、醌的化学性质

从醌的构造来看。其分子中既有羰基，又有碳碳双键和共轭双键，因此可以发生羰基加成、碳碳双键加成以及共轭双键的1,4-加成。

（一）羰基的加成

苯醌同醛、酮一样，可与羰基试剂发生加成反应。如以苯醌与羟胺反应，先生成对苯醌一肟，再生成对苯醌二肟。

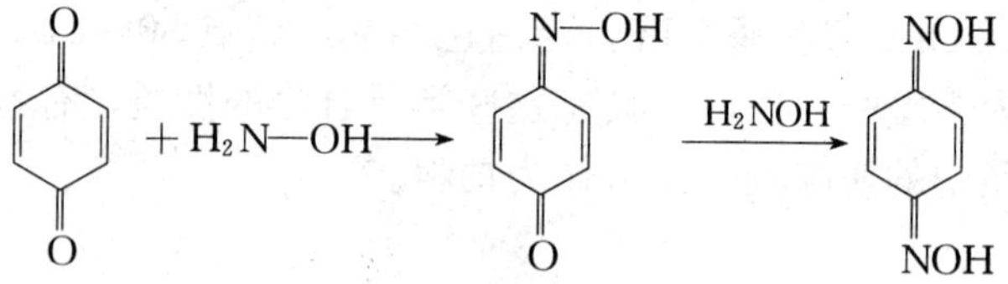

$+ H_2N—OH \longrightarrow$ 对苯醌肟 $\xrightarrow{H_2NOH}$ 对苯醌二肟

对苯醌与氨基脲缩合，生成双缩氨脲：

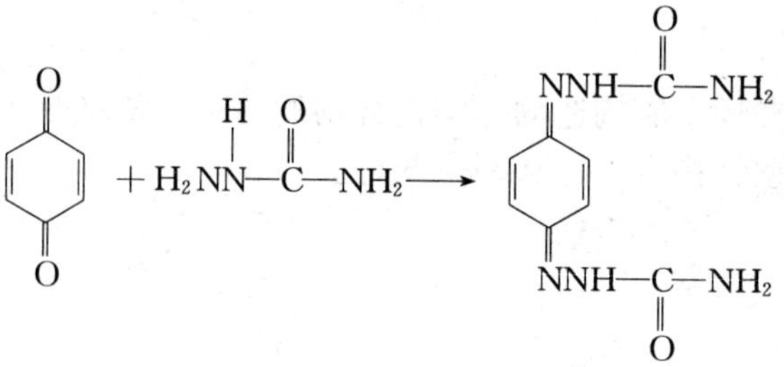

$+ H_2NNH—CO—NH_2 \longrightarrow$ 双缩氨脲

（二）碳碳双键的加成

醌分子中的碳碳双键能和卤素、卤化氢等亲电试剂加成。如对-苯醌与氯气加成可得二氯或四氯化物。

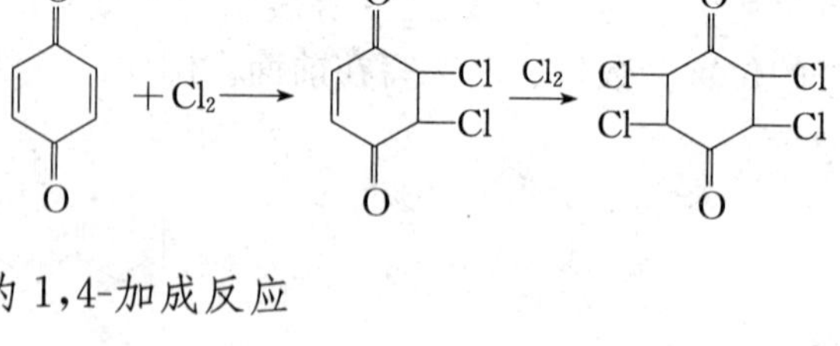

$+ Cl_2 \longrightarrow$ (二氯化物) $\xrightarrow{Cl_2}$ (四氯化物)

（三）共轭双键的1,4-加成反应

1. 与HCl加成

生成物经氧化成2-氯-1,4苯醌，可再和HCl进行1,4-加成：

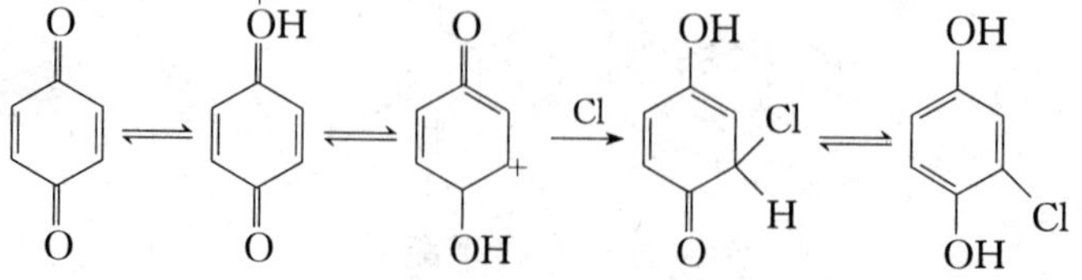

$\rightleftharpoons$ $\rightleftharpoons$ $\xrightarrow{Cl}$ $\rightleftharpoons$

再经氧化可生成 2,3-二氯-1,4 苯醌。若重复上述二次 1,4-加成氧化反应，便可得到黄色片状晶体 2,3,5,6-四氯-1,4-苯醌（简称四氯苯醌）。在有机合成中被广泛用作脱氢剂。

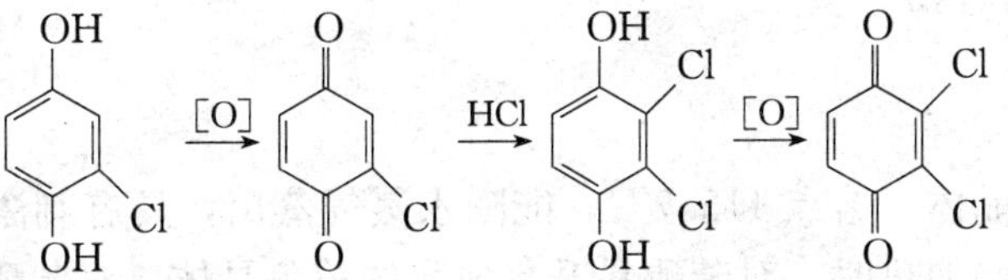

2. 与 HCN 加成

将氰化钾水溶液滴加到含有硫酸的对苯醌乙醇溶液中，发生下列 1,4-加成：

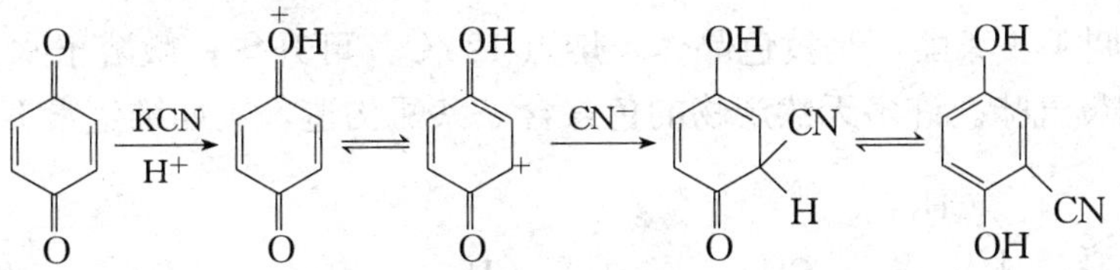

反应生成物是合成 2,3-二氯-5,6-氰基-1,4-苯醌（简称 DDQ）的原料，DDQ 也是有机合成中常用的脱氢剂。

（四）1,6-加成

对苯醌在亚硫酸水溶液中，经 1,6-加氢反应被还原为对苯二酚（又称氢醌），是工业上制取对苯二酚的一种方法。

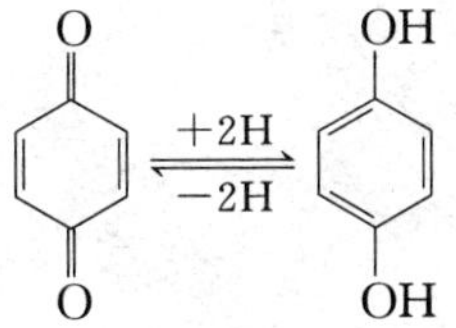

对苯二酚

对苯醌与对苯二酚能形成 1∶1 难溶于水的分子配合物，是一深绿色带闪光的晶体，叫醌氢醌。这是由于氢醌分子富有 π 电子，而对苯醌缺少 π 电子，这种 π 电子体系相互作用的结果，使二者形成了受电子配合物（电荷转移配合物）。此外，分子间的氢键对配合物的稳定性也有一定作用。

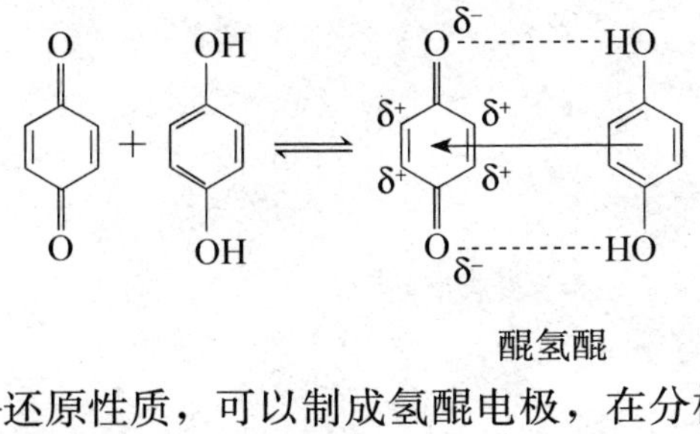

醌氢醌

利用醌-氢醌的氧化-还原性质，可以制成氢醌电极，在分析化学中用来测定 H^+ 的浓度。这一反应在生物化学过程中有重要的意义。生物体内进行的氧化还原作用常是以脱氢或加氢的方式进行的，在这一过程中，某些物质在酶的控制下所进行的氢的传递工作可通过酚醌氧化还原体系来实现。

三、重要的醌类化合物

1. 对苯醌

对苯醌是黄色晶体，熔点 115.7℃，能随水蒸气蒸出，具有刺激性臭味，有毒，能溶于醇和醚中。慢慢加热时，对苯醌易升华成大的黄色晶体。对苯醌很容易与蛋白质结合，能使皮肤着色，可用于制革工业。

2. α-萘醌和维生素 K

α-萘醌又叫 1,4-萘醌，是黄色晶体，熔点 125℃，可升华，微溶于水，溶于酒精和醚中，具有刺鼻气味。许多天然产物的色素含 α-萘醌构造，例如维生素 K_1 和 K_2。

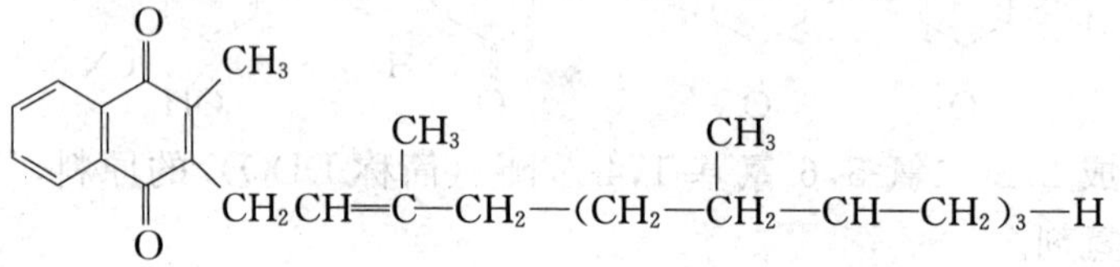

2-甲基-1,4-萘醌，3 位侧链：$CH_2CH{=}\underset{|}{\overset{CH_3}{C}}{-}CH_2{-}(CH_2{-}\overset{CH_3}{CH_2}{-}CH{-}CH_2)_3{-}H$　维生素 K_1

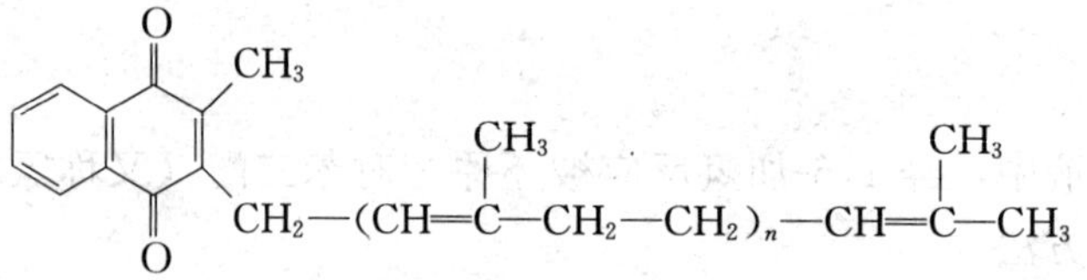

2-甲基-1,4-萘醌，3 位侧链：$CH_2{-}(CH{=}\overset{CH_3}{C}{-}CH_2{-}CH_2)_n{-}CH{=}\overset{CH_3}{C}{-}CH_3$　维生素 K_2

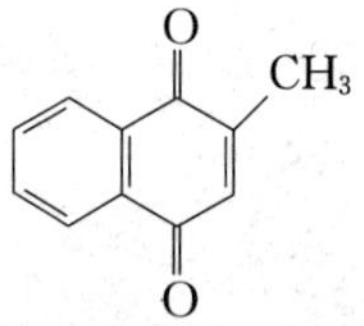

2-甲基-1,4-萘醌　维生素 K_3

维生素 K_1 和 K_2 的差别只在于侧链有所不同，维生素 K_1 为黄色油状液体，维生素 K_2 为黄色晶体。维生素 K_1 和 K_2 广泛存在于自然界中，绿色植物（如苜蓿、菠菜等）、蛋黄、肝脏等含量丰富。维生素 K_1 和 K_2 的主要作用是能促进血液的凝固，所以可用作止血剂。维生素 K_3 为黄色晶体，熔点 105～107℃，难溶于水，可溶于植物油或其他有机溶剂。由于维生素 K_3 是油溶性维生素，故医药上用的是它的可溶于水的亚硫酸氢钠加成物。

学习小结

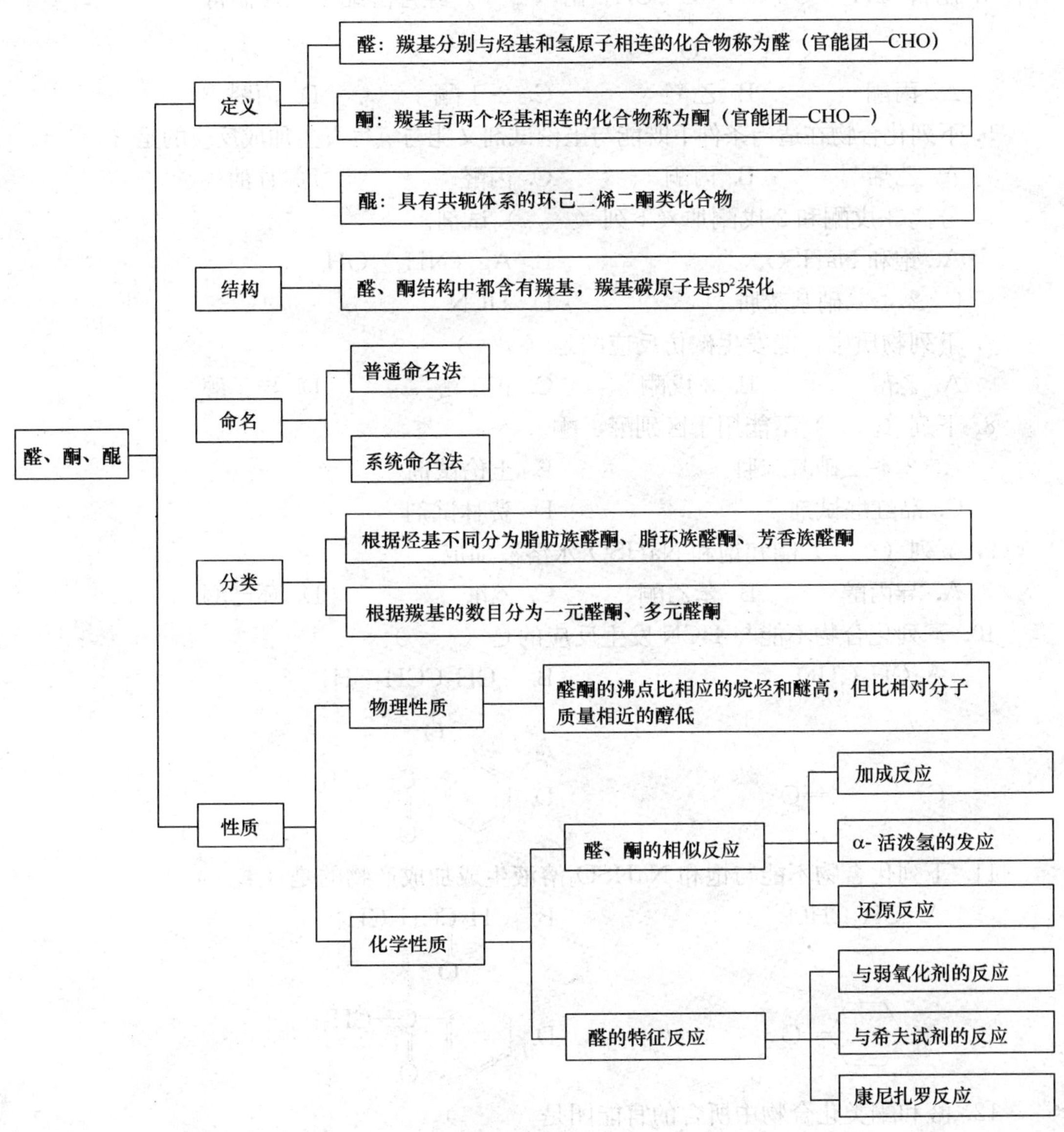

自我测评

一、单选题

1. 下列化合物能发生康尼查罗反应的是（　　）。

　A. 乙醛　　B. 甲醛　　C. 异丁醛　　D. 丙醛

2. 下列化合物中能发生康尼查罗歧化反应的是（　　）。

　A. 甲醛　　B. 乙醛　　C. 乙醇　　D. 丙酮

3. 医药常用作消毒剂和防腐剂的福尔马林是40%的（　　）水溶液。

A. 乙醇　　B. 乙醛　　C. 乙酸　　D. 甲醛

4. 制备 $CH_3-\underset{\underset{CH_3}{|}}{C}=CH-\underset{\underset{O}{\|}}{C}-CH_3$ 由（　　）经羟醛缩合反应制得。

A. 丙酮　　B. 乙醛　　C. 2-丁酮　　D. 丙醛

5. 下列化合物在适当条件下既能与土伦试剂又能与氢气发生加成反应的是（　　）。

A. 乙烯　　B. 丙酮　　C. 丙醛　　D. 甘油

6. 分离3-戊酮和2-戊酮加入下列（　　）试剂。

A. 饱和 $NaHSO_3$　　B. Ag $(NH_3)_2OH$

C. 2,4-二硝基苯肼　　D. HCN

7. 下列物质中，能发生碘仿反应的是（　　）。

A. 乙醛　　B. 3-戊酮　　C. 正丁醇　　D. 异丁醇

8. 下列（　　）不能用于区别醛、酮。

A. 2,4-二硝基苯肼　　B. 土伦试剂

C. 品红醛试剂　　D. 费林试剂

9. 下列（　　）能和饱和 $NaHSO_3$ 水溶液加成。

A. 异丙醇　　B. 苯乙酮　　C. 乙酸　　D. 环己酮

10. 下列化合物不能与 HCN 发生反应的是（　　）。

A. CH_3CHO　　B. $CH_3\underset{\underset{O}{\|}}{C}CH_2CH_3$

C. 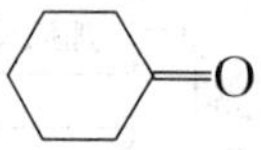 (环己酮结构)=O　　D. 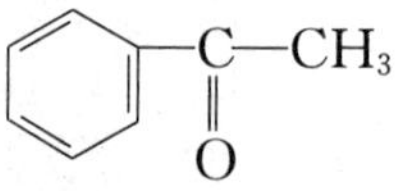 $C_6H_5-\underset{\underset{O}{\|}}{C}-CH_3$

11. 下列化合物不能与饱和 $NaHSO_3$ 溶液生成加成产物的是（　　）。

A. CH_3CHO　　B. $CH_3\underset{\underset{O}{\|}}{C}CH_2CH_3$

C. 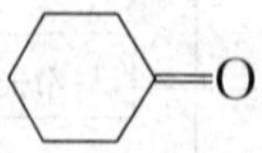 (环己酮结构)=O　　D. 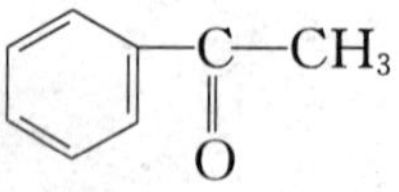 $C_6H_5-\underset{\underset{O}{\|}}{C}-CH_3$

12. 醛和酮类化合物中所含的官能团是（　　）。

A. 羰基　　B. 羧基　　C. 羟基　　D. 氨基

13. 保护醛基的反应是（　　）。

A. 醇醛缩合　　B. 缩醛反应　　C. 酰化反应　　D. 酯化反应

14. 可鉴别甲醛和苯甲醛的试剂是（　　）。

A. 土伦试剂　　B. 费林试剂　　C. $NaHSO_3$　　D. I_2 的 NaOH 溶液

二、写出下列化合物的结构式

1. α-氯代丁醛　　2. 甲乙酮　　3. 3-甲基环己酮

4. 邻甲基苯甲醛　　5. 2,2-二甲基丙醛　　6. 对羟基苯乙酮

三、推测结构式

1. 有化合物 A、B、C，分子式均为 C_4H_8O；A、B 可以和氨基脲反应生成沉淀而 C 不能；B 可以与费林试剂反应而 A、C 不能；A、C 能发生碘仿反应而 B 不能；写出 A、B、C 的结构式。

2. 分子式为 C_8H_8O 的两种化合物 A、B，均不与溴水发生反应。A 无银镜反应也不与 $NaHSO_3$ 反应，但可发生碘仿反应；B 既可以发生银镜反应也可以与 $NaHSO_3$ 反应，但无碘仿反应，试写出 A、B 构造式。

四、简答题

1. 不查物理常数，试推测下列每对化合物中哪一种化合物具有较高的沸点。

（1）1-丁醇和丁醛　　（2）2-戊酮和 2-戊醇

（3）丙酮和丙烷　　（4）2-苯基乙醇和苯乙酮

2. 下列化合物中哪些既能起碘仿反应又能与亚硫酸氢钠加成？

（1）$C_6H_5COCH_3$　　（2）$CH_3CH_2COCH_3$　　（3）CH_3CH_2OH

（4）$CH_3CH_2COC_6H_5$　　（5）$CH_3CHOHCH_2CH_3$　　（6）CH_3CHO

3. 下列化合物各属于哪一类化合物？

（1）$C_6H_5-CH_2OH$（苯环）　　（2）苯环邻位取代：$-CH_2$，$-OH$　　（3）环戊烷（CH_2、H_2C、CH_2、CH_2-CH_2）

（4）C_6H_5-CHO（苯环）　　（5）$C_6H_5-OCH_3$（苯环）　　（6）CH_3-NH_2

第十二章　羧酸及其衍生物

学习目标

知识要求： 掌握羧酸及其衍生物的结构特征和命名规则；掌握羧酸的酸性和羧酸衍生物的生成；脱羧反应；掌握羧酸衍生物典型的化学性质：水解、醇解、氨解等反应。掌握脲结构和俗称；缩二脲反应。熟悉羧酸的还原反应、α-H 的卤代反应。熟悉羧酸衍生物乙酰乙酸乙酯、丙二酸二乙酯的互变异构现象及其在合成中的应用。熟悉羧酸衍生物的重要的代表化合物——乙酐、乙酰水杨酸等的合成和重要应用。熟悉脲、丙二酰脲和胍的结构及其在药学中的应用。了解有机合成的基本思路。

能力要求： 学会应用羧酸衍生物的命名方法，正确说出各类羧酸衍生物的名称；学会判断其结构与性质的关系；学会应用羧酸的酸性分离提纯酸性有机化合物；能够根据有机物、药物的结构特点选择适宜的酰化试剂。解释乙酰乙酸乙酯的互变异构现象，并能进行乙酰乙酸乙酯的鉴别。

学习导航

生物代谢的最终产物是什么化合物？我们吸入氧气呼出二氧化碳，这是有机化合物氧化的一个产物，羧酸同样是在氧化条件下生化反应的主要产物，因此它广泛存在于地球上的生物体中。同时羧酸也是重要的工业化学品。比如用强还原剂将羧酸还原为伯醇，用羧酸合成卤代酸、羧酸衍生物等。

许多羧酸衍生物在生物体中有着重要作用。正如本章所涉及的四个羧酸衍生物：酰卤、酸酐、酯和酰胺：酰卤和酸酐是常用的酰基化试剂，在有机合成和药物合成中用于制造药物、香料和染料等；酯是所有生物体细胞中的基本成分，自然界中最常见的天然酯有蜡、脂肪、油和类脂；对于生物化学而言，酰胺极为重要，氨基酸通过酰胺基团连接起来，形成蛋白质。许多结构简单的酰胺具有各种不同的生物活性。

分子中含有羧基（—COOH）的化合物称为羧酸。除甲酸外，羧酸也可以看作是烃分子中的氢原子被羧基取代的衍生物。羧酸分子中羧基中的羟基被其他官能团取代后的产物称为羧酸衍生物，酰卤、酸酐、酯和酰胺是常见的羧酸衍生物。

羧酸和羧酸衍生物广泛存在于自然界中，它们在动植物的生长、繁殖、新陈代谢等方面都起着重要作用，许多羧酸及羧酸衍生物都具有生物活性。因此，羧酸及羧酸衍生物都是与药物关系十分密切的重要有机物。

第一节　羧　　酸

案例

羧酸类化合物对我们来说并不陌生，食醋的辛辣气味和酸味源自于醋酸，蚂蚁分泌物和蜜蜂的分泌液中含有蚁酸。前面学习过的许多化学反应的生成物都有羧酸。

你能够回忆起来的相关化学反应有哪些？你能写出羧酸官能团的结构式吗？

一、羧酸的分类和命名

（一）分类

羧酸（除甲酸外）都是由烃基和羧基两部分组成。根据分子中烃基的种类不同，羧酸可分为脂肪族羧酸和芳香族羧酸，脂肪族羧酸又可分为饱和脂肪酸和不饱和脂肪酸；按羧酸分子中所含羧基的数目不同，羧酸又可分为一元羧酸和多元羧酸。一元羧酸的结构可用通式表示为 $(Ar)R-\overset{\overset{\displaystyle O}{\|}}{C}-OH$ 或简写为（Ar）RCOOH（甲酸中 R=H）。

（二）命名

羧酸的系统命名原则和醛相似，命名时将醛字改为酸字即可。

1. 饱和脂肪酸命名

选择分子中含羧基的最长碳链作为主链，根据主链碳原子数目称为“某酸”，从羧基碳开始用阿拉伯数字标明主链碳原子的位次。简单的羧酸习惯上也常用希腊字母来表示取代基的位置，即与羧酸直接相连的碳原子位置为 α，依次是 β、γ、δ……。最末端碳原子位置为 ω。例如：

$$CH_3\underset{}{\overset{\overset{\displaystyle CH_3}{|}}{C}H}\,CH_2\overset{\overset{\displaystyle CH_3}{|}}{C}HCOOH$$

2,4-二甲基戊酸

$$CH_3\overset{\overset{\displaystyle CH_3}{|}}{C}HCH_2\overset{\overset{\displaystyle C_2H_5}{|}}{C}HCH_2COOH$$

5-甲基-3-乙基己酸

2. 不饱和脂肪羧酸命名

首先选择包含羧基和不饱和键在内的最长碳链作为主链，称为“某烯酸”或“某炔酸”。主链碳原子的编号仍从羧基开始，将不饱和键的位次写在某烯酸或某炔酸名称的前面。当主链碳原子数大于 10 时，需要在表示碳原子数的中文小写数字后加上“碳”字，以避免表示主链碳原子数和不饱和键数目的两个数字混淆。例如：

$$CH_3C(CH_3)=CHCOOH$$

3-甲基-2-丁烯酸

$$CH_3CH_2C(=CH_2)COOH$$

2-乙基丙烯酸

小贴士

对于脂肪酸的命名，可以用阿拉伯数字和希腊字母两种方式来表示取代基的位置，这两种表示方式有什么区别？上边的结构式中碳原子的位次若用α、β、γ、δ……标注，其名称分别是什么？

不饱和羧酸的双键也可用“Δ”来表示，双键的位次写在“Δ”的右上角。如下面9,12-十八碳二烯酸可以表示为：

$$CH_3(CH_2)_4CH=CHCH_2CH=CH(CH_2)_7COOH$$

9,12-十八碳二烯酸或 $\Delta^{9,12}$-十八碳二烯酸（亚油酸）

3. 二元脂肪酸命名

可选取包含两个羧基碳在内的最长碳链为主链，根据主链上碳原子的数目称为“某二酸”。例如：

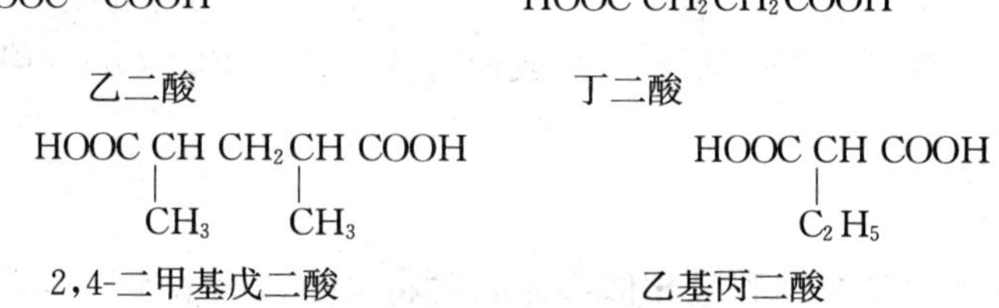

乙二酸　　丁二酸

2,4-二甲基戊二酸　　乙基丙二酸

4. 脂环羧酸和芳香羧酸命名

将脂环和芳环看作取代基，以脂肪羧酸作为母体加以命名。例如：

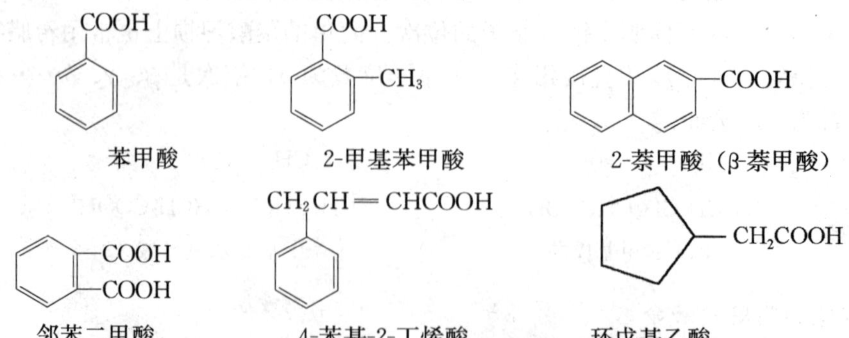

苯甲酸　　2-甲基苯甲酸　　2-萘甲酸（β-萘甲酸）

邻苯二甲酸　　4-苯基-2-丁烯酸　　环戊基乙酸

许多羧酸最初是从天然产物中得到的，故常根据其来源而采用俗名。例如，甲酸最初是从蚂蚁中得到，故称蚁酸；乙酸是食醋的主要成分，俗称醋酸。其他如草酸、巴豆酸、安息香酸等都是根据其来源而得名。许多高级一元羧酸，因最初是从水解脂肪得到的又称为脂肪酸。如十六碳酸称为软脂酸，十八碳酸称为硬脂酸。

小贴士

我们日常生活中食用的食醋，其主要成分是乙酸，乙酸在医药和食品中有什么用途?

食醋中乙酸的浓度为60～80g/L。乙酸的稀溶液（5～20g/L）在医药上用作消毒防腐剂，如用于烫伤或灼伤感染的创面清洗。乙酸还有消肿治癣、预防感冒等作用。在家庭中，乙酸稀溶液常被用作除垢剂。在食品添加剂中，乙酸是规定的一种酸度调节剂。

二、羧酸的性质

饱和一元羧酸中，C_1～C_3的羧酸是有刺鼻气味的液体；C_4～C_9的羧酸是有令人不愉快气味的液体；C_{10}以上的高级羧酸是无色无臭的固体；脂肪二元酸和芳香酸都是结晶性固体。

C_4以下的羧酸可以与水混溶；但随着碳原子数的增加，羧酸的水溶性迅速降低。高级一元酸不溶于水，但能溶于乙醇、乙醚、苯等有机溶剂。

羧酸的沸点比相对分子质量相近的醇高，例如，甲酸和乙醇的相对分子质量相同，但甲酸的沸点为100.5℃，乙醇的沸点为78.3℃。这是由于两个羧酸分子不是通过一个氢键，而是通过两个氢键彼此发生缔合，羧酸分子间的这种氢键缔合比醇分子间的氢键更为牢固，甚至在气态时，羧酸都可能有二聚体存在。如乙酸在蒸气状态仍保持双分子缔合。

```
       O---H—O
     //        \
R—C              C—R
     \        //
       O—H---O
```

羧酸的化学性质主要发生在官能团羧基上，羧基由羟基和羰基组成，但由于羰基的π键与羟基氧原子上的未共用电子对形成p-π共轭体系，所以羧基的化学性质并不是羟基和羰基性质的简单加合，而是具有它自身独特的性质。羧酸主要的化学性质如下所示：

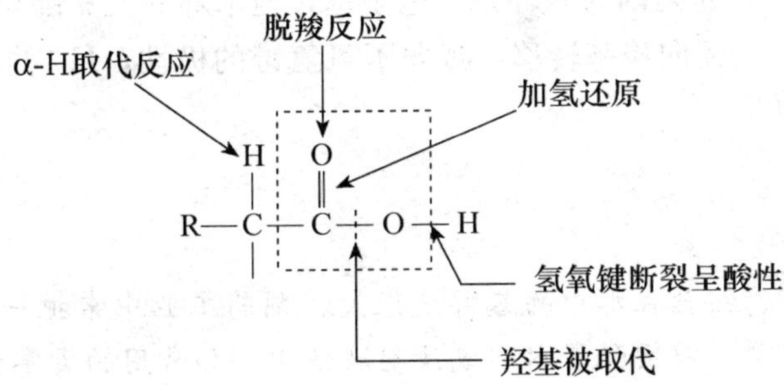

小贴士

甲酸的羧基直接连有氢原子，分子中既有羧基又有醛基，是一个双官能团化合物。因此，甲酸除了具有羧酸的性质外还具有醛的还原性。利用这个性质可以区分甲酸和其他羧酸。

（一）酸性

由于p-π共轭体系的形成，使羧基中羟基氧原子上的电子云向羰基方向移动，氧氢键电子云更偏向氧原子，氧氢键极性增强，在水溶液中更容易解离出H^+而显示明显的酸性。

$$RCOOH + H_2O \rightleftharpoons RCOO^- + H_3O^+$$

羧酸一般是弱酸，饱和一元羧酸的pK_a一般都在3～5。一元羧酸的酸性比盐酸、硫酸等无机酸的酸性弱，但比碳酸（$pK_a=6.35$）和酚类（$pK_a=10.0$）的酸性要强。所以羧酸不仅可与NaOH反应，也可与$NaCO_3$、$NaHCO_3$反应。而苯酚的酸性比碳酸弱，不能与$NaHCO_3$反应，利用这个性质可以分离、区分羧酸和酚类化合物。

$$RCOOH + NaOH \longrightarrow RCOONa + H_2O$$

$$RCOOH + Na_2CO_3 \longrightarrow RCOONa + CO_2\uparrow + H_2O$$

$$RCOOH + NaHCO_3 \longrightarrow RCOONa + CO_2\uparrow + H_2O$$

羧酸盐用强的无机酸酸化，可以转化为原来的羧酸。这是分离和提纯羧酸或从动植物体中提取含羧基的有效成分的有效途径。

$$RCOONa + HCl \longrightarrow RCOOH + HaCl$$

羧酸的结构不同酸性强弱也不同。从pK_a比较可得知，在饱和一元羧酸中，甲酸（$pK_a=3.77$）比其他羧酸（$pK_a=4.7$～5.0）的酸性都强，这是因为其他羧酸分子中烷基的给电子诱导效应使酸性减弱。一般情况下，饱和脂肪酸的酸性随着烃基的碳原子数增加和给电子能力的增强而减弱。例如：

$$HCOOH > CH_3COOH > CH_3CH_2COOH > (CH_3)CCOOH$$

	HCOOH	CH_3COOH	CH_3CH_2COOH	$(CH_3)CCOOH$
pK_a	3.77	4.76	4.87	5.05

羧基直接连于芳环上的芳香酸比甲酸的酸性弱，但比其他饱和一元羧酸酸性强。如苯甲酸的pK_a为4.17，这是因为苯环是吸电子基，但苯环的大π键与羧基形成了π-π共轭体系，使环上的电子云向羧基转移，减弱了氧氢键的极性，H^+的离解能力降低，所以苯甲酸酸性较甲酸弱。

小贴士

羧酸的钠、钾、铵盐在水中的溶解度很大，制药工业中常把一些含羧基难溶于水的药物制成羧酸盐，以便配置水剂或注射液使用。如常用的青霉素钠盐和钾盐。

低级二元羧酸的酸性比饱和一元羧酸的酸性强。特别是乙二酸，它是由2个羧基直接相连而成，由于羧基之间产生吸电子诱导效应，使乙二酸的酸性比一元羧酸强得多（$pK_a=1.46$）。但随着二元羧酸两个羧基间碳原子数的增加，羧基间距离的增大，羧基之间的影响逐渐减弱，酸性逐渐减小。羧酸和其他有关化合物的酸性强弱顺序如下：

$$H_2SO_4、HCl>RCOOH>H_2CO_3>ArOH>H_2O>ROH$$

（二）羧酸中羟基的取代反应

羧酸分子中羧基中的羟基被其他原子或基团取代后的产物，称为羧酸衍生物。常见的羧酸衍生物有酰卤、酸酐、酯和酰胺。

1. 酰卤的生成

羧基中的羟基被卤素取代的产物称为酰卤。其中最重要的是酰氯，它是由羧酸与三氯化磷、五氯化磷或氯化亚砜反应生成。

$$RCOOH+PCl_3 \longrightarrow R-\overset{\overset{O}{\|}}{C}-Cl+H_3PO_3$$

$$RCOOH+PCl_5 \longrightarrow R-\overset{\overset{O}{\|}}{C}-Cl+POCl_3+HCl\uparrow$$

$$RCOOH+SOCl_2 \longrightarrow R-\overset{\overset{O}{\|}}{C}-Cl+SO_2\uparrow+HCl\uparrow$$

制备酰氯较常用的方法是用氯化亚砜与羧酸反应，因为反应生成的两种副产物都是气体，在反应中随时逸出，可得到较纯净的酰氯。酰氯很活泼，是一类具有高度反应活性的化合物，广泛应用于药物和有机合成中。

2. 酸酐的生成

羧酸在脱水剂（如 P_2O_5）作用下或加热情况下，两个羧基间脱水生成酸酐。

$$R-\overset{\overset{O}{\|}}{C}-OH+HO-\overset{\overset{O}{\|}}{C}-R \xrightarrow[\triangle]{脱水剂} R-\overset{\overset{O}{\|}}{C}-O-\overset{\overset{O}{\|}}{C}-R+H_2O$$

较稳定的具有五元环或六元环的环状酸酐（环酐），可由二元羧酸受热分子内脱水形成。例如，邻苯二甲酸酐可由邻苯二甲酸直接加热脱水得到。

$$C_6H_4(COOH)_2 \xrightarrow{\triangle} C_6H_4(CO)_2O + H_2O$$

3. 酯的生成

羧酸和醇在强酸（常用浓硫酸）的催化作用下生成酯和水的反应，称为酯化反应。在同样条件下，酯和水也可以作用生成羧酸和醇，称为酯的水解反应。因此酯化反应是可逆反应。

$$R-\overset{\overset{O}{\|}}{C}-OH + R'-OH \underset{\triangle}{\overset{浓 H_2SO_4}{\rightleftharpoons}} R-\overset{\overset{O}{\|}}{C}-OR' + H_2O$$

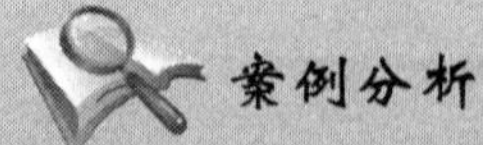

案例分析

酯化反应是可逆的，若要提高酯的产率，必须使化学平衡向酯的方向移动，通常采用的方法有：加大廉价原料的投放量，以改变平衡时反应物和产物的组成；除去反应生成的水；将反应生成的酯不断从反应体系中蒸出。

用含有^{18}O的醇和羧酸进行酯化反应，生成含有^{18}O的酯，这个实验事实说明：酯化反应是羧酸的酰氧键发生了断裂，羧酸分子中的羟基被醇分子中的烃氧基取代，生成酯和水。

$$CH_3-\overset{\overset{O}{\|}}{C}-\boxed{OH+H}-\overset{18}{O}CH_2CH_3 \underset{\triangle}{\overset{浓H_2SO_4}{\rightleftharpoons}} CH_3\overset{\overset{O}{\|}}{C}-\overset{18}{O}CH_2CH_3+H_2O$$

4. 酰胺的生成

向羧酸中通入氨生成羧酸的铵盐，加热发生分子内脱水反应生成酰胺。

$$RCOOH+NH_3 \longrightarrow RCOONH_4 \xrightarrow{\triangle} R-\overset{\overset{O}{\|}}{C}-NH_2 + H_2O$$

（三）还原反应

羧基中的羰基由于受到羟基的影响，使它失去了典型羰基的性质，难以被一般还原剂或催化氢化法还原，但是强还原剂氢化铝锂（$LiAlH_4$）等金属氢化物却能顺利地将羧酸还原为伯醇。还原时常以无水乙醚或四氢呋喃作溶剂，最后用稀酸水解得到产物。例如：

$$RCOOH \xrightarrow[H_3O^+]{LiAlH_4/C_2H_5OC_2H_5} RCH_2OH$$

氢化铝锂是一种具有高度选择性的还原剂，它可以还原许多具有羰基结构的化合物，而对碳碳双键、碳碳三键不产生影响。可用于制备不饱和的伯醇。

$$CH_2=CHCH_2COOH \xrightarrow[H^+,\ H_3O^+]{LiAlH_4} CH_2=CHCH_2CH_2OH$$

（四）α-氢的卤代反应

由于羧基吸电子效应的影响，羧酸分子中α-碳原子上的氢原子有一定的活性（比醛、酮的活性弱），在少量红磷或三卤化磷作用下，能发生卤代反应而生成卤代酸。例如乙酸在少量红磷催化下，甲基上的α-氢原子被氯原子取代生成一氯乙酸：

$$CH_3COOH+Cl_2 \xrightarrow{P} ClCH_2COOH+HCl$$

若有足量的卤素存在，乙酸中α-碳原子上的氢原子可以继续逐步被卤素取代，生成二氯乙酸和三氯乙酸。

$$ClCH_3COOH + Cl_2 \xrightarrow{P} Cl_2CHCOOH + HCl$$

$$Cl_2CHCOOH + Cl_2 \xrightarrow{P} Cl_3CCOOH + HCl$$

羧酸分子中羟基上的氢原子，被卤素原子取代后生成的化合物称为卤代酸。卤代酸的酸性由于卤素原子的吸电子效应而增强，其酸性强弱与卤素原子的种类、卤素原子的数目以及卤原子与羧基之间的距离有关。在卤素原子数目和取代位置相同的情况下，卤素原子的电负性越大卤代酸的酸性越强。例如：

	FCH_2COOH >	$ClCH_2COOH$ >	$BrCH_2COOH$ >	ICH_2COOH
pK_a	2.67	2.87	2.90	3.16

你问我答

卤代酸是一种重要的取代酸，在有机合成中起着重要作用。请分析一下，卤代酸的官能团有哪些？可能具有哪些性质？还有酸性吗？酸性强弱比羧酸如何？

在卤素原子种类和取代位置相同的情况下，卤素原子数目越多卤代酸的酸性越强。例如：

	Cl_3COOH >	$Cl_2CHCOOH$ >	$ClCH_2COOH$
pK_a	0.63	1.36	2.87

在卤素原子种类和数目相同的情况下，卤素原子离羧基越近卤代酸的酸性越强。例如：

	$CH_3CH_2CH(Cl)COOH$ >	$CH_3CH(Cl)CH_2COOH$ >	$CH_2(Cl)CH_2CH_2COOH$
pK_a	2.86	4.06	4.52

（五）脱羧反应

羧酸分子失去羧基中CO_2的反应称为脱羧反应。饱和一元羧酸对热稳定，通常不易发生脱羧反应。但在特殊条件下，如羧酸钠盐与碱石灰（NaOH，CaO）混合后加强热，才能发生脱羧反应，生成少一个碳原子的烃，实验室中用于制备低级烷烃（如甲烷）可采用此种方法。

$$CH_3COONa + NaOH \xrightarrow[\text{强热}]{CaO} CH_4 + Na_2CO_3$$

当羧基的 α-位连有吸电子基（如硝基、卤素、酰基等）时，脱羧反应较易发生，两个羧基直接相连或连在同一个碳原子上的二元羧酸受热容易脱羧。例如：

$$R\overset{\overset{O}{\|}}{C}CH_2COOH \xrightarrow{\triangle} R\overset{\overset{O}{\|}}{C}CH_3 + CO_2$$

$$HOOC—COOH \xrightarrow{\triangle} HCOOH + CO_2$$

$$HOOCCH_2COOH \xrightarrow{\triangle} CH_3COOH + CO_2$$

脱羧反应在生物体内的许多生化变化中占重要地位。人体内的脱羧反应在脱羧酶的催化作用下，在人体正常体温下顺利进行。

小贴士

草酸的特性

草酸是最简单的二元酸，具有还原性，可以使高锰酸钾溶液褪色。衣服上有铁锈或墨水迹，可以用草酸作清洗剂。这是由于草酸可与铁离子形成可溶性配合物。正是这种能力使草酸的毒性变得很大。

菠菜中含有少量的草酸，如果食用太多，依然存在草酸过量的危险。草酸过量的症状包括从肠胃不舒服到呼吸困难、肌肉无力、肾衰（草酸结合钙离子形成不溶的肾结石）、循环性虚脱、昏迷和死亡。所以食用菠菜时，切记不要过量！

第二节　羧酸衍生物

案例

商业上被称为芳纶的聚对亚苯基对苯二甲酰胺属于羧酸衍生物，可用于制防弹背心和身体的盔甲。将 20 层芳纶缝合在一起，能够抵挡住一颗用 9mm 手枪以 1200m/s 速度射来的子弹。

什么样的结构可以使芳纶具有如此的高强度呢？羧酸衍生物还有那些性质呢？

羧酸衍生物一般是指羧酸分子中的-OH 被其他原子或原子团取代后的产物。酰卤、酸酐、酯和酰胺都是由羧酸衍变而来，它们都含有酰基（ $R-\overset{O}{\overset{\|}{C}}-$ 或 RCO—）所以又称为酰基化合物，可用通式（ $R-\overset{O}{\overset{\|}{C}}-L$ ）来表示。

$$R-\overset{O}{\overset{\|}{C}}-OH \longrightarrow R-\overset{O}{\overset{\|}{C}}-L \quad (-L=-X、-O-\overset{O}{\overset{\|}{C}}-R'、-OR'、-NH_2)$$

$R-\overset{O}{\overset{\|}{C}}-X$	$R-\overset{O}{\overset{\|}{C}}-O-\overset{O}{\overset{\|}{C}}-R'$	$R-\overset{O}{\overset{\|}{C}}-OR'$	$R-\overset{O}{\overset{\|}{C}}-NH_2$
酰卤	酸酐	酯	酰胺

酰基是羧酸分子去掉羟基后剩余的基团，而酰基的命名是将相应羧酸的名称“某酸”改为“某酰基”。例如：

$$R-\overset{\overset{\large O}{\|}}{C}-OH \qquad CH_3-\overset{\overset{\large O}{\|}}{C}-$$

乙酸　　乙酰基

$$C_6H_5-\overset{\overset{\large O}{\|}}{C}-OH \qquad C_6H_5-\overset{\overset{\large O}{\|}}{C}-$$

苯甲酸　　苯甲酰基

一、羧酸衍生物的分类和命名

（一）酰卤

酰基和卤素相连所形成的羧酸衍生物为酰卤。酰卤根据酰基的名称和卤素的不同来命名，称为某酰卤。例如：

$$CH_3-\overset{\overset{\large O}{\|}}{C}-Cl \qquad C_6H_5-\overset{\overset{\large O}{\|}}{C}-Br$$

乙酰氯　　苯甲酰溴

（二）酸酐

酸酐是羧酸脱水的产物，也可以看成是一个氧原子连接两个酰基所形成的化合物。根据两个脱水的羧酸分子是否相同，可以将酸酐分为单（酸）酐和混（酸）酐。并且根据相应的羧酸来命名酸酐，单酐直接在羧酸的后面加“酐”字即可，称为“某酸酐”；命名混酐时，相对小分子的羧酸在前，大分子的羧酸在后；如有芳香酸时，则芳香酸在前，称为“某某酸酐”。例如：

$$(CH_3CO)_2O \qquad CH_3CO-O-COCH_2CH_3 \qquad C_6H_4(CO)_2O$$

乙酸酐（醋酸酐）　　乙丙酸酐　　邻苯二甲酸酐

（三）酯

酯是由酰基和烃氧基连接而成的，由形成它的羧酸和醇加以命名，由一元醇和羧酸形成的酯，羧酸的名称在前，醇的名称在后，但须将“醇”改为“酯”，称为“某酸某酯”。例如：

$$CH_3-\overset{\overset{\large O}{\|}}{C}-OC_2H_5 \qquad CH_3COOCH_2C_6H_5 \qquad C_6H_4(COOCH_3)_2$$

乙酸乙酯　　乙酸苯甲酯　　邻苯二甲酸二甲酯

（四）酰胺

酰胺是酰基与氨基或烃氨基相连形成的化合物，其命名与酰卤相似，也是根据所含的酰基的不同而称为“某酰胺”。当氨基氮原子上的氢原子被烃基取代时，可用“N-”表示取代酰胺中烃基的位置。例如：

$CH_3-\overset{O}{\overset{\|}{C}}-NH_2$　　$C_6H_5-\overset{O}{\overset{\|}{C}}-NH_2$　　$H-\overset{O}{\overset{\|}{C}}-N(CH_3)_2$

乙酰胺　　苯甲酰胺　　N,N-二甲基甲酰胺（DMF）

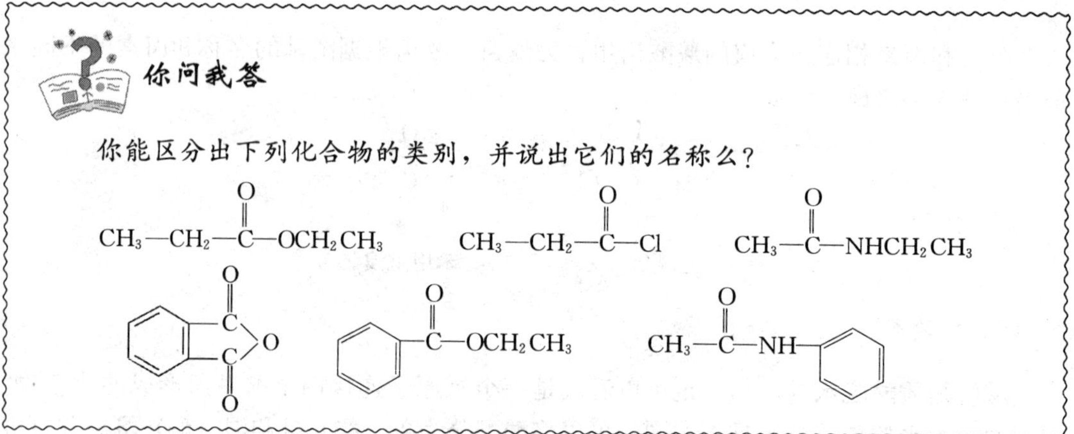

二、羧酸衍生物的性质

低级的酰氯和酸酐是具有强烈刺激性气味的液体。低级的酯是具有挥发性的无色液体，有愉快的芳香气味，许多水果或花草的香味是由酯引起的，高级酯为蜡状固体。酰胺除甲酰胺是液体外，其他多为固体。

酰卤和酸酐不溶于水，但低级酰卤和酸酐遇水会分解；酯在水中的溶解度很小，而低级酰胺易溶于水。酰卤、酸酐和酯分子间不能形成氢键，它们的沸点比相应的羧酸和醇低。酰胺除 N,N-二取代酰胺外，由于分子间形成氢键缔合，故其沸点比相应的羧酸要高。

羧酸衍生物分子中均含有酰基，而且与酰基相连的都是吸电子基团，所以它们应该有相似的化学性质。主要表现为带部分正电荷的羰基碳原子易受亲核试剂的进攻，发生水解、醇解、氨解反应；受羰基的影响，α-氢原子表现为酸性。另外，羧酸衍生物的羰基也能发生还原反应。

你问我答

许多酯类和酰胺类药物容易水解，如阿司匹林片剂、氨苄西林钠注射制剂等。请问在使用和贮藏这些药物时，该如何控制条件防止其水解而失效？

（一）水解反应

酰卤、酸酐、酯和酰胺均可发生水解反应，羧酸衍生物的酰基与水的羟基结合生成羧酸，羧酸衍生物结构中与酰基相连的原子或原子团，结合水中的氢生成相应的产物。

$$\left.\begin{array}{l} R-\overset{O}{\overset{\|}{C}}-X \\ R-\overset{O}{\overset{\|}{C}}-O-\overset{O}{\overset{\|}{C}}-R' \\ R-\overset{O}{\overset{\|}{C}}-OR' \\ R-\overset{O}{\overset{\|}{C}}-NH_2 \end{array}\right\} + H-OH \longrightarrow R-\overset{O}{\overset{\|}{C}}-OH + \left\{\begin{array}{l} HX \\ R'-\overset{O}{\overset{\|}{C}}-OH \\ R'OH \\ NH_3 \end{array}\right.$$

不同的羧酸衍生物水解反应的难易程度不同。酰卤与水在室温下立即反应，低级酰卤甚至可以和空气中的水蒸气迅速反应；酸酐在室温下与水作用缓慢，须加热才迅速水解；酯的水解反应需要在酸或碱的催化下并且加热才能顺利进行。其中在酸催化下的水解是可逆反应，逆反应是酯化反应；酯在碱性溶液中的水解反应又称为皂化反应；酰胺的水解较难，需要在酸或碱催化下长时间加热回流才能完成。可见，羧酸衍生物水解反应的活性次序是：酰卤＞酸酐＞酯＞酰胺。

（二）醇解反应

酰卤、酸酐、酯和酰胺的醇解与水解反应相似。羧酸衍生物的酰基与醇中的烷氧基结合生成酯，羧酸衍生物结构中与酰基连接的原子或原子团，结合醇中的氢原子生成相应的产物。

$$\left.\begin{array}{l} R-\overset{O}{\overset{\|}{C}}-X \\ R-\overset{O}{\overset{\|}{C}}-O-\overset{O}{\overset{\|}{C}}-R' \\ R-\overset{O}{\overset{\|}{C}}-OR' \\ R-\overset{O}{\overset{\|}{C}}-NH_2 \end{array}\right\} + H-OR'' \longrightarrow R-\overset{O}{\overset{\|}{C}}-OR'' + \left\{\begin{array}{l} HX \\ R'-\overset{O}{\overset{\|}{O}}-OH \\ R'OH \\ NH_3 \end{array}\right.$$

酯的醇解反应又称为酯交换反应，利用酯交换反应可以制备一些高级的酯或一般难以直接用酯化反应合成的酯，也常用于药物及其中间体的合成。例如，局部麻醉药物盐酸普鲁卡因的合成。

$$H_2N\text{-}C_6H_4\text{-}COOC_2H_5 + HOCH_2CH_2N(C_2H_5)_2 \xrightarrow{HCl} H_2N\text{-}C_6H_4\text{-}COOCH_2CH_2N(C_2H_5)_2 \cdot HCl + C_2H_5OH$$

乙酰氯或乙酸酐与水杨酸的酚羟基发生类似的醇解反应，得到解热镇痛药物阿司匹林。

$$o\text{-}HO\text{-}C_6H_4\text{-}COOH + (CH_3CO)_2O \xrightarrow{浓\ H_2SO_4} o\text{-}CH_3COO\text{-}C_6H_4\text{-}COOH + CH_3COOH$$

（三）氨解反应

酰卤、酸酐、酯都可以与氨反应，羧酸衍生物的酰基与氨基结合生成酰胺，羧酸衍生物结构中与酰基连接的原子或原子团，结合氨中的氢原子生成相应的的产物。

$$\left.\begin{array}{l} R-\overset{O}{\overset{\|}{C}}-X \\ R-\overset{O}{\overset{\|}{C}}-O-\overset{O}{\overset{\|}{C}}-R' \\ R-\overset{O}{\overset{\|}{C}}-OR' \end{array}\right\} + H-NH_2 \longrightarrow R-\overset{O}{\overset{\|}{C}}-NH_2 + \left\{\begin{array}{l} HX \\ R'-\overset{O}{\overset{\|}{C}}-OH \\ R'OH \end{array}\right.$$

以上反应对于水、醇、氨来讲，是分子中的活泼氢原子被酰基取代的反应。这种在化合物分子中引入酰基的反应称为酰化反应。在酰化反应中提供酰基的试剂称为酰化剂。酰卤和酸酐是常用的酰化剂。

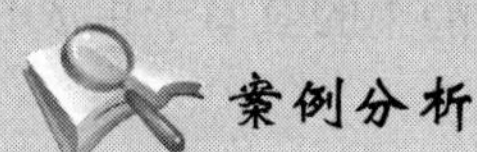

案例分析

有些药物由于其溶解性过低，或毒副作用大等原因限制了其在临床上的使用，此时就要想方法对药物进行改性。可以在其结构中引入一个基团，以增大其溶解性、降低毒副作用，提高疗效。例如，对氨基苯酚具有解热、镇痛的作用，但分子中游离的氨基毒性较大，不能应用于临床。如果通过酰化反应将氨基酰化，引入酰基后生成的对乙酰氨基酚与氨基苯酚相比增大了稳定性和溶解性，改善其在体内吸收，延长疗效，降低毒性。多年来，对乙酰氨基酚作为很好的解热镇痛药物应用于临床，即扑热息痛。

$$p\text{-}H_2N\text{-}C_6H_4\text{-}OH + (CH_3CO)_2O \xrightarrow{CH_3COOH} p\text{-}CH_3CONH\text{-}C_6H_4\text{-}OH + CH_3COOH$$

对氨基苯酚　　　　对乙酰氨基酚（扑热息痛）

（四）异羟肟酸铁盐反应

酸酐、酯和酰伯胺都能与羟胺发生酰化反应生成异羟肟酸，异羟肟酸与三氯化铁作用，得到红紫色的异羟肟酸铁。

$$\left.\begin{array}{l} R-\overset{O}{\overset{\|}{C}}-O-\overset{O}{\overset{\|}{C}}-R' \\ R-\overset{O}{\overset{\|}{C}}-OR' \\ R-\overset{O}{\overset{\|}{C}}-NH_2 \end{array}\right. + H-NHOH \longrightarrow R-\overset{O}{\overset{\|}{C}}-NHOH + \left.\begin{array}{l} R'-\overset{O}{\overset{\|}{C}}-OH \\ R'OH \\ NH_3 \end{array}\right.$$

酰卤、N-或 N,N-取代酰胺不发生该显色反应，酰卤必须转变为酯才能进行反应。异羟肟酸铁反应可用于羧酸衍生物的鉴定，也常用于含有酯基药物的检验。

$$3R-\overset{O}{\overset{\|}{C}}-NHOH + FeCl_3 \longrightarrow \underset{\text{异羟肟酸铁}}{(R-\overset{O}{\overset{\|}{C}}-NHO)_3Fe} + 3HCl$$

（五）酯缩合反应

羧酸衍生物的 α-H 受羰基的影响比较活泼，能发生类似醛、酮的羟醛缩合反应。在醇钠等碱性试剂的作用下，酯分子中的 α-H 能与另一酯分子中的烃氧基脱去一分子醇，生成 β-酮酸酯，此类反应称为酯缩合反应或克莱森（Claisen）缩合反应。例如，在乙醇钠的作用下，两分子乙酸乙酯脱去一分子乙醇，生成乙酰乙酸乙酯（β-丁酮酸乙酯）。

$$CH_3-\overset{O}{\overset{\|}{C}}-OC_2H_5 + H-CH_2\overset{O}{\overset{\|}{C}}OC_2H_5 \xrightarrow[H^+]{NaOC_2H_5} \underset{\text{乙酰乙酸乙酯（}\beta\text{-丁酮酸乙酯）}}{CH_3\overset{O}{\overset{\|}{C}}CH_2\overset{O}{\overset{\|}{C}}OC_2H_5} + C_2H_5OH$$

另外，羧酸衍生物可以发生还原反应，羰基还原剂氢化铝锂可以还原酰卤、酸酐和酯为伯醇，而使酰胺还原为相应的胺。

（六）乙酰乙酸乙酯的特性

乙酰乙酸乙酯具有特殊的结构，分子中含有羰基和酯基两种官能团。通常情况下，乙酰乙酸乙酯具有双重的反应性能，它既能与氢氰酸加成，与羟胺、2,4-二硝基苯肼生成肟或腙，能发生碘仿反应，显示甲基酮的性质；又能发生水解反应等，表现出酯的性质。同时，在吸电子的羰基和酯基的双重影响下，亚甲基的 α-H 变得更为活泼。所以，乙酰乙酸乙酯主要表现在互变异构和 α-活泼氢的反应等方面的特性。

羰基　　酯基

$$CH_3-\overset{\overset{\displaystyle O}{\|}}{C}-\overset{\alpha}{CH_2}-\overset{\overset{\displaystyle O}{\|}}{C}-OC_2H_5$$

乙酰乙酸乙酯

1. 互变异构

乙酰乙酸乙酯的酮式结构中亚甲基的 α-H 在一定程度上有质子化的倾向，α-H 与羰基氧原子相结合，形成了烯醇式结构。并且，酮式和烯醇式两种异构体可以不断相互转变，并以一定比例呈动态平衡同时共存。

$$\underset{\text{酮式（92.5\%）}}{CH_3-\overset{\overset{\displaystyle O}{\|}}{C}-CH_2-\overset{\overset{\displaystyle O}{\|}}{C}-OC_2H_5} \rightleftharpoons \underset{\text{烯醇式（7.5\%）}}{CH_3-\overset{\overset{\displaystyle OH}{|}}{C}=CH-OC_2H_5}$$

因此，乙酰乙酸乙酯能使溴水或溴的四氯化碳溶液退色，使三氯化铁显紫色，表现出烯醇的性质。

你问我答

某同学做了一个实验：向盛有乙酰乙酸乙酯乙醇溶液的试管中滴入三氯化铁溶液，出现了紫红色。然后边振荡边滴加饱和溴水溶液，紫红色渐渐退去；片刻后，紫红色又重新出现，请解释出现这种现象的原因。

像这种两种或两种以上异构体相互转变，并以动态平衡同时共存的现象称为互变异构现象。酮式和烯醇式称为互变异构体。在有机化合物中，普遍存在互变异构现象。凡是具有（ $-\overset{\overset{\displaystyle H}{|}}{\underset{|}{C}}-\overset{\overset{\displaystyle O}{\|}}{C}-$ ）结构单元的化合物都可能存在酮式和烯醇式互变异构现象，在不同物质的互变异构平衡体系中，互变异构体的相对含量也不相同。

酮式和烯醇式互变异构体的相对含量与其分子结构有关。一般来说，烯醇式所占的比例随着 α-H 的活性增强、分子内氢键的形成和 π-π 共轭体系的延伸而增加。

2. α-活泼氢的反应

乙酰乙酸乙酯分子中亚甲基上的 α-H 显弱酸性，在强碱，如乙醇钠的作用下，乙酰乙酸乙酯变成钠盐，其中碳负离子作为亲核试剂，与卤代烷、酰卤等发生亲核取代反应，在 α-碳原子上引入烷基或酰基，得到 α-取代乙酰乙酸乙酯。

$$\underset{}{CH_3\overset{\overset{O}{\|}}{C}CH_2\overset{\overset{O}{\|}}{C}OC_2H_5} \xrightarrow{NaOC_2H_5} CH_3\overset{\overset{O}{\|}}{C}\underset{Na^+}{\bar{C}H}\overset{\overset{O}{\|}}{C}OC_2H_5 \xrightarrow{RX} CH_3\overset{\overset{O}{\|}}{C}\underset{\underset{R}{|}}{C}H\overset{\overset{O}{\|}}{C}OC_2H_5$$

α-取代乙酰乙酸乙酯在稀碱中水解，酸化后加热脱羧，得到产物甲基酮。通过一系列反应，可以得到碳链增长的重要化合物，在有机合成或药物合成中有着广泛的应用。

$$CH_3\overset{\overset{O}{\|}}{C}\underset{\underset{R}{|}}{C}H\overset{\overset{O}{\|}}{C}OC_2H_5 \xrightarrow[H^+]{稀\ NaOH} CH_3\overset{\overset{O}{\|}}{C}\underset{\underset{R}{|}}{C}HCOOH \xrightarrow[\triangle]{-CO_2} CH_3\overset{\overset{O}{\|}}{C}CH_2R$$

（七）酰胺的特性

1. 酸碱性

酰胺一般为中性物质，由于酰胺分子中氮原子的未共用电子对与羰基的π键形成了给电子的p-π共轭，使氮原子上的电子云密度降低，减弱了氮原子接受质子的能力，因而酰基使氨的碱性减弱，酰胺呈中性。

$$R-\overset{\overset{O}{\|}}{C}-\ddot{N}H_2$$

酰亚胺可以看成氨分子中两个氢原子同时被酰基取代，由于受到两个酰基的影响，氮原子上的氢原子有质子化倾向而显弱酸性，能与强碱反应生成盐。例如：

$$\text{邻苯二甲酰亚胺}(C_6H_4(CO)_2NH) + NaOH \longrightarrow C_6H_4(CO)_2N^-\,Na^+ + H_2O$$

2. 与亚硝酸反应

酰胺与亚硝酸反应，氨基被—OH取代，生成羧酸，同时有氮气放出。

$$R-\overset{\overset{O}{\|}}{C}-NH_2 + HONO \longrightarrow R-\overset{\overset{O}{\|}}{C}-OH + N_2\uparrow + H_2O$$

3. 霍夫曼降解反应

酰伯胺与次溴酸钠在碱性溶液中反应，脱去羰基，生成少一个碳原子的伯胺，此反应称为霍夫曼降解反应。

$$R-\overset{\overset{O}{\|}}{C}-NH_2 + NaBrO + 2NaOH \longrightarrow RNH_2 + Na_2CO_3 + NaBr + H_2O$$

小贴士

1928年英国细菌学教授弗莱明在实验室中发现青霉素具有杀菌作用。青霉素类抗生素是β-内酰胺中一大类抗生素的总称。它们在结构上和功能上的特征是均含有具有很大张力的四元内酰胺环，与普通酰胺比，β-内酰胺具有不同寻常的反应活性。

转肽酶的催化作用对于维持细菌的细胞壁合成至关重要，而青霉素的β-内酰胺可以很容易地与转肽酶发生不可逆的反应，使酶失去活性，从而阻止细菌细胞壁的合成，并杀死细菌。而人类细胞只有细胞膜无细胞壁，故对人类的毒性较小。

第三节　碳酸衍生物

脲是碳酸的氨基衍生物，由于它存在于哺乳动物的尿液中，因而俗称尿素。脲的用途很广泛，它除了大量用作氮肥外，还用于合成药物及塑料等。

碳酸衍生物的结构有什么特点？它还包括哪些物质呢？

碳酸衍生物是指碳酸分子中的—OH被其他基团（如—X、—OR、—NH_2等）取代后的产物。常见的碳酸衍生物是两个—OH同时被取代，它们比较稳定。例如：

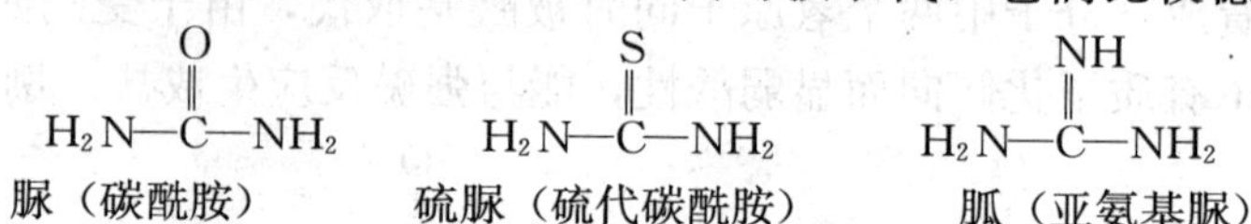

脲（碳酰胺）　　硫脲（硫代碳酰胺）　　胍（亚氨基脲）

一、脲

脲在分子结构上可以看成是碳酸分子中的两个—OH分别被氨基取代。可以称为碳酰胺。

$$HO-\overset{\overset{O}{\|}}{C}-OH \qquad -\overset{\overset{O}{\|}}{C}- \qquad H_2N-\overset{\overset{O}{\|}}{C}-NH_2$$

碳酸　　碳酰基　　碳酰胺（脲）

脲是哺乳动物体内蛋白质代谢的最终产物，俗称尿素。脲是白色结晶，熔点133℃，易溶于水和乙醇。脲的用途很广，它除了大量用作氮肥外，还是合成药物及塑料等的原料。临床上尿素注射液对降低颅内压和眼内压有显著疗效，可用于治疗急性青光眼和脑外伤引起的脑水肿。

脲具有酰胺的化学性质，由于脲分子中的两个氨基连接在同一个羰基上，所以它又有一些特殊的性质。

1. 水解

与一般酰胺一样，脲在酸、碱或尿液酶的催化下可以发生水解反应。

$$H_2N-\overset{\overset{\large O}{\|}}{C}-NH_2+H_2O\begin{cases}\xrightarrow{HCl}CO_2+2NH_4Cl\\ \xrightarrow{NaOH}Na_2CO_3+2NH_3\uparrow\\ \xrightarrow{尿素酶}CO_2+2NH_3\uparrow\end{cases}$$

2. 弱碱性

脲分子中有一个氨基与硝酸或草酸生成白色不溶性盐，此性质可用于从尿液中分离提纯尿素。

$$H_2N-\overset{\overset{\large O}{\|}}{C}-NH_2+HNO_3\longrightarrow H_2N-\overset{\overset{\large O}{\|}}{C}-NH_2\cdot HNO_3\downarrow$$

3. 与亚硝酸反应

脲与亚硝酸作用定量放出氮气，根据氮气的体积可以测定脲的含量。

$$H_2N-\overset{\overset{\large O}{\|}}{C}-NH_2+2HONO\longrightarrow CO_2\uparrow+2N_2\uparrow+3H_2O$$

4. 缩二脲的生成和缩二脲反应

将脲缓慢加热至稍高于它的熔点时，则脲分子之间脱去一分子氨，生成缩二脲。

$$H_2N-\overset{\overset{\large O}{\|}}{C}-\boxed{NH_2+H}-NH-\overset{\overset{\large O}{\|}}{C}-NH_2\xrightarrow{150\sim160℃}H_2N-\overset{\overset{\large O}{\|}}{C}-NH-\overset{\overset{\large O}{\|}}{C}-NH_2+NH_3\uparrow$$

缩二脲为无色结晶，难溶于水易溶于碱。缩二脲的碱性溶液与硫酸铜溶液作用显紫红色，此颜色反应称为缩二脲反应。凡是分子中含有两个或两个以上肽键$\left(-\overset{\overset{\large O}{\|}}{C}-NH-\right)$的化合物，如多肽、蛋白质等都可能发生缩二脲反应。

你问我答

某同学做了一个实验：在干燥的试管中加入少量尿素，加热固体融化成液体，继续加热，产生使湿润石蕊试纸变蓝色的刺激性气体，同时试管里液体又凝结成白色固体。他认为发生了缩二脲反应，你认同这种说法么？白色固体是何物质？

二、丙二酰脲

丙二酸二乙酯和脲在乙醇钠催化下缩合，生成丙二酰脲。丙二酰脲为无色结晶，熔点 245℃，微溶于水。

$$CH_2(COOC_2H_5)_2 + (H_2N)_2C{=}O \xrightarrow{NaOC_2H_5} \text{丙二酰脲} + 2C_2H_5OH$$

> **小贴士**
>
> 巴比妥类药物是一类作用于中枢神经系统的镇静剂，属于巴比妥酸的衍生物，其应用范围可以从轻度镇静到完全麻醉，还可以用作抗焦虑药、安眠药、抗痉挛药。长期使用则会导致成瘾性。巴比妥类药物目前在临床上已很大程度被苯二氮平类药物所替代，后者过量服用后产生的副作用远小于前者。不过，在全身麻醉或癫痫的治疗中仍会使用巴比妥类药物。

丙二酰脲分子中亚甲基的 α-H 和两个酰亚氨基中的氢原子都很活泼，在水溶液中丙二酰脲存在着酮式和烯醇式的互变异构现象。

酮式　⇌　烯醇式（巴比妥酸）

烯醇式显示较强的酸性（$pK_a=3.98$），所以丙二酰脲又称巴比妥酸。

丙二酰脲分子中亚甲基的两个氢原子被烃基取代的衍生物，是一类镇静催眠药物，总称为巴比妥类药物。巴比妥类药物常制成钠盐水溶液，供注射用。其结构通式为

$R=R'=C_2H_5$	巴比妥	（佛罗那）
$R=C_2H_5$，$R'=C_6H_5$	苯巴比妥	（鲁米那）
$R=C_2H_5$，$R'=CH_2CH_2CH(CH_3)CH_3$	异戊巴比妥	（阿米妥）

三、胍

胍可以看成脲分子中的氧原子被亚氨基取代后生成的化合物，又称为亚氨基脲。

胍为无色结晶，熔点 50℃，易溶于水和乙醇。胍分子中去掉氨基上的一个氢原子后剩下的基团称为胍基；去掉一个氨基后剩下的基团称为脒基。

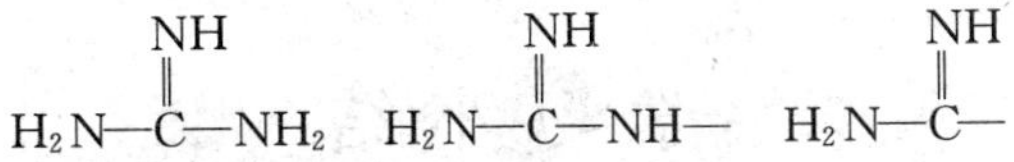

$$\underset{\text{胍}}{H_2N-\overset{\overset{\displaystyle NH}{\|}}{C}-NH_2}\qquad \underset{\text{胍基}}{H_2N-\overset{\overset{\displaystyle NH}{\|}}{C}-NH-}\qquad \underset{\text{脒基}}{H_2N-\overset{\overset{\displaystyle NH}{\|}}{C}-}$$

胍极易接受质子，是有机强碱，其碱性（$pK_b=0.52$）与氢氧化钠相当，能与盐酸反应生成稳定的盐。甚至可以吸收空气中的二氧化碳和水分生成相应的盐。

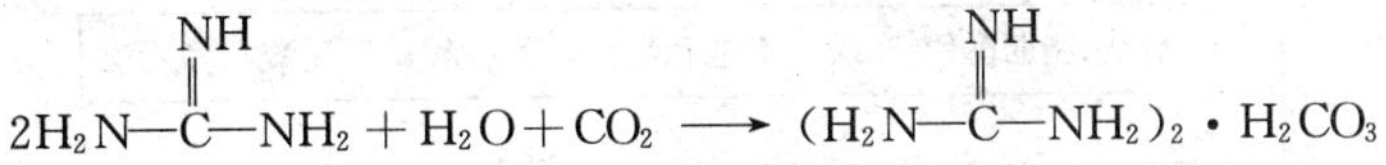

$$2H_2N-\overset{\overset{\displaystyle NH}{\|}}{C}-NH_2+H_2O+CO_2\longrightarrow(H_2N-\overset{\overset{\displaystyle NH}{\|}}{C}-NH_2)_2\cdot H_2CO_3$$

胍的强碱性不仅由于 $>C{=}NH$ 的碱性比 $>C{=}O$ 强，更主要的原因是由于它能形成稳定的阳离子：

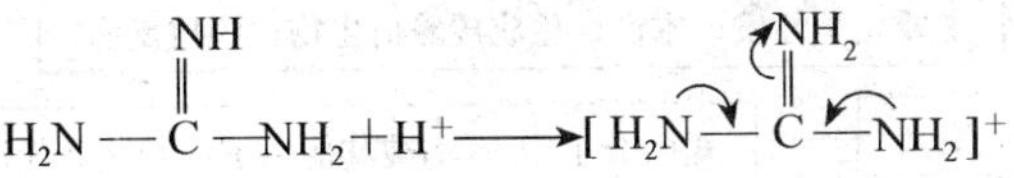

$$H_2N-\overset{\overset{\displaystyle NH}{\|}}{C}-NH_2+H^+\longrightarrow\underset{\text{胍阳离子}}{[H_2N-\overset{\overset{\displaystyle NH_2}{\|}}{C}-NH_2]^+}$$

在胍阳离子中存在 p-π 共轭效应，正电荷并不集中在某一个氮原子上，而是平均分配在三个氮原子上，因而键长平均化并缩短。这种结构非常稳定，所以胍有接受 H^+ 形成这种稳定结构的强烈倾向，而表现出很强的碱性。

胍在碱性条件下容易水解，例如在氢氧化钡水溶液中加热，即水解生成脲和氨。

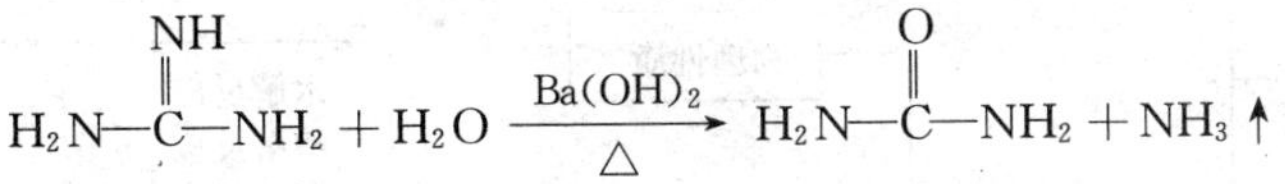

$$H_2N-\overset{\overset{\displaystyle NH}{\|}}{C}-NH_2+H_2O\xrightarrow[\triangle]{Ba(OH)_2}H_2N-\overset{\overset{\displaystyle O}{\|}}{C}-NH_2+NH_3\uparrow$$

胍类药物实际上就是指含有胍基或脒基的药物。由于胍在碱性条件下不稳定，而在酸性条件下可以形成稳定的盐，所以通常将此类药物制成盐类贮存和使用。

案例分析

含有胍基或脒基的药物称为胍类药物，例如抗病毒药物吗啉胍（病毒灵）、降血压药物硫酸胍氯酚等。通常将此类药物制成盐类贮存和使用。

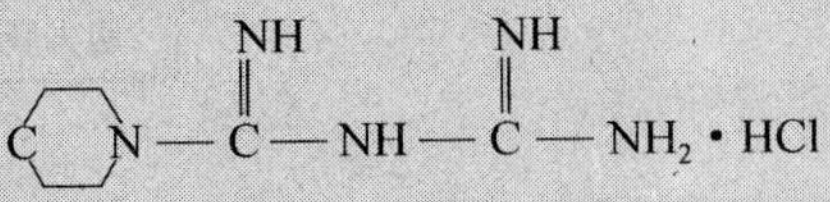

$$\text{(吗啉环)}N-\overset{\overset{\displaystyle NH}{\|}}{C}-NH-\overset{\overset{\displaystyle NH}{\|}}{C}-NH_2\cdot HCl\qquad\text{吗啉胍}$$

$$\text{(2,6-二氯苯基)}-O-CH_2-CH_2-NH-\overset{\overset{\displaystyle NH}{\|}}{C}-NH_2\cdot\frac{1}{2}H_2SO_4\qquad\text{硫酸胍氯酚}$$

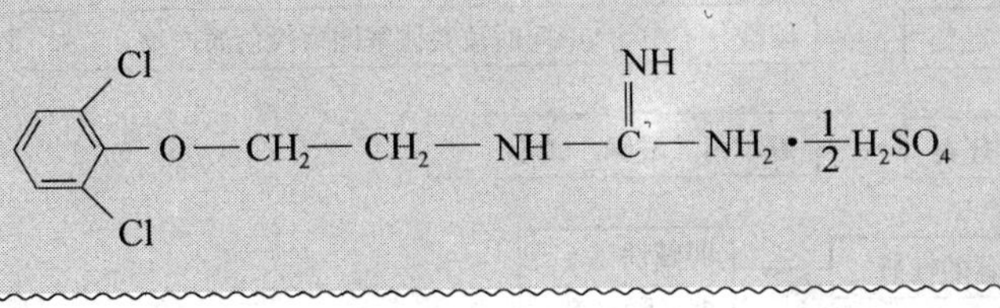

学习小结

羧酸及其衍生物
羧酸
结构：官能团—COOH，结构通式：(Ar)R—COOH
分类:脂肪酸(饱和酸、不饱和酸）、芳香酸；一元酸、多元酸
命名：俗名、系统命名
主要物理性质：分子之间以氢键缔合，沸点比相对分子量相近的醇高
主要化学性质：本性；生成羧酸衍生物；脱羧反应
羧酸衍生物
定义
羧酸分子中—OH被其他原子或基团取代后的产物
分类命名
酰卤
酸酐
酯
酰胺
某酰卤
某酸酐
某酸某酯
某酰胺
性质
物理性质
化学性质
水解反应
醇解反应
氨解反应
异羟肟酸铁盐反应
酯缩合反应
羧酸
酯
酰胺
红-紫色
B-酮酸酯
乙酰乙酸乙酯特性
互变异构
酰胺特性
酸碱性：接近中性
(酰亚胺显弱酸
性）与HNO2反应
霍夫曼降解反应
碳酸衍生物
定义
碳酸分子中—OH同时被其他基团取代后的产物
分类
脲、丙二酰脲、胍等
脲的性质
弱碱性
缩二脲反应

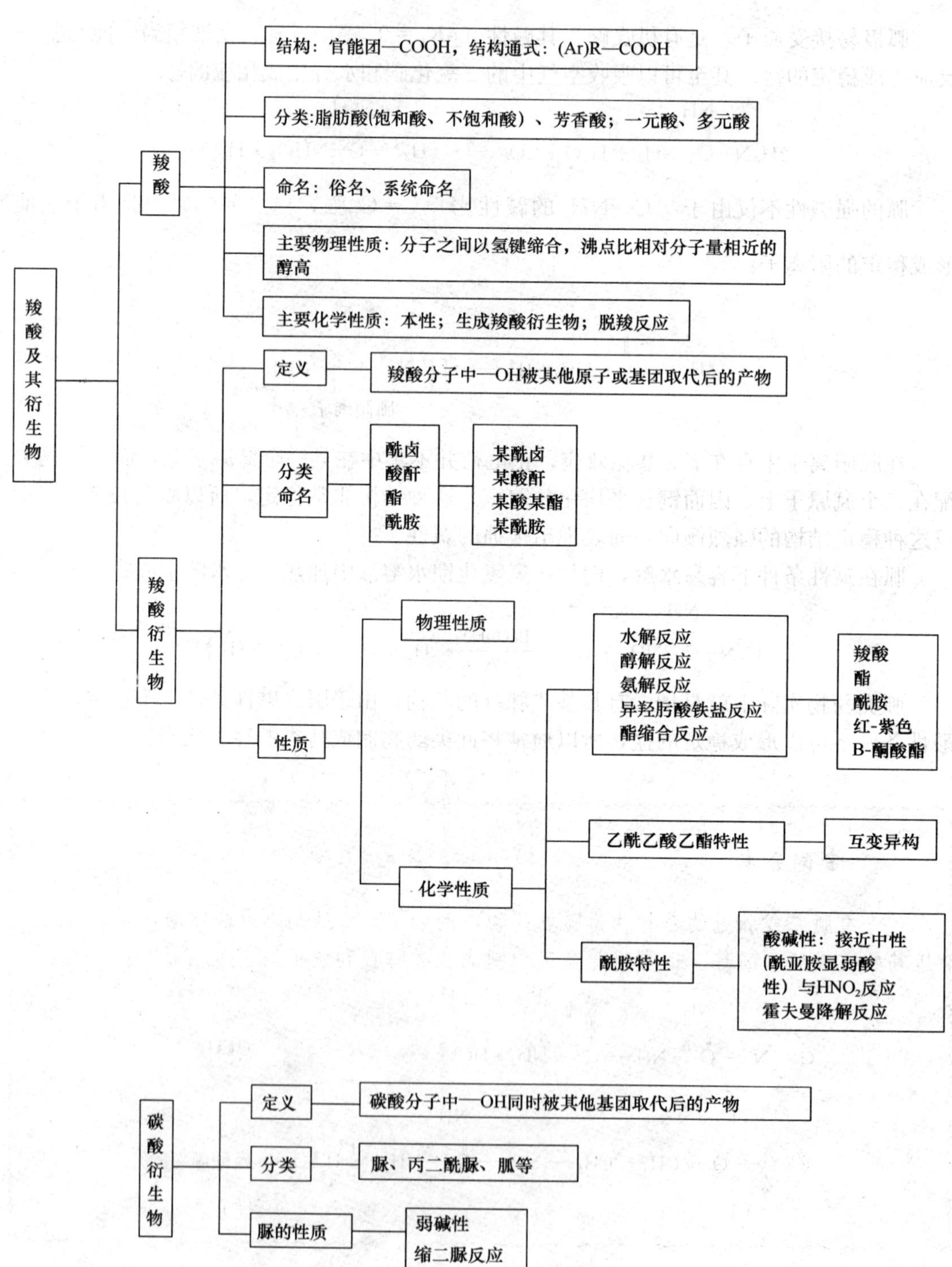

自 我 测 评

一、单选题

1. 下列基团中，属于羧酸的官能团是（　　）。

A. —OH　　B. —CHO　　C. $—NH_2$　　D. —COOH

2. 乙酸的俗称是（　　）。

A. 蚁酸　　B. 醋酸　　C. 乳酸　　D. 水杨酸

3. 下列化合物中，酸性最强的是（　　）。

A. 乙二酸　　B. 乙醇　　C. 乙酸　　D. 乙醛

4. 脲的俗称是（　　）。

A. 阿司匹林　　B. 巴比妥酸　　C. 石炭酸　　D. 尿素

5. 相对分子质量相近的下列化合物沸点最高的是（　　）。

A. 烃　　B. 醇　　C. 羧酸　　D. 醛

6. 丁酸和乙酸乙酯的关系为（　　）。

A. 官能团异构　　B. 碳链异构　　C. 位置异构　　D. 互变异构

7. 丙二酰脲的俗称是（　　）。

A. 阿司匹林　　B. 巴比妥酸　　C. 石炭酸　　D. 尿素

8. 下列化合物中，属于芳香羧酸的是（　　）。

A. 甲酸　　B. 苯甲酸　　C. 乙二酸　　D. 乙酸

9. $CH_3\overset{O}{\overset{\|}{C}}O\overset{O}{\overset{\|}{C}}CH_3$ 的名称是（　　）。

A. 丁酸酐　　B. 乙二酸酐　　C. 乙酸酐　　D. 丁二酸酐

10. 下列化合物不能与2,4-二硝基苯肼产生沉淀的是（　　）。

A. $CH_3\overset{O}{\overset{\|}{C}}CH_2CH_3$　　B. $CH_3\overset{O}{\overset{\|}{C}}CH_2COOH$

C. $CH_3CH_2CH_2COOH$　　D. 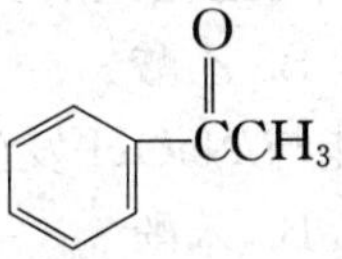 $C_6H_5\overset{O}{\overset{\|}{C}}CH_3$

11. 下列化合物中与土伦试剂反应产生银镜的是（　　）。

A. 甲醇　　B. 甲酸　　C. 乙酸　　D. 丙酮

12. 下列化合物既能溶于氢氧化钠又能溶于碳酸氢钠溶液的是（　　）。

A. 苯甲酸　　B. 苯甲醇　　C. 苯酚　　D. 苯甲醛

13. 乙酰氯发生水解反应主要产物是（　　）。

A. 乙醇　　B. 乙醛　　C. 乙酸　　D. 乙醚

14. 化合物①CH_3COCl ②CH_3CONH_2 ③$(CH_3CO)_2O$ ④$CH_3COOC_2H_5$进行水解反应的活性由强到弱的次序是（　　）。

A. ①②③④　　B. ②③④①　　C. ①③④②　　D. ②④①③

15. 水杨酸和乙酸酐反应的主要产物是（　　）。

A. 邻羟基苯甲酸（苯环上 COOH，邻位 OH）

B. 邻乙酰氧基苯甲酸（苯环上 COOH，邻位 $OCOCH_3$）

C. 邻羟基苯甲酸甲酯（苯环上 $COOCH_3$，邻位 OH）

D. 邻乙酰氧基苯甲酸甲酯（苯环上 $COOCH_3$，邻位 $OCOCH_3$）

16. 2005 年版《中国药典》鉴别阿司匹林的方法之一："取本品适量加水煮沸，放冷后加入 $FeCl_3$ 试液 1 滴，即显紫色"。解释该方法的原因是（　　）。

A. 阿司匹林水解生成的乙酸与 Fe^{3+} 生成紫色配合物

B. 阿司匹林水解生成的水杨酸与 Fe^{3+} 生成紫色配合物

C. 阿司匹林羧基与 Fe^{3+} 生成紫色配合物

D. 阿司匹林酰氧键与 Fe^{3+} 生成紫色配合物

17. 下列化合物的关系是（　　）。

$$CH_3\overset{O}{\overset{\|}{C}}CH_2\overset{O}{\overset{\|}{C}}OC_2H_5 \rightleftharpoons CH_3\overset{OH}{\overset{|}{C}}{=}CH\overset{O}{\overset{\|}{C}}OC_2H_5$$

A. 碳链异构　　B. 位置异构　　C. 官能团异构　D. 互变异构

18. 格氏试剂与甲醛可以制备的醇是（　　）。

A. 正丁醇　　B. 异丁醇　　C. 仲丁醇　　D. 叔丁醇

19. 有机合成中，需要注意防止水解的基团是（　　）。

A. 羟基　　B. 羰基　　C. 羧基　　D. 酰氧键

20. 为了防止醛基氧化，通常采用的保护措施是（　　）。

A. 生成肟　　B. 生成缩氨脲　　C. 生成缩醛　　D. 进行醇醛缩合反应

二、多选题

1. 下列化合物中能与土伦试剂反应产生银镜的是（　　）。

A. 甲酸　　B. 乙酸　　C. 甲醛　　D. 草酸　　E. 丙酮

2. 下列化合物中能与 NaOH 发生酸碱中和反应的化合物是（　　）。

A. 苯甲酸　　B. 苯酚　　C. 水杨酸　　D. 苯甲醛　　E. 乙醇

3. 下列化合物中能被酸性高锰酸钾氧化最终产物是羧酸的是（　　）。

A. 乙醇　　B. 乙醛　　C. 异丙醇　　D. 正丙醇　　E. 丙酮

4. 能溶于水的化合物是（　　）。

A. 乙酸乙酯　　B. 硬脂酸　　C. 乙酰胺　　D. 醋酸　　E. 酒精

5. 在有机合成中，为了防止氧化需要进行保护的基团有（　　）。

A. 碳碳双键　　B. 酚羟基　　C. 羰基　　D. 羧基　　E. 芳伯胺氨基

三、简答题

1. 命名下列化合物或写出结构式：

(1) $CH_3CH(CH_3)CH_2CH(CH_3)COOH$　　(2) $CH_3—CH(CH_2COOH)COOH$

(3) $CH_3—C(=O)—O—C(=O)—CH_2CH_3$　　(4) $CH_3—C(=O)—N(CH_3)_2$

(5) $C_6H_5—CH(CH_3)—CH(CH_3)CH_2COOH$　　(6) $C_6H_5—C(=O)—Cl$

(7) 草酸　(8) 脲　(9) 乙酸乙酯　(10) 胍基

2. 完成下列反应式：

(1) $CH_3COOH + NaOH \longrightarrow$

(2) $CH_3COOH + C_2H_5OH \underset{\triangle}{\overset{H^+}{\rightleftharpoons}}$

(3) $CH_3—C(=O)—Cl + H_2O \longrightarrow$

(4) $C_6H_5—NH_2 + CH_3—C(=O)—O—C(=O)—CH_3 \longrightarrow$

(5) $H_2N—C(=O)—NH_2 + NH_2—C(=O)—NH_2 \xrightarrow{\triangle}$

四、实例分析

1. 用简单的化学方法区分下列各组化合物：

(1) 甲酸和乙酸　(2) 乙酸乙酯和乙酰乙酸乙酯

(3) 苯甲醇、苯甲醛、苯甲酸　(4) 脲和乙酰胺

2. 推断结构：

(1) 某有机化合物经过加热后放出的气体能使澄清的石灰水变浑浊，其残余物显酸性，并能发生银镜反应。试写出该化合物的名称、结构式和受热分解的化学反应方程式。

(2) 某烃的含氧衍生物 A，分子式为 $C_4H_8O_2$，经水解可得到 B 和 C，C 在一定条件下氧化可得到 B。写出 A、B、C 的名称和结构式。

第十三章　取　代　酸

学习目标

知识要求：掌握羟基酸和酮酸的化学性质；熟悉取代羧酸的命名方法；理解取代羧酸的结构和酸性的关系；了解取代羧酸的分类，了解取代羧酸的物理性质。

能力要求：学会分析、解释取代羧酸的结构和酸性的关系，具备比较取代羧酸的酸性强弱的能力，学会酮酸的生物体内的应用。

学习导航

取代羧酸广泛存在于自然界中。许多取代羧酸是动植物代谢的中间产物，有些还参与动植物的生命过程、具有生物活性，所以取代羧酸是一类与药物关系十分密切的重要有机酸，今后学习药物化学或从事药物合成、鉴定、使用和储存等工作都需要这方面的知识。

羧酸分子中烃基上的氢原子被其他官能团取代后的化合物称为取代酸。取代羧酸主要分为卤代酸、羟基酸、酮酸和氨基酸等几大类，它们在有机合成和生命代谢中都是十分重要的化合物。取代羧酸为多官能团化合物，其分子中既含有羧基，又有其他官能团，在化学性质上不仅具有每一种官能团的典型反应，而且还具有不同官能团之间互相影响的一些特殊性质。本章主要讨论羟基酸和酮酸。

第一节　羟　基　酸

案例

人在剧烈运动后，为什么会觉得腿很酸胀，休息后酸胀感消失？

羟基酸是一类分子中既含有羟基（—OH）又含有羧基（—COOH）两种官能团的化合物，它可按羟基所连接烃基的不同而分为醇酸和酚酸。脂肪酸烃基上的氢原子被羟基取代的属醇酸，芳香酸芳环上的氢原子被羟基取代的属酚酸。它们都广泛存在于生物体内，有些是生物体生命活动的产物，有的是合成药物的原料和食品的调味剂。

一、羟基酸的命名

羟基酸的命名一般以羧酸为母体，羟基作为取代基，醇酸中羟基的位次可以用阿拉伯数字或希腊字母表示。例如：

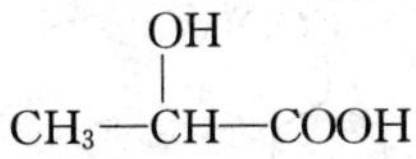

$$CH_3-\underset{OH}{CH}-COOH \quad HOOC-\underset{OH}{CH}-CH_2-COOH \quad HOOC-\underset{OH}{CH}-\underset{OH}{CH}-COOH$$

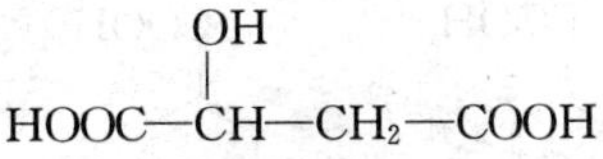

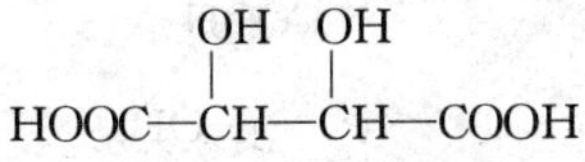

乳酸 苹果酸 酒石酸

2-羟基丙酸 2-羟基丁二酸 2,3-二羟基丁二酸

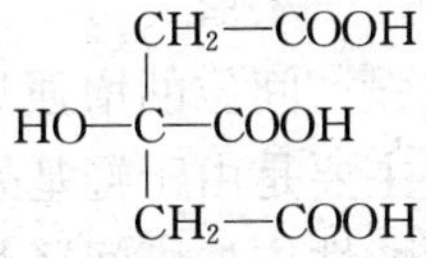

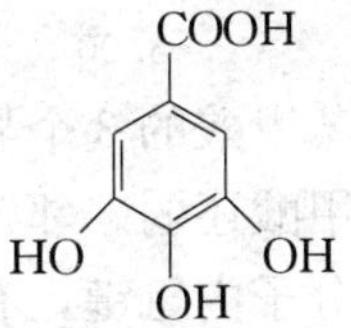

柠檬酸 水杨酸 没食子酸

3-羧基-3-羟基戊二酸 邻-羟基苯甲酸 3,4,5-三羟基苯甲酸

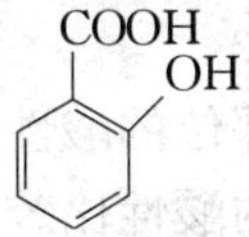

二、羟基酸的性质

（一）物理性质

羟基酸多为晶体或黏稠的液体。由于分子中含有羧基和羟基两种极性基团，两者都能与水形成氢键，因此，羟基酸在水中的溶解度较相应的醇和脂肪酸都大，在乙醚中溶解度则较小。

小贴士

乳酸蒸气能有效杀菌，可用于病房、手术室、实验室等场所的消毒；乳酸钠用于纠正酸中毒；乳酸聚合得到聚乳酸，聚乳酸抽成丝纺成线是良好的手术缝线，不用拆线，能自动降解成乳酸被人体吸收，无不良反应。

（二）化学性质

羟基酸具有羟基和羧基的典型性质。例如：醇羟基可以氧化成羰基，发生酯化反应；酚羟基可与三氯化铁溶液显紫色；羧基可以成盐、成酯。同时由于羟基和羧基两种官能团的相互影响，羟基酸还具有一些特殊的性质。

1. 酸性

（1）在醇酸分子中，由于羟基的吸电子诱导效应沿着碳链传递到羧基上，而降低了羧基碳的电子云密度，使羧基中氧氢键的电子云偏向于氧原子，促进了氢原子解离成质子。由于诱导效应随传递距离的增长而减弱，因此醇酸的酸性随着羟基与羧基距离的增加而减弱。例如：

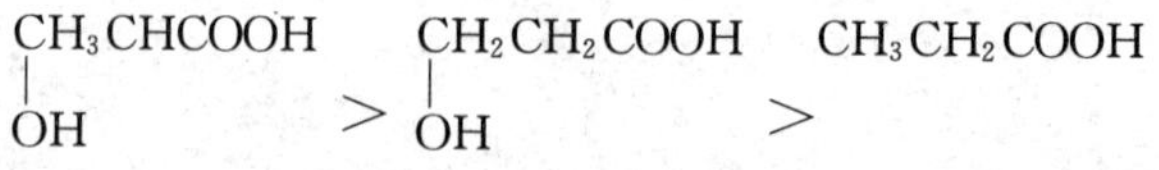

$$\underset{\text{OH}}{\text{CH}_3\text{CHCOOH}} > \underset{\text{OH}}{\text{CH}_2\text{CH}_2\text{COOH}} > \text{CH}_3\text{CH}_2\text{COOH}$$

pK_a　3.87　4.51　4.88

（2）酚酸的酸性随酚羟基与羧基的相对位置不同而异。

邻羟基苯甲酸、间羟基苯甲酸、苯甲酸、对羟基苯甲酸

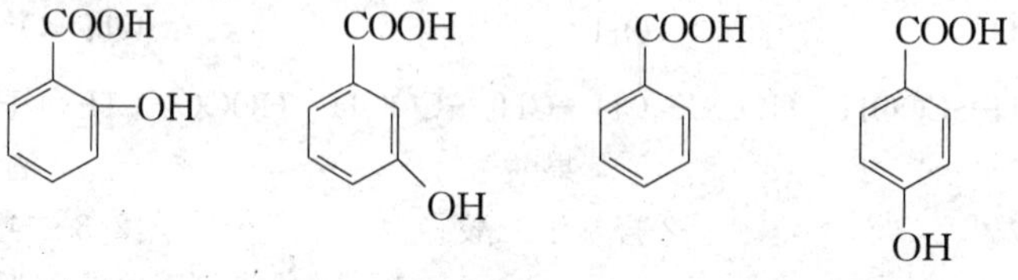

pK_a　3.00　4.12　4.17　4.54

在羟基苯甲酸的3个异构体中，邻位的酸性比苯甲酸强；间位的增强甚微；而对位的酸性比苯甲酸还弱。邻羟基苯甲酸的酸性比苯甲酸强，主要是由于羟基处于羧基邻位时，可形成分子内氢键，有利于羧酸根负离子稳定，因而酸性增加。间羟基苯甲酸和对羟基苯甲酸不能生成分子内氢键，其酸性比邻羟基苯甲酸弱。

对酚酸来说，羟基越多，酸性越强。例如：

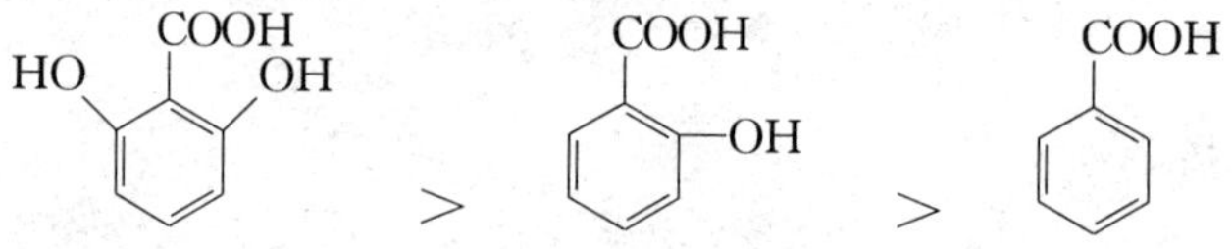

2,6-二羟基苯甲酸 > 邻羟基苯甲酸 > 苯甲酸

pK_a　2.30　2.98　4.17

2. 脱水反应

羟基酸受热脱水，其产物按羟基和羧基的相对位置不同而异。

α-羟基酸受热发生分子间交叉脱水形成六元环的交酯。例如：

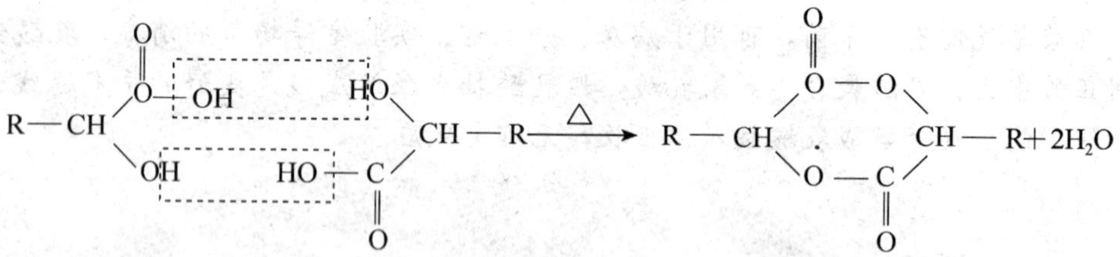

$$2\ \text{R—CH(OH)—COOH} \xrightarrow{\triangle} \text{交酯} + 2\text{H}_2\text{O}$$

交酯

β-羟基酸受热发生分子内脱水形成α,β-不饱和羧酸。例如：

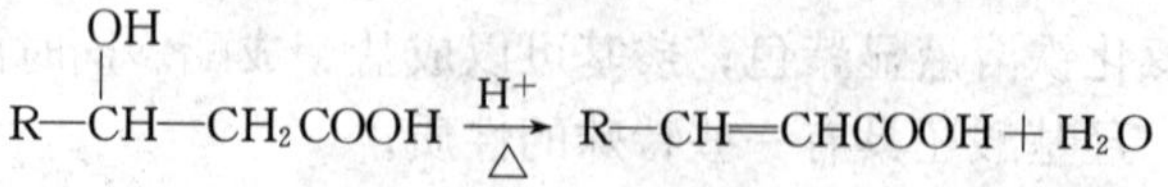

$$\text{R—}\underset{\text{OH}}{\text{CH}}\text{—CH}_2\text{COOH} \xrightarrow[\triangle]{\text{H}^+} \text{R—CH═CHCOOH} + \text{H}_2\text{O}$$

γ-和δ-羟基酸受热，也能生成稳定的五元和六元环内酯。例如：

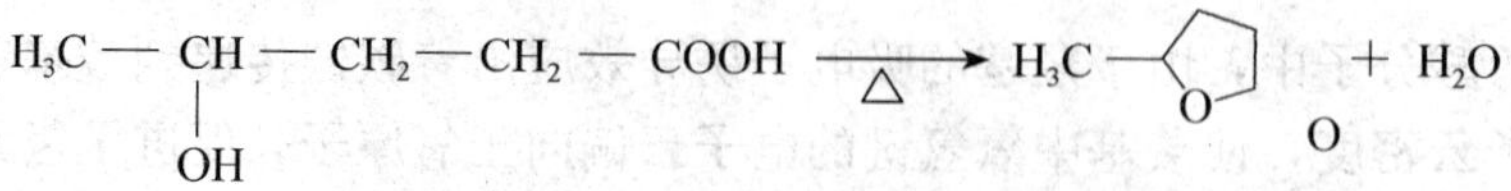

$$\text{H}_3\text{C—}\underset{\text{OH}}{\text{CH}}\text{—CH}_2\text{—CH}_2\text{—COOH} \xrightarrow{\triangle} \gamma\text{-戊内酯} + \text{H}_2\text{O}$$

γ-戊内酯

$$\underset{\substack{|\\ OH}}{CH_2}—CH_2—\underset{\substack{|\\ CH_3}}{CH}—CH_2—COOH \xrightarrow[\triangle]{} CH_3—CH\langle\begin{matrix} CH_2—C(=O) \\ CH_2—CH_2 \end{matrix}\rangle O + H_2O$$

3-甲基-δ-戊内酯

羟基和羧基相隔更远的醇酸受热时，则发生分子间脱水，生成链状结构的聚酯。

3. 氧化反应

醇酸中的羟基比醇中的羟基容易氧化，土伦试剂、稀硝酸不能氧化醇，但能把醇酸氧化为酮酸。例如：

$$CH_3\underset{\substack{|\\ OH}}{C}HCH_2COOH \xrightarrow{[O]} CH_3\underset{\substack{\|\\ O}}{C}CH_2COOH$$

生物体在代谢过程中也产生羟基酸，它们在酶作用下发生脱氢氧化。例如，苹果酸是糖代谢的中间产物，在酶的催化下也可脱氢生成草酰乙酸。

$$\underset{\text{苹果酸}}{HOOC\underset{\substack{|\\ OH}}{C}HCH_2COOH} \xrightarrow[\text{酶}]{-2H} \underset{\text{草酰乙酸}}{HOOC\underset{\substack{\|\\ O}}{C}CH_2COOH}$$

4. 分解反应

α-羟基酸与稀硫酸共热，羧基与 α-碳原子之间的键断裂，生成醛（或酮）和甲酸。例如：

$$R\underset{\substack{|\\ OH}}{C}HCOOH \xrightarrow{\text{稀 } H_2SO_4} RCHO + HCOOH$$

5. 脱羧反应

羟基处于羧基邻位或对位的酚酸，对热不稳定，加热易引起脱羧反应。例如：

$$\text{邻羟基苯甲酸（COOH, OH）} \xrightarrow{200\sim220℃} C_6H_5—OH + CO_3\uparrow$$

$$\text{3,4,5-三羟基苯甲酸（COOH; HO, OH, OH）} \xrightarrow{200\sim220℃} HO—C_6H_3(OH)—OH + CO_3\uparrow$$

三、重要的羟基酸

（一）乳酸

乳酸（$CH_3-CH(OH)-COOH$）化学名称为 α-羟基丙酸，为无色黏稠液体，吸湿性强，能与水、乙醇、乙醚混溶，但不溶于氯仿和油脂。乳酸存在于酸牛奶中，也存在于动物的肌肉中，是糖原的代谢产物。

乳酸具有消毒防腐作用，可用于治疗阴道滴虫病；乳酸钙是补钙的药物，用来治疗佝偻病等缺钙症；乳酸钠在临床上用于纠正酸中毒。乳酸钠在临床上用作酸中毒的解毒剂。在食品、饮料工业中也大量使用乳酸。

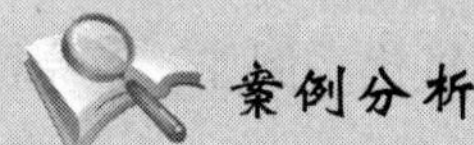

人在剧烈运动时，需要大量的能量，通过存在于肌肉中的糖分解成乳酸，同时释放出能量以供肌肉活动所需。当肌肉中乳酸含量增加时，会使人有肌肉酸胀的感觉。经休息后，一部分乳酸可经血液循环至肝转化为水、二氧化碳和糖，另一部分则由肾随尿排出，酸胀感消失。

（二）酒石酸

酒石酸（$HOOC-CH(OH)-CH(OH)-COOH$）学名 2，3-二羟基丁二酸。其盐广泛存在于果实中，以葡萄中含量最多，用葡萄汁制酒时，随着酒精浓度的增大，有沉淀析出，称为酒石，其名由此而来。天然的酒石酸为透明结晶，熔点为 170℃，易溶于水。

酒石酸的盐类用途甚广。如酒石酸锑钾（俗名吐酒石），临床上用于治疗血吸虫病，亦用作催吐剂；酒石酸钾钠用来配制费林试剂，也用作泻药等。在食品工业上，酒石酸可用做酸味剂。

（三）柠檬酸

柠檬酸（$HOOC-CH_2-C(OH)(COOH)-CH_2-COOH$）又称枸橼酸，化学名称为 3-羟基-3-羧基戊二酸，广泛存在于柑橘、山楂、乌梅等植物果实中，尤以柠檬中含量最高。柠檬酸是无色晶体，易溶于水和乙醇，熔点 153℃，有强的酸味。在食品工业中，柠檬酸常用来做糖果、清凉饮料和调味品；也可用于制药。柠檬酸的钠盐是抗凝血剂，钾盐用作祛痰剂，铁铵盐用于补血剂，治疗缺铁性贫血，镁盐是温和的泻药。

（四）苹果酸

苹果酸（$HO—CH(COOH)—CH_2—COOH$）化学名称为羟基丁二酸，因最初是从未成熟的苹果中得到而得名。天然的苹果酸为无色结晶。熔点 100℃，易溶于水和乙醇。苹果酸也是糖代谢的中间产物，在酶的催化下脱氢氧化成草酰乙酸。苹果酸常用于制药和食品工业。

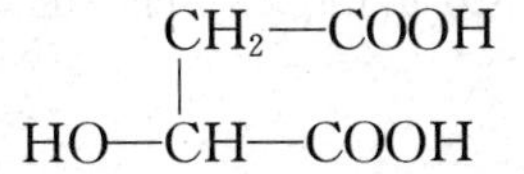

小贴士

水杨酸具有解热镇痛作用，但对胃肠道刺激性大，故不能直接服用。临床上最早使用其钠盐即水杨酸钠作为解热镇痛药和抗风湿的药物，因其对胃肠道刺激较大，可引起剧烈呕吐甚至胃出血，已停止使用。

水杨酸与乙酐在磷酸存在下加热而生成乙酰水杨酸，其结构式为（苯环邻位分别连有 $OCOCH_3$ 和 COOH）。

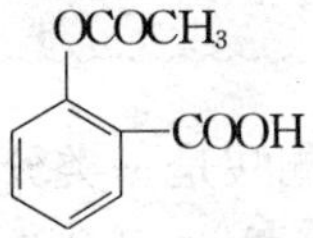

乙酰水杨酸俗名阿司匹林。阿司匹林具有解热、镇痛、抗血栓形成及抗风湿的作用，刺激性较水杨酸小，是内服退热镇痛药。阿司匹林常与非那西丁及咖啡因制成复方阿司匹林片，俗称 APC 片。

（五）水杨酸

水杨酸（苯环邻位分别连有 COOH 和 OH）（又叫柳酸）在柳树皮及水杨树皮、叶内的含量最高，学名邻羟基苯甲酸，是白色晶体，熔点，微溶于水，能溶于乙醇和乙醚中。

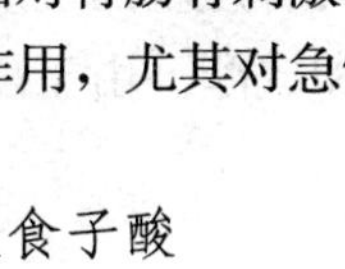

水杨酸是一种重要的外用防腐剂和杀菌剂，其酒精溶液可治疗某些因真菌感染而引起的皮肤病，因对胃肠有刺激，所以不能内服，而用其钠盐或酯类作为内服药。水杨酸钠具有退热镇痛作用，尤其对急性风湿症有较好的疗效，故常用于治疗活动性风湿关节炎。

（六）没食子酸

没食子酸（苯环 1 位连 COOH，3、4、5 位各连 OH）又叫五倍子酸，学名 3,4,5-三羟基苯甲酸，是植物

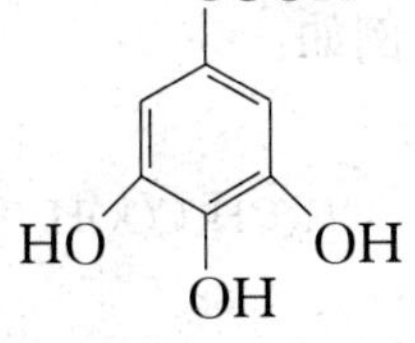

中分布很广的一种有机酸。

没食子酸易溶于水，其水溶液与三氯化铁溶液作用析出蓝黑色沉淀，可制造墨水。加热至200°以上会脱羧，生成焦性没食子酸，又叫没食子酚，为无色针状结晶，熔点253℃，在强碱溶液中，可吸收大量氧气，常用作气体分析的吸氧剂，也是一种照相显影剂。

第二节 酮 酸

糖尿病是一种很多人都非常担心的疾病，很多初期患者都会从表面的意思进行理解，以为糖尿病就是单纯的出现尿糖了，但是糖尿病患者在检查的时候，往往会被告知，要检查尿酮体，而且要重视这项检查，这是怎么回事呢？酮体又是什么呢？如何检查？

酮酸是一类分子中既含有酮基又含有羧基的化合物。根据分子中酮基和羧基的相对位置，酮酸可分为α-酮酸、β-酮酸和γ-酮酸等。其中以α-、β-酮酸较为重要，它们是人体内糖、脂肪和蛋白质代谢过程中产生的中间产物。

一、酮酸的命名

酮酸的命名是选择含有羧基和酮基的最长碳链作主链，称为某酮酸。编号从羧基开始，用阿拉伯数字或希腊字母表示酮基的位置。例如：

$$CH_3-\overset{\overset{\large O}{\|}}{C}-COOH \quad H_3C-\overset{\overset{\large O}{\|}}{C}-CH_2-COOH \quad HOOC-\overset{\overset{\large O}{\|}}{C}-CH_2-COOH$$

丙酮酸　　3-丁酮酸（β-丁酮酸）　　α-丁酮二酸

二、酮酸的性质

酮酸分子中含有酮基和羧基，因此既具有酮基的性质又具有羧基的性质。如：酮基可被还原成羟基、可与羰基试剂发生加成反应，羧基可成盐和成酯。由于酮基和羧基的相对位置和相互影响的不同，酮酸还有一些特殊性质。

（一）酸性

由于酮基的吸电子性，酮酸的酸性比对应羧酸强。例如：

	$CH_3-\overset{\overset{\large O}{\|}}{C}-COOH$	$CH_3-\overset{\overset{\large OH}{\vert}}{CH}-COOH$	CH_3CH_2COOH
pK_a	2.49	3.87	4.88

随着羰基与羧基距离的增加，羰基对羧基的影响逐渐减小，因此，酸性也逐渐减弱。

（二）加氢还原反应

酮酸加氢还原生成醇酸。例如：

$$H_3C-\overset{\overset{O}{\|}}{C}-COOH \xrightarrow{[H]} H_3C-\overset{\overset{OH}{|}}{CH}-COOH$$

丙酮酸　　　　乳酸

$$CH_3\underset{\underset{O}{\|}}{C}CH_2COOH \xrightarrow{[H]} CH_3\underset{\underset{OH}{|}}{CH}CH_2COOH$$

β-丁酮酸　　　　β-羟基丁酸

（三）分解反应

在α-酮酸分子中，羰基与羧基直接相连，由于羰基和羧基的氧原子都具有较强的吸电子能力，使羰基碳与羧基碳原子之间的电子云密度降低，所以碳碳键容易断裂，在一定条件下可发生脱羧和脱碳反应。

α-酮酸与稀硫酸或浓硫酸共热，分别发生脱羧反应和脱羰反应，生成相应的醛或羧酸。如：

$$CH_3-\overset{\overset{O}{\|}}{C}-COOH \xrightarrow[\triangle]{\text{稀 } H_2SO_4} CH_3CHO+CO_2\uparrow$$

$$CH_3-\overset{\overset{O}{\|}}{C}-COOH \xrightarrow[\triangle]{\text{浓 } H_2SO_4} CH_3COOH+CO\uparrow$$

在β-酮酸分子中，由于羰基和羧基的吸电子诱导效应的影响，使α-位的亚甲基碳原子电子云密度降低。因此亚甲基与相邻两个碳原子间的键容易断裂，β-酮酸比α-酮酸更容易发生分解反应。在不同的反应条件下，β-酮酸分别发生酮式分解和酸式分解。

小贴士

水果开始腐烂为何有酒味?

水果开始腐烂常常有酒味是因为其中含有丙酮酸发生了脱羧反应生成乙醛，乙醛又被还原为乙醇所致。

酮式分解：β-酮酸在微热的条件下，脱羧生成酮。

$$CH_3-\overset{\overset{O}{\|}}{C}-CH_2COOH \xrightarrow{\text{微热}} CH_3-\overset{\overset{O}{\|}}{C}-CH_3+CO_2\uparrow$$

酸式分解：β-酮酸与浓碱共热时，α-碳原子和β-碳原子间的键发生断裂，生成两分子羧酸盐。

$$R-\overset{\overset{\displaystyle O}{\|}}{C}-CH_2COOH + 2NaOH(浓) \xrightarrow{\triangle} RCOONa + CH_3COONa$$

（四）氧化反应

α-酮酸很容易被氧化，甚至弱氧化剂土伦试剂也能将其氧化成少一个碳原子的羧酸。

$$R-\overset{\overset{\displaystyle O}{\|}}{C}-COOH \xrightarrow[\triangle]{土伦试剂} RCOO^- + Ag\downarrow + CO_2\uparrow$$

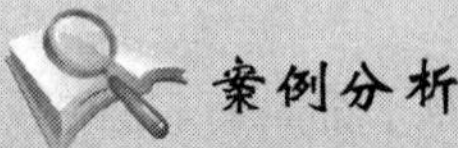
案例分析

临床上把β-丁酮酸、β-羟基丁酸和丙酮三者总称为酮体。酮体是脂肪酸在人体中不能完全被氧化为二氧化碳和水时的中间产物，在正常情况下能进一步分解，因此正常人血液中只含微量酮体，正常值低。糖尿病患者的代谢发生障碍，使血液和尿中酮体增加，就会使血液的酸性增强，有发生酸中毒的可能，严重时引起患者昏迷或死亡。所以检查血液和尿中酮体的含量，可帮助诊断疾病。临床上检验酮体主要是对丙酮的测定，其方法是在尿中滴加亚硝酰铁氰化钠（$[Na_2Fe(CN)_5NO]$）和氨水，若有丙酮存在则显紫红色。

三、重要的酮酸

（一）丙酮酸

丙酮酸$\left(CH_3-\overset{\overset{\displaystyle O}{\|}}{C}-COOH\right)$是最简单的酮酸，为无色液体，沸点165℃，易溶于水、乙醇和醚。丙酮酸除了具有一般酮和羧酸的典型性质外，还具有α-酮酸特有的性质。例如酸性比丙酸强，容易脱羧或脱羰基，可以被弱氧化剂（土伦试剂）氧化等。

丙酮酸是人体内三大营养物质代谢的中间产物，在酶的催化作用下能转变成柠檬酸和氨基酸等，具有重要的生理作用。

（二）β-丁酮酸

β-丁酮酸$\left(CH_3-\overset{\overset{\displaystyle O}{\|}}{C}-CH_2COOH\right)$又称乙酰乙酸，是无色黏稠液体，酸性比丁酸

和β-羟基丁酸强，可与水或乙醇混溶。

（三）α-酮丁二酸

α-酮丁二酸又称草酰乙酸，为晶体，能溶于水，在水溶液中产生互变异构，生成α-羟基丁烯二酸，其水溶液与三氯化铁反应显红色。

$$\mathrm{HOOC{-}\overset{\overset{\large O}{\|}}{C}{-}CH_2{-}COOH \rightleftharpoons HOOC{-}\overset{\overset{\large OH}{|}}{C}{=}CH{-}COOH}$$

α-酮丁二酸具有二元羧酸和酮的一般反应。如能成盐、成酯、成酰胺，与2,4-二硝基苯肼作用生成2,4-二硝基苯腙等。

学习小结

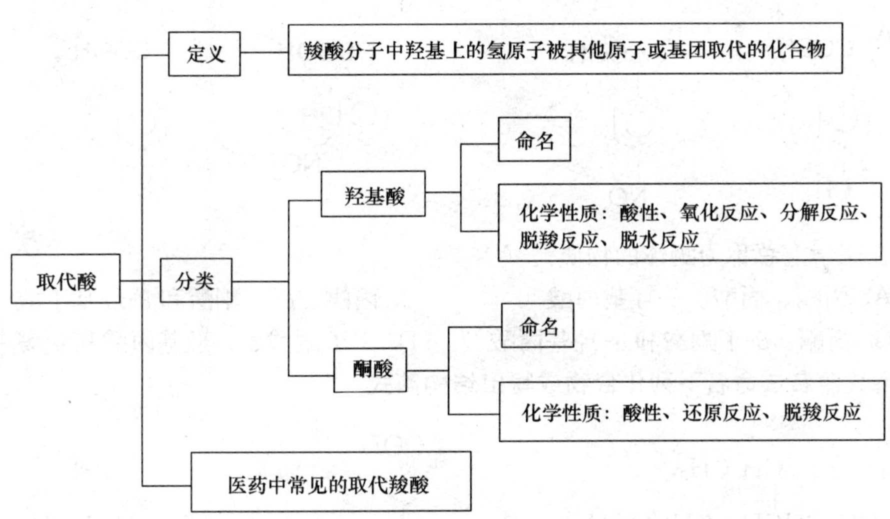

自我测评

一、选择题

1. 乙酰水杨酸的通用名是（　　）。

A. 水杨酸　　B. 阿司匹林　　C. 乳酸　　D. 酒石酸

2. 水杨酸与氯化铁溶液显紫色是因为（　　）。

A. 苯环上连羟基　　B. 苯环上连羧基

C. 分子中含羟基和羧基　　D. 溶液显酸性

3. 不属于羟基酸的是（　　）。

A. 草酸　　B. 乳酸　　C. 水杨酸　　D. 柠檬酸

4. 下列化合物加热后放出CO_2的有（　　）。

A. β-羟基丁酸　B. 乙二酸　C. δ-羟基戊酸　D. α-羟基丙酸

5. 下列化合物加热后形成内酯的有（　　）。

A. β-羟基丁酸　B. 乙二酸　C. δ-羟基戊酸　D. α-羟基丙酸

6. 乙酰水杨酸遇到 $FeCl_3$ 溶液则（　　）。

A. 无现象　B. 产生沉淀　C. 逸出气泡　D. 显紫色

7. 下列化合物中，酸性最强的是（　　）。

A. COOH / CH_3　B. COOH / OCH_3　C. COOH / NO_2　D. COOH

8. 下列化合物中，酸性最弱的是（　　）。

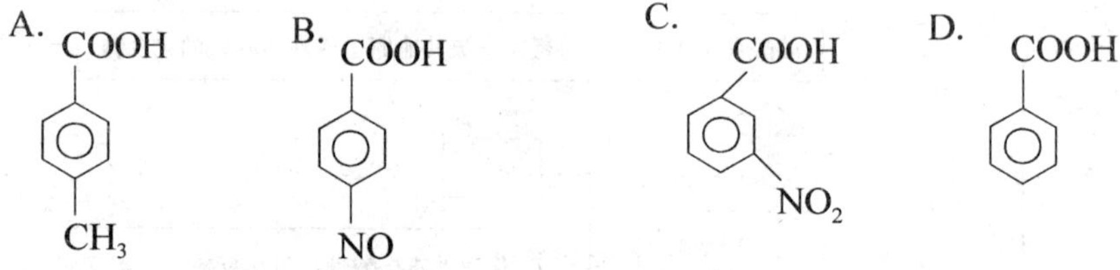

9. 在医学上总称为酮体的物质是（　　）。

A. 丙酮、丙酸、β-羟基丙酸　B. 丙酮、β-丁酮酸和 β-羟基丁酸

C. 丙酮、β-丁酮酸和 α-羟基丙酸　D. β-丁酮酸、α-羟基丙酸和 α-氨基丁酸

二、用系统命名法命名下列化合物或写出结构简式

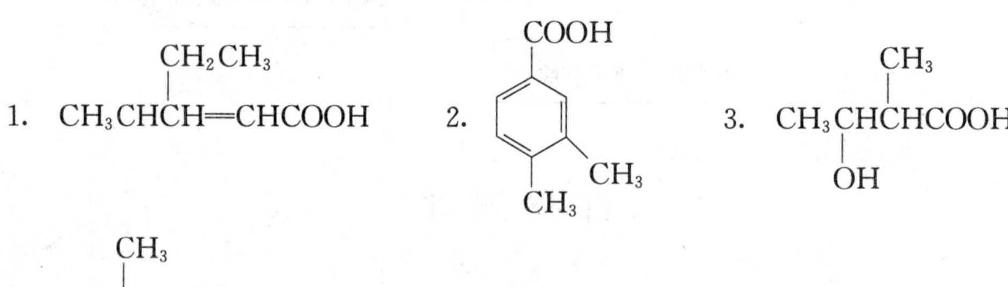

5. 丙醛酸　6. 柠檬酸

7. γ-戊酮酸　8. 水杨酸

三、完成下列反应方程式

1. OH / COOH $\xrightarrow{+NaHCO_3}$; $\xrightarrow{+NaOH}$

2. HOOC—COOH $\xrightarrow{\triangle}$

3. $o\text{-}HOC_6H_4COOH$ (邻羟基苯甲酸) + $(CH_3CO)_2O \xrightarrow[\triangle]{浓 H_2SO_4}$

4. $CH_3CH_2\overset{OH}{\underset{CH_3}{|}}CCOOH \xrightarrow{稀 H_2SO_4}$

$$CH_3CH_2\underset{\displaystyle CH_3}{\underset{|}{C}H}\overset{\displaystyle OH}{\overset{|}{C}H}CH_2COOH \xrightarrow{\triangle}$$

5. $CH_3CH_2CH(CH_3)CH(OH)CH_2COOH \xrightarrow{\triangle}$

四、解释下列名词

1. 互变异构现象　2. 酮体　3. 酮式分解　4. 醛酸

第四篇

有机含氮化合物

第十四章　含氮有机化合物

学习目标

知识要求：掌握含氮有机化合物的命名及理化性质；熟悉伯、仲、叔胺的定义；了解含氮有机化合物在医药中的应用。

能力要求：学会氨基保护在合成中的应用；解释含氮类药物服用时注意事项及原因。

学习导航

含氮有机化合物的范围很广，与日常生活及生命过程密切相关，是一类非常重要的化合物。例如与生命现象有直接关系的氨基酸、肽、蛋白质及生物碱等，都属于含氮有机化合物的范畴。此外许多药物、染料等也都是有机含氮化合物。

分子中有含氮元素的有机化合物称为含氮有机化合物。它们可以看作是烃分子中的氢原子被各种含氮原子的官能团取代而生成的含有—C—N—的化合物，本章主要介绍硝基化合物、胺及重氮和偶氮化合物。

第一节　硝基化合物

烃分子中的氢原子被硝基（$—NO_2$）取代后所形成的化合物称为硝基化合物。

一、硝基化合物的结构

杂化轨道理论认为，硝基化合物中氮原子是采取 sp^2 杂化，形成的三个等同的 sp^2 杂化轨道再分别与两个氧原子、一个碳原子形成处于同一个平面的三个 σ 键。氮原子中未杂化的 2p 轨道和 2 个氧原子的两个未参与 σ 键的 2p 轨道，形成离域 π 键。

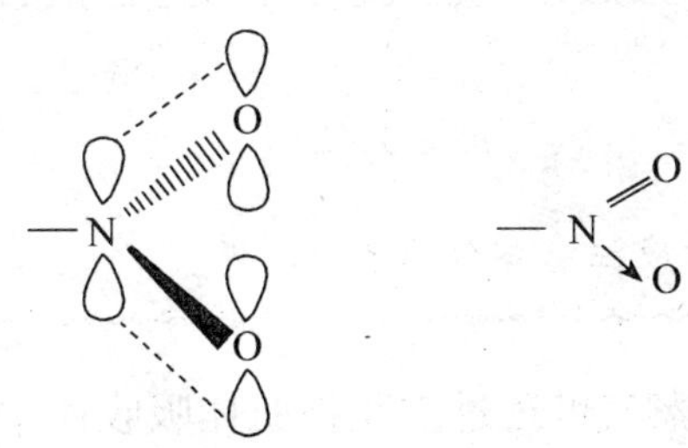

二、硝基化合物的命名

硝基化合物的命名与卤代烃相似，将硝基作为取代基进行命名，具体步骤如下。

1. 选择主链

选择含有硝基在内的最长的碳链为主链。如结构中含有不饱和键，应选择包含不饱和键和硝基在内的最长的碳链为主链。

2. 编号

从靠近取代基的一侧开始编号。对于含有不饱和键的硝基化合物，应遵循使不饱和键的位次最小为原则。

3. 命名

按照取代基在前，母体在后的顺序对其进行命名。例如：

$CH_3CH_2CH_2\underset{|}{\overset{NO_2}{C}}HCH_3$　　$CH_3—CH_2—\underset{CH_3}{CH}—\underset{NO_2}{CH}—CH_3$　　$CH_2{=}CH—\underset{CH_3}{CH}—\underset{NO_2}{CH}—CH_3$

2-硝基戊烷　　3-甲基-2-硝基戊烷　　3-甲基-4-硝基-1-戊烯

邻硝基甲苯（2-硝基甲苯）　　α-硝基萘（1-硝基萘）　　2,4,6-三硝基苯酚（苦味酸）

三、硝基化合物的物理性质

硝基是强的吸电子基团，所以硝基化合物的偶极矩较大。硝基化合物不溶于水，溶于有机溶剂，其相对密度均大于1。脂肪族的硝基化合物，是无色具有芳香气味高沸点的液体。芳香族硝基化合物为无色或淡黄色高沸点的液体或低熔点的固体，可随水蒸气蒸馏出来。多硝基化合物为固体，通常有爆炸性，如三硝基甲苯（俗称 TNT）是烈性炸药，在实验室里应在水中保存。

你问我答

硝基化合物在使用时应注意些什么？

硝基化合物有毒，它的蒸气可透过皮肤被肌体吸收而中毒。表 14-1 列出了几种芳香族硝基化合物的理化性质。

表 14-1　芳香族硝基化合物理性质及用途

名　称	结　构	溶点/℃	沸点/℃	毒作用特点	用　途
硝基苯	$C_6H_5NO_2$（苯环上连 NO_2）	6	211	硝基苯能导致高铁血红蛋白症，毒性较苯胺大，恢复也较慢，可发生溶血性贫血、中毒性肝损害	香料、炸药、医药、有机合成中间体
1,3,5-三硝基甲苯	苯环上连 CH_3，两侧邻位 O_2N—、—NO_2，对位 NO_2	122	240（爆炸）	慢性作用主要表现为中毒性胃炎、中毒性肝炎、贫血及再生障碍性贫血、中毒性白内障。人的急性致死量为 1～2g	制造炸药、染料、医药原料
2,4-二硝基苯酚	苯环上连 OH，邻位 —NO_2，对位 NO_2	108	113	是一种细胞代谢毒素。吸入后可引起多汗、虚脱、粒状白血球减少等症状，能够引起肝、肾及中枢神经系统损害	制造染料、木材的防腐、显影剂、炸药和杀虫剂的中间体

四、硝基化合物的化学性质

（一）还原性

芳香族硝基化合物是重要的精细化工中间体。可广泛用于染料、医药、农药及炸药生产。硝基化合物在不同介质中可以得到不同的还原产物。

1. 酸性还原

在酸性介质中，以铁（或锌）为催化剂，可将硝基直接还原为氨基。

$$C_6H_5NO_2 + 2Fe + 6HCl \longrightarrow C_6H_5NH_2 + 2FeCl_3 + 2H_2O$$

2. 中性还原

在中性介质中，例如以锌和氯化铵为催化条件时，还原硝基苯可得到羟基苯胺，羟基苯胺在强酸性还原体系中能进一步被还原，得到苯胺，其反应方程式如下：

$$C_6H_5{-}NO_2 \xrightarrow{Zn+NH_4Cl} C_6H_5{-}NHOH \xrightarrow{Fe+HCl} C_6H_5{-}NH_2$$

3. 碱性还原

在酸性介质或中性介质中，硝基化合物发生单分子还原反应。而在碱性介质中，硝基化合物多发生双分子还原，例如硝基苯在碱性介质中用锌粉还原，得到氢化偶氮苯。氢化偶氮苯在酸性条件以铁粉为催化剂时，可生成苯胺。而在没有铁粉催化时，发生重排反应，生成联苯胺。

$$C_6H_5NO_2 \xrightarrow{Zn+NaOH} C_6H_5\text{—}NH\text{—}NH\text{—}C_6H_5 \xrightarrow{Fe+HCl} C_6H_5NH_2$$

（氢化偶氮苯）

$$\xrightarrow{H^+} H_2N\text{—}C_6H_4\text{—}C_6H_4\text{—}NH_2$$

小贴士

联苯胺为白色固体，熔点为133℃，微溶于水，溶于乙醇。其盐酸盐可用于氰化物的测定、测定血液、高价金属离子的灵敏试剂。

联苯胺有很强的致癌性，在体内易引起膀胱癌，为IARC（国际癌症研究机构）第一类致癌物，使用时务必注意。

4. 多硝基化合物的选择性还原

芳香族多硝基化合物用碱金属的硫化物或多硫化物、硫氢化铵、硫化铵或多硫化铵为还原剂还原，可以选择性地还原其中的一个硝基为氨基。

$$m\text{-}C_6H_4(NO_2)_2 \xrightarrow{NaHS} m\text{-}O_2N\text{—}C_6H_4\text{—}NH_2$$

（二）α-H的活性

1. 酸性

硝基具有强的吸电子效应，α-H原子受硝基影响较为活泼，产生类似酮-烯醇式结构的互变异构现象，表现具有一定的酸性。

$$CH_3\text{—}\overset{+}{N}(=O)\text{—}O^- \rightleftharpoons CH_2=\overset{+}{N}(\text{—}OH)\text{—}O^-$$

酮式（硝基式）　　烯醇式（酸式）

硝基化合物主要以硝基式存在。具有α氢原子的伯硝基化合物和仲硝基化合物存在上述互变异构现象，能与强碱反应生成盐，溶于强碱水溶液中。而叔硝基化合物由于没有α氢原子，所以无此反应。

$$RCH_2NO_2 + NaOH \longrightarrow [RCHNO_2]^- Na^+ + H_2O$$

$$R_2CHNO_2 + NaOH \longrightarrow [R_2CNO_2]^- Na^+ + H_2O$$

2. 缩合反应

含有α氢原子的伯、仲硝基化合物在碱性条件下能与羰基化合物发生缩合反应，例如甲醛与 2-硝基丙烷在碱性条件下有以下反应：

$$H-\underset{}{\overset{O}{\overset{\|}{C}}}-H + H_3C-\underset{CH_3}{\overset{H}{C}}-NO_2 \longrightarrow HO-CH_2-\underset{CH_3}{\overset{CH_3}{C}}-NO_2$$

（三）硝基对苯环的影响

1. 亲电取代反应的影响

硝基是强吸电子基团，使苯环电子云密度降低，特别是硝基的邻、对位电子云密度降低更为显著，间位的电子云密度相对较高，所以在芳环的亲电取代反应中，硝基是钝化芳环的间位定位基。

硝基的引入使苯环上的进一步亲电取代反应更难进行，甚至不发生亲电取代反应：硝基苯不能发生傅-克烷基化反应。

$$C_6H_6 + HNO_3（浓）\xrightarrow[55\sim60℃]{H_2SO_4} C_6H_5NO_2$$

$$C_6H_5NO_2 + HNO_3（发烟）\xrightarrow[95℃]{H_2SO_4} m\text{-}C_6H_4(NO_2)_2$$

2. 对卤代苯亲核取代反应的影响

在卤代苯分子中，由于卤素原子与苯环的 p-π 共轭效应，使卤素原子与苯环碳原子结合得更加紧密，因此卤代苯中卤素原子不易发生亲核取代反应。而硝基的引入使苯环上的卤素原子容易进行亲核取代反应。主要是由于硝基的吸电子作用使 C—X（Cl、Br）键极性增强，C—X 易断裂，亲核取代反应更容易进行。

$$C_6H_5Cl \xrightarrow[360℃，加压]{10\%NaOH} C_6H_5ONa \xrightarrow{H^+} C_6H_5OH$$

$$o\text{-}ClC_6H_4NO_2 \xrightarrow[160℃]{NaOH，H_2O} o\text{-}NaOC_6H_4NO_2 \xrightarrow{H^+} o\text{-}HOC_6H_4NO_2$$

$$2,4\text{-}(NO_2)_2C_6H_3Cl \xrightarrow[回流]{10\%Na_2CO_3} 2,4\text{-}(NO_2)_2C_6H_3ONa \xrightarrow{H^+} 2,4\text{-}(NO_2)_2C_6H_3OH$$

3. 对酚、羧酸酸性的影响

苯环上的酚羟基和羧基受硝基强的吸电子效应的影响酸性增强。硝基的邻、对位碳原子的电子云密度低，受此影响，这两个碳原子上的羧基或羟基的氢原子，其质子化倾向增强。间位碳原子的电子云密度也有降低，但比邻、对位碳原子高，因此间位上的羧基或羟基的酸性虽有增强，但增强的程度较小。

	COOH, NO_2（邻位）	COOH, NO_2（对位）	COOH, NO_2（间位）	COOH
pK_a	2.21	3.40	3.46	4.17

	OH, NO_2（对位）	OH, NO_2（邻位）	OH, NO_2（间位）	OH
pK_a	7.16	7.21	8.00	10.00

最终酸性是在诱导效应、共轭效应、空间效应等共同作用的结果，当苯环上连有吸电子基团时，其邻、对位羟基、羧基酸性比间位强，但就邻、对位酸性而言仍有差异。

第二节 胺

案例

“瘦肉精”事件

近年来，一些生产者为提高自身经济效益，含有“瘦肉精”的生猪产品不断流向市场，导致“瘦肉精”中毒事件频繁发生。2009 年 3 月 15 日央视新闻频道的“3.15 特别行动”中对《“健美猪”真相》进行了报道，据调查在养猪大省河南有这样一个怪现象：一些养殖户从不吃自己养的猪肉。随着相关部门的深入调查，对河南地区“双汇”冷鲜肉进行抽检，显示“双汇”品牌部分冷鲜肉瘦肉精抽检呈阳性。事件经媒体曝光后，引发广泛关注。

瘦肉精是何种化合物，人体摄入后会有哪些不良反应？

胺是氨（NH_3）的衍生物，氨分子中的氢原子被烃基取代后所形成的化合物称为胺。其通式可表示为

$$R—NH_2 \qquad R—NH—R' \qquad R—\underset{\underset{R''}{|}}{N}—R'$$

一、胺的结构

胺分中的氮原子与氨相同，均为 sp^3 杂化，形成四个等同的 sp^3 杂化轨道，其中一个 sp^3 杂化轨道被 N 原子的一对孤对电子对占据，其余三个 sp^3 杂化轨道分别与氢原子或碳原子结合形成三个 σ 键，形成三角锥形。

二、胺的分类和命名

（一）分类

（1）根据氮原子所连烃基数目，胺可分为伯胺、仲胺、叔胺和季铵化合物。

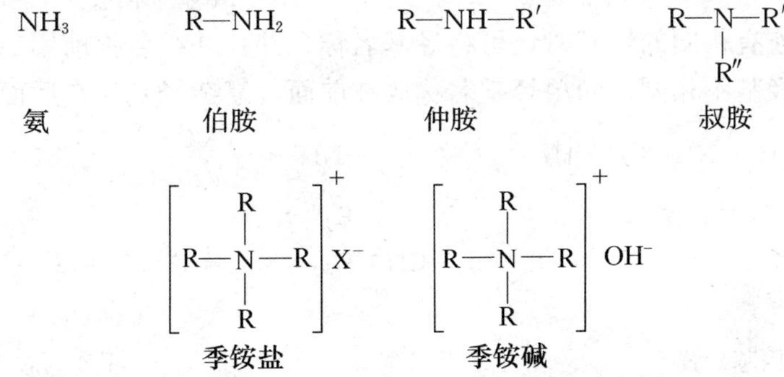

其中—NH_2称为氨基，—NH—称为亚氨基，$—\overset{|}{\underset{|}{N}}—$ 称为次氨基。需要指出的是，伯胺、仲胺、叔胺的命名与伯醇、仲醇、叔醇意义不同，醇是根据羟基所连的碳原子的情况不同进行分类，伯醇、仲醇、叔醇分别是指羟基连在伯、仲、叔碳原子。而胺是根据氮原子所连的烃基的数目确定的，伯胺、仲胺、叔胺指氮原子分别与一个烃基、两个烃基、三个烃基相连。例如：

$(CH_3)_3C—OH$　　　　$(CH_3)_3C—NH_2$

叔丁醇（叔醇）　　　　叔丁胺（伯胺）

（2）根据所连烃基不同，可分为脂肪胺和芳香胺。

脂肪胺　$CH_3CH_2NH_2$　　$CH_3CH_2NHCH_3$　　$(CH_3CH_2)_3N$

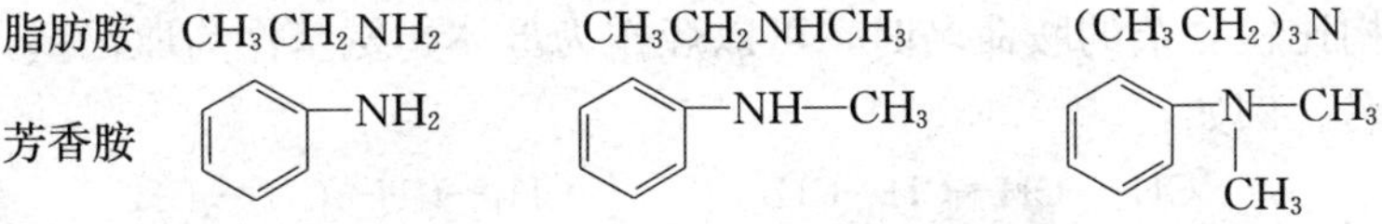

（3）根据所含氨基的数目不同，胺可分为一元胺、二元胺和多元胺：

CH_3NH_2　　　　$H_2NCH_2CH_2NH_2$

一元胺　　　　二元胺

（二）命名

1. 简单胺的命名

对于结构比较简单的胺，烃基作为取代基，命名时在“胺”前面加上烃基的名称称为“某胺”。若氨基氮原子上的氢仍然被烃基取代，可取代基前加“*N*”表明取代基的位置。例如：

CH_3NH_2 甲胺　　C_6H_5—NH_2 苯胺　　C_6H_5—CH_2NH_2 苯甲胺（苄胺）

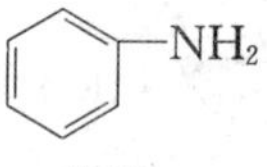

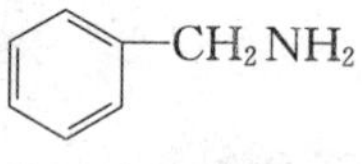

H_3C—C_6H_4—NH_2 对甲苯胺　　CH_3—CH($N(CH_3)_2$)—CH_3 *N*,*N*-二甲基-2-丙胺

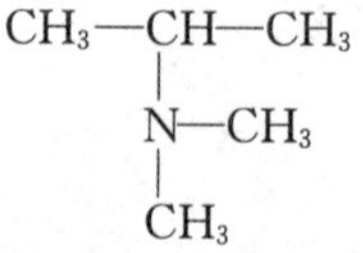

当胺分子中连有相同的烃基时，可将烃基名称合并，并在名称前用二、三等数字表示烃基数目。若烃基不相同，简单烃基名称放在前面，复杂烃基放在后面。例如：

CH_3CH_2—NH—CH_2CH_3 二乙胺　　C_6H_5—NH—C_6H_5 二苯胺　　$(CH_3)_3N$ 三甲胺

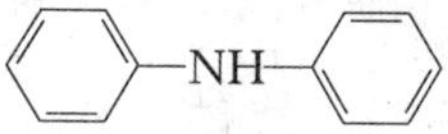

$(CH_3CH_2CH_2)_2NH$ 二（正丙基）胺　　CH_3—NH—CH_2CH_3 甲乙胺　　H_3C—N(CH_2CH_3)—$CH_2CH_2CH_3$ 甲乙丙胺

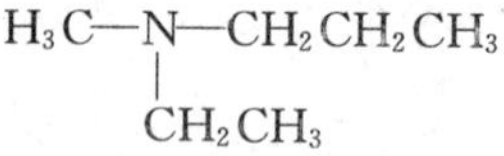

芳香胺的氮原子连有脂肪烃基时，则以芳香胺为母体，在脂肪烃基名称前加上“*N*”，表示该脂肪烃基直接连在氮原子上。例如：

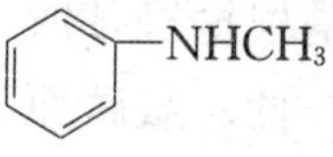

C_6H_5—$NHCH_3$ *N*-甲基苯胺　　C_6H_5—N(CH_3)—CH_3 *N*,*N*-二甲基苯胺　　C_6H_5—N(CH_3)—CH_2CH_3 *N*-甲基-*N*-乙基苯胺

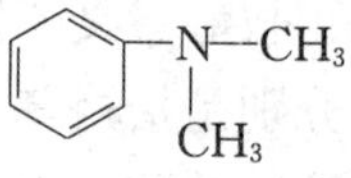

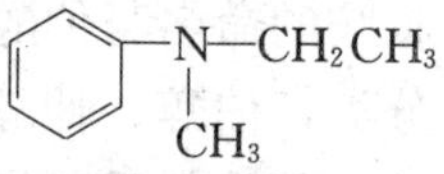

含有两个胺基的二元胺根据烃基称为“某二胺”。例如：

$H_2NCH_2CH_2NH_2$ 乙二胺　　$CH_2(NH_2)$—CH_2—CH_2—$CH_2(NH_2)$ 1,4-丁二胺

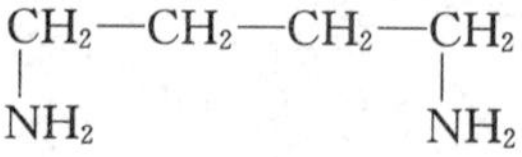

2. 复杂胺的命名

对于结构比较复杂的胺命名时，可以烃作为母体，氨基作为取代基，按照烃的命名规则进行命名。例如：

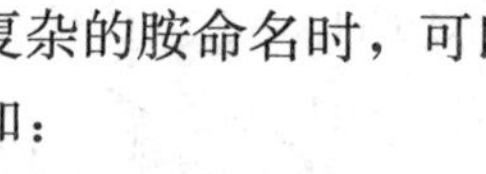

CH_3—CH(NH_2)—CH(CH_3)—CH_3 2-甲基-3-氨基丁烷　　CH_3—CH(N(CH_3)(CH_2CH_3))—CH_2—CH_3 *N*-甲基-*N*-乙基-2-氨基丁烷

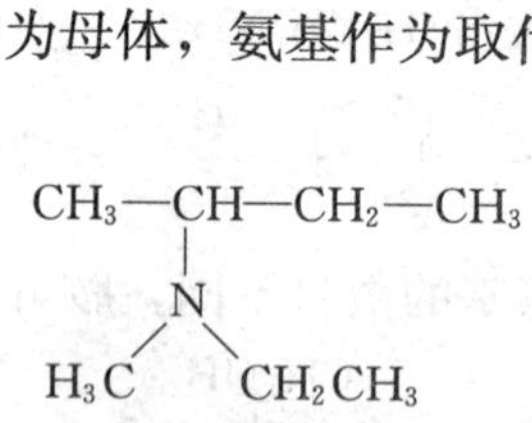

三、胺的物理性质

胺是中等极性的化合物，可与水形成氢键，低级胺溶于水，随着烃基增大，在水中溶解度逐渐降低。通常情况下，胺的熔沸点随相对分子量增加而增高。伯胺、仲胺可形成分子间的氢键，沸点比相对分子质量相近的烃高，但是由于氮原子的电负性比氧弱，

因而胺分子间的氢键不如羟基分子间形成的氢键强，所以胺的沸点比相近相对分子质量的醇、羧酸低，而叔胺不能形成分子间的氢键，所以其沸点与相应烃的沸点相似。

低级胺在常温下是气体或易挥发的液体，高级胺是固体。低级胺与氨相似，具有难闻气味，例如三甲胺有鱼腥味，动物尸体腐烂后产生 1,4-丁二胺（腐肉胺）和 1,5-戊二胺（尸胺）有恶臭。高级胺为无臭固体，不溶于水。芳香胺为高沸点的液体或低沸点的固体，有特殊气味，毒性较大，可通过吸入蒸气或皮肤接触而使人中毒，使用时应注意。

四、胺的化学性质

（一）碱性

胺中的氮原子上有一对未成对的孤对电子对，可以授受质子。与氨相似，在水中发生下列电离：

$$R—NH_2 + H_2O \rightleftharpoons R—NH_3^+ + OH^-$$

胺是弱碱，能与大多数酸作用成盐，铵盐是典型的离子型化合物，胺的氢卤酸盐、硝酸盐、硫酸盐易溶于水，而不溶于非极性溶剂。胺及其盐在溶解性上的差异可用于胺的鉴定及分离纯化。

$$\begin{array}{lcl} RNH_2\ (1) & & RNH_3^+ \\ R_2NH\ (2) & \underset{OH^-}{\overset{H^+}{\rightleftharpoons}} & R_2NH_2^+ \\ R_3N\ (3) & & R_3NH^+ \\ \text{不溶于水} & & \text{溶于水} \end{array}$$

胺的碱性强弱主要受电子效应和空间效应的影响：氮原子的电子云密度越大，接受质子的能力就越强，胺的碱性越强；氮原子相连的基团的体积越大，空间位阻越大，氮原子结合质子越困难，碱性越弱。在考虑胺的碱性时，应综合考虑这两方面因素。

小贴士

胺盐在临床中的应用

某些胺类药物水溶性差，影响使用效果。利用胺盐的水溶性，可将某些不溶性的胺类药物转变为盐进行使用。例如局部麻醉药普鲁卡因，在水中溶解度较小，影响其药效，临床上将其制成盐酸普鲁卡因的针剂，不仅改善了水溶性，还增强了麻醉效果。

1. 脂肪胺的碱性

烃基是供电子基团，烃基的引入使胺分子中氮原子的电子云密度增大，碱性增强，所以脂肪胺的碱性强于氨。氮原子上连有的烃基越多，氮电子的电子云密度越大，但随着烃基的增多，氮原子的空间位阻增大，综合二者对胺碱性的影响，对于脂肪胺碱性强弱顺序为

仲胺＞伯胺＞叔胺＞氨

2. 芳香胺的碱性

芳香胺中氮原子可与芳香基团形成 p-π 共轭效应，使氮原子的电子云密度减小，接受质子的能力减弱，所以芳香胺的碱性比氨弱。例如：

$$NH_3 > C_6H_5-NH_2 > C_6H_5-NH-C_6H_5 > (C_6H_5)_3N$$

pK_b	4.76	9.41	13.8	近中性

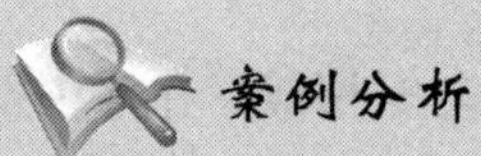

案例分析

“瘦肉精”事件

通常所说的瘦肉精是指克伦特罗（或称为盐酸克伦特罗），它是芳香胺的盐酸盐，是一种肾上腺类神经兴奋剂，有类似麻黄碱的作用，临床上经常用来治疗慢性阻塞性肺疾。瘦肉精毒性较强，并且吸收快，急性中毒可出现头晕、恶心、心动过速、四肢肌肉颤动等异常生理反应，对心脏病、高血压患者危害更大。长期食用则有可能导致染色体畸变、诱发恶性肿瘤。其结构如下：

（结构式：$(H_3C)_3C-HN-CH_2-CH(OH)-C_6H_2(Cl)_2-NH_2\cdot HCl$，苯环上氨基两侧邻位各有一个 Cl）

（二）酰化、磺酰化反应

1. 酰化反应

伯胺、仲胺与酰基化试剂如酰卤、酸酐作用，氮原子上的氢原子被酰基化试剂取代，生成酰胺。例如：

$$C_6H_5-NH_2 + H_3C-\overset{O}{\overset{\|}{C}}-Cl \longrightarrow C_6H_5-NH-\overset{O}{\overset{\|}{C}}-CH_3$$

苯胺　　乙酰氯　　乙酰苯胺

胺经过酰化反应后生成具有一定熔点的固体结晶，根据熔点的测定可推断出原来的胺，故可被用来鉴定伯胺和仲胺。酰胺不稳定，在酸性或碱性条件下容易水解为原来的胺，有机合成中可用此性质对氨基进行保护或对伯胺、仲胺进行分离提纯。叔胺氮原子上没有氢，所以不能发生酰化反应。

2. 磺酰化反应

在碱性条件下伯胺、仲胺可与苯磺酰氯发生磺酰化反应，即苯磺酰基取代氮原子上的氢原子，生成相应的芳磺酰胺。叔胺氮原子上没有氢，不能发生磺酰化反应。磺酰胺在酸催化下水解重新生成胺。

$$RNH_2 + C_6H_5SO_2Cl \longrightarrow C_6H_5SO_2NHR \downarrow + HCl$$

$$R_2NH + C_6H_5SO_2Cl \longrightarrow C_6H_5SO_2NR_2 \downarrow + HCl$$

苯磺酰基是较强的吸电子基团，苯磺酰伯胺受其影响，氮原子上未反应的氢原子性质较活泼，具有一定弱酸性，因此在强碱性介质中能进一步发生中和反应，仲胺生成的磺酰胺分子中氮原子上没有氢原子，不能与 NaOH 反应。利用这个性质可区别伯、仲、叔胺。这个反应称为兴斯堡反应（Hinsberg），磺酰氯称为兴斯堡试剂。

$$C_6H_5SO_2NHR \underset{\text{HCl，沉淀}}{\overset{\text{NaOH，溶解}}{\rightleftharpoons}} [C_6H_5SO_2NR]^- Na^+$$

小贴士

磺胺类药物简介

磺胺类药物的母体是对氨基苯磺酰胺，规定磺酰氨基上的氮原子为 N1，对氨基上的氮原子为 N4，由于 N1 和 N4 上的取代基不同，构成各种不同的磺胺类药物。

$$NH_2CH_2-C_6H_4-SO_2NH_2$$

磺胺脒隆

磺胺甲恶唑（新诺明）

磺胺类药物是一类人工合成的抗菌药，具有抗菌谱广、性质稳定、使用简便等特点。磺胺类药物在人体肝脏内通过酰化反应来解毒（其产物活性是原药的1/100），该反应由酰基转移酶催化。由于酰化产物是晶体，沉积在肾脏会影响肾功能，所以服用磺胺类药期间应大量饮水，加速排泄。

（三）与亚硝酸反应

胺可以与亚硝酸反应，不同类型的胺与亚硝酸反应的产物不同。

1. 伯胺与亚硝酸反应

脂肪族伯胺与亚硝酸反应，定量的放出氮气，可用于脂肪伯胺的定性和定量分析。其反应通式可表达为

$$RNH_2 + HONO \longrightarrow ROH + N_2 \uparrow + HCl$$

例如：

$$CH_3CH_2NH_2 + HONO \longrightarrow CH_3CH_2OH + N_2 \uparrow + HCl$$

亚硝酸不稳定，通常用亚硝酸钠和盐酸现用现制：

$$NaNO_2 + HCl \longrightarrow HNO_2 + NaCl$$

低温下，芳香族伯胺在强酸介质中与亚硝酸反应，生成芳香重氮盐，有重氮盐生成

的反应称为重氮化反应。例如：

$$C_6H_5\text{—}NH_2 + NaNO_2 + HCl \xrightarrow{0\sim5℃} C_6H_5\text{—}N_2^+\,Cl^- + NaCl + H_2O$$

氯化重氮苯

芳香族重氮盐不稳定，受热分解为酚并定量放出氮气，可用于芳香重氮盐的定性和定量分析。重氮盐可以进一步发生取代或偶合反应，在合成中有广泛的应用。

$$C_6H_5\text{—}N_2^+\,Cl^- + H_2O \xrightarrow[\triangle]{H^+} C_6H_5\text{—}OH + N_2\uparrow + HCl$$

2．仲胺与亚硝酸反应

脂肪族仲胺和芳香族仲胺与亚硝酸反应生成不溶于水的黄色油状液体或黄色固体*N*-亚硝基胺，其反应通式可表示为

$$R_2NH + HNO_2 \longrightarrow R_2N\text{—}NO + H_2O$$

例如：

$$C_6H_5\text{—}NHCH_3 + HNO_2 \longrightarrow C_6H_5\text{—}N(CH_3)\text{—}NO + H_2O$$

N-甲基苯胺　　*N*-亚硝基-*N*-甲基苯胺

N-亚硝基胺经水解或还原可得到原来的仲胺，因此可用于仲胺的分离提纯。*N*-亚硝基胺毒性很大，有较强的致癌作用。

3．叔胺与亚硝酸反应

脂肪族叔胺与亚硝酸反应生成不稳定的亚硝酸盐，该盐很容易水解加碱后可重新得到游离的叔胺。

$$R_3N + HNO_2 \longrightarrow [R_3NH]^+NO_3^-$$

芳香族叔胺与亚硝酸发生苯环上的亲电取代反应，生成对亚硝基芳叔胺，如苯环的对位已被其他官能团占据，则生成邻亚硝基芳香叔胺。

$$(CH_3)_2N\text{—}C_6H_5 \xrightarrow[HCl]{NaNO_2} (CH_3)_2N\text{—}C_6H_4\text{—}NO$$

N,*N*-二甲基苯胺　　对亚硝基-*N*,*N*-二甲基苯胺

亚硝基芳叔胺在碱性溶液中呈翠绿色，而在酸性溶液中呈橘红色。利用不同胺与亚硝酸反应的现象和产物不同，可对其进行鉴别。

$$p\text{-}(CH_3)_2N\text{—}C_6H_4\text{—}CH_3 \underset{OH^-}{\overset{H^+}{\rightleftharpoons}} (CH_3)_2N^+\text{=}C_6H_4\text{=}NOH$$

翠绿色　　橘红色

（四）氧化反应

胺容易被氧化。伯胺的氧化产物很复杂，没有实际意义。仲胺被过氧化氢（H_2O_2）氧化，可生成羟胺，但产率较低。叔胺则可被过氧化氢氧化成氧化胺。

芳香族胺更易被氧化，长时间放置在空气中，颜色会因氧化而逐渐变深。不同氧化剂和氧化条件，芳香族胺被氧化的产物也不同。例如在酸性二氧化锰条件下氧化苯胺，得到对苯醌。

NH_2 $\xrightarrow{MnO_2/H^+}$ O O

（五）芳胺中芳环上的取代反应

胺中氮原子的未共用电子对可与苯环形成共轭效应，使苯环的电子云密度增加，特别是氨基的邻、对位增加更加明显。因此氨基的引入使苯环上的亲电取代反应更容易进行，氨基是一个使苯环活化的邻、对位定位基。

1. 卤代反应

苯胺很容易与卤素（Cl_2、Br_2）发生取代反应。

NH_2 $+Br_2 \longrightarrow$ NH_2 Br Br Br ↓

如果要制备苯胺的一元溴化物，可使苯胺先进行酰化反应，降低氨基活化能力后进行卤代反应得对位卤代酰胺，然后将酰胺水解可得对一卤代苯胺，例如：

NH_2 $\xrightarrow{(CH_3CO)_2O}$ $NHCOCH_3$ $\xrightarrow{Br_2}$ $NHCOCH_3$ Br $\xrightarrow[H_2O]{OH^-}$ NH_2 Br

2. 硝化反应

苯环上的硝化反应常用试剂为浓硫酸和浓硝酸的混合溶液，但由于浓硝酸具有氧化性，而胺又很容易被氧化，因此，对芳胺进行硝化时，应首先保护氨基再进行硝化。

NH_2 $\xrightarrow{(CH_3CO)_2O}$ $NHCOCH_3$ $\xrightarrow[(CH_3CO)_2O]{HNO_3}$ $NHCOCH_3$ NO_2 $\xrightarrow[H_2O]{OH^-/H^+}$ NH_2 NO_2

乙酰苯胺　　邻硝基乙酰苯胺　　邻硝基苯胺

$$\text{C}_6\text{H}_5\text{NH}_2 \xrightarrow{(CH_3CO)_2O} \text{C}_6\text{H}_5\text{NHCOCH}_3 \xrightarrow[H_2SO_4]{HNO_3} p\text{-}O_2N\text{C}_6\text{H}_4\text{NHCOCH}_3 \xrightarrow[H_2O]{OH^-/H^+} p\text{-}O_2N\text{C}_6\text{H}_4\text{NH}_2$$

对硝基乙酰苯胺　对硝基苯胺

若要合成间硝基芳胺可先将苯胺溶于浓硫酸中，使之生成苯胺硫酸盐保护氨基，而且铵根正离子是间位定位基，再进行硝化、与碱作用可得目标物。

$$\text{C}_6\text{H}_5\text{NH}_2 \xrightarrow{H_2SO_4} \text{C}_6\text{H}_5\overset{+}{N}H_3\,HSO_4^- \xrightarrow{HNO_3} m\text{-}O_2N\text{C}_6\text{H}_4\overset{+}{N}H_3\,HSO_4^- \xrightarrow{OH^-} m\text{-}O_2N\text{C}_6\text{H}_4\text{NH}_2$$

苯胺硫酸盐　间硝基苯胺硫酸盐　间硝基苯胺

3. 磺化反应

室温下将苯胺与浓硫酸作用，生成苯胺硫酸盐。若对苯胺硫酸盐加热（200℃）将发生脱水及分子内重排反应，生成对氨基苯磺酸，对氨基苯磺酸分子中同时具有酸性的磺酸基和碱性的氨基，它们之间可中和成盐，这种分子内的中和反应而形成的盐称为内盐。

$$\text{C}_6\text{H}_5\text{NH}_2 \xrightarrow{H_2SO_4} \text{C}_6\text{H}_5\text{NH}_2\cdot H_2SO_4 \xrightarrow[-H_2O,\ \text{重排}]{200℃} p\text{-}H_2N\text{C}_6\text{H}_4\text{SO}_3\text{H} \quad \text{或} \quad p\text{-}H_3\overset{+}{N}\text{C}_6\text{H}_4\text{SO}_3^-$$

苯胺硫酸盐　对氨基苯磺酸　内盐

第三节　重氮和偶氮化合物

案例

“苏丹红”事件

2004年6月14日，英国向消费者和贸易机构发出警示，在超市食品中发现含有潜在致癌物质苏丹红Ⅰ号。次年，英国食品标准署勒令回收419种含有苏丹红Ⅰ号的食品。2005年2月23日，中国国家质量监督检验检疫总局发出紧急通知，在全国展开对食品中苏丹红抽查行动。北京首先在亨氏“美味源”辣椒酱、肯德基新奥尔良烤翅及新奥尔良烤翅调料包中发现含有苏丹红Ⅰ号，亨氏迅速展开召回行动，肯德基所属的百胜餐饮集团发表声明向公众致歉。

为什么要在食品中非法加入苏丹红Ⅰ号？它的化学成分是什么？为什么具有致癌性？

重氮化合物和偶氮化合物都含有—N_2—基团。该基团一端与烃基相连，另一端与非碳原子相连时为重氮化合物；该基团两端都与烃基相连时为偶氮化合物。重氮化合物的官能团 $-\overset{+}{N}\equiv N$ 叫重氮基。偶氮化合物的官能团—N＝N—叫偶氮基。

重氮化合物不稳定，大多具有爆炸性，在低温（0～5℃）时具有一定的稳定性。

重氮盐是离子型化合物，具有盐的性质，干燥的重氮盐受热或震动易发生爆炸，因此在合成中宜以溶液形式低温进行反应，并且现用现制。最简单的重氮化合物是重氮甲烷，是个不稳定的黄色气体。

$N\equiv N=CH_2$　　$C_6H_5-N=N-OH$　　$C_6H_5-N=N-NH-C_6H_5$

重氮甲烷　　氢氮化重氮苯　　苯重氮氨基苯

$C_6H_5-\overset{+}{N}\equiv NCl^-$　　$C_6H_5-\overset{+}{N}\equiv NHSO_4^-$

氯化重氮苯（重氮苯盐酸盐）　　硫酸重氮苯（重氮苯硫酸盐）

偶氮化合物其通式为 R—N＝N—R′。偶氮化合物具有顺、反异构体，通常情况下，反式比顺式结构更稳定，两种异构体在光照或加热条件下可相互转换。

$H_3C-N=N-CH_3$　　$C_6H_5-N=N-C_6H_5$　　$C_6H_5-N=N-C_6H_4-OH$

偶氮甲烷　　偶氮苯　　对羟基偶氮苯

一、重氮化合物

重氮盐很活泼，可用来合成多种类型的目标物，其主要化学反应分为两大类：放氮反应（取代反应）和保留氮反应（还原反应、偶合反应）。

（一）取代反应

重氮化合物中的重氮基可被多种其他基团如卤素、氰基、羟基、氢等取代，同时放出氮气，这一类反应可统称为桑德迈尔型（Sandmeyer）反应。

$$C_6H_5-N_2^+Cl^- \begin{cases} \xrightarrow[\triangle]{H_3PO_2\text{ 或 }EtOH} C_6H_6 \\ \xrightarrow[\triangle]{H_2O/H^+} C_6H_5-OH \\ \xrightarrow[\triangle]{CuCl} C_6H_5-Cl \\ \xrightarrow[\triangle]{KI} C_6H_5-I \\ \xrightarrow[\triangle]{CuCN} C_6H_5-CN \end{cases} + N_2$$

放氮反应可以在芳环中引入一些原来较难引入的基团，因此在有机合成及工业生产中有广泛的用途。借助氨基的定位效应可在苯环中引入所需官能团，再根据重氮反应在次磷酸加热下脱去氨基。例如由苯合成均三溴苯：

$$C_6H_6 \xrightarrow[55\sim60℃]{HNO_3,\ H_2SO_4} C_6H_5NO_2 \xrightarrow[HCl]{Fe} C_6H_5NH_2 \xrightarrow{Br_2} \text{2,4,6-}Br_3C_6H_2NH_2$$

$$\xrightarrow[0\sim5℃]{NaNO_2,\ HCl} \text{2,4,6-}Br_3C_6H_2N_2^+Cl^- \xrightarrow[\triangle]{H_3PO_2} \text{1,3,5-}Br_3C_6H_3$$

（二）还原反应

在硫代硫酸钠、亚硫酸钠、亚硫酸氢钠、盐酸加氯化亚锡等还原剂作用下，重氮盐能被还原为苯肼。

$$C_6H_5N_2^+Cl^- \xrightarrow[\text{或 } Na_2SO_3]{SnCl_2+HCl} C_6H_5NHNH_2\,HCl \xrightarrow{NaOH} C_6H_5NHNH_2$$

用硫代硫酸钠为还原剂在碱性介质中反应，一步可得到苯肼：

$$C_6H_5N_2^+Cl^- + Na_2S_2O_3 + NaOH + 2H_2O \xrightarrow{0℃} C_6H_5NHNH_2 + NaCl + 2NaHSO_3$$

苯肼具有还原性，放置在空气中逐渐被氧化变为棕色。苯肼有毒，中毒后可能出现皮疹，在实验室中利用苯肼可对醛、酮、糖进行鉴定，在工业生产中可利用苯肼作为制备染料或药品的原料。

你问我答

设计合成路线，以苯为原料制备对甲基苯甲酸？

（三）偶合反应

芳香重氮盐可与酚、三级芳胺作用，生成有颜色的偶氮化合物，通常把这种反应称为偶合反应（或偶联反应）。重氮盐与酚或芳香叔胺的偶合反应通常发生在重氮基的对位，若对位被其他原子或原子团取代后，则发生在邻位；若邻、对位均有取代基时，则不发生偶合反应。

由于碱性条件有利于酚形成苯氧负离子，苯环上的电子云密度增大，易与亲电试剂的重氮盐正离子发生偶合反应，因此，酚的偶合反应通常在 pH 为 8～10 条件下进行。但碱性不易过强，因为重氮盐在强碱性条件下会转变为重氮氢氧化物或重氮酸盐。

$$C_6H_5\overset{+}{N}\equiv NCl^- + C_6H_5OH \xrightarrow[0℃]{\text{弱碱性}} C_6H_5N{=}N\text{-}C_6H_4\text{-}OH + HCl$$

对羟基偶氮苯（橘红色）

重氮盐与芳叔胺偶合时在弱酸性（pH 为 5～7）时为宜，此时芳胺以游离胺的形式存在，利于偶合反应。但酸性过强，胺转变为铵盐使苯环的电子云密度降级，不利于亲电取代反应的进行。

$$C_6H_5-\overset{+}{N}\equiv NCl^- + C_6H_5-N(CH_3)_2 \xrightarrow[0℃]{弱碱性} C_6H_5-N=N-C_6H_4-N(CH_3)_2 + HCl$$

对二甲氨基偶氮苯

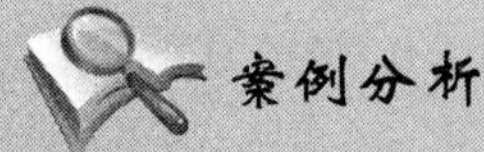

案例分析

“苏丹红”事件

苏丹红为红色或深黄色亲脂性片状晶体，属于偶氮化合物。亨氏“美味源”辣椒酱等发现含有苏丹红Ⅰ号作为红色染料加入其中，其结构为

$$C_6H_5-N=N-C_{10}H_6-OH$$

苏丹红Ⅰ

苏丹红在人体还原酶的作用下在体内生成相应的胺类化合物，经多项化学和生物实验中证明，苏丹红的致毒性与代谢产生的胺类化合物和萘酚类化合物有关。

二、偶氮化合物

偶氮化合物中—N═N—与两个烃基相连，由于脂肪族偶氮化合物不多，所以通常也可把偶氮化合物的通式写成 Ar—N═N—Ar。偶氮化合物大都有颜色，许多偶氮化合物可作为染料，称为偶氮染料。

偶氮化合物的颜色与结构有关，偶氮化合物中的偶氮基与两个芳环相连，扩大了 π 电子的运动范围，使其吸收光发生红移至可见光区。有些可直接作为染料。例如：刚果红是一种红色染料，主要用于棉织品和纤维的染色；有些偶氮化合物可直接作为指示剂，例如甲基橙（对甲二氨基偶氮苯磺酸钠）为常用的酸碱指示剂；有些能够使细菌着色用做染料切片的染色，例如橙黄 C，是组组织胚胎学上的一种染色剂，用于检查细胞结构。

学习小结

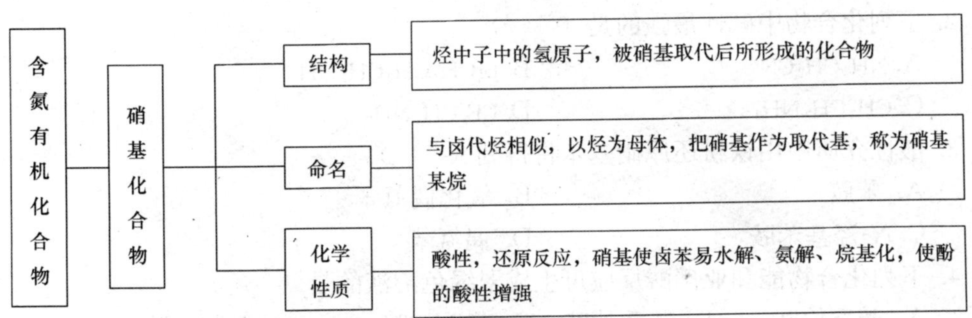

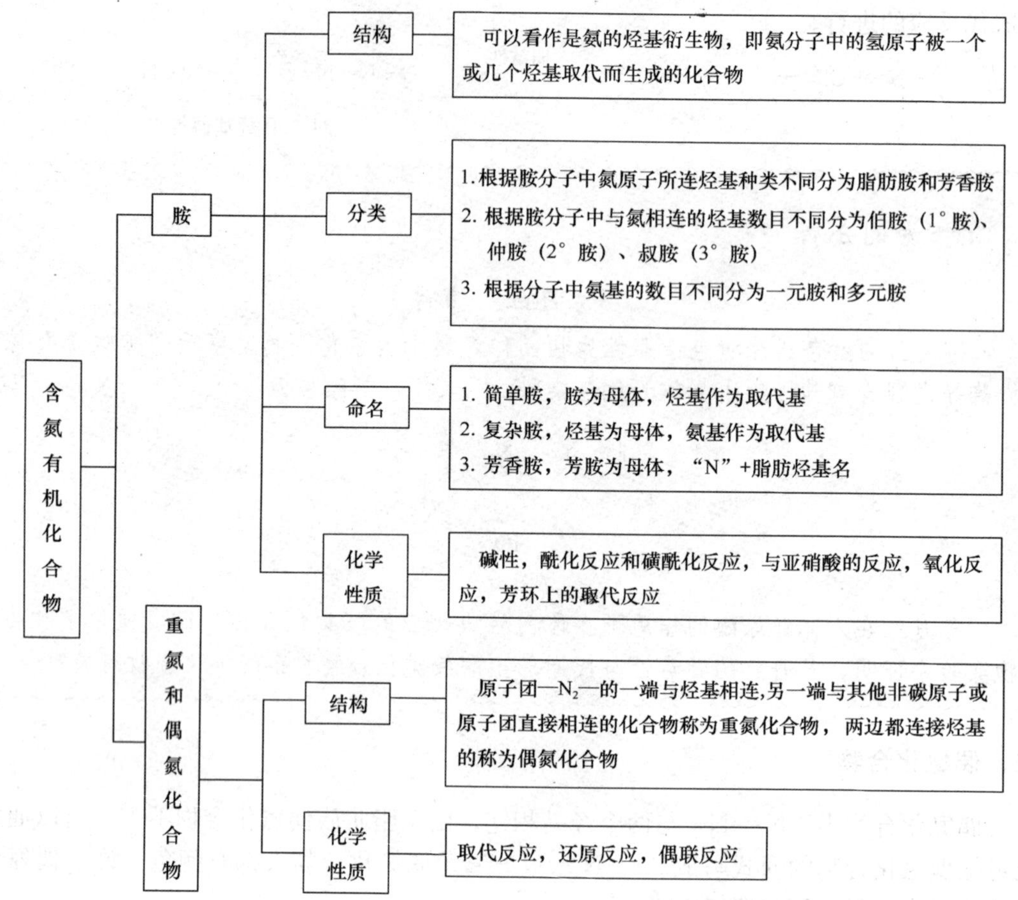

自我测评

一、单选题

1. 下列化合物中酸性最强是（　　）。

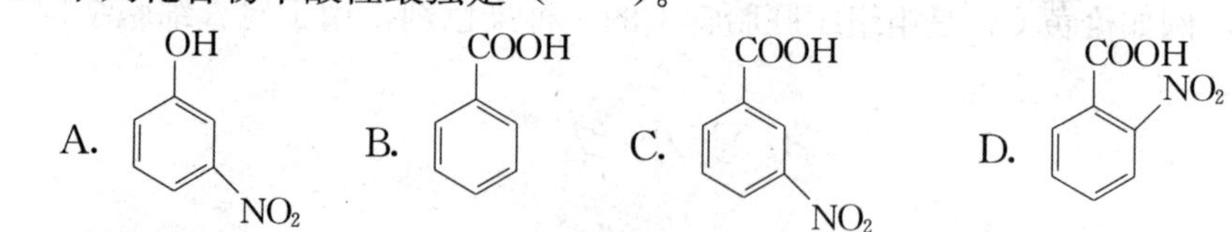

2. 下列化合物中碱性最强的是（　　）。

A. NH_2CH_2CN　　B. $BrCH_2CH_2CH_2NH_2$

C. $CH_3CH_2NH_2$　　D. $CF_3CH_2NH_2$

3. 酸性介质中用铁粉还原硝基苯将得到（　　）。

A. 苯胺　　B. 氧化偶氮苯

C. *N*-羟基苯胺　　D. 偶氮苯

4. 下列化合物能和亚硝酸反应可生成翠绿色溶液的是（　　）。

A. 芳香伯胺　　B. 芳香仲胺　　C. 芳香叔胺　　D. 脂肪叔胺

5. 下列化合物与亚硝酸反应能放出 N_2 的是（　　）。
A. 伯胺　B. 仲胺　C. 叔胺　D. 都可以

6. 下列化合物中不能与苯磺酰氯反应的是（　　）。
A. 乙胺　B. 二乙胺
C. *N*,*N*-二甲基苯胺　D. 苯胺

7. $(CH_3)_2NCH_2CH_2CH_3$ 属于（　　）。
A. 伯胺　B. 仲胺　C. 叔胺　D. 芳香胺

8. 下列化合物中既可以与 HCl 反应，又可以与 KOH 溶液反应的是（　　）。
A. CH_3NH_2　B. $HOOC—CH_3—CH(CH_3)—NH_2$
C. CH_3COOH　D. CH_3CHO

9. 遇三氯化铁溶液显色的物质有（　　）。
A. 硝基苯　B. 苯胺　C. 苄醇　D. 对甲基苯酚

10. 将苯胺、*N*-甲基苯胺、*N*,*N*-二甲基苯胺分别在碱存在下与苯磺酰氯反应，能析出固体的是（　　）。
A. 苯胺　B. *N*-甲基苯胺
C. *N*,*N*-二甲基苯胺　D. 都可以

11. 围绕磺胺药损害肾脏的描述，不正确的是（　　）。
A. 某些磺胺药及其乙酰化物在尿中溶解度低
B. 乙酰化物易析出结晶，引起血尿、尿闭
C. 服药期间应多饮水
D. 为预防肾损害应酸化尿液

12. 下列能够产生重氮化-偶合反应的药物是（　　）。
A. 盐酸美沙酮　B. 盐酸哌替啶
C. 盐酸吗啡　D. 普鲁卡因

二、给出名称书写结构或给出结构书写名称

1. $CH_3CH_2NH_2$　2. $C_2H_5NC_2H_5$　3. （苯环上邻位 COOH、NO_2）

4. $H_2N—C_6H_4—NHC_6H_5$（对位）　5. $(CH_3)_2CH\overset{+}{N}(CH_3)_3OH^-$

6. $(CH_3)_2N—C_6H_4—NO$（对位）　7. （萘环 1 位 NH_2）

8. $O_2N—C_6H_4—N{=}N—C_6H_4—OH$（对位）　9. 乙二胺

10. 乙酰苯胺　11. *N*,*N*-二甲基苯胺　12. 氯化苯胺

13. 三苯胺　14. 硫酸重氮苯　15. 对乙酰基氨基酚

三、完成反应方程式

1. $(CH_3CH_2)(CH_3)NH + H_3C—\overset{O}{\overset{\|}{C}}—Cl \longrightarrow$

2. $C_6H_5—NH_2 \xrightarrow{\text{乙酸酐}}$

3. $C_6H_5—N_2^+Cl^- \xrightarrow[\triangle]{H_3PO_2}$

4. $C_6H_5NH_2 \xrightarrow{Br_2}$

5. $H_3C—C_6H_4—\overset{+}{N}\equiv NCl^- + C_6H_5—OH \xrightarrow[0℃]{\text{弱碱性}}$

6. $C_6H_5N(C_2H_5)_2 + HNO_2 \longrightarrow$

7. $C_6H_5NH_2 \xrightarrow{H_2SO_4}$

8. $p\text{-}H_2N—C_6H_4—CH_2NH_2 + NaNO_2 \xrightarrow{HCl}$

9. $m\text{-}H_3C—C_6H_4—N_2^+Cl^- \xrightarrow[\triangle]{CuCl}$

10. $C_6H_5—N_2^+Cl^- \xrightarrow{SnCl_2+HCl} \xrightarrow{OH^-}$

四、用化学方法鉴别下列各组化合物

1. 苯胺　*N*-甲基苯胺　*N*,*N*-二甲基苯胺　　2. 苯甲酸　苯酚　苯胺

第十五章　杂环化合物及生物碱

学习目标

知识要求：掌握典型杂环化合物的化学反应性质、熟悉杂环化合物的结构、了解药物中的杂环化合物。

能力要求：学会分辨杂环化合物种类，理解杂环化合物的结构与性能之间的关系，具备利用化学方法合成简单杂环化合物。

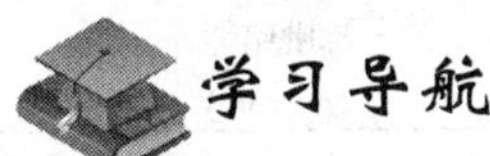

学习导航

杂环化合物在自然界分布很广，种类繁多，许多天然活性物质是杂环化合物。高等植物进行光合作用必需的叶绿素、动物输送氧气的血红素、生物体内组成核苷酸的碱基及临床应用的许多药物都含有杂环化合物的结构。生物碱大多具有氮杂环结构，是一类重要的天然有机化合物，有很重要的药用价值。

第一节　杂环化合物的分类和命名

案例

“三鹿奶粉”事件

2008年6月28日，位于兰州市的解放军第一医院收治了首例患肾结石病症的婴幼儿，甘肃省卫生厅随即展开了调查，并报告卫生部。调查发现导致婴幼儿肾结石症的原因为在婴幼儿配方奶粉中发现三聚氰胺。2008年9月，党中央、国务院对严肃处理三鹿牌婴幼儿奶粉事件作出部署，立即启动国家重大食品安全事故一级响应，并成立应急处置领导小组。

三聚氰胺是何种物质？为什么三聚氰胺会出现在婴儿奶粉中？

杂环化合物是分子中含有杂环结构的环状有机化合物，构成环的原子除碳原子外，还至少含有一个杂原子，杂原子包括O、S、N、P、B等，最常见的杂原子包括氧、硫、氮等。内酯、环醚、环酸酐等也是含有杂原子组成的环状化合物，但这些化合物在性质上与相应的开链化合物化学性质相似，它们易发生成环反应，也易发生开环反应，本章重点讨论环系比较稳定、具有一定芳香性的杂环化合物。

一、杂环化合物的分类

杂环化合物可按不同的方法进行分类。根据环的大小可分为五元环、六元环等；根据环的个数多少可分为单杂环和稠杂环；根据杂环化合物中杂原子数目可分为含一个杂原子的杂环化合物和含多个杂原子的杂环化合物。常见的杂环化合物见表 15-1。

表 15-1 常见的杂环化合物

母体	杂环种类	杂环化合物结构及名称
 环戊二烯	一个杂原子	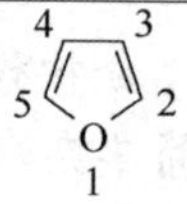 呋喃 (furan)；噻吩 (thiophene)；吡咯 (pyrrole) 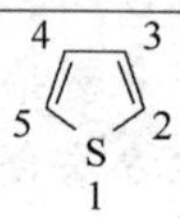 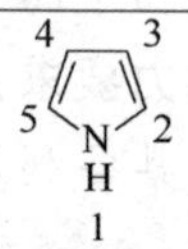
	两个杂原子	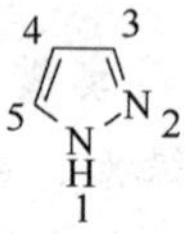 吡唑 (pyrazole)；咪唑 (imidazole)；噁唑 (oxazole)；噻唑 (imidazole) 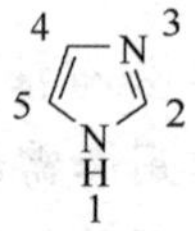 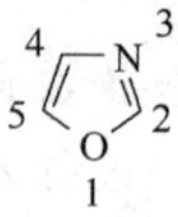 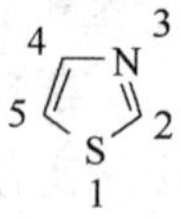
 1,4-环己二烯	一个杂原子	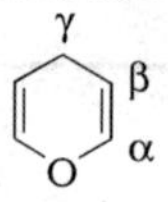 γ-吡喃 (γ-pyran)；α-吡喃 (α-pyran) 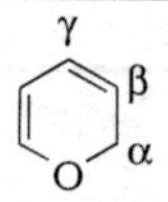
 苯	一个杂原子	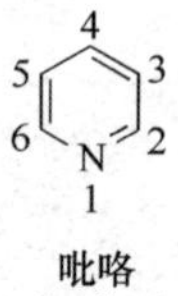 吡咯 (pydine)
	两个杂原子	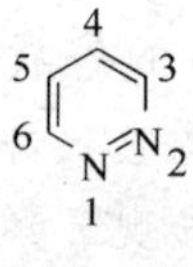 哒嗪 (pyrimidine)；嘧啶 (pyridine)；吡嗪 (pyridazine) 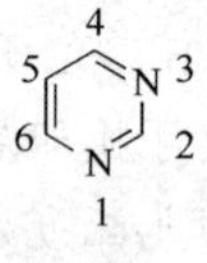 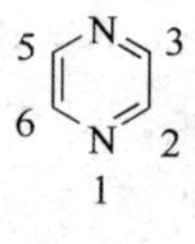
	三个杂原子	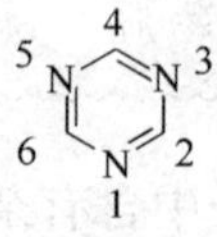 1,3,5-三嗪(均三嗪) (1,3,5-triazine)

续表

母　　体	杂环种类	杂环化合物结构及名称
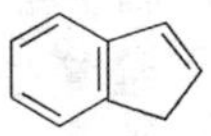 茚	一个杂原子	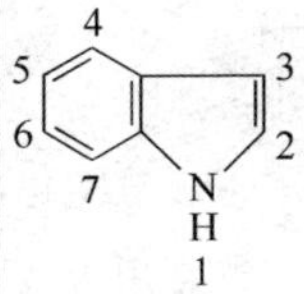 吲哚 (indole)；苯并呋喃 (benzofuran)；苯并噻吩 (benzothiophene) 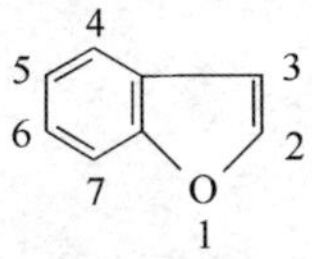 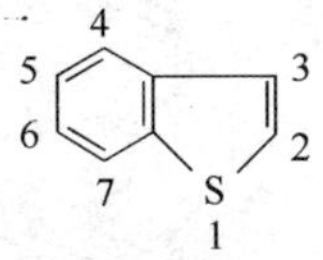
	多个杂原子	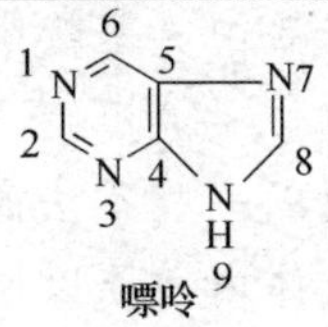 嘌呤 (purine)
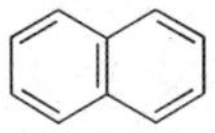	含有一个杂原子	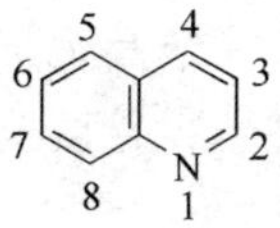 喹啉 (quinoline)；异喹啉 (isoquinoline) 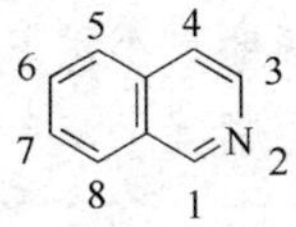
	含有多个杂原子	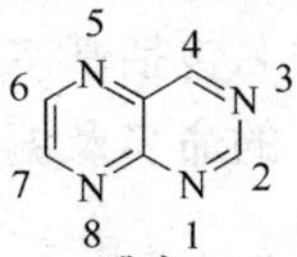 喋啶 (pteriding)
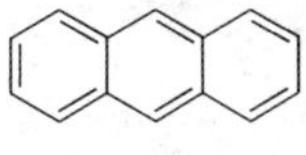 蒽	含有一个杂原子	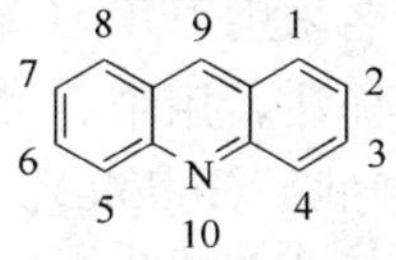 吖啶 (acridine)
	含有多个杂原子	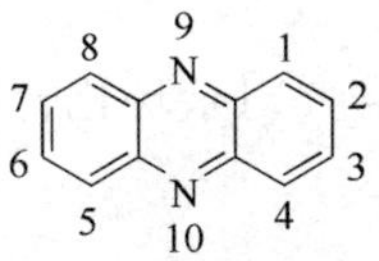 吩嗪 (phenazine)；吩噻嗪 (phenothiazine) 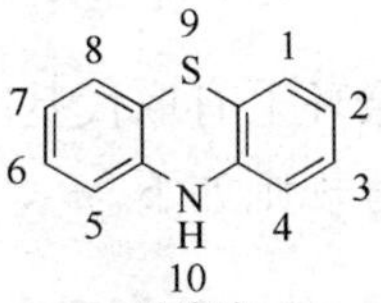

案例分析

三聚氰胺化学名为2,4,6-三氨基-1,3,5-三嗪，属含氮杂环，是一种有机化工原料，主要用于灭火剂、建材、皮革、纺织等行业。

NH_2

N N

H_2N N NH_2

蛋白质是牛奶中的主要营养成分，通常用牛奶中含氮量来对其定级，而目前食品工业上普遍采用凯氏定氮法对蛋白质含量进行测定。即通过测氮含量来推算蛋白质含量。蛋白质主要由氨基酸组成，其含氮量一般不超过30%，而三聚氰胺的含氮量为66%左右，加之生产工艺简单、成本低廉，没有什么气味和味道，掺杂后不易被发现等特点，所以一些不法商贩在极大利益驱动下而制造出“高蛋白质含量”的假象。三聚氰胺在体内主要以原型经肾脏从尿液排出，毒作用靶器官均为膀胱和肾脏，本身毒性较小，但三聚氰胺的溶解度较小，在酸性条件时形成的三聚氰胺氰尿酸盐的溶解度更小，易在肾脏结晶沉淀而不容易排出体外。因此三聚氰胺主要引起膀胱结石、膀胱上皮细胞增生和肾脏炎等症状。

二、杂环化合物的命名

杂环化合物的命名包括基本母环和取代基两部分，取代基的命名与前面介绍的命名方法一致。对于母环的命名及编号通常采用下面方法。

（一）母环的命名

杂环母环的命名采用IUPAC命名原则，保留特定的杂环化合物的俗名作为命名的基础。我国采用音译法，用带有“口”字旁的同音汉字来表示。例如：呋喃（funan）、吡啶（pyridine）、吲哚（indole）。五元环中含有两个或两个以上的杂原子并且至少有一个杂原子为氮原子的杂环化合物称为唑。

（二）母环的编号

当杂环上有取代基时，需要对杂环化合物上的各原子进行编号，以表明取代基的位置，编号规则如下。

1. 含有一个杂原子的杂环化合物

含有一个杂原子的杂环化合物，从杂原子开始编号，若环上有取代基，应以取代基的位次最小为原则。也可用希腊字母 α、β、γ……的形式表示一个杂原子的单杂环化合物上不同碳原子的位置，与杂原子直接相连的碳为 α-C，与 α 位直接相连的碳为 β-C，其次为 γ-C。

2. 含有多个杂原子的杂环化合物

应使杂原子的编号最小，若环上有两个相同的杂原子，由带有取代基（或H）的杂原子开始编号；若环上有不同的杂原子，则按 O→S→N 的顺序编号；若同是 N 杂原子，则按照 NH→N 的顺序。具体编号见表 15-1。

3. 特定编号

对于某些稠杂环，有固定的编号顺序，例如：

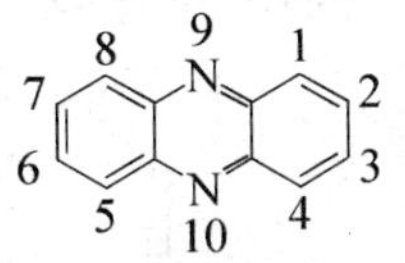

吩嗪 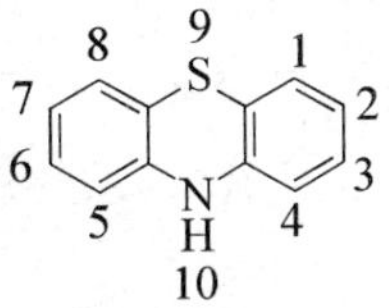　　吩噻嗪

最后把杂环作为母体，取代基在前母体在后的顺序标明取代基的位置、数目、名称对化合物命名，如：

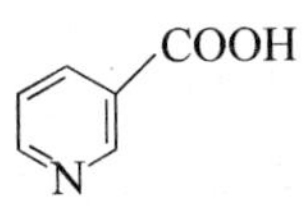

3-吡啶甲酸(β-吡啶甲酸) 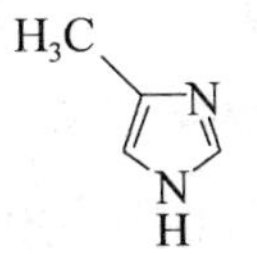　　4-甲基咪唑 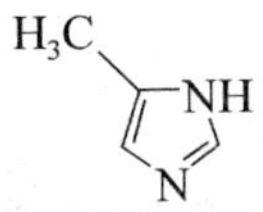　　5-甲基咪唑

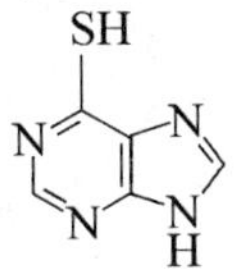

6-巯基嘌呤 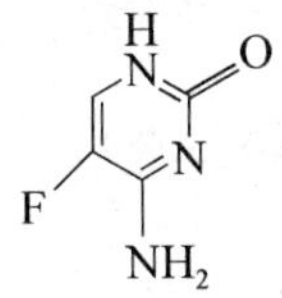　　氟胞嘧啶 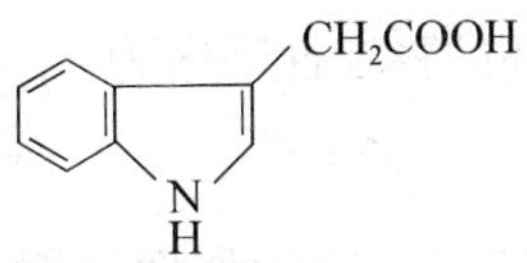　　β-吲哚乙酸

第二节　五元杂环化合物

案例

注射用青霉素为何要制成粉针剂

高效、低毒、价廉，广泛应用于临床的青霉素是从青霉菌培养液中提制的药物，是第一种能够治疗人类疾病的抗生素，它的研制成功大大增强了人类抵抗细菌性感染的能力，并带动了抗生素家族的诞生。青霉素类药是噻吩的衍生物，其基本结构为

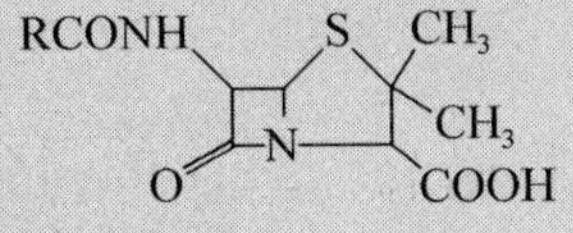

该结构中有什么样的五元杂环？

一、五元杂环化合物的结构

含有一个杂原子的五元杂环单环体系以呋喃、吡咯、噻吩最具有代表性。这三种化合物的化学性质类似于苯，易发生取代反应，而不具有典型二烯烃的加成反应性质。这是由于这三个杂环化合物中，碳原子和杂原子均以 sp^2 杂化轨道互相连接成 σ 键。没有参加杂化的 p 轨道垂直于环平面，彼此以“肩并肩”重叠形成共轭体系。

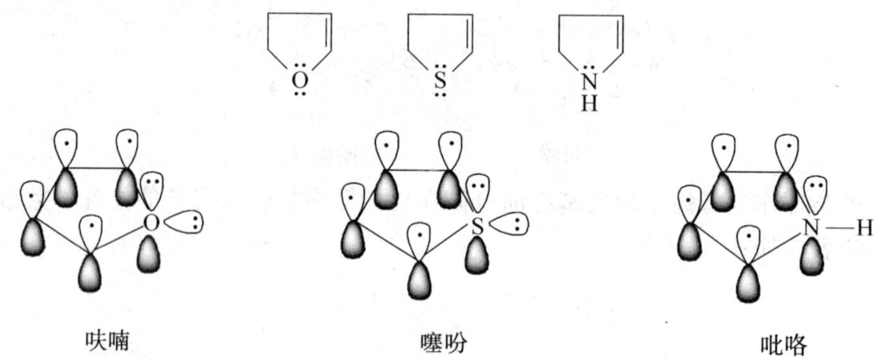

呋喃　　　　噻吩　　　　吡咯

参与共轭体系的碳原子上的 p 轨道中只有一个电子，而杂原子上的 p 轨道有两个电子，因此 5 个原子形成的是含有 6 个电子的闭合共轭体系，与苯的共轭体系相似，具有芳香性，但由于形成的是 5 原子 6 电子富电子共轭体系，所以电子云密度比苯大，芳香性不如苯，环的稳定性顺序为

苯＞噻吩＞吡咯＞呋喃

二、五元杂环化合物的物理性质

呋喃、噻吩、吡咯分别存在于木焦油、煤焦油和骨焦油中，它们都是无色的液体。由于共轭效应的存在，杂原子上的电子云密度降低，与没有共轭体系相比较难与水形成氢键，所以呋喃、噻吩、吡咯在水中溶解度较小。

由于吡咯分子间可形成氢间，而呋喃、噻吩不能形成分子间的氢键，所以吡咯的沸点（131℃）比呋喃（31℃）和噻吩（84℃）高。又由于噻吩的相对分子质量比呋喃的相对分子质量大，所以噻吩的沸点比呋喃高。

三、五元杂环化合物的化学性质

（一）酸碱性

吡咯中氮原子上的孤对电子对参与共轭体系，使氮原子电子云密度降低，吸引质子的能力减弱，而另一方面氮子上的氢变得比较活泼，显示出弱酸性，能与干燥的氢氧化钾共热成盐。

（吡咯，N—H）$+ KOH(s) \rightleftharpoons$（吡咯负离子，$\bar{N}$ K^+）$+ H_2O$

呋喃分子中的氧原子也因其未共用电子对参与了共轭体系而失去了醚的弱碱性，不易与无机酸反应。噻吩也无碱性。

（二）亲电取代反应

由于呋喃、噻吩、吡咯具有富电子的闭合共轭体系，电子云密度比苯大，所以容易受亲电子试剂的进攻，亲电取代反应活性比苯大。由于杂原子的大小、电负性不同，对芳环的影响也不同，反应活性有一定的差异，其亲电取代反应活性顺序为

吡咯＞呋喃＞噻吩＞苯

并且呋喃、噻吩、吡咯的亲电取代反应主要发生在电子云密度更为集中的 α-位。

1. 卤代反应

呋喃、噻吩在室温下与氯或溴反应十分剧烈，得到多卤代的产物，如希望得到一氯代物或一溴代物，需要在较温和的条件下进行卤代反应，例如用溶剂（1,4-二氧六环、乙酸等）稀释并在低温下进行反应。

$$\text{呋喃} + Br_2 \xrightarrow[0℃]{\text{1,4-二氧六环}} \text{2-溴呋喃} + HBr$$

2-溴呋喃

$$\text{噻吩} + Br_2 \xrightarrow[0℃]{HAc} \text{2-溴噻吩} + HBr$$

2-溴噻吩

吡咯卤化常得到四卤化物：

$$\text{吡咯} + I_2 \xrightarrow{KI} \text{2,3,4,5-四碘吡咯}$$

2,3,4,5-四碘吡咯

2. 硝化反应

呋喃、噻吩、吡咯很容易被氧化，甚至被空气氧化。硝酸是强氧化剂，所以呋喃、噻吩、吡咯不能直接用硝酸直接硝化，通常用比较缓和的非质子的硝化试剂——硝酸乙酰酯低温下进行硝化：

$$\text{吡咯} \xrightarrow[(CH_3CO)_2O]{CH_3COONO_2,-10℃} \text{2-硝基吡咯}\ (51\%)$$

2-硝基吡咯

$$\text{噻吩} \xrightarrow[(CH_3CO)_2O]{CH_3COONO_2,0℃} \text{2-硝基噻吩}\ (60\%)$$

2-硝基噻吩

$$\text{呋喃} \xrightarrow[(CH_3CO)_2O]{CH_3COONO_2, -5\sim-30℃} \text{2-硝基呋喃 } (34\%)$$

2-硝基呋喃

3. 磺化反应

呋喃、噻吩、吡咯也需避免直接用硫酸进行磺化，通常用比较温和的非质子的磺化试剂（如三氧化硫和吡啶的配合物）作为磺化试剂。

$$\text{吡咯} \xrightarrow[100℃]{C_5H_5N^+SO_3^-} \text{2-吡咯磺酸 (}SO_3H\text{)}$$

2-吡咯磺酸

$$\text{呋喃} \xrightarrow[\text{室温}]{C_5H_5N^+SO_3^-} \text{2-呋喃磺酸 (}SO_3H\text{)}$$

2-呋喃磺酸

噻吩相对比较稳定，可以直接用硫酸进行磺化，得到的α-噻吩磺酸溶于浓硫酸，而苯在相同条件下不能发生磺化反应。从煤焦油所得到的苯通常含有少量的噻吩，因此可利用此性质将苯和噻吩进行分离，然后再水解除去磺酸基团，可得到噻吩。

$$\text{噻吩} \xrightarrow[25℃]{H_2SO_4} \text{2-噻吩磺酸 (}SO_3H\text{)} \xrightarrow{H_2O} \text{噻吩} + H_2SO_4$$

2-噻吩磺酸

4. 傅-克酰基化反应

吡咯可直接用酸酐酰化：

$$\text{吡咯} \xrightarrow[150\sim200℃]{(CH_3CO)_2O} \text{2-乙酰基吡咯 (}COCH_3\text{)}$$

2-乙酰基吡咯

呋喃活性不如吡咯，进行酰基化反应时需要用条件比较温和的催化剂如 BF_3、$SnCl_4$ 等。

$$\text{呋喃} \xrightarrow[BF_3]{(CH_3CO)_2O} \text{2-乙酰基呋喃 (}COCH_3\text{)}$$

噻吩的傅-克酰基化反应需小心控制反应条件，如用无水三氯化铝、氯化锡等催化剂易与噻吩产生树脂状化合物，必须将三氯化铝等先与酰化试剂反应生成活泼的亲电试剂后，再与噻吩反应。

5. 加氢反应

呋喃、噻吩、吡咯均可进行催化加氢反应，生成饱和的杂环化合物，失去芳香性。呋喃、吡咯可用一般为催化剂还原，噻吩中的硫能使催化剂中毒，因此需使用特殊的催化剂。

H_2,Pd

四氢吡咯

6. 鉴别反应

吡咯和呋喃可用松木片反应进行鉴别。所谓松木片反应是指将吡咯或呋喃蒸气通过蘸有盐酸的松木片，吡咯能够使之变红，而呋喃能使之变绿，用此方法可对吡咯和呋喃及其低级同系物进行鉴别。

噻吩可在浓硫酸存在下与靛红发生靛吩咛反应呈蓝色。

第三节　六元杂环化合物

案例

服异烟肼者慎食鱼

小李因患结核病在医院治疗，出院后继续服用异烟肼类药物。某天家人买回些海鱼，却不想饭后小李出现心跳加快、面色发红、头痛、皮肤发痒等症状，家人立刻把他送去急诊室，经诊断为组胺中毒。

为何一家人中唯有小李中毒？异烟肼在使用过程中还应注意些什么？

六元杂环化合物是含有杂原子的六元环状化合物，根据所含的杂原子的个数可分为含有一个杂原子的六元杂环（如吡啶）及含有两个杂原子的六元杂环（如哒嗪、嘧啶、吡嗪）。

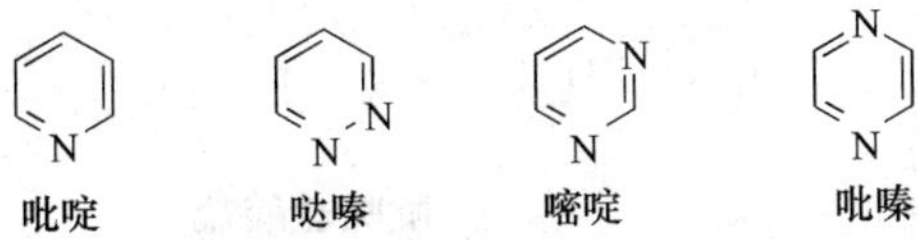

吡啶　哒嗪　嘧啶　吡嗪

本节主要介绍含有一个杂原子的六元杂环。

一、六元杂环化合物的结构

含有一个杂原子的六元杂环化合物以吡啶最为重要。吡啶的结构与苯相似，环中的

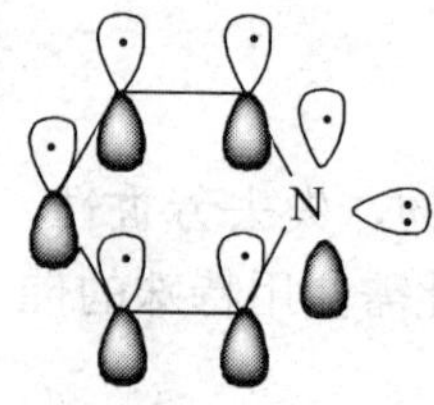

6个原子（5个碳和1个氮）均是sp^2杂化处在一个平面内。与吡咯不同，氮原子上的未杂化的p轨道上占据一个电子，此电子与碳原子的p轨道形成6个p电子的闭合共轭体系；氮原子上的孤对电子对占据一个杂化轨道，能够接受质子，因此吡啶呈弱碱性。

由于氮原子的电负性比碳大，所以吡啶环上的碳原子的电子云密度比苯低，是缺电子的共轭体系，所以吡啶的芳香性比苯弱。

案例分析

异烟肼又叫雷米封，是吡啶的衍生物。异烟肼对结构分枝杆菌有抑制和杀灭的作用，是常用治疗结核病的口服药，其结构为

（结构式：吡啶-4-甲酰肼，C(=O)—NH—NH_2）

组胺是广泛存在于动植物体内的一种生物胺，是氨基酸代谢的一种产物，通常在二胺氧化酶作用下，氧化成醛并释放NH_3或与组织蛋白结合成无活性组胺。异烟肼是一种强的二胺氧化酶抑制剂，能阻止体内组胺氧化灭活。当食用富含组氨酸的鱼类时，组氨酸在肝脏内被转化为组胺，由于同时服用雷米封抑制组胺的氧化灭活，因此组胺在体内蓄积，而组胺有增强血管通透性作用，血浆外渗而产生皮肤潮红、结膜充血、心悸不适等症状，所以服异烟肼期间需慎食鱼。

二、六元杂环化合物的理化性质

吡啶存在于煤焦油中，是无色有特殊臭味的液体，熔点为－40℃，沸点115℃，能与水、乙醇、乙醚互溶，是良好的溶剂和合成杂环化合物的重要原料，许多药物中含有吡啶环。

1. 碱性

吡啶的碱性比苯胺强，比氨和脂肪胺弱，能与无机酸成盐，遇水会水解。

$$\text{吡啶} + HCl \longrightarrow \text{吡啶} \cdot HCl$$

吡啶盐酸盐

2. 亲电取代反应

由于吡啶的芳香性不如苯，所以吡啶的亲电取代反应活性比苯弱，需要在极强的条件下才能反应，反应一般发生在β-位，产率较低，并且不能发生傅-克反应。

吡啶 —— Br_2，300℃ → 3-溴吡啶
吡啶 —— 浓H_2SO_4，$HgSO_4$，220℃ → 吡啶-3-磺酸（SO_3H）
吡啶 —— 混酸，KNO_3，300℃，24h → 3-硝基吡啶（NO_2）

吡啶环上如果有供电子基团时能增强吡啶的亲电取代反应活性：

2,6-二甲基吡啶 —— 浓H_2SO_4，KNO_3，100℃ → 2,6-二甲基-3-硝基吡啶

3. 亲核取代反应

由于吡啶环上的氮原子的吸电子作用，环上的碳原子的电子云密度降低，因此与苯不同，吡啶更易发生亲核取代反应，尤其 2、4、6 电子云密度更低，亲核取代反应主要发生在这几个位置上。

吡啶环与芳基锂混合，最终芳基负离子取代吡啶上的氢。

吡啶 —— PhLi，Et_2O → 二氢吡啶锂盐（N-Li，2-H，2-Ph） —— △ → 2-苯基吡啶（Ph）

吡啶环与氨基钠反应，可在 α 位引入氨基得到 α-氨基吡啶，该反应称为齐齐巴宾（Chichibabin）反应：

吡啶 —— $NaNH_2$，$C_6H_5N(CH_3)_2$，△ → 2-$\overset{-}{N}HNa^+$吡啶 —— H_2O → 2-氨基吡啶（NH_2）

此外当吡啶的 α 位、γ 位有较好的离去基团（Cl、Br、NO_2等）时，可以与氨基、烷氧基、羟基等亲核试剂发生取代反应，例如：

2-氯吡啶（Cl） —— CH_3ONa，CH_3OH，△ → 2-甲氧基吡啶（OCH_3）

4. 氧化还原反应

(1) 氧化反应：由于吡啶氮原子的吸电子作用，使吡啶环比较稳定，不易被氧化。当吡啶环还有侧链时，则侧链被氧化。

4-甲基吡啶（CH_3） —— $KMnO_4$，H^+，△ → 吡啶-4-甲酸（COOH）

$$\text{4-phenylpyridine} \xrightarrow{KMnO_4,\ H^+} \text{pyridine-4-COOH}$$

（2）还原反应：吡啶比苯更容易被还原，常压下催化氢化或钠加乙醇就可以将吡啶还原为六氢吡啶。六氢吡啶具有二级胺的特性，碱性比吡啶强，很多天然产物都有这个环系。

$$\text{pyridine} \xrightarrow[\text{或}CH_3CH_2OH+Na]{H_2/Pt} \text{piperidine (N-H)}$$

第四节　生　物　碱

一、生物碱概述

生物碱是一类存在于生物体内具有生理活性的含氮碱性有机化合物。生物碱广泛存在于植物中，所以又称为植物碱。

生物碱结构较复杂，在植物中分布很广，一种植物中往往含有多种生物碱，例如在罂粟中就含有约 20 种不同的生物碱。植物的生物碱绝大多数存在于显花植物的双子叶植物中，例如毛莨科、罂粟科、茄科等。单子叶植物中分布较少，如百合科、石蒜科等。裸子植物中分布更少，如麻黄科等。由于生物碱结构比较复杂，所以没有系统的命名方法，大都根据其来源命名，如麻黄碱。此外也可采用国际通用名的音译，如烟碱又称为尼古丁。

生物碱一般可按其基本碳骨架进行分类，可分为四氢吡咯系、六氢吡啶环系、吲哚环系、喹啉系、异喹啉环系、嘌呤环系等。

二、生物碱的一般性质

（一）一般性质

大多数生物碱为固体，有苦味，难溶于水，易溶于乙醇等有机溶剂。少数在常温下为液体，如烟碱。生物碱大多数是多环系的复杂的化合物，含有具有碱性的氮原子，也有少数氮原子以脂肪族胺的形式存在，如麻黄碱为苯乙胺的衍生物。

（二）旋光性

生物碱结构复杂，常常含有手性碳原子，一般具有旋光性，各光学异构体之间生理活性相差很大。例如麻黄碱具有兴奋交感神经、升高血压、扩张支气管作用，临床用其盐酸盐治疗支气管哮喘、低血压症。麻黄碱分子中有 2 个手性碳原子，有一对非对映异构体，而（－）-麻黄碱的生理效应是（＋）-伪麻黄碱的 5 倍。

```
     CH3                  CH3
H ───┼─── NHCH3      H ───┼─── NHCH3
H ───┼─── OH        HO ───┼─── H
     C6H5                 C6H5
```

(—)-麻黄碱　　(+)-伪麻黄碱

（三）碱性

生物碱分子中的氮原子有孤对电子对，能够接受质子而显碱性，能与酸作用成盐，其盐易溶于水。生物碱类药物正是利用此性质，临床上常将生物碱制成盐增加其水溶性，而被机体吸收，因此生物碱类药物使用时应注意不与其他碱性药物配伍，否则会析出生物碱沉淀。

（四）沉淀反应

大多数的生物碱或生物碱的盐类水溶液，能与一些试剂反应生成沉淀或配合物而从溶液中析出。能与生物碱发生沉淀反应的试剂称为生物碱沉淀剂，常用的生物碱沉淀剂是一些复盐、杂多酸或重金属盐类，如苦味酸（2,4,6-三硝基苯酚，与生物碱作用生成黄色沉淀）、碘化铋钾（$BiI_3 \cdot KI$，与生物碱作用生成红棕色沉淀）、碘化汞钾（$HgI_2 \cdot 2KI$，与生物碱作用生成类白色沉淀）、钨磷酸（$H_3PO_4 \cdot 12WO_3$，与生物碱作用生成黄色沉淀）等。

利用沉淀反应可对生物碱进行鉴别或分离精制。但不是所有生物碱都能发生该反应，有少数生物碱不能发生沉淀反应如麻黄碱。

（五）显色反应

生物碱能与一些试剂反应生成不同颜色的化合物，可用来识别生物碱。能使生物碱显色的试剂称为生物碱显色剂。如钒酸铵-浓硫酸溶液（Mandelin 试剂）可使阿托品呈红色、吗啡呈蓝紫色、可卡因呈蓝色；钼酸钠的浓硫酸溶液（Fröhde 试剂）可使吗啡呈紫红色至棕色、乌头碱呈黄棕色；浓硫酸加下少量甲醛溶液（Marquis 试剂）可使吗啡呈橙色至紫色、可卡因呈红色至黄棕色。

学习小结

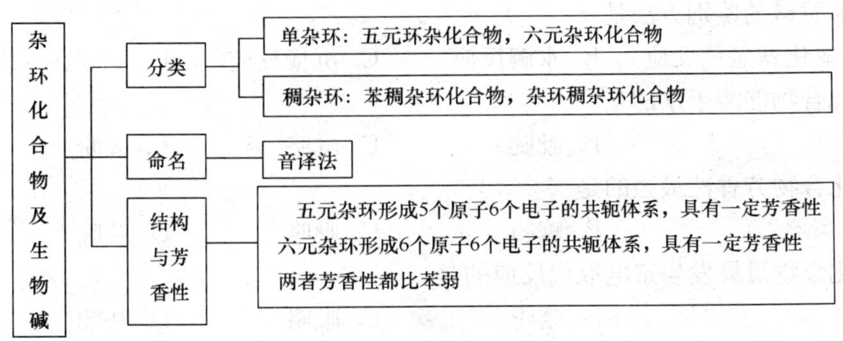

- 杂环化合物及生物碱
  - 五元杂环化合物
    - 含一个杂原子的重要化合物——吡咯、呋喃和噻吩
    - 含二个杂原子的重要化合物——吡唑、咪唑和噻唑
    - 性质
      - 吡咯有极弱的酸性和极弱碱性
      - 碱性：咪唑>吡唑>噻唑>吡咯
      - 比苯容易发生亲电取代反应
      - 都能发生加氢还原反应
      - 吡唑、咪唑和噻唑都存在互变异
  - 六元杂环化合物
    - 最重要化合物——吡啶
    - 性质
      - 吡啶的碱性比脂肪胺和氨弱，比苯胺略强
      - 吡啶比苯难发生亲电取代反应
      - 吡啶比苯容易发生亲核取代反应
      - 吡啶环上有烃基时，能被氧化成吡啶甲酸
      - 吡啶比苯容易还原，还原生成六氢吡啶
  - 嘧啶、嘌呤及其衍生物
    - 嘧啶及其衍生物——胞嘧啶、尿嘧啶、胸腺嘧啶、5-氟尿嘧啶
    - 嘌呤及其衍生物——腺嘌呤、鸟嘌呤、6-巯嘌呤
  - 生物碱
    - 定义：生物体内具有生理活性的含氮的碱性有机化合物
    - 分类：有机胺类、吡咯衍生物、吡啶衍生物等
    - 命名：大多根据来源命名
    - 性质：生物碱绝大多数是无色或白色固体，个别为液体，大多难溶于水，易溶于有机溶剂，也可溶于稀酸，大多数生物碱具有旋光性，且多为左旋体
    - 重要的生物碱有麻黄碱、烟碱、莨菪碱、吗啡和小檗碱

自我测评

一、单选题

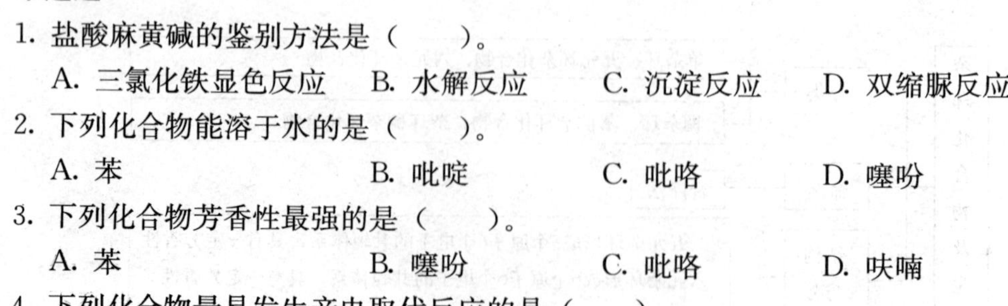

1. 盐酸麻黄碱的鉴别方法是（　　）。
   A. 三氯化铁显色反应　B. 水解反应　C. 沉淀反应　D. 双缩脲反应
2. 下列化合物能溶于水的是（　　）。
   A. 苯　B. 吡啶　C. 吡咯　D. 噻吩
3. 下列化合物芳香性最强的是（　　）。
   A. 苯　B. 噻吩　C. 吡咯　D. 呋喃
4. 下列化合物最易发生亲电取代反应的是（　　）。
   A. 苯　B. 噻吩　C. 吡咯　D. 呋喃

5. 吡啶的亲电取代反应发生的部位为（　　）。

A. α　　B. β　　C. γ　　D. α 和 γ

二、给出名称书写结构或给出结构书写名称

1. 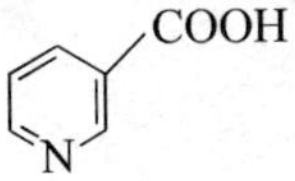 COOH N

2. 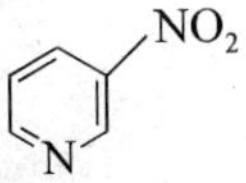 NO_2 N

3.  O

4. 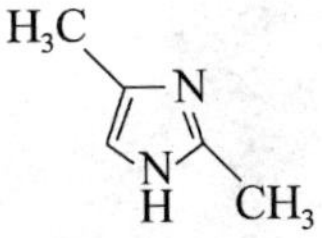 H_3C N N H CH_3

5. 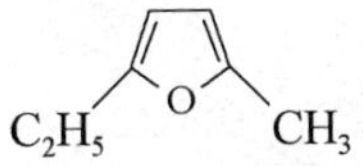 C_2H_5 O CH_3

6. 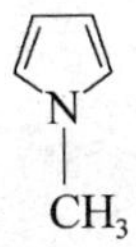 N CH_3

7. 2-噻吩乙醛　　8. 导烟肼（雷米封）　　9. β-吲哚乙酸

10. 5-硝基-2-呋喃甲醛

三、完成反应方程式

1. 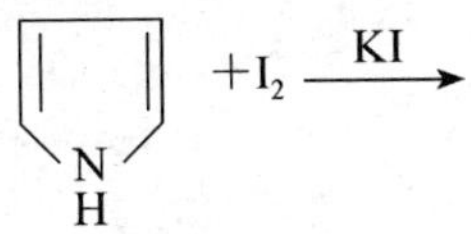 N H $+I_2 \xrightarrow{KI}$

2. H_3C N H $\xrightarrow[(CH_3CO)_2O]{CH_3COONO_2, -10℃}$

3. N $+ HCl \longrightarrow$

4. N CH_3 $\xrightarrow[\triangle]{KMnO_4, H^+}$

5. N $\xrightarrow[\triangle]{KMnO_4, H^+}$

6. Cl Cl N $\xrightarrow[CH_3OH, \triangle]{CH_3ONa}$

7. CH_3 N $\xrightarrow[H_2SO_4]{HNO_3}$

8. N Br $\xrightarrow{OH^-, H_2O}$

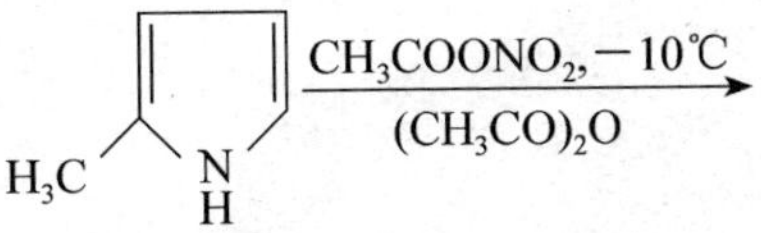

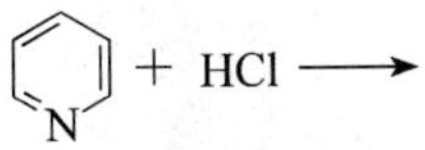

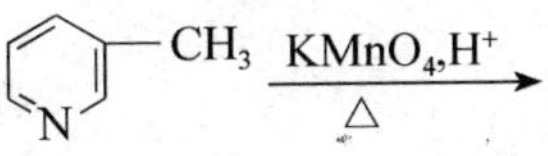

9. N H $\xrightarrow[Ni]{H_2}$

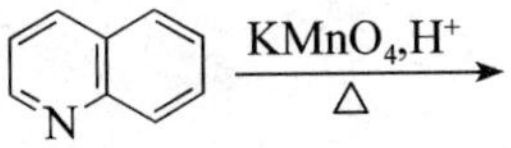

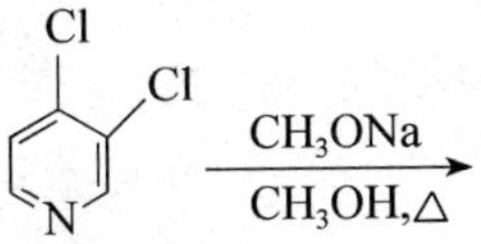

10. N $\xrightarrow[300℃]{Br_2}$

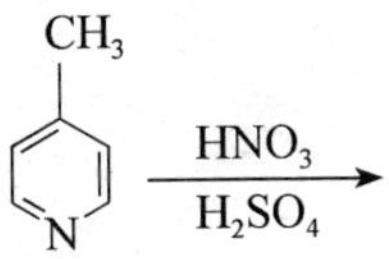

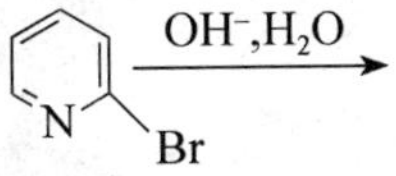

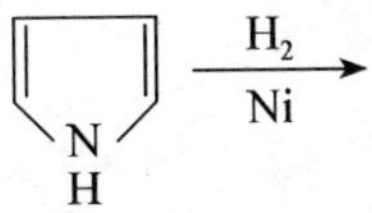

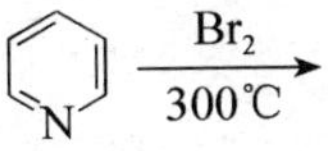

第五篇

天然有机化合物

第十六章　糖类：自然界中的多官能团化合物

学习目标

知识要求：掌握单糖的物理和化学性质。掌握蔗糖、乳糖、麦芽糖的分子组成及连接的糖苷键。掌握麦芽糖、蔗糖、淀粉的结构和性质。熟悉纤维二糖、乳糖、糖原、纤维素的结构和性质。熟悉糖的变旋现象；单糖的DL-构型的命名系统；糖的分类。

能力要求：学会单糖的化学性质。解释单糖和双糖的结构特点。具备醛糖和酮糖、还原糖和非还原糖的鉴别能力。

学习导航

糖类是人类三大营养要素（糖类、脂肪和蛋白质）之一，许多糖类还是重要的制药工业原料，例如医药青霉素就是以淀粉为原料制造的，所以药学类各专业对糖类的学习，是非常必要的。立体化学问题以及官能团反应的知识在本章中很突出，所以学习本章之前，应熟悉一定的立体化学知识和概念；要紧扣住结构与性能二者之间的关系；既要从官能团的固有属性出发，又要综合考虑多官能团的相互影响。因为单糖是构成低聚糖和多糖的基本单位，所以要重点掌握单糖的结构和性质。而单糖中最重要的是葡萄糖，其他的糖类化合物在与葡萄糖的对比过程中加以掌握即可。

糖类化合物是广泛分布于自然界的一大类有机化合物。生物体内都含有糖类物质。如植物躯干的纤维素，种子和果实中的淀粉、葡萄糖和果糖，哺乳动物乳汁中的乳糖，血液中的葡萄糖，人体肝脏和肌肉中的糖原，核蛋白中的核糖等，这些都是糖类化合物。

糖与人类的生活密切相关。在人体中，糖主要的存在形式有：①以糖原形式贮藏在肝和肌肉中；②以葡萄糖形式存在于体液中；③存在于多种含糖生物分子中。糖类是人及一切生物体维持生命活动所需能量的主要来源；是生物体组织细胞的重要成分；是人体内合成脂肪、蛋白质和核酸的重要原料。

自然界存在的葡萄糖、果糖、蔗糖、淀粉等糖类化合物，最初分析都含有C、H、O三种元素，并且这些糖类化合物分子中氧原子和氢原子的比例为2∶1，具有$C_n(H_2O)_m$的通式，因此曾经把它们称为碳水化合物。但后来发现有些化合物虽然在结构和性质方面都和糖类相似，它们的分子组成却并不符合通式，如鼠李糖是一种甲基戊糖，它的分子式是$C_6H_{12}O_5$。此外，有些分子组成符合上述通式的化合物，如乙酸，其分子式为$C_2H_4O_2$，符合通式，但从结构和性质上看，不属于糖类，所以，“碳水化合物”不能确切地反映糖类的特点，在有机化学中已不常用，现在都称之为糖类。

从结构上看，糖类物质是指多羟基醛、酮或水解后可以变成多羟基醛、酮的化合物。

根据糖分子的单元结构及聚合度，糖可分为单糖、寡糖（又称低聚糖）、多糖；也可分为结合糖和衍生糖。

1. 单糖

单糖是不能再水解的多羟基醛或多羟基酮。葡萄糖、果糖都是常见单糖。根据羰基在分子中的位置，单糖可分为醛糖和酮糖。根据碳原子数目，单糖可分为丙糖、丁糖、戊糖、己糖和庚糖。

2. 寡糖

寡糖由2～20个单糖分子构成，其中以双糖最普遍，如蔗糖、麦芽糖、乳糖等。寡糖和单糖都可溶于水，多数有甜味。

3. 多糖

多糖由多个单糖（水解时产生20个以上单糖分子）聚合而成，又可分为同聚多糖和杂聚多糖。同聚多糖由同一种单糖构成，杂聚多糖由两种以上单糖构成。

4. 结合糖

糖链与蛋白质或脂类物质构成的复合分子称为结合糖。其中的糖链一般是杂聚寡糖或杂聚多糖，如糖蛋白、糖脂、蛋白聚糖等。

5. 衍生糖

由单糖衍生而来，如糖胺、糖醛酸等。

第一节　单　　糖

联合国于2006年底通过决议，从2007年起，将每年的11月14日“世界糖尿病日”正式更名为“联合国糖尿病日”。糖尿病是全球严重的公共卫生问题，发展迅速，危害巨大。据推算，2007年全球约2.46亿人患糖尿病，46%为40～59岁劳动力人口，若不采取任何措施，预计到2025年，全世界糖尿病患者将增加到3.8亿，其中80%集中在中低收入国家。我国目前至少有2000多万名糖尿病患者，并有逐年增加的趋势，另有糖尿病预备军3000多万人，糖尿病已经成为我国的重要卫生问题。

单糖按照分子中所含碳原子的数目可分为丙糖、丁糖、戊糖和己糖；按照其结构可分为醛糖和酮糖。最简单的醛糖是二羟基丙醛，最简单的酮糖是二羟基丙酮。自然界所发现的单糖主要是戊糖和己糖，最重要的己糖是葡萄糖和果糖。

一、单糖的结构

（一）葡萄糖的结构与构型

1. 开链式结构

单糖的种类虽多，但其结构和性质都有很多相似之处。葡萄糖以游离或结合状态广泛存在于自然界，是最重要的单糖，因此以葡萄糖为例来阐述单糖的结构。葡萄糖的分子式为 $C_6H_{12}O_6$，是一个五羟基己醛，属于己醛糖，其结构式为

$$HOCH_2\overset{*}{C}H(OH)\overset{*}{C}H(OH)\overset{*}{C}H(OH)\overset{*}{C}H(OH)CHO$$

葡萄糖分子中含有 4 个手性碳原子，具有 $2^4=16$ 个旋光异构体。按照习惯，糖分子的构型仍采用 D、L 标示法，将糖分子中编号最大的手性碳原子（第 5 号碳原子）与 D-甘油醛构型相同的（羟基在右）称为 D 型，与 L-甘油醛构型相同的（羟基在左）称为 L 型。所以己醛糖的 16 个旋光异构体中 8 个为 D 型，8 个为 L 型，构成 8 对对映体。

在这些光学异构体中，自然界中存在的只有 D-(＋)-葡萄糖、D-(＋)-半乳糖、D-(＋)-甘露糖、D-(＋)-塔罗糖，其余的都需要人工合成。8 种 D-型己醛糖的费歇尔投影式如下：

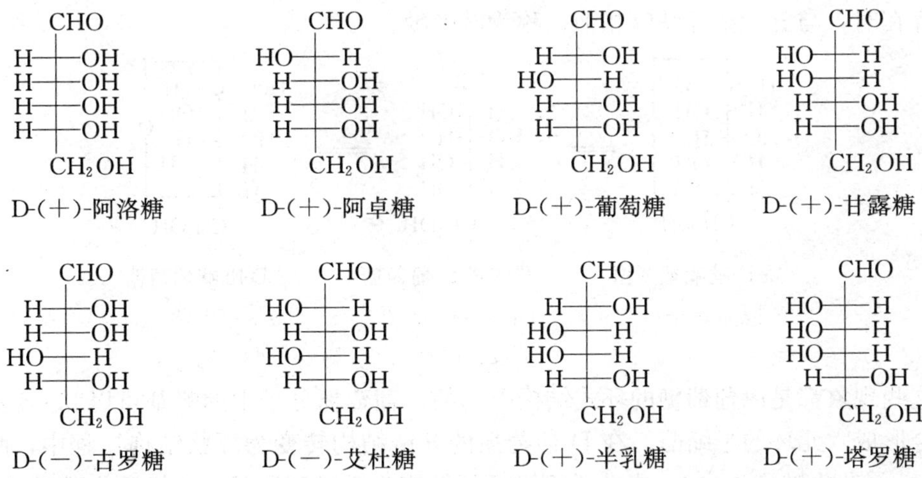

D-(＋)-阿洛糖　D-(＋)-阿卓糖　D-(＋)-葡萄糖　D-(＋)-甘露糖

D-(－)-古罗糖　D-(－)-艾杜糖　D-(＋)-半乳糖　D-(＋)-塔罗糖

为书写方便，在书写糖的费歇尔投影式时，常用一根短线表示羟基，氢原子可省略不写；也可用“△”代表醛基（—CHO）、“○”代表羟甲基（—CH_2OH）来书写。例如 D-葡萄糖的结构可以用费歇尔投影式表示如下：

CHO
H—OH
HO—H
H—OH
H—OH
CH_2OH

CHO
CH_2OH

2. 环状结构及其表示方法

葡萄糖的开链结构解释了它的许多反应，但仍有一些反应及现象用开链结构无法解释。

从葡萄糖的开链结构来看，分子中虽含有醛基，虽没有表现出醛基的某些特征反应，不与 $NaHSO_3$ 发生加成反应；不能与两分子醇形成缩醛，红外光谱也检测不出羰基的特征。此外，D-葡萄糖在不同条件下结晶，可以得到两种物理性质不同的晶体。一种是在常温下从乙醇溶液析出的晶体，熔点为 146℃，比旋光度为 $+112°$；另一种是在 98℃以上从吡啶中析出的晶体，熔点为 150℃，比旋光度为 $+18.7°$。将这两种晶体分别溶于水后，它们的比旋光度都会逐渐变化，最终都增大或减小至恒定的 $+52.7°$。我们把 $+112°$ 的叫做 α-D(+)-葡萄糖，$+18.7°$ 的叫做 β-D(+)-葡萄糖。新配制葡萄糖的水溶液放置一定时间后自行改变比旋光度，最后达到恒定值（$+52.7°$）。这种比旋光度自行发生变化的现象，称为变旋光现象。这些事实都是无法用开链结构解释的。

从醛酮性质得知，醛与 1 分子醇加成生成半缩醛，γ-、δ-羟基醛一般主要以环状半缩醛的形式存在。葡萄糖分子中同时存在着醛基和羟基，可发生分子内加成反应，生成环状的半缩醛结构（X 射线衍射分析已经证实晶体单糖是环状结构）。D-葡萄糖主要是以 C5 上的羟基与醛基加成，生成六元环状半缩醛。戊糖和己糖通常以六元环或五元环的形式存在，当其以六元环形式存在时，与六元杂环吡喃相似，称为吡喃糖；以五元环形式存在时，与五元杂环呋喃相似，称为呋喃糖。

α-D-吡喃葡萄糖	⇌	开链式 D-葡萄糖	⇌	β-D-吡喃葡萄糖
H—C—OH（环 O） H—OH HO—H H—OH H— CH_2OH		CHO H—OH HO—H H—OH H—OH CH_2OH		HO—C—H（环 O） H—OH HO—H H—OH H— CH_2OH
$[\alpha]_D=+112°$		$[\alpha]_D=+52.7°$		$[\alpha]_D=+18.7°$
36.4%		<0.01%		63.6%

这些现象都是由葡萄糖的环式结构引起的。葡萄糖分子中的醛基可以和 C5 上的羟基缩合形成六元环的半缩醛。在 D-葡萄糖的开链结构转变为环状结构过程中，醛基碳原子由 sp^2 杂化转变为 sp^3，由非手型碳原子转变为手型碳原子。这样原来羰基的 C1 就变成不对称碳原子，并形成一对非对映旋光异构体。一般规定半缩醛碳原子上的羟基（称为半缩醛羟基）与决定单糖构型的碳原子（C5）上的羟基在同一侧的称为 α-葡萄糖，不在同一侧的称为 β-葡萄糖。α-和 β-糖互为端基异构体，也叫异头物。半缩醛羟基

（苷羟基）比其他羟基活泼，糖的还原性一般指半缩醛羟基（苷羟基）。

葡萄糖的醛基除了可以与 C5 上的羟基缩合形成六元环外，还可与 C4 上的羟基缩合形成五元环。五元环化合物不甚稳定，天然糖多以六元环的形式存在。五元环化合物可以看成是呋喃的衍生物，叫呋喃糖；六元环化合物可以看成是吡喃的衍生物，叫吡喃糖。因此，葡萄糖的全名应为 α-D(＋)-或 β-D(＋)-吡喃葡萄糖。

D-葡萄糖在水溶液达到平衡时，吡喃葡萄糖的比例大于 99%，其中 α-异构体占 36.4%，β-异构体占 63.6%，以链式结构存在者极少（＜0.0026%）。利用葡萄糖的环状结构，可以很好地解释其变旋光现象和某些化学性质。由于葡萄糖存在 2 种环状结构，在一定的条件下可分别获得 α-D(＋)-葡萄糖或 β-D(＋)-葡萄糖结晶。它们在固态是稳定的，具有各自的熔点。但在水溶液中，两种环状结构中任何一种均可通过开链结构相互转变，最后达到动态平衡状态。此时其比旋光度为＋52.7°。溶液中的葡萄糖绝大多数是以环状的半缩醛形式存在的，而与饱和亚硫酸氢钠加成及品红的亚硫酸溶液显色是一可逆的反应，开链式存在的量太少，不足以发生反应。而且，当与甲醇缩合时也只与一分子的甲醇反应，由环状的半缩醛转变为缩醛。

3. 葡萄糖的哈武斯式与构象

为了更真实地表示单糖分子的环式结构，以及分子中各原子及基团之间的相对位置，单糖分子的环状结构一般用哈武斯透视式来表示。哈武斯透视式的写法是将碳原子按顺时针方向编号，氧位于环的后方；环平面与纸面垂直，粗线部分在前，细线在后；将费歇尔式中左右取向的原子或集团改为上下取向，原来在左边的写在上方，右边的在下方；D-型糖的末端羟甲基在环上方，L-型糖在下方；半缩醛羟基与末端羟甲基同侧的为 β-异构体，异侧的为 α-异构体。

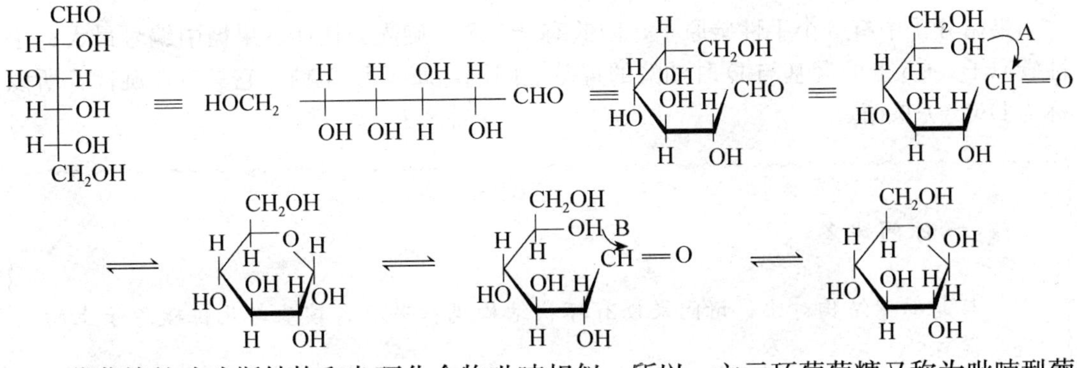

葡萄糖的哈武斯结构和杂环化合物吡喃相似，所以，六元环葡萄糖又称为吡喃型葡萄糖。因而葡萄糖的全名如下：

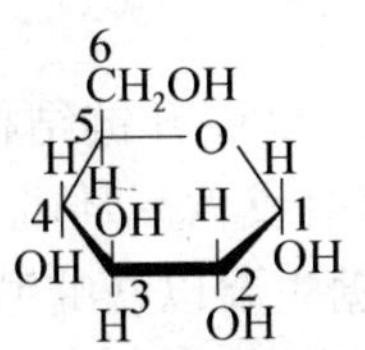

α-D-吡喃葡萄糖 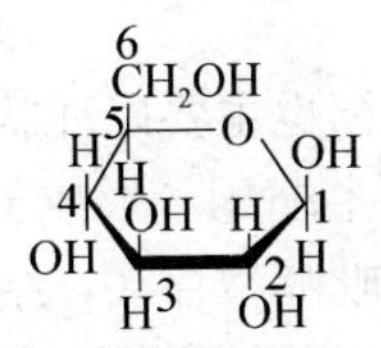　　β-D-吡喃葡萄糖

吡喃糖与环己烷相似，环中的碳原子实际并不在同一平面上，所以环状结构最合理的书写方式是构象式。吡喃葡萄糖有船式和椅式两种构象，椅式构象比船式稳定。

吡喃葡萄糖的构象式如下：

α-D-吡喃葡萄糖　⇌　CHO … CH_2OH　⇌　β-D-吡喃葡萄糖

比较这两种构象式可以看出，在β-D-吡喃葡萄糖中，所有大基团（—CH_2OH，—OH）都处于平伏键上，而在α-D-吡喃葡萄糖分子中 C1 上的苷羟基处在直立键上，故β-D-吡喃葡萄糖比α-D-吡喃葡萄糖稳定，在葡萄糖的互变平衡体系中，β-D-吡喃葡萄糖所占的比例大于α-D-吡喃葡萄糖。

（二）果糖的结构

1. 开链式结构

果糖是己酮糖，分子式是 $C_6H_{12}O_6$，与葡萄糖互为同分异构体，其开链式结构为

```
      CH2OH            CH2OH
      |                |
      C=O              C=O
      |                |
  HO--+--H           --+
   H--+--OH            +--
   H--+--OH            +--
      |                |
      CH2OH            CH2OH
```

D-(—)-果糖

果糖分子中有 3 个手性碳原子，因此有 $2^3=8$ 个旋光异构体。果糖中编号最大的手性碳原子，C5 上的羟基与 D-甘油醛的羟基在同侧，属于 D-型糖；它具有左旋性，所以称为 D-(—)-果糖。

你问我答

与葡萄糖结构对比，请问果糖有环状结构吗？若有，羰基与几位碳原子上的羟基成环？

2. 氧环状结构

与葡萄糖相似，果糖也主要以环状结构存在。果糖开链结构中的 C5 或 C6 上的羟基可以与酮基结合生成半缩酮，形成五元环呋喃型或六元环吡喃型两种环状结构的果糖，游离的果糖主要以吡喃型存在，结合态的果糖主要以呋喃型存在，如蔗糖中的果糖就是呋喃果糖。这两种环状结构都有各自的α-型异构体和β-型异构体，在水溶液中，同

样存在开链结构与环状结构的互变平衡体系，因此，果糖也具有变旋现象，达到平衡时的比旋光度为－92°。

果糖的开链式以及吡喃果糖、呋喃果糖的哈沃斯式互变平衡体系如下所示。

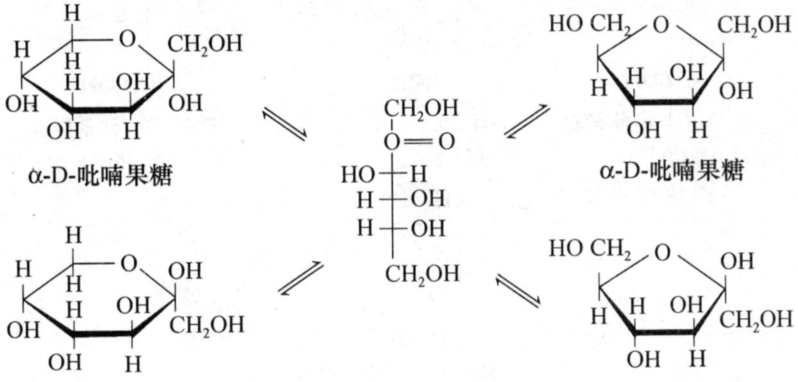

α-D-吡喃果糖　　α-D-吡喃果糖

β-D-吡喃果糖　　β-D-吡喃果糖

二、单糖的性质

（一）物理性质

单糖都是无色晶体，有甜味，具有吸湿性，易溶于水，难溶于乙醇，不溶于乙醚、苯和环己烷等非极性溶剂。单糖（除丙酮糖外）都具有旋光性，溶于水时出现变旋光现象。

单糖分子含有多个羟基，分子间氢键多，故单糖的熔点和沸点都很高，如已知的*β*-D-葡萄糖熔点为150℃，因此常压下蒸馏单糖会发生分解反应。

（二）化学性质

1. 差向异构化

在冷、稀碱性条件下，D-葡萄糖、D-甘露糖和D-果糖任何一种单糖，可通过烯二醇中间体相互转化，变成三种糖的混合物。

葡萄糖中C2上的氢原子，受羰基和羟基的双重影响具有很大的活泼性。在弱碱的作用下可以质子化，葡萄糖分子转变为烯醇式中间体。烯醇式中间体不稳定，可进行异构化重排反应。当C1羟基上的氢发生重排时，可从双键所在平面的不同方向进攻C2原子，即按下式（a）和（b）两个箭头方向，分别从双键平面后方和前方进攻，加到C2原子上。氢原子进攻的方向不同，形成的C2原子的构型不同，分别得到D-葡萄糖和D-甘露糖。C2上羟基同样是烯醇式羟基，也可以发生重排，当该羟基氢按下式（c）箭头的方向加到C1，得到的产物为D-果糖。

用稀碱处理D-甘露糖或D-果糖时，通过相似的途径同样可以得到三种糖的互变平衡混合物。这个混合物中，D-葡萄糖和D-甘露糖仅在C2位构型不同，其余都相同。像D-葡萄糖和D-甘露糖这样，含有多个手性碳原子的旋光异构体中，若只有一个手性碳原子构型不同，其余皆相同，这样的异构体互称为差向异构体。单糖这种转化为差向异构体的过程称为差向异构化。

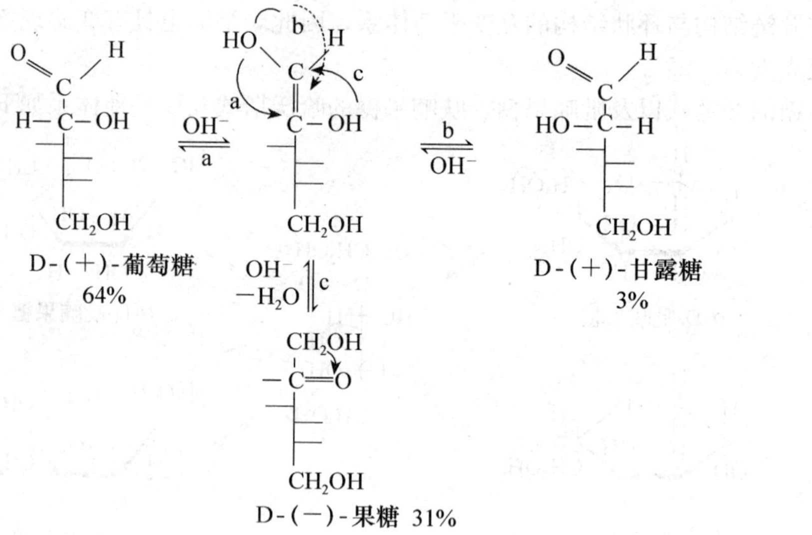

$$\text{D-(+)-葡萄糖 (64\%)} \underset{a}{\overset{OH^-}{\rightleftharpoons}} \text{烯二醇中间体} \underset{OH^-}{\overset{b}{\rightleftharpoons}} \text{D-(+)-甘露糖 (3\%)}$$

$$\text{烯二醇中间体} \xrightarrow[-H_2O]{OH^-,\ c} \text{D-(−)-果糖 (31\%)}$$

D-(+)-葡萄糖 64%

D-(+)-甘露糖 3%

D-(−)-果糖 31%

2. 成脎反应

单糖与苯肼反应生成的产物叫做脎。

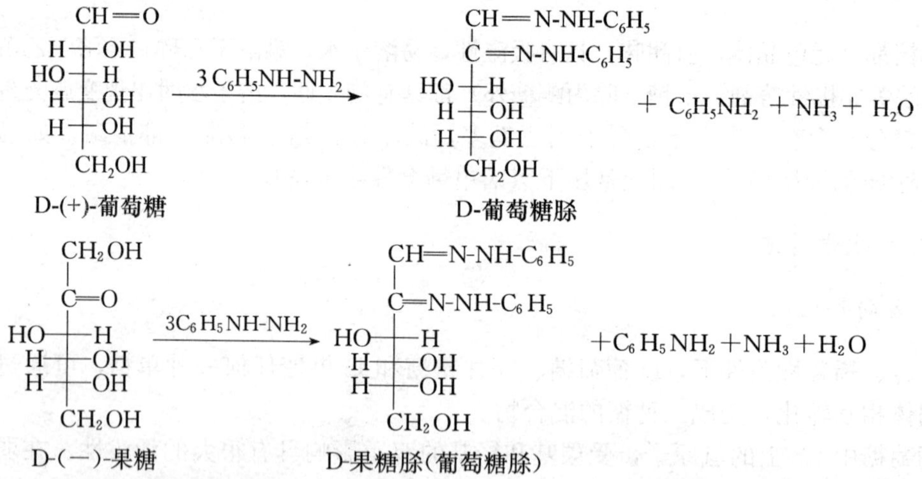

$$\text{D-(+)-葡萄糖} \xrightarrow{3\,C_6H_5NH\text{-}NH_2} \text{D-葡萄糖脎} + C_6H_5NH_2 + NH_3 + H_2O$$

D-(+)-葡萄糖　　D-葡萄糖脎

$$\text{D-(−)-果糖} \xrightarrow{3C_6H_5NH\text{-}NH_2} \text{D-果糖脎（葡萄糖脎）} + C_6H_5NH_2 + NH_3 + H_2O$$

D-(−)-果糖　　D-果糖脎(葡萄糖脎)

生成糖脎的反应是发生在 C1 和 C2 上。不涉及其他的碳原子，所以，如果仅在第二碳上构型不同而其他碳原子构型相同的差向异构体，必然生成同一个脎。例如，D-葡萄糖、D-甘露糖、D-果糖的 C3、C4、C5 的构型都相同，因此它们生成同一个糖脎。

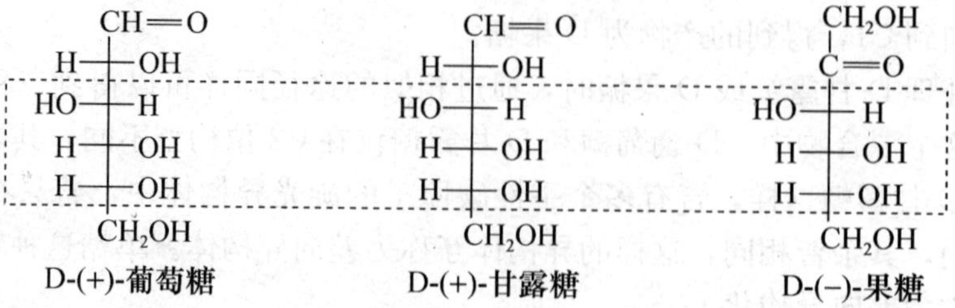

D-(+)-葡萄糖　　D-(+)-甘露糖　　D-(−)-果糖

糖脎为黄色结晶，不同的糖脎有不同的晶形，反应中生成的速度也不同。因此，可根据糖脎的晶型和生成的时间来鉴别糖。

3. 氧化反应

（1）被弱氧化剂氧化（碱性氧化）：单糖无论是醛糖或酮糖都能被弱氧化剂氧化，常用的弱氧化剂有土伦试剂、费林试剂和班氏试剂。班氏试剂是由硫酸铜、碳酸钠和柠檬酸钠配制成的蓝色溶液，同费林试剂一样含有 Cu^{2+} 配离子，但它比费林试剂稳定，不需临时配制，使用方便，所以临床检验中常用于检验血糖及尿中葡萄糖的含量。单糖中加入土伦试剂产生银镜，而加入费林试剂、班氏试剂则生成氧化亚铜的砖红色沉淀，糖分子的醛基被氧化为羧基。

$$\underset{\text{葡萄糖或果糖}}{C_6H_{12}O_6} + Ag(NH_3)_2^+OH^- \longrightarrow \underset{\text{葡萄糖酸}}{C_6H_{12}O_7} + Ag\downarrow$$

$$C_6H_{12}O_6 + Cu(OH)_2 \longrightarrow C_6H_{12}O_7 + \underset{\text{红色沉淀}}{Cu_2O\downarrow}$$

凡是能被上述弱氧化剂氧化的糖，都称为还原糖；反之，称为非还原性糖，单糖都是还原糖。酮糖之所以易被氧化，是因为酮糖在稀碱溶液中可发生酮式-烯醇式互变，酮基不断地变成醛基（土伦试剂和费林试剂都是碱性试剂，故酮糖能被这两种试剂氧化）。这个反应可用于检验单糖，但不能用于区分醛糖和酮糖。

（2）溴水氧化（酸性氧化）：溴水能氧化醛糖，但不能氧化酮糖，因为酸性条件下，不会引起糖分子的异构化作用。可用此反应来区别醛糖和酮糖。

$$\underset{\text{D-葡萄糖}}{\begin{array}{rcl} & CHO & \\ & | & -OH \\ HO- & | & \\ & | & -OH \\ & | & -OH \\ & CH_2OH & \end{array}} \xrightarrow[H_2O]{Br_2} \underset{\text{D-葡萄糖酸}}{\begin{array}{rcl} & COOH & \\ & | & -OH \\ HO- & | & \\ & | & -OH \\ & | & -OH \\ & CH_2OH & \end{array}}$$

（3）硝酸氧化：稀硝酸的氧化作用比溴水强，它能将醛糖中 C1 位醛基和 C6 位羟甲基都氧化成羧基而生成糖二酸。例如，D-葡萄糖被稀硝酸氧化成 D-葡萄糖二酸。

$$\begin{array}{rcl} & CHO & \\ & | & -OH \\ HO- & | & \\ & | & -OH \\ & | & -OH \\ & CH_2OH & \end{array} \xrightarrow{HNO_3} \begin{array}{rcl} & COOH & \\ & | & -OH \\ HO- & | & \\ & | & -OH \\ & | & -OH \\ & COOH & \end{array}$$

酮糖也可被稀硝酸氧化，经碳链断裂而生成较小分子的二元酸。

$$\begin{array}{rcl} & CH_2OH & \\ & | & \\ & C=O & \\ HO- & | & \\ & | & -OH \\ & | & -OH \\ & CH_2OH & \end{array} \xrightarrow{HNO_3} \begin{array}{rcl} & COOH & \\ HO- & | & \\ & | & -OH \\ & | & -OH \\ & COOH & \end{array}$$

葡萄糖的氧化在体内糖代谢中具有极其重要的意义。葡萄糖在肝中酶的作用下，能被氧化成葡萄糖醛酸，即末端的羟甲基被氧化成羧基。葡萄糖醛酸在肝中能与一些有毒的物质结合成无毒的化合物，随尿排出体外，从而起到解毒和护肝的作用。

4. 成苷反应

单糖的环状结构中苷羟基比醇羟基活泼，容易与另外一分子醇或酚等含羟基的化合物作用，脱去一分子水，生成具有缩醛（酮）结构的化合物。在糖分子中，苷羟基上的氢原子被其他基团取代后生成的化合物称为糖苷。由于半缩醛羟基有 α-和 β-两种构型，成苷反应后形成相应的 α-苷键和 β-苷键，故糖苷也有 α-和 β-两种构型。例如：在干燥氯化氢作用下，D-葡萄糖与甲醇反应生成 D-甲基葡萄糖苷。

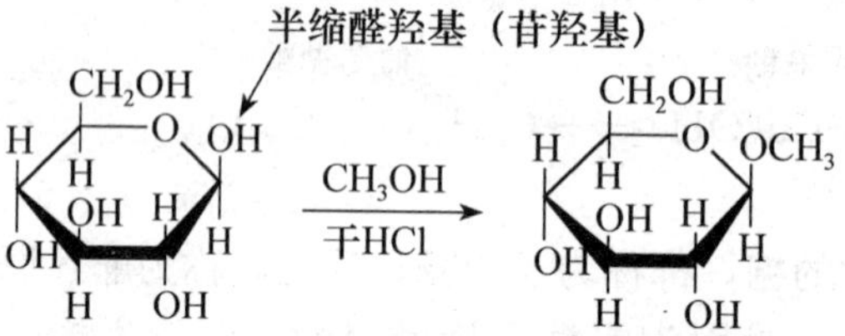

半缩醛羟基（苷羟基）

$\xrightarrow[\text{干HCl}]{CH_3OH}$

甲基-β-D-(+)-吡喃葡萄糖　m.p 168℃　$[\alpha]_D^{20}$ +158.9°

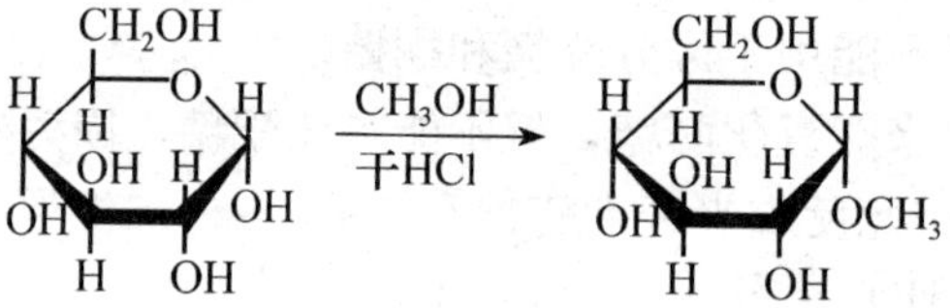

$\xrightarrow[\text{干HCl}]{CH_3OH}$

甲基-α-D-(+)-吡喃葡萄糖　m.p 115℃　$[\alpha]_D^{20}$ −34.2°

单糖形成糖苷后，便具有缩醛的结构，没有了苷羟基，分子本身也稳定。糖苷没有还原性和变旋光现象，也不能被氧化或成脎。糖苷似醚不是醚，它比一般的醚键易形成，也易水解。例如：

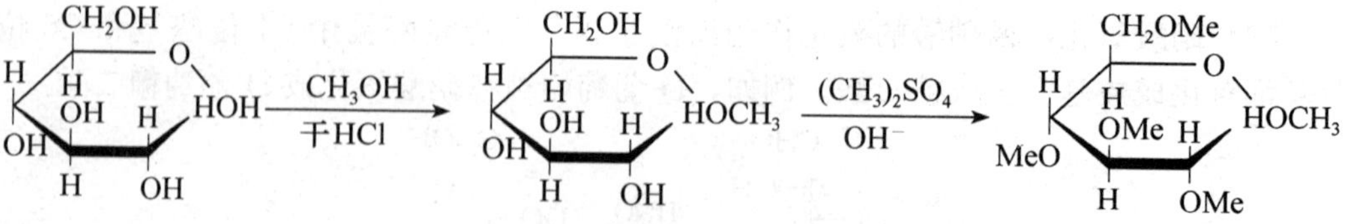

$\xrightarrow[\text{干HCl}]{CH_3OH}$ 甲基葡萄糖苷 $\xrightarrow[OH^-]{(CH_3)_2SO_4}$ 五甲基葡萄糖

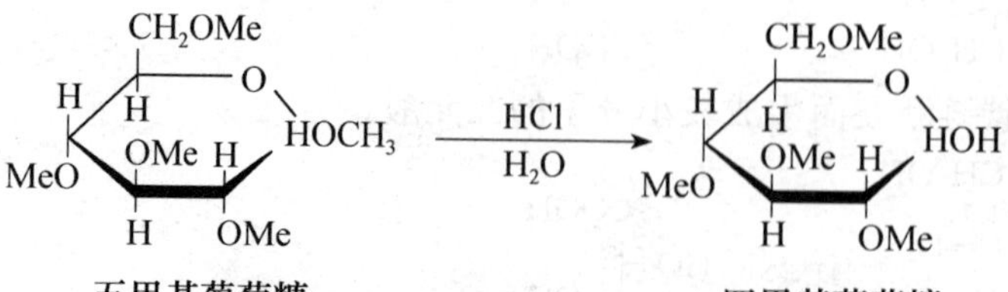

五甲基葡萄糖 $\xrightarrow[H_2O]{HCl}$ 四甲基葡萄糖

糖苷在酶的作用下水解时具有选择性。

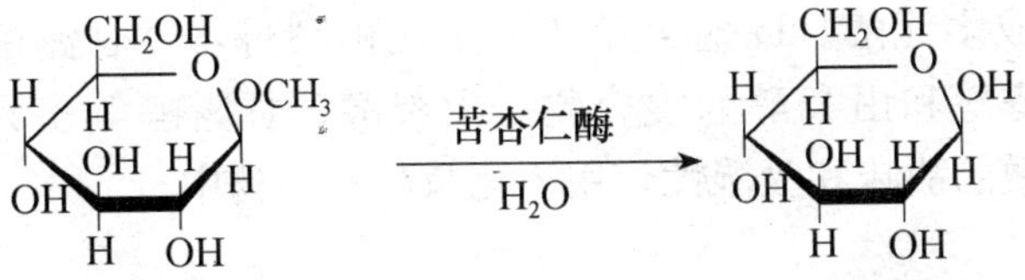

β-甲基葡萄糖苷 $\xrightarrow[H_2O]{\text{苦杏仁酶}}$ β-型葡萄糖

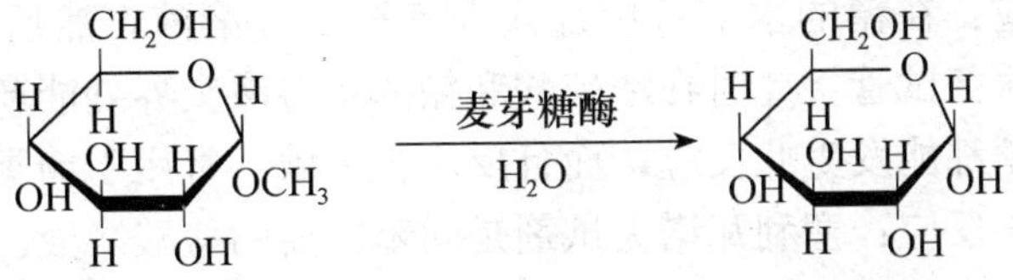

α-甲基葡萄糖苷 $\xrightarrow[H_2O]{\text{麦芽糖酶}}$ α-型葡萄糖

糖苷在自然界的分布极广，许多都是中草药的有效成分。糖苷为白色、无臭、味苦的结晶性粉末，能溶于水和乙醇，难溶于乙醚。大多数具有一定的生理功能。如水杨苷具有止痛作用，毛地黄毒苷有强心作用，苦杏仁苷具有止咳作用等。

你问我答

糖苷分子中无苷羟基，但为什么在酸性水溶液中仍有还原性和变旋光现象？

5. 成酯反应

单糖分子中含有许多羟基，这些羟基能与无机酸或有机酸作用生成酯类化合物。例如：葡萄糖在人体内先与磷酸反应生成磷酸葡萄糖，然后进一步进行代谢及吸收。

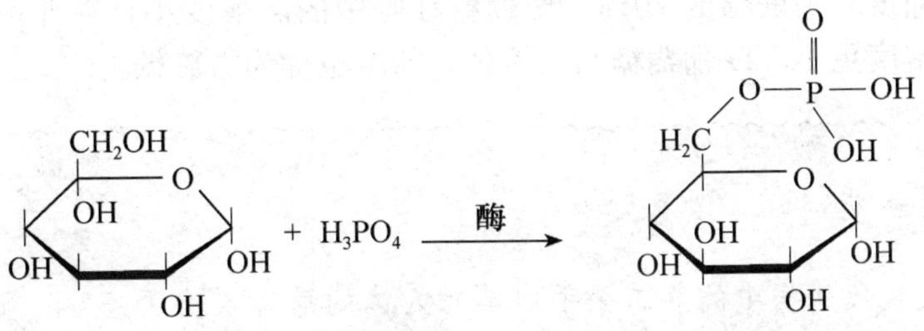

$$\text{葡萄糖} + H_3PO_4 \xrightarrow{\text{酶}} \text{磷酸葡萄糖}$$

6. 还原反应

在活性镍催化下，葡萄糖或果糖都可以在碱性及一定条件下被氢化，羰基被还原成相应的羟基，结果生成山梨醇和甘露醇。

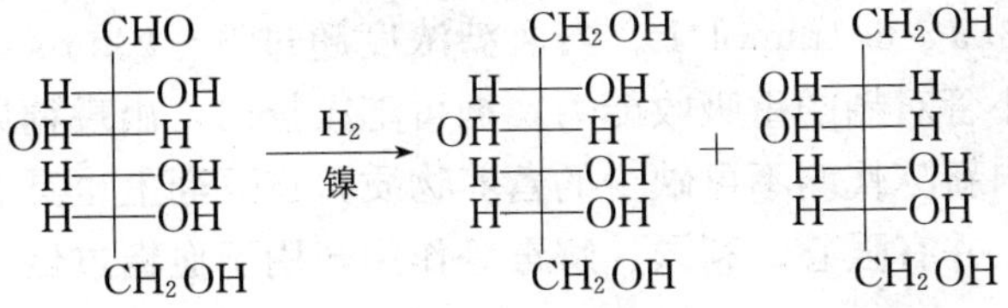

$$\text{葡萄糖} \xrightarrow[\text{镍}]{H_2} \text{山梨醇} + \text{甘露醇}$$

山梨醇　　甘露醇

单糖可还原生成多元醇。D-葡萄糖还原生成山梨醇，D-甘露醇还原生成甘露醇，D-果糖还原生成甘露醇和山梨醇的混合物。山梨醇、甘露醇等多元醇存在于植物中，山梨醇无毒，有轻微的甜味和吸湿性，用于化妆品和药物中。

7. 颜色反应

（1）莫利许反应：在糖的水溶液中加入 α-萘酚的醇溶液，然后沿着试管壁再缓慢加入浓硫酸，不得振荡试管，此时在浓硫酸和糖的水溶液交界处能产生紫红色，这就是莫利许反应。所有糖都能发生此反应，而且反应很灵敏，常用于糖类的鉴别。

（2）塞利瓦诺夫反应：塞利瓦诺夫试剂是间苯二酚的盐酸溶液。在醛糖和酮糖（游离的酮糖或双糖分子中的酮糖）中加入塞利瓦诺夫试剂，加热，酮糖能产生鲜红色，而醛糖则不能。故此反应可用于醛糖和酮糖的鉴别。

你问我答

有三瓶无色液体分别为葡萄糖溶液、果糖溶液、乙醛溶液，能否用化学方法区别呢？

三、重要的单糖

1. 葡萄糖

D-葡萄糖是自然界分布最广的单糖，在水果和蜂蜜中都含有 D-葡萄糖。葡萄糖为白色结晶性粉末，极易溶于水，加热可使溶解度增加，冷却热的糖浆可获得非常浓的溶液。葡萄糖的甜度约为蔗糖的 70%。葡萄糖在醇中的溶解度小，在非极性溶剂中，例如乙醚中的溶解度更小。D-葡萄糖为右旋体，所以也称为右旋糖。

案例分析

糖尿病是现代疾病中的第二杀手，其对人体的危害仅次于癌症。糖尿病是由于胰岛素不足或胰岛素的细胞代谢作用缺陷所引起的葡萄糖、蛋白质及脂质代谢紊乱的一种综合征。其特征为血循环中葡萄糖浓度异常升高及尿糖。

人和动物血液中也含有葡萄糖，人体血液中的葡萄糖叫做血糖。正常人血糖浓度维持恒定，其含量为 3.9～6.1mmol/L。当血糖浓度超过 9～10mmol/L 时，滤入原尿中的葡萄糖就超过肾小管对糖的重吸收能力，糖可随尿排出，出现糖尿现象。

葡萄糖是人体内新陈代谢不可缺少的营养物质，在医药上也具有广泛的用途。葡萄糖是常用的营养剂，并有强心、利尿、解毒等作用，用于血糖过低、心肌炎的治疗和补充体液等。

2. 果糖

D-果糖是自然界最丰富的己酮糖，存在于水果及许多植物的种子、球茎和树叶中，可以游离态存在，也可以与 D-(+)-葡萄糖结合成蔗糖存在。由于天然果糖具有左旋性，故也称左旋糖。果糖为无色菱形晶体，易溶于水，可溶于乙醚及乙醇中。果糖是最甜的一种糖，甜度约为蔗糖的 170%。

果糖及葡萄糖在体内都能与磷酸作用生成磷酸酯，作为体内代谢的重要中间产物。1,6-二磷酸果糖（简称 FDP）是高能营养性药物，可作为急救心肌梗塞及各类休克的辅助药物。

3. 核糖与 2-脱氧核糖

核糖与 2-脱氧核糖这两种戊糖都是核酸的重要组成部分，它们是 D-型醛糖，具有左旋性，半缩醛环状结构中含呋喃环，其环状及开链结构式如下：

D-核糖	α-D-核糖	D-2-脱氧核糖	α-D-2-脱氧核糖
CHO H—C—OH H—C—OH H—C—OH CH_2OH	HOH_2C (呋喃环, O) H H H　H OH OH　OH	CHO H—C—H H—C—OH H—C—OH CH_2OH	HOH_2C (呋喃环, O) H H H　H OH OH　H

D-核糖为结晶体，比旋光度为－21.5°。D-2-脱氧核糖比旋光度为－60°。核糖是核糖核酸（RNA）的组成部分。RNA 参与蛋白质及酶的生物合成过程。2-脱氧核糖是脱氧核糖核酸（DNA）的组成部分，DNA 存在于绝大多数活的细胞中，是遗传密码的主要物质。

4. 维生素 C

维生素 C 又称抗坏血酸，广泛存在于各种植物中，尤其是新鲜蔬菜及水果中。人体缺少维生素 C 时容易产生坏血病。维生素 C 在生物氧化和还原过程中起重要的作用，它参与机体代谢，帮助酶将胆固醇转化为胆酸而排泄，以降低毛细血管的脆性，增加机体抵抗力。在某些易被氧化的药物制剂中也用维生素 C 作为抗氧剂。维生素 C 还具有防止心力衰竭等作用，心脏病患者常要注射大剂量维生素 C。

第二节　双　　糖

麦芽糖为白色晶体，溶于水，是食用饴糖的主要成分，有营养价值，可用作糖果，也可用作细菌的培养基。在酸或酶的作用下，能水解生成 2 分子葡萄糖。

葡萄糖通过什么化学键组合成麦芽糖？

双糖是最简单的低聚糖。双糖可以看作是一分子单糖的半缩醛羟基（苷羟基）与另一分子单糖中的羟基（可以是苷羟基，也可以是其他羟基）作用，脱水而形成的糖苷。

双糖广泛存在于自然界，它的物理性质类似于单糖，易溶于水，有甜味，有旋光性等。根据双糖的结构和性质可将双糖分为还原性双糖和非还原性双糖。还原性双糖是指一分子单糖的苷羟基与另一分子糖的羟基缩合而成的二糖；非还原性双糖是指一分子单糖的苷羟基与另一分子糖的苷羟基缩合而成的二糖。常见的双糖有麦芽糖、乳糖和蔗糖。它们的分子式都是 $C_{12}H_{22}O_{11}$。

一、还原性双糖

还原性双糖中，分子里仍存有苷羟基，可以通过开链式结构形成醛基，这样的双糖具有单糖的特点，如有变旋光现象，发生成脎反应及氧化反应等，故称为还原性双糖。

（一）麦芽糖

麦芽糖可由淀粉酶水解制得，麦芽糖在大麦芽中含量很高。它是白色结晶性粉末，易溶于水，甜度约为蔗糖的 70%。市售饴糖的主要成分就是麦芽糖。

麦芽糖是由一分子 α-D-葡萄糖的半缩醛羟基和另一分子 α-D-葡萄糖的 C4 羟基脱水形成的糖苷，这个氧苷键称为 α-1,4-苷键。其结构为

苷羟基有α型和β型，故有变旋光性

羟基未成苷，为还原性糖

α-1,4-苷键

在麦芽糖的分子中还保留了一个半缩醛羟基，有 α-型和 β-型两种异构体。所以在水溶液中其环状结构可以转变成含醛基的开链结构，并存在 α-型和 β-型两种环状结构和开链结构的互变平衡。这个结构特点还决定了麦芽糖具有还原性。能产生变旋光现象，能被氧化剂氧化，也能形成糖脎、糖苷。在烯酸或酶的作用下，麦芽糖水解生成葡萄糖。

（二）纤维二糖

纤维二糖广泛存在于各种植物中，是纤维素的组成成分。纤维二糖由一分子 β-D-葡萄糖的苷羟基与另一分子的葡萄糖 C4 上的羟基缩水形成糖苷，得到 β-1,4-苷键。人体内缺乏水解 β-1,4-苷键的酶，纤维二糖不能被人体消化吸收。

纤维二糖也是还原糖，化学性质与麦芽糖相似，纤维二糖与麦芽糖的唯一区别是苷键的构型不同，麦芽糖为 α-1,4-苷键，而纤维二糖为 β-1,4-苷键。纤维二糖的结构为

β-1,4-苷键

（三）乳糖

乳糖存在于哺乳动物的乳汁中，人乳中含乳糖5%～8%，牛乳中含乳糖4%～6%，是婴儿发育必需的营养物质。乳糖是奶酪生产的副产品，牛奶变酸是因为其中所含的乳糖变成了乳酸的缘故。

从结构看，乳糖是由β-D-吡喃半乳糖C1上的苷羟基与另一分子D-吡喃葡萄糖C4上的醇羟基脱水，通过β-1,4-苷键连接而成。

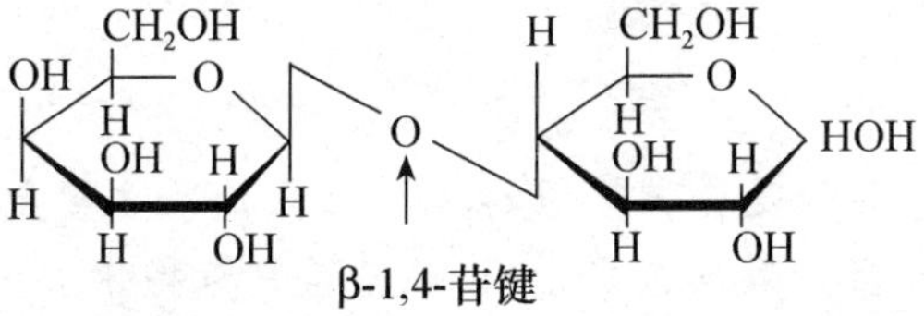

β-1,4-苷键

β-D-吡喃半乳糖　　　　D-吡喃葡萄糖

乳糖分子中葡萄糖部分仍保留苷羟基，所以乳糖具有还原性，有变旋光现象。在烯酸和酶的作用下，乳糖水解后得到葡萄糖和半乳糖。

二、非还原性双糖

非还原性二糖主要是蔗糖，是广泛存在于植物中的二糖，利用光合作用合成的植物的各个部分都含有蔗糖。例如，甘蔗含蔗糖14%以上，北方甜菜含蔗糖16%～20%，但蔗糖一般不存在于动物体内。

蔗糖是由一分子α-D-吡喃葡萄糖C1上的苷羟基和一分子β-D-呋喃果糖C2上的苷羟基通过1,2-苷键结合而成的双糖。其结构如下：

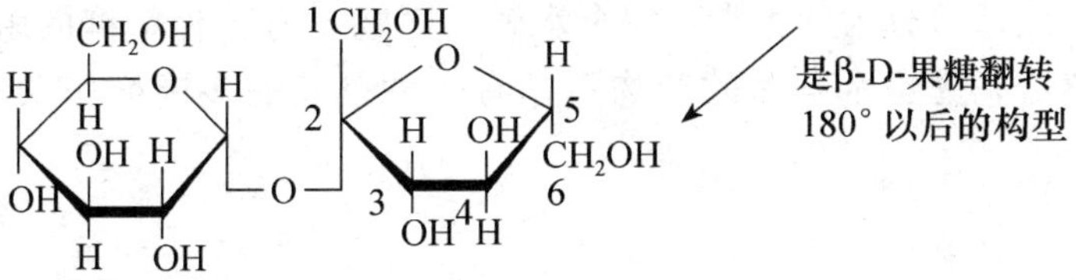

是β-D-果糖翻转180°以后的构型

α-D-葡萄糖单位　　　　β-D-果糖单位

蔗糖分子中无苷羟基，在水溶液中不能转变成开链式结构，是非还原性双糖，所以无变旋光现象，与土伦试剂、费林试剂、班氏试剂均不反应，也不能形成糖脎。在酸或酶的作用下水解生成等量的葡萄糖和果糖的混合物。蔗糖溶液是右旋的，但是水解后两个单糖的混合物是左旋的。因此蔗糖的水解过程又称为蔗糖的转化，水解产物又称为转化糖，转化糖具有还原糖的一切性质。

小贴士

糖是自然界存在最大的生物量，糖链是自然界中最大的生物信息库，糖链的结构改变和很多疾病的发生相伴随，美国科学家费兹已经确认糖蛋白和糖脂组成的碳链可以对抗癌症。因此，糖链的功能不再局限于为人体提供能量。科学家认为，在核酸和蛋白质基础上的生命现象只有在生物糖的作用下才能进行更多的生命活动，如受精、免疫、发育、衰老、癌变等，糖类的深入研究已经成为生命科学研究的新热点。

第三节 多 糖

案例

乳品和乳制品加入淀粉是一种掺假行为，掺入淀粉主要起增稠和稳定作用，同时提高乳品的干物质含量，其实质是为了掩盖因大量掺水和盐类而造成的稀薄感。从而大大降低了乳粉的成本，然而却严重损害了消费者的经济利益和身体健康。

请问如何检测乳品和乳制品中掺有淀粉？

多糖是重要的天然高分子化合物，是由单糖通过苷键连接而成的天然高分子化合物。由于多糖分子中的苷羟基几乎都被结合为苷键，因此，多糖的性质与单糖、双糖的性质有较大的区别，多糖大多为无还原性，不能生成糖脎，无变旋光现象，无甜味，大多难溶于水，有的能和水形成胶体溶液。在酸或酶的作用下，多糖可以逐步水解，水解的最终产物为单糖。

多糖在自然界分布最广，是生物体的重要组成部分，与生命活动密切相关，动、植物贮藏养分的糖原、淀粉等，组成植物骨架的纤维素都是多糖。

多糖按照其组成可分为两大类：完全水解后产物只有一种单糖的多糖称作均多糖，如淀粉、纤维素等；完全水解后的产物不止有一种单糖的多糖称作杂多糖，如透明质酸、肝素等。

一、纤维素

纤维素是自然界中最丰富的多糖，它是植物细胞的主要成分。植物的细胞膜大约50%是纤维素，木材中含纤维素为40%～50%，棉花是含纤维素最多的物质，含量达90%以上。

将纤维素用纤维素酶（β-糖苷酶）水解或在酸性溶液中完全水解，生成D-(＋)-葡萄糖。由此推断，纤维素是由许多葡萄糖结构单位以β-1,4苷键互相连接而成的。

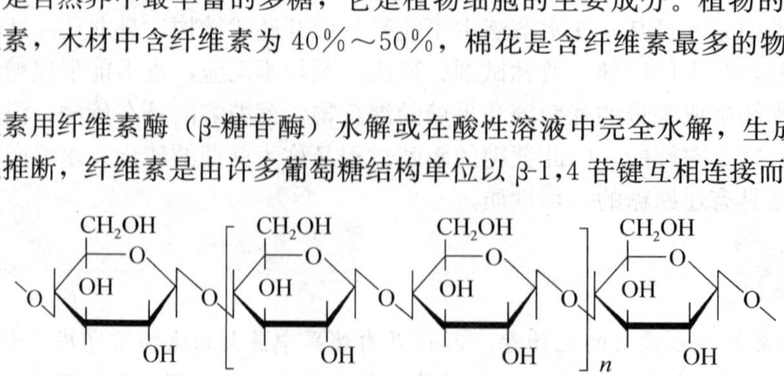

人的消化道中没有水解β-1,4葡萄糖苷键的纤维素的酶，所以人不能消化纤维素，但人对纤维素又是必不可少的，因为纤维素可帮助肠胃蠕动，以提高消化和排泄能力。

纤维素的相对分子量为 25 万～100 万，每个分子中至少含有 1500 个葡萄糖单位。经 X 射线分析和电子显微镜观察得知：纤维素呈绳索状长链排列，每一束由 100～200 条彼此平行的纤维素分子链相互间通过氢键作用像麻绳一样拧在一起形成绳索状纤维素链，如图 16-1 所示。

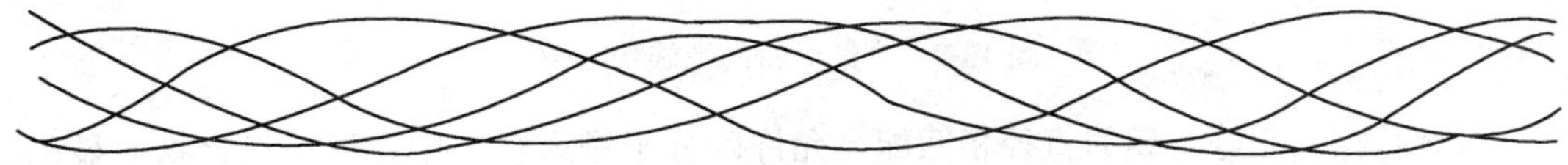

图 16-1　纤维素的绳索状链结构示意图

纤维素是白色物质，不溶于水，韧性很强，在高温、高压下经酸水解的最终产物是 β-D-葡萄糖。人体内的淀粉酶只能水解 α-1,4-苷键，不能水解 β-1,4-苷键，因此，纤维素不能直接作为人的营养物质。纤维素虽然不能被人体消化吸收，但有刺激胃肠蠕动、防止便秘、排除有害物质、减少胆酸和中性胆固醇的肝肠循环、降低血清胆固醇、影响肠道菌、抗肠癌等，所以食物中保持一定量的纤维素对人体健康是十分有益的。牛、马、羊等食草动物的胃中能分泌纤维素水解酶，能将纤维素水解成葡萄糖，所以纤维素可作为食草动物的饲料。纤维素的用途很广，可用于制纸，还可用于制造人造丝、火棉胶、电影胶片(赛璐珞)、硝基漆等。在药物制剂中，纤维素经处理后可用作片剂的黏合剂、填充剂、崩解剂、润滑剂和良好的赋形剂。纤维素是由几千个葡萄糖单位经 β-1,4-苷键连接而成的长链分子，一般无分支链。纤维素性质稳定，有良好的机械程度和化学稳定性。

二、淀粉

淀粉大量存在于植物的种子和地下块茎中，是人类的三大食物之一。淀粉用淀粉酶水解得麦芽糖，在酸的作用下，能彻底水解为葡萄糖。所以，淀粉是麦芽糖的高聚体。

淀粉是白色无定形粉末，有直链淀粉和支链淀粉两部分组成。

直链淀粉——可溶于热水，又称为可溶性淀粉，占 10%～20%。

支链淀粉——不溶性淀粉，占 80%～90%。

1. 直链淀粉

（1）结构：由 α-D-(+)-葡萄糖以 α-1,4 苷键结合而成的链状高聚物。

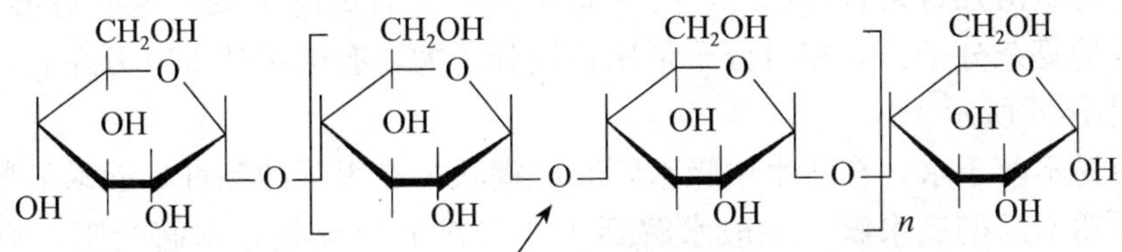

（2）性质：不溶于冷水，不能发生还原糖的一些反应，遇碘显深蓝色，可用于鉴定碘的存在。原因：直链淀粉不是伸开的一条直链，而是螺旋状结构（图 16-2）。

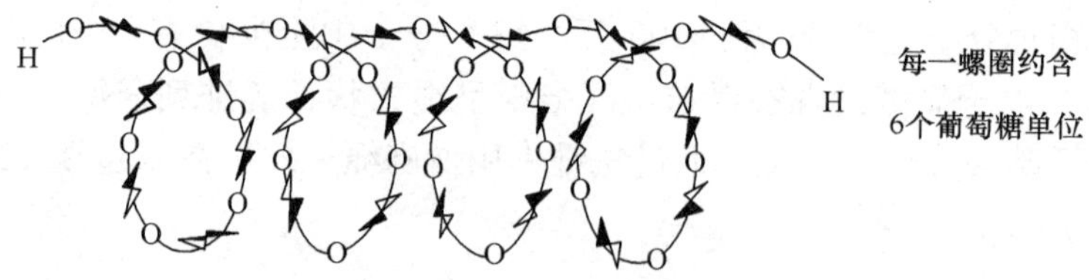

图 16-2　直链淀粉的螺旋状结构

螺旋状空穴正好与碘的直径相匹配，允许碘分子进入空穴中，形成包合物而显色。淀粉-碘的包合物显深蓝色，加热解除吸附，则蓝色退去；冷却后又形成包合物而显色（图 16-3）。

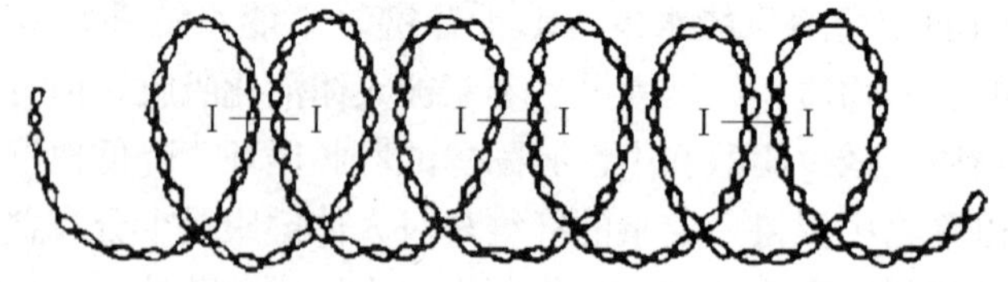

图 16-3　淀粉-碘复合物

2. 支链淀粉（不溶性淀粉）

支链淀粉在结构上除了由葡萄糖分子以 α-1,4 苷键连接成主链外，还有以 α-1,6 苷键相连而形成的支链（每个支链大约 20 个葡萄糖单位）。其基本结构如下所示：

α-1,6-苷键

α-1,4-苷键

支链淀粉是由几百条含 20～25 个 D-葡萄糖单位的短链组成，这些短链纵横交错，形成树枝状的复杂分子，其相对分子量比直链分子大，有的可达 600 万左右。支链淀粉的结构如图 16-4 所示。

支链淀粉不溶于水，在热水中吸水膨胀成糊状，有很强的黏性，遇碘显紫红色。

支链淀粉不易彻底水解，一般水解到 1,6-苷键的分支处，水解受阻，有些胃功能较差的人吃糯食难以消化，就是这个原因。糯米中支链淀粉含量很高，糯米的“糯性”由此而来。

三、糖原

糖原又称动物淀粉，是肌肉和肝脏组织中的贮备多糖，因此糖原有肝糖原和肌糖原之分。

糖原的结构与支链淀粉相似，但其支链更多更密，每隔 8～10 个葡萄糖单位就出现 1 个 α-1,6-苷键，其相对分子量在 100 万～400 万，含 6000～20000 个 D-葡萄糖单位。分支的增多可增大水溶度。

糖原是白色无定形粉末，可溶于热水形成透明胶体溶液，遇碘显紫红色，无还原性。糖原水解反应的最终产物也是 D-葡萄糖。

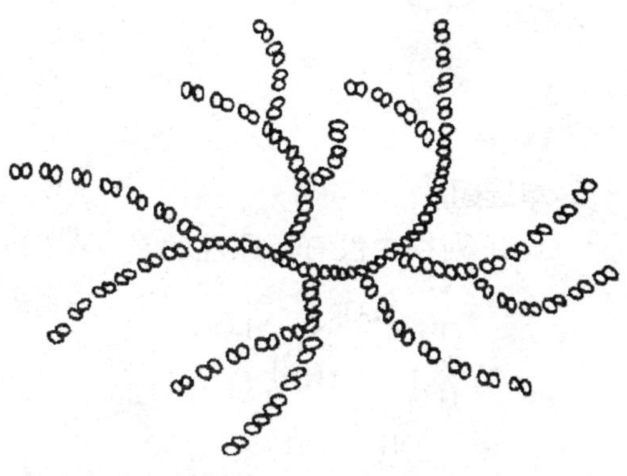

图 16-4　支链淀粉结构示意图

每一圆圈代表一个葡萄糖单位

小贴士

糖原在人体中的作用

一部分葡萄糖在人体内缩合而成糖原，机体各组织细胞都能利用葡萄糖合成糖原，但各组织中糖原含量并不同。肝脏和肌肉中储存的糖原最多，分别称为肝糖原和肌糖原。糖原在人体代谢中对维持人血液中的血糖浓度有着重要的调节作用。当血糖浓度增高时，多余的葡萄糖就聚合成糖原储存于肝内；当血糖浓度降低时，肝糖原就分解成葡萄糖进入血液，以保持血糖浓度正常，为各组织提供能量。肌肉中的糖原为肌肉收缩所需能量的来源。

学习小结

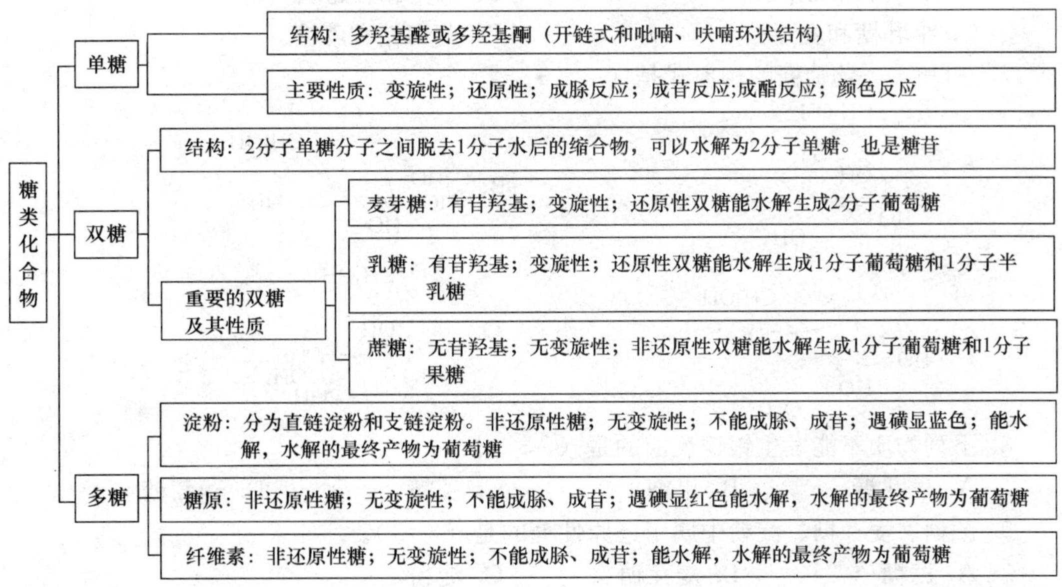

自我测评

一、单选题

1. 下列糖中没有还原性的是（　　）。

A.　　　　B.

C.　　　　D.

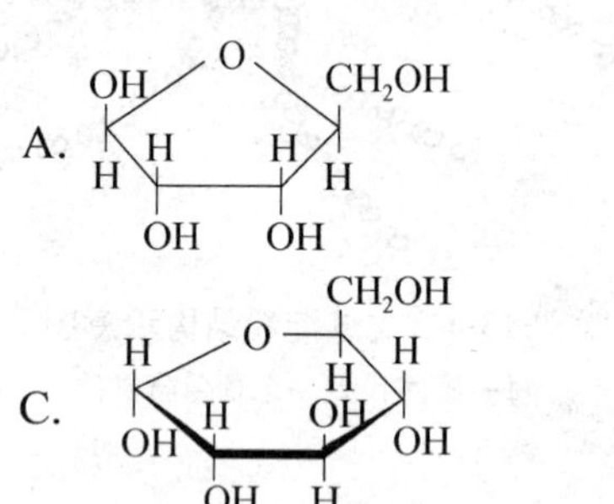

2. 下列说法正确的是（　　）。

A. 糖类都符合通式 $C_m(H_2O)_n$　　B. 糖类都有甜味

C. 糖类一般含有碳、氢、氧三种元素　D. 糖类都能发生水解

3. 可用于区分蔗糖和果糖的试剂是（　　）。

A. 塞利凡诺夫试剂　　B. 溴水

C. 土伦试剂　　D. 莫立许试剂

4. 下列糖中属于非还原糖的是（　　）。

A. 蔗糖　　B. 葡萄糖　　C. 乳糖　　D. 果糖

5. 临床上检验糖尿病患者尿液中葡萄糖的常用试剂是（　　）。

A. 班氏试剂　　B. 土伦试剂　　C. 溴水　　D. 苯肼

6. 下列各组化合物可用土伦试剂区分开的（　　）。

A. 葡萄糖和己醛　　B. 果糖和甘露糖

C. 半乳糖和麦芽糖　　D. 葡萄糖和蔗糖

7. β-D-(＋)-葡萄糖的构象式是（　　）。

A. 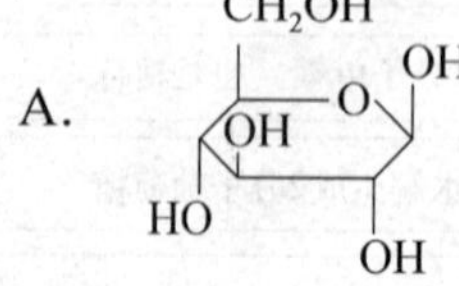　　B. 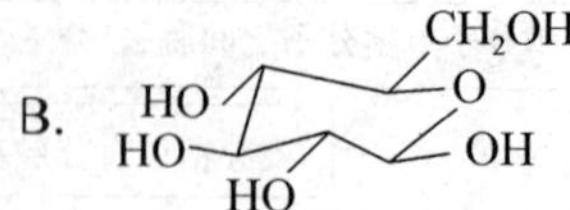

C. 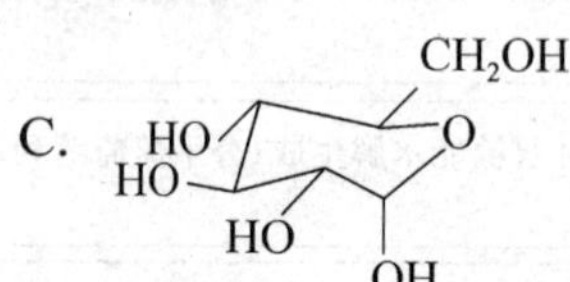　　D.

8. 下列物质不能发生银镜反应的是（　　）。

A. 麦芽糖　　B. 果糖　　C. 蔗糖　　D. 葡萄糖

9. 蔗糖、麦芽糖、淀粉中属于还原性糖的是（　　）。

A. 蔗糖　　B. 麦芽糖　　C. 淀粉

10. 纤维素经酶或酸水解最后产物是（　　）。
A. 葡萄糖　　B. 蔗糖　　C. 纤维二糖　　D. 麦芽糖

11. 纤维素的结构单位是（　　）。
A. D-葡萄糖　　B. 纤维二糖　　C. L-葡萄糖　　D. 核糖

12. 下列（　　）生成的糖脎是相同的。
A. 乳糖、葡萄糖、果糖　　B. 甘露糖、果糖、半乳糖
C. 麦芽糖、果糖、半乳糖　　D. 甘露糖、果糖、葡萄糖

13. 水解前和水解后的溶液都能发生银镜反应的物质是（　　）。
A. 核糖　　B. 蔗糖　　C. 果糖　　D. 麦芽糖

14. 碘量法中用于指示终点的指示剂是（　　）。
A. 纤维素　　B. 淀粉　　C. 糖原　　D. 麦芽糖

15. 人体内消化酶不能消化的糖是（　　）。
A. 蔗糖　　B. 淀粉　　C. 糖原　　D. 纤维素

16. 下列糖被稀硝酸氧化后具有旋光性的是（　　）。

A.
CHO
H—OH
H—OH
H—OH
CH_2OH

B.
CHO
HO—H
H—OH
H—OH
CH_2OH

C.
CHO
H—OH
HO—H
H—OH
CH_2OH

D.
CHO
HO—H
HO—H
HO—H
CH_2OH

二、写出核糖与下列试剂作用反应式和产物的名称

1. 甲醇（干燥 HCl）　　2. 苯肼
3. 溴水　　4. 稀硝酸

三、分析题

1. 用简单的化学方法区分下列各组化合物。
（1）苯甲醛　葡萄糖　果糖　　（2）果糖　蔗糖　淀粉
（3）乳糖　蔗糖　果糖　　（4）葡萄糖　果糖　蔗糖

2. 推断结构。

化合物 A($C_9H_{18}O_6$) 没有还原性，水解可生成化合物 B 和 C。B($C_6H_{12}O_6$) 具有还原性，可被溴水氧化，与过量苯肼形成的脎与葡萄糖脎相同。C(C_3H_8O) 可发生碘仿反应，遇活泼金属钠冒出气泡，试推断 A、B、C 的结构式。

3. 三个单糖和过量苯肼作用生成晶形相同的脎，其中一个单糖的投影式如下所示，写出其他两个异构体的投影式。

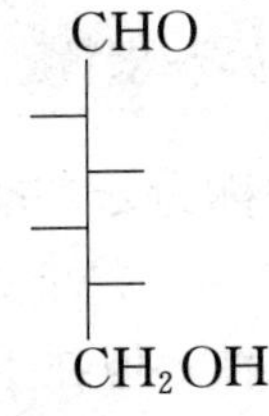

4. 下列糖分别用稀硝酸氧化，其产物有无旋光性？
(A) D-葡萄糖　　(B) D-半乳糖　　(C) D-核糖

第十七章　氨基酸、肽、蛋白质和核酸：自然界中的含氮聚合物

学习目标

知识要求：掌握氨基酸的化学性质，蛋白质的一级结构、颜色反应和变性；熟悉氨基酸的分类、命名和物理性质；了解核酸的组成、结构，了解蛋白质的分类和组成。

能力要求：学会说出氨基酸的官能团，学会用化学方法鉴别氨基酸和蛋白质，具备认识氨基酸、蛋白质、核酸和酶的生理功能的能力。

学习导航

蛋白质和核酸都是天然高分子化合物，是生命物质的基础。我们知道，生命活动的基本特征就是蛋白质的不断自我更新，也就是我们平常所说的新陈代谢。蛋白质是一切活细胞的组织物质，也是酶、抗体和许多激素中的主要物质。从化学结构上说，蛋白质属于聚酰胺类化合物，由α-氨基酸构成，因此，α-氨基酸是建筑蛋白质的基础。要讨论蛋白质的结构和性质，首先要研究α-氨基酸的化学。核酸是遗传的物质基础，故又称为“遗传大分子”，核酸在生物体的生长、繁殖、遗传、变异和转化等一切生命现象中起着决定性的作用。

第一节　氨　基　酸

案例

烹饪菜肴时，通常在临起锅时才加入味精，这是为什么呢？

分子中既有氨基又有羧基的化合物称为氨基酸。将蛋白质用酸或酶催化进行水解，最终产物都是α-氨基酸。

自然界中已发现的氨基酸有300多种，但在生物体内作为组成蛋白质基本单位的氨基酸主要有20种。表17-1中列出常见的α-氨基酸。其中标有*号的8种氨基酸在人体内不能合成，必须通过食物供给，这些氨基酸称为必需氨基酸。

表 17-1 蛋白质中主要的 20 种氨基酸

序号	名 称	中/英文缩写	结 构 式	等电点（pI）
			中性氨基酸	
1	甘氨酸（glycine）	甘/Gly，G	$CH_2(NH_2)COOH$	5.97
2	丙氨酸（alanine）	丙/Ala，A	$CH_3CH(NH_2)COOH$	6.00
3	缬氨酸＊（valine）	缬/Val，V	$(CH_3)_2CHCH(NH_2)COOH$	5.96
4	亮氨酸＊（leucine）	亮/Leu，L	$(CH_3)_2CHCH_2CH(NH_2)COOH$	5.98
5	异亮氨酸＊（isoleucine）	异/Ile，I	$CH_3CH_2\overset{CH_3}{\overset{\mid}{C}}HCH(NH_2)COOH$	6.02
6	苯丙氨酸＊（phenylalanine）	苯/Phe，F	(苯环)—$CH_2CH(NH_2)COOH$	5.48
7	天门冬酰胺（asparagine）	天酰/Asn，N	$H_2N-\overset{O}{\overset{\Vert}{C}}-CH_2CH(NH_2)COOH$	5.41
8	谷氨酰胺（glutamine）	谷酰/Gln，Q	$H_2N-\overset{O}{\overset{\Vert}{C}}-CH_2CH_2CH(NH_2)COOH$	5.65
9	色氨酸＊（tryptophan）	色/Trp，W	(吲哚环，N H)—$CH_2CH(NH_2)COOH$	5.89
10	脯氨酸（proline）	脯/Pro，P	(吡咯烷环，N H)—COOH	6.30
11	丝氨酸（serine）	丝/Ser，S	$HOCH_2CH(NH_2)COOH$	5.68
12	苏氨酸＊（threonine）	苏/Thr，T	$CH_3CH(OH)CH(NH_2)COOH$	5.60
13	酪氨酸（ryrosine）	酪/Tyr，Y	HO—(苯环)—$CH_2CH(NH_2)COOH$	5.66
14	半胱氨酸（cysteine）	半/Cys，C	$HSCH_2CH(NH_2)COOH$	5.05
15	蛋氨酸＊（methionine）	蛋/Met，M	$CH_3SCH_2CH_2CH(NH_2)COOH$	5.74
			酸性氨基酸	
16	天门冬氨酸＊（aspartic acid）	门/Asp，D	$HOOCCH_2CH(NH_2)COOH$	2.98
17	谷氨酸（glutamic acid）	谷/Glu，E	$HOOC(CH_2)_2CH(NH_2)COOH$	3.22
			碱性氨基酸	
18	赖氨酸＊（lysine）	赖/Lys，K	$H_2N(CH_2)_4CH(NH_2)COOH$	9.74
19	精氨酸（arginine）	精/Arg，R	$H_2N-\overset{NH}{\overset{\Vert}{C}}-NH(CH_2)_3CH(NH_2)COOH$	10.76
20	组氨酸（histidine）	组/His，H	(咪唑环，HN N)—$CH_2CH(NH_2)COOH$	7.59

一、氨基酸的分类、结构和命名

（一）分类

根据烃基类型可分为脂肪族氨基酸、芳香族氨基酸、杂环族氨基酸。

根据分子中氨基和羧基的数目不同分为中性氨基酸（羧基和氨基数目相等）、酸性氨基酸（羧基数目大于氨基数目）、碱性氨基酸（氨基的数目多于羧基数目）。

根据氨基和羧基的相对位置分为 α-氨基酸、β-氨基酸和 γ-氨基酸。

案例分析

味精是调味料的一种，主要成分为谷氨酸钠。要注意的是，如果在 100℃以上的高温中使用味精，谷氨酸钠会转变为对人体有致癌性的焦谷氨酸钠，而且鲜味消失。

（二）结构

自然界中已发现的氨基酸目前已超过 300 种以上，但在生物体内作为合成蛋白质的原料只有 20 种。组成蛋白质的氨基酸（天然产氨基酸）在结构上都有一个共同特点，即氨基都连在 α-碳原子上，可用下式表示：

```
     H
     |
R—C—COOH
     |
    NH2
```

（三）命名

氨基酸命名多用俗名或代号，俗名与氨基酸性质有关，如甘氨酸是甜的，或与来源有关，如丝氨酸。代号是取氨基酸的英文名称的前几个字母，如 glycine（甘氨酸）称为 Gly。

二、氨基酸的构型

天然氨基酸，除甘氨酸外，都含有一个或一个以上的手性碳原子，因此具有旋光性。这些手性氨基酸相对构型都是 L 构型。用 D/L 体系表示——在费歇尔投影式中氨基位于横键右边的为 D 型，位于左边的为 L 型。例如：

```
     COOH                  COOH
      |                     |
H—C—NH2          NH2—C—H
      |                     |
      R                     R
   D-氨基酸              L-氨基酸
```

小贴士

酱油的等级分为特、1、2、3 四个等级，这是根据其氨基酸态氮的含量来划分的，氨基酸态氮含量越高，口味越好。氨基酸态氮最低含量不得小于 0.4g/100mL

(3级)，1级的不得少于0.7g/100mL，2级的不得少于0.55g/100mL，大于或等于0.8g/100mL的为特级，氨基酸态氮是指以氨基酸形式存在的氮。食物中的氮有许多来源，而来自于氨基酸形式的氮越高，就说明食物中的氨基酸含量越高。氨基酸不但是人体重要的营养物质，更是食物鲜美味道的主要来源。因此，酱油的氨基酸态氮含量越高，就说明氨基酸越多，不但营养高，而且鲜味也越浓。

三、氨基酸的性质

（一）氨基酸的物理性质

α-氨基酸均为无色晶体，能溶于强酸或强碱溶液。由于侧链R的不同，在水中的溶解度也不同。氨基酸晶体的熔点较高，一般在200～300℃，加热至熔点氨基酸易发生分解而放出二氧化碳。

（二）氨基酸的化学性质

氨基酸分子中既有羧基又有氨基，是一类多官能团化合物。其结构特点决定它既表现出羧基（如成盐、成酯、脱羧等）和氨基（如成盐、与亚硝酸作用等）的典型化学性质，同时又显示出氨基与羧基相互影响、相互作用的一些特殊的化学性质。

1. 两性电离和等电点

氨基酸分子中的氨基是碱性的，而羧基是酸性的，因而氨基酸既能与酸反应，也能与碱反应，是一个两性化合物。

$$\underset{\overset{+|}{NH_3}}{R{-}CH{-}COOH} \xleftarrow{H^+} \underset{\overset{|}{NH_2}}{R{-}CH{-}COOH} \xrightarrow{OH^-} \underset{\overset{|}{NH_2}}{R{-}CH{-}COO^-}$$

氨基酸在一般情况下不是以游离的羧基或氨基存在的，而是两性电离，在固态或水溶液中形成内盐。

$$\underset{\overset{|}{NH_2}}{R{-}CH{-}COOH} \rightleftharpoons \underset{\overset{+|}{NH_3}}{R{-}CH{-}COO^-}$$

在氨基酸水溶液中加入酸或碱，致使羧基和氨基的离子化程度相等（即氨基酸分子所带电荷呈中性——处于等电状态）时溶液的pH称为氨基酸的等电点。常以pI表示。

$$\underset{\overset{|}{NH_2}}{R{-}CH{-}COOH}$$
$$\Updownarrow$$
$$\underset{\overset{|}{NH_2}}{R{-}CH{-}COO^-} \underset{H^{\oplus}}{\overset{OH^{\ominus}}{\rightleftharpoons}} \underset{\overset{|}{NH_3^+}}{R{-}CH{-}COO^-} \underset{OH^{\ominus}}{\overset{H^{\oplus}}{\rightleftharpoons}} \underset{\overset{|}{NH_3^+}}{R{-}CH{-}COOH}$$

负离子	偶极离子	正离子
pH＞pI	pI	pH＜pI

因此，在不同的 pH 中，氨基酸能以正离子、负离子及偶极离子三种不同形式存在。如果把氨基酸溶液置于电场中，它的正离子会向阴极移动，负离子则会向阳极移动。当调节溶液的 pH，使氨基酸以偶极离子形式存在时，它在电场中既不向阴极移动，也不向阳极移动，此时溶液的 pH 称为该氨基酸的等电点，通常用符号 pI 表示。当调节溶液的 pH 大于某氨基酸的等电点时，该氨基酸主要以负离子形式存在，在电场中移向阳极；当调节溶液的 pH 小于某氨基酸的等电点时，该氨基酸主要以正离子形式存在，在电场中移向阴极。

在等电点时，氨基酸的 pH 不等于 7。对于中性氨基酸，由于羧基电离度略大于氨基，因此需要加入适当的酸抑制羧基的电离，促使氨基电离，使氨基酸主要以偶极离子的形式存在。所以中性氨基酸的等电点都小于 7，一般在 5～6.3。酸性氨基酸的羧基多于氨基，必须加入较多的酸才能达到其等电点，因此酸性氨基酸的等电点一般在 2.8～3.2。要使碱性氨基酸达到其等电点，必须加入适量碱，因此碱性氨基酸的等电点都大于 7，一般在 7.6～10.8。氨基酸在等电点时溶解度最小，最容易沉淀。

2. 氨基的反应

（1）氨基的酰基化：在蛋白质的合成过程中为了保护氨基则用苄氧甲酰氯作为酰化剂。

$$C_6H_5-CH_2-O-\overset{\overset{O}{\|}}{C}-Cl+NH_2-\overset{\overset{R}{|}}{CH}-COOH\longrightarrow C_6H_5-CH_2-O-\overset{\overset{O}{\|}}{C}-NH-\overset{\overset{R}{|}}{CH}-COOH$$

（2）氨基的烃基化：氨基酸与 RX 作用则烃基化成 N-烃基氨基酸。

$$NO_2-C_6H_3(NO_2)-F+NH_2-\overset{\overset{R}{|}}{CH}-COOH\longrightarrow NO_2-C_6H_3(NO_2)-NH-\overset{\overset{R}{|}}{CH}-COOH$$

氟代二硝基苯在多肽结构分析中用作测定 N 端的试剂。

（3）与亚硝酸反应：大多数氨基酸中含有伯氨基，可以定量与亚硝酸反应，生成 α-羟基酸，并放氮气。

$$R-\underset{\underset{NH_2}{|}}{CH}-COOH+HNO_2\longrightarrow R-\underset{\underset{OH}{|}}{CH}-COOH+N_2\uparrow+H_2O$$

反应是定量完成的，恒量放出 N_2，测定 N_2 的体积便可计算出氨基酸中氨基的含量。此法常用于测定氨基酸、多肽和蛋白质中自由氨基的含量。

3. 脱羧反应

将氨基酸缓缓加热或在高沸点溶剂中回流，可以发生脱羧反应生成胺。生物体内的脱羧酶也能催化氨基酸的脱羧反应，这是蛋白质腐败发臭的主要原因。例如赖氨酸脱羧生成 1,5-戊二胺（尸胺）。

$$\underset{\text{赖氨酸}}{H_2N-CH_2(CH_2)_3\underset{\underset{NH_2}{|}}{CH}COOH}\xrightarrow[-CO_2]{Ba(OH)_2;\ \triangle}\underset{\text{戊二胺（尸胺）}}{H_2N-(CH_2)_5-NH_2}$$

4. 与水合茚三酮反应

α-氨基酸在碱性溶液中与茚三酮作用，生成显蓝色或紫红色的有色物质，称为罗曼紫。这是鉴别α-氨基酸的最灵敏的方法。脯氨酸和羟脯氨酸与水合茚三酮反应时，生成黄色化合物。

$$2\,\text{水合茚三酮} + R{-}\underset{\underset{H_2N}{|}}{CH}COOH \longrightarrow \text{罗曼紫} + RCHO + CO_2 + 3H_2O$$

水合茚三酮　　　　罗曼紫

在生化实验中，常用纸层析、薄层层析或柱层析把氨基酸分离后，再利用水合茚三酮来显色定性或定量测定各种氨基酸。

小贴士

氨基酸的医疗应用

氨基酸在医药上主要用来制备氨基酸注射液，也用作治疗药物和用于合成多肽药物。用作药物的氨基酸有100多种，其中包括构成蛋白质的氨基酸有20种和非构成蛋白质的氨基酸有100多种。

由多种氨基酸组成的复方制剂在现代静脉营养输液以及“要素饮食”疗法中占有非常重要的地位，对维持危重病人的营养、抢救患者生命起积极作用，成为现代医疗中不可少的医药品种之一。氨基酸主要用于治疗肝病疾病、消化道疾病、脑病、心血管病和呼吸道疾病，也常用于提高肌肉活力、儿科营养和解毒等。

第二节 多　肽

一、多肽的组成

一分子氨基酸中的α-羧基与另一分子氨基酸分子的α-氨基脱水而形成的酰胺称为肽，其形成的酰胺键称为肽键。

$$NH_2{-}\overset{R}{\overset{|}{CH}}{-}\overset{O}{\overset{\|}{C}}{-}OH + NH_2{-}\overset{R'}{\overset{|}{CH}}{-}COOH \xrightarrow{-H_2O} NH_2{-}\overset{R}{\overset{|}{CH}}{-}\boxed{\overset{O}{\overset{\|}{C}}{-}NH}{-}\overset{R'}{\overset{|}{CH}}{-}COOH$$

肽键

由 n 个α-氨基酸缩合而成的肽称为 n 肽，由10个以上α-氨基酸缩合而成的肽称为多肽。无论肽链有多长，在链的两端一端有游离的氨基（$-NH_2$），称为N端；链的另一端有游离的羧基（—COOH），称为C端。

$$\boxed{NH_2}-\underset{R}{CH}-\overset{O}{\overset{\|}{C}}-\left[NH-\underset{R'}{CH}-\overset{O}{\overset{\|}{C}}\right]_n-NH-\underset{R''}{CH}-\boxed{COOH}$$

N端　　　　　　　　　　　　　　　　　　　　C端

二、多肽的命名

肽的命名是以C-端氨基酸为母体，肽链中其他氨基酸名称中的“酸”字改为“酰”字，称为“某氨酰”，并从N-端开始依次写在母体名称之前，两者之间通常用“-”连接，例如：

$$NH_2-\underset{CH_3}{CH}-\underset{O}{\underset{\|}{C}}-NH-\underset{CH_2OH}{CH}-\underset{O}{\underset{\|}{C}}-NH-\underset{CH_2C_6H_5}{CH}-COOH$$

丙氨酰丝氨酰苯丙氨酸（丙-丝-苯丙）

为了方便起见，在肽的命名中，氨基酸的名称常用缩写符号表示。例如：

$$HOOC-\underset{NH_2}{CH}CH_2CH_2-\overset{O}{\overset{\|}{C}}-\overset{H}{N}-\underset{CH_2-SH}{CH}-\overset{O}{\overset{\|}{C}}-\overset{H}{N}-\overset{H_2}{C}-COOH$$

谷氨酰-半胱氨酰-甘氨酸

简写为谷-半胱-甘（Glu-Cys-Gly）

生物体内存在许多游离多肽，它们都具有特殊的生理功能。谷-胱-甘肽分子中含有一个易被氧化的巯基（—SH），称为还原型谷-胱-甘肽（常用GSH表示），两分子GSH间可通过巯基氧化成二硫键而连接，形成氧化型谷-胱-甘肽（常用GS-SG表示）。

第三节　蛋　白　质

案例

低蛋白血症

某肝硬化患者，近来具有食欲减退、腹胀、乏力、胸腹水、尿少等临床症状，化验显示其血浆总蛋白质低于6.0g%，医生诊断为低蛋白血症。低蛋白血症不是一种独立的疾病，而是各种原因所致氮负平衡的结果。肝硬化时，由于肝细胞受到损害，蛋白质合成能力障碍，导致了血浆蛋白、纤维蛋白等下降。

蛋白质是一类重要的生物高分子化合物，是生命最基本的物质之一，也可以说是生命的基础，它在生命现象和生命过程中起着极为重要的作用。因此，对蛋白质的研究可以帮助我们了解生命的本质。

蛋白质和多肽之间并没有严格的区别，它们都是由氨基酸组成的大分子化合物。多肽链是蛋白质分子的基本结构形式，有些蛋白质分子是由一条多肽链组成的，有些是由多条多肽链构成的。一般把相对分子量超过 10000 的五十肽以上且构型复杂的多肽称为蛋白质。

一、蛋白质的元素组成

经元素测定，组成蛋白质的主要元素有碳（50%～55%）、氢（6%～8%）、氧（19%～24%）、氮（13%～19%），大部分蛋白质中还含有硫（0%～4%）元素，此外有些蛋白质中还含有碘元素、磷元素及微量金属元素（如铜、锌、锰等）。由于大多数蛋白质含氮量很接近，一般平均含量为 16%左右。在任何生物样品中，1g 氮元素相当于 6.25(即100/16)g 蛋白质，因此通常将 6.25 称为蛋白质系数。测定生物样品中蛋白质含量时，只要测定样品中的含氮量就可以计算出蛋白质的含量：

样品中蛋白质的含量（%）＝每克样品中含氮克数×6.25×100%

二、蛋白质的分类

蛋白质的种类繁多，功能各异，结构复杂。一般是根据蛋白质的形状、溶解度、化学组成和功能等进行分类。根据蛋白质的形状可分为纤维蛋白质和球状蛋白质。根据蛋白质的化学组成可分为单纯蛋白质和结合蛋白质。

三、蛋白质的结构

蛋白质的物理、化学性质和生物活性都依赖于它们的结构。蛋白质的结构可分为一级结构、二级结构、三级结构和四级结构。一级结构也称初级结构，其他可统称为高级结构或空间结构。

（一）蛋白质的一级结构

由各氨基酸按一定的排列顺序结合而形成的多肽链（50 个以上氨基酸）称为蛋白质的一级结构。

蛋白质的一级结构的研究是在分子水平上阐述蛋白质结构与其功能关系的基础。对于某一蛋白质，若结构顺序发生改变，则可引起疾病甚至死亡。

小贴士

牛胰岛素是牛胰脏中胰岛 β-细胞所分泌的一种调节糖代谢的蛋白质激素，其一级结构 1955 年由英国的桑格（S. Sanger）测定。我国于 1965 年 9 月获得了用人工方法合成的、有生物活性的结晶牛胰岛素，实现了世界上首次人工合成蛋白质的壮举。

（二）蛋白质的空间结构

蛋白质的空间结构一般又以螺旋折叠卷曲的情况分为二级、三级和四级结构。

蛋白质的二级结构是指多肽链本身盘曲或折叠所形成的局部空间结构，不包括侧链的构象。蛋白质的二级结构主要有α-螺旋、β-折叠、β-转角和无规则卷曲等（图 17-1）。

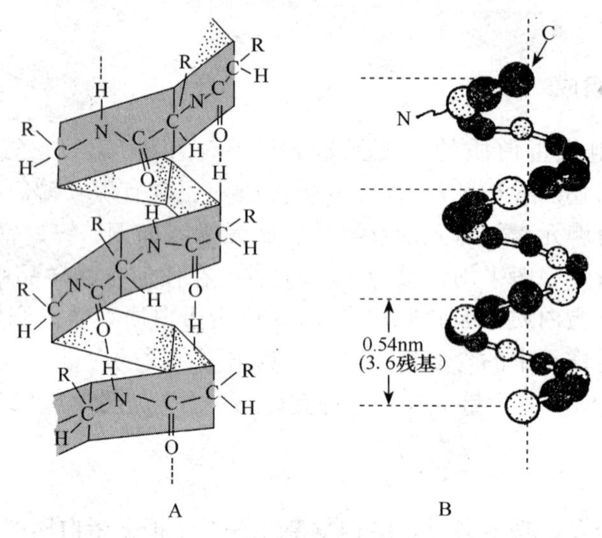

图 17-1　蛋白质二级结构

蛋白质的三级结构是指每条多肽链内全部原子的空间排布，包括主链和侧链的空间构象，是在二级结构的基础上进一步盘绕、折叠、卷曲而形成的更为复杂的空间构象。

蛋白质的四级结构是由两条或两条以上具有三级结构的多肽链进行聚合而形成的特定构象。

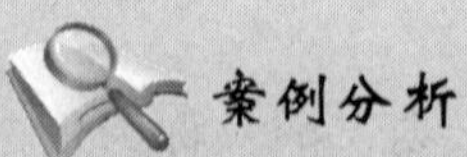

案例分析

低蛋白血症的原因及治疗

血液中的蛋白质主要是血浆蛋白质及红细胞所含的血红蛋白。血浆蛋白质包括血浆白蛋白、各种球蛋白、纤维蛋白原及少量结合蛋白，如糖蛋白、脂蛋白等，总量为 6.5～7.8g%。若血浆总蛋白质低于 6.0g%，则可诊断为低蛋白血症。

低蛋白血症的治疗：首先应治疗引起蛋白质摄入不足、丢失过多、分解亢进的原发疾病。若原发疾病无禁忌，可给予高蛋白质、高热量的饮食，使每日摄入蛋白质达 60～80g，保证充足热量供应（10^4kJ/d 以上），并酌情使用促进蛋白质合成的药物。消化功能差者，可予流食或半流食，同时补充足够的维生素。病情严重者，可输入血浆或白蛋白。

四、蛋白质的性质

蛋白质由氨基酸组成，两者的性质在许多方面是相似的，例如它们都是两性物质。但由于蛋白质是高分子化合物，所以也表现出它特有的性质。

（一）两性电离及等电点

在蛋白质分子中，由于链端仍有游离的氨基和羧基存在，所以蛋白质是两性物质，也具有等电点。

不同的蛋白质有不同的等电点。含酸性氨基酸残基较多的蛋白质，称为酸性蛋白质，其等电点小于 7，如胃蛋白酶（pI＝2.75～3.0）。含碱性氨基酸残基较多的蛋白质，称为碱性蛋白质，其等电点大于 7，如细胞色素（pI＝9.7）。人体中大多数蛋白质的等电点在 5.0 左右，在人体血液中的 pH 在 7.35 左右，故蛋白质在血液中多以负离子形式存在。

P = Protin
蛋白质

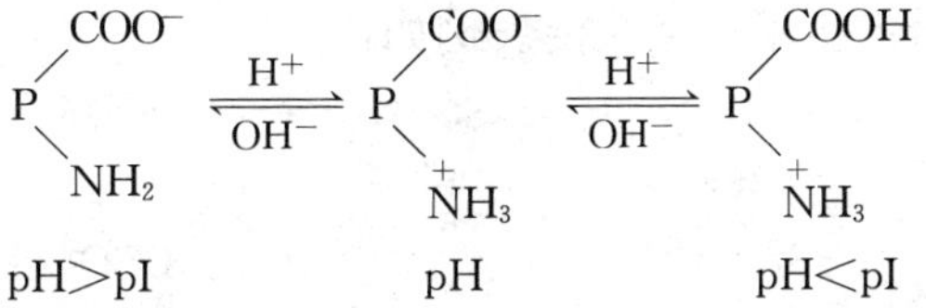

$$P\begin{matrix}\diagup COO^-\\ \diagdown NH_2\end{matrix} \underset{OH^-}{\overset{H^+}{\rightleftharpoons}} P\begin{matrix}\diagup COO^-\\ \diagdown \overset{+}{N}H_3\end{matrix} \underset{OH^-}{\overset{H^+}{\rightleftharpoons}} P\begin{matrix}\diagup COOH\\ \diagdown \overset{+}{N}H_3\end{matrix}$$

pH＞pI　　　　pH　　　　pH＜pI

在等电点时，蛋白质的黏度、溶解度、渗透压都最小。因此，利用蛋白质的两性和和等电点，可以分离提纯蛋白质。

（二）蛋白质的胶体性质

蛋白质是大分子化合物，其分子大小一般在 1～100nm，在胶体分散相质点范围，所以蛋白质分散在水中，其水溶液具有胶体溶液的一般特性。例如具有丁铎尔（Tyndall）现象、布朗（Brown）运动、不能透过半透膜以及较强的吸附作用等。

（三）蛋白质的沉淀

蛋白质溶液的稳定性是有条件的、相对的。如果改变这种相对稳定的条件，例如除去蛋白质外层的水膜或者电荷，蛋白质分子就会凝集而沉淀。蛋白质的沉淀分为可逆沉淀和不可逆沉淀。

1. 可逆沉淀

可逆沉淀是指蛋白质分子的内部结构仅发生了微小改变或基本保持不变，仍然保持原有的生理活性。只要消除了沉淀的因素，已沉淀的蛋白质又会重新溶解。

盐析就是一种可逆沉淀蛋白质的方法。在蛋白质溶液中，加入足量的中性盐类，从而使蛋白质发生沉淀的现象，称为蛋白质的盐析。一方面，盐类在水中离解形成离子，其水化能力比蛋白质强，破坏了蛋白质表面的水化膜；另一方面，盐类离子所带的电荷也会中和或削弱蛋白质粒子表面所带的电荷，两者均使蛋白质的胶体溶液稳定性降低，进而相互凝聚沉降。盐析常用的盐有硫酸铵、硫酸钠、氯化钠等。不同的蛋白质盐析时，所需盐的浓度不同，因此可用控制盐浓度的方法分离溶液中不同的蛋白质，称为分段盐析。例如鸡蛋清可用不同浓度的硫酸铵溶液分段沉淀析出球蛋白和卵蛋白。

盐析一般不会破坏蛋白质的结构，当加水或透析时，沉淀又能重新溶解。所以盐析作用是可逆沉淀。

2. 不可逆沉淀

蛋白质在沉淀时，空间构象发生了很大的变化或被破坏，失去了原有的生物活性，即使消除了沉淀因素也不能重新溶解，称为不可逆沉淀。不可逆沉淀的方法有以下几种。

(1) 水溶性有机溶剂沉淀法：向蛋白质加入适量的水溶性有机溶剂如乙醇、丙酮等，由于它们对水的亲和力大于蛋白质，使蛋白质粒子脱去水化膜而沉淀。这种作用在短时间和低温时，沉淀是可逆的，但若时间较长和温度较高时，则为不可逆沉淀。

(2) 化学试剂沉淀法：重金属盐如 Hg^{2+}、Pb^{2+}、Cu^{2+}、Ag^{+} 等重金属阳离子能与蛋白质阴离子结合产生不可逆沉淀。例如：

$$2\,\mathrm{Pr}\begin{matrix}\diagup\mathrm{NH_2}\\ \diagdown\mathrm{COO^-}\end{matrix} + Pb^{2+} \longrightarrow \left[\mathrm{Pr}\begin{matrix}\diagup\mathrm{NH_2}\\ \diagdown\mathrm{COO^-}\end{matrix}\right]_2 Pb^{2+}\downarrow$$

(3) 生物碱试剂沉淀法：苦味酸、三氯乙酸、鞣酸、磷钨酸、磷钼酸等生物碱沉淀剂，能与蛋白质阳离子结合，使蛋白质产生不可逆沉淀。例如：

$$\mathrm{Pr}\begin{matrix}\diagup\overset{+}{\mathrm{N}}\mathrm{H_3}\\ \diagdown\mathrm{COOH}\end{matrix} + \mathrm{Cl_3C{-}\overset{\overset{\displaystyle O}{\|}}{C}{-}O^-} \longrightarrow \left[\mathrm{Pr}\begin{matrix}\diagup\mathrm{NH_3}\\ \diagdown\mathrm{COOH}\end{matrix}\right]^+ \mathrm{O^-{-}\overset{\overset{\displaystyle O}{\|}}{C}{-}CCl_3}\downarrow$$

此外，强酸或强碱以及加热、紫外线或 X 射线照射等物理因素，都可导致蛋白质的某些次级键被破坏，引起构象发生很大改变，使疏水基外露，引起蛋白质沉淀，从而失去生物活性。这些沉淀也是不可逆的。

3. 蛋白质的变性作用

在某些物理因素（干燥、加热、高压、振荡或搅拌、紫外线、X 射线、超声等）或化学因素（强酸、强碱、尿素、重金属盐、极性有机溶剂等）的影响下，蛋白质的空间结构会受到破坏而发生改变，从而导致蛋白质的性质发生改变，这种现象称为蛋白质的变性。

蛋白质变性的原因是破坏了蛋白质分子内的次级键，即蛋白质的二级、三级、四级结构有了改变或遭受不同程度的破坏，结果使肽链松散开来，导致蛋白质的一些理化性质的改变和生物活性的丧失。蛋白质的变性可根据空间结构被破坏的程度分为可逆变性和不可逆变性两种。变性后分子结构改变不大，可恢复原有性质的称为可逆变性，例如被稀酸变性的血红蛋白，在弱碱中几乎完全可以复原成天然蛋白质。变性后分子结构改变较大，不能恢复到原来性质的称为不可逆变性，例如鸡蛋清加热后变性。

蛋白质的变性在实际应用中有着重要的意义。例如临床上急救重金属盐中毒时，可以给病人吃大量乳品或蛋白清，使蛋白质在消化道中与汞盐结合成为变性的不溶解物质，从而阻止有毒的汞离子吸入体内。又如医疗器皿常采用高温、高压、煮沸、紫外线照射或酒精进行消毒，就是使细菌蛋白质变性而将其杀灭。而在制备具有生物活性的蛋白质时，必须选择防止蛋白质变性的工艺条件，如低温、较稀的有机溶剂和合适的pH等。

4. 蛋白质的颜色反应

（1）双缩脲反应：蛋白质与新配置的碱性硫酸铜溶液反应，呈紫色，称为双缩脲反应。

（2）蛋白黄反应：蛋白质中含有苯环的氨基酸，遇浓硝酸发生硝化反应而生成黄色硝基化合物的反应称为蛋白黄反应。

（3）米伦反应：蛋白质中酪氨酸的酚基遇到硝酸汞的硝酸溶液呈现红色。

（4）茚三酮反应：蛋白质与稀的茚三酮溶液共热，即呈现蓝色。

第四节　核　　酸

案例

DNA双螺旋结构的发现给我们的启示

1953年4月25日，年仅25岁的沃森与同在剑桥大学的合作伙伴弗朗西斯·克里克一起，在英国《自然》杂志上发表了一篇仅两页的论文，提出了DNA的结构和自我复制机制。这篇论文被普遍视作分子生物学时代的开端。英国科学家威尔金斯通过X射线衍射获得的DNA晶体结构照片对这一发现起到了重要作用。沃森、克里克和威尔金斯共同获得1962年的诺贝尔生理学和医学奖。

DNA双螺旋结构的发现给了我们什么样的启示?

核酸是1868年由瑞典医生米歇尔从脓细胞中分离得到的，因其具有酸性且存在于细胞核中而得名。核酸可与蛋白质结合成核蛋白，也可单独存在与生物体内，它既是一切动植物细胞以及各类微生物细胞的基本组成成分，也是无细胞结构的各种病毒和类病毒的主要或唯一组成成分。核酸既是生命遗传信息的携带者和传递者，又是支配蛋白质生物合成的大分子物质。核酸是现代生物化学、分子生物学和医学的重要基础之一。

一、核酸的组成

核酸和蛋白质一样，是由许多核苷酸结合而成的高分子化合物。核苷酸是由磷酸、戊糖及碱基组成的。

核酸（多核苷酸）
- 核苷
  - 戊糖
  - 碱基
- 磷酸

1. 戊糖

核酸中的戊糖有两种 D-核糖和 D-2-脱氧核糖（简称脱氧核糖），两种戊糖均以 β-呋喃型的环状结构存在于核酸中，且均用 β-苷羟基与碱基发生缩合反应。含有 D-核糖的核酸称为核糖核酸，简称为 RNA。含有脱氧核糖的核酸称为脱氧核糖核酸，简称为 DNA。

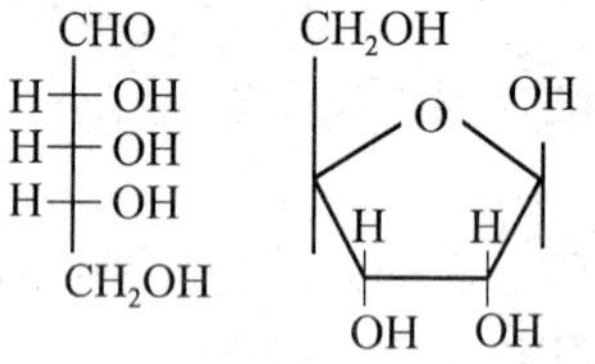

β-D-呋喃核糖 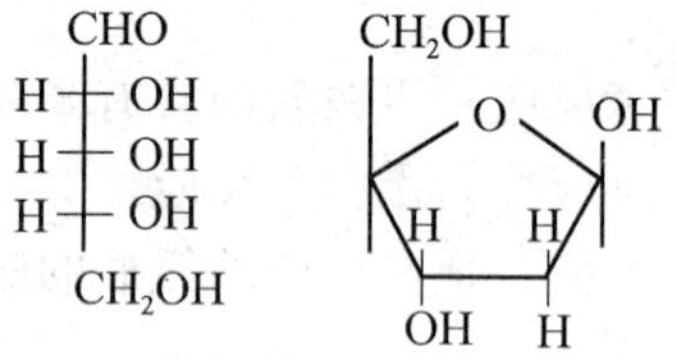　　β-D-2-脱氧呋喃核糖

2. 碱基

核苷酸中的碱基主要有 5 种，都是嘧啶或嘌呤的衍生物。嘌呤碱有腺嘌呤（A）和鸟嘌呤（G）；嘧啶碱有胞嘧啶（C）、脲嘧啶（U）和胸腺嘧啶（T）。

3. 核苷

核苷是核糖的 β-苷羟基与碱基氮原子上的氢脱水而形成的苷，根据核糖的不同，核苷有两类。

1）核苷——（由 RNA 水解而得）（表 17-2）

表 17-2　核苷

核　糖	核　苷	碱　基	核苷名称
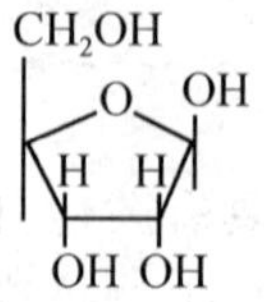	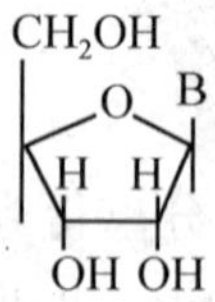	B=U A C G	脲嘧啶核苷［脲苷（U）］ 腺嘌呤核苷［腺苷（A）］ 胞嘧啶核苷［胞苷（C）］ 鸟嘌呤核苷［鸟苷（G）］

2）2-脱氧核苷——（由 DNA 水解而得）（表 17-3）

表 17-3　2-脱氧核苷

2-脱氧核糖	核　苷	碱　基	核苷名称
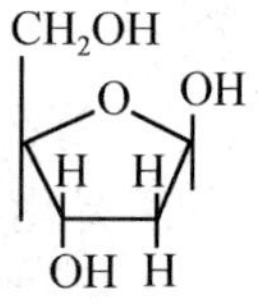	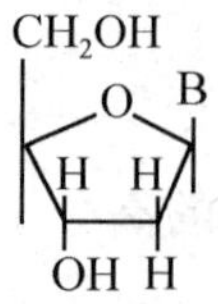	B=T A C G	2-脱氧胸腺苷（dT） 2-脱氧腺苷（dA） 2-脱氧胞苷（dC） 2-脱氧鸟苷（dG）

4. 核苷酸

核糖 C_5 上的羟基与磷酸酯化便得到核苷酸。

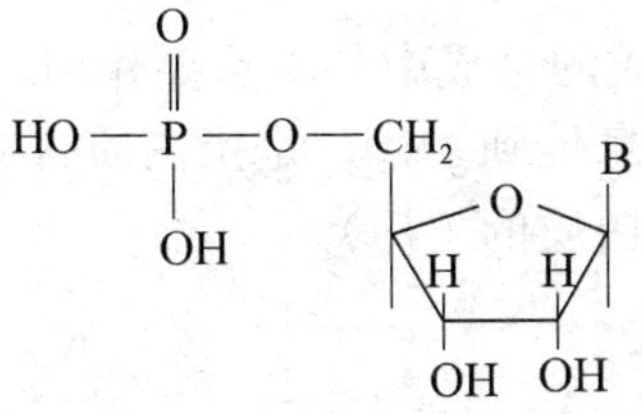

RNA 中的核苷酸单体 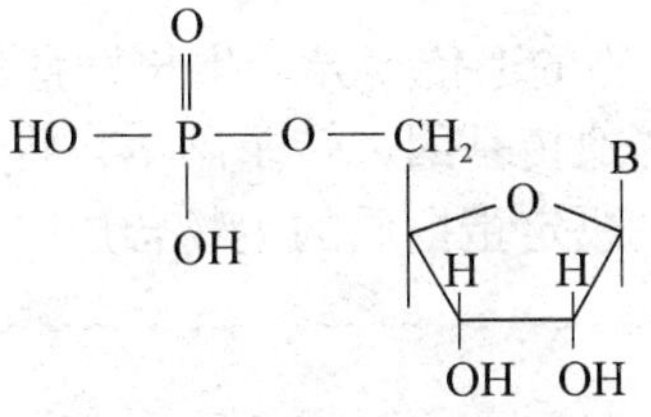　　　DNA 中的核苷酸单体

二、核酸的结构

核酸是核苷酸单体中核糖的 3′位羟基和 5′位上的磷酸基酯化而成的高分子化合物。核酸和蛋白质一样，也有单体排列顺序和空间关系问题，因此，核酸也有一级结构、二级结构和三级结构的问题。这里只对核酸的一级结构进行介绍。

核酸的一级结构是指分子中各种核苷酸排列的顺序。RNA 中的多核苷酸链如下所示：

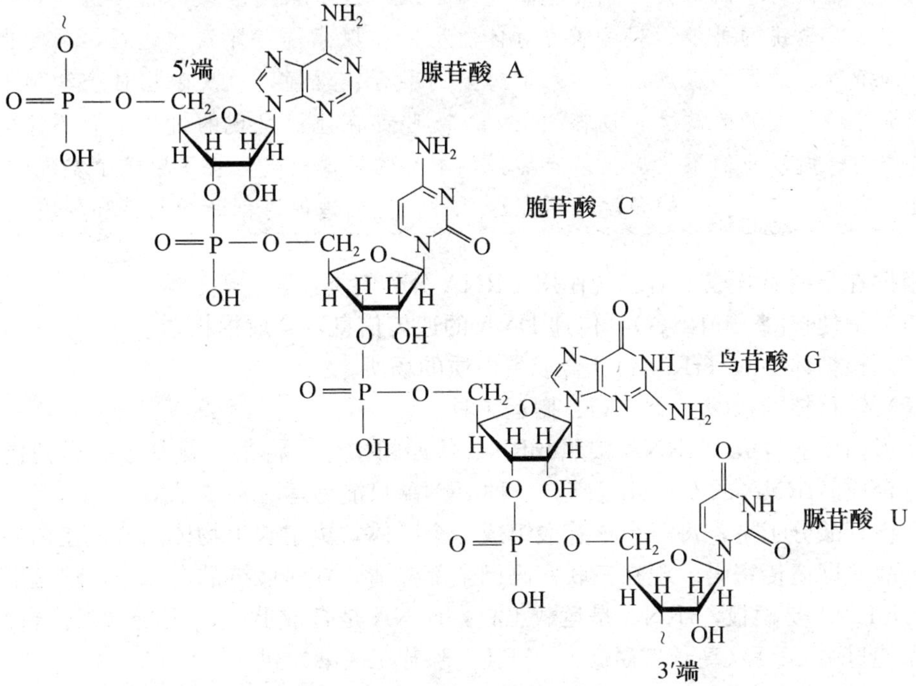

5′端　腺苷酸 A　胞苷酸 C　鸟苷酸 G　脲苷酸 U　3′端

RNA 或 DNA 中的多核苷酸链，都按上图方式表示，显然太繁复了，所以现在都用简化了的示意法来表示。如上图可简化如下：

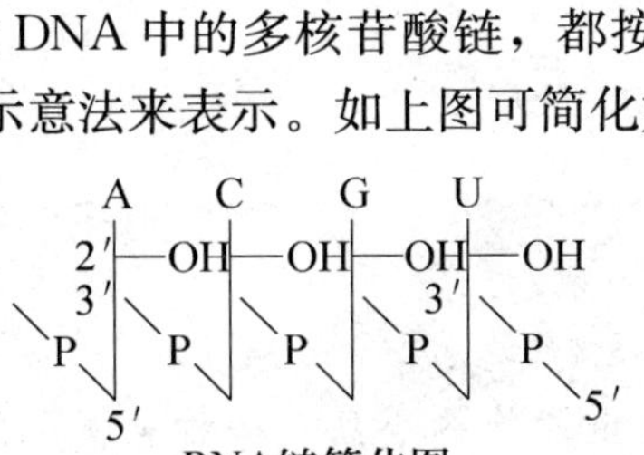

RNA链简化图 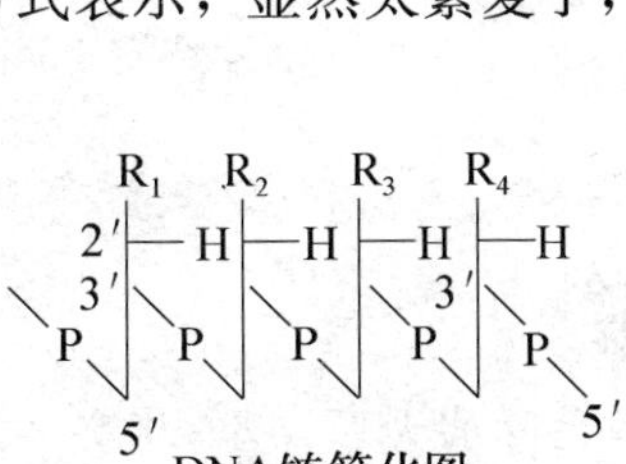　　　DNA链简化图

其中R_1、R_2、R_3、R_4表示碱基，P表示磷酸基，一竖表示糖分子，2′、3′、5′表示糖中C原子编号。还可以进一步简化成PA-C-G-UP。

三、核酸的生物功能

核酸在生物的遗传变异、生长发育及蛋白质的合成中起着重要作用。

DNA——遗传基因，转录副本，将遗传信息传到子代。是蛋白质合成的模板。

RNA——决定蛋白质的生物合成（合成蛋白质的工厂）。

案例分析

发现DNA双螺旋结构做出重大贡献的三位科学家，他们在大学学的都是不同的专业，有着不同的知识背景，在同一时间又都致力于研究遗传基因的分子结构，在又合作、又竞争，充满了学术交流和争论的环境中，发挥了各自专业的特长，为双螺旋结构的发现，做出了各自的贡献。所以这是科学史上由学科交叉而产生的一次重大的科研成果。

那么自然科学的重大科学发现的过程不仅是科学家用严谨的科学态度，严格的科学方法，敏锐的思维和观察能力对自然现象和规律进行探索的过程，同时也是科学家的个性、爱好、观点以及学术思想上的融合、碰撞，也反映出社会和学术群体的评价，给予他们的鼓励、包容和压力。这些都在他们发现的过程中间不停地在发挥着作用。所以我们不仅应当从自然科学本身的规律出发，去了解这个发现的过程，而且应当从人文和社会的角度来研究这个过程，创造促进创新的条件和环境。

根据在蛋白质合成中所起的作用，RNA分为三类：

(1) 信使核酸（mRNA）：传递DNA的遗传信息，合成模板。

(2) 核糖体核酸（rRNA）：合成蛋白质的场所。

(3) 转移核糖核酸（tRNA）：搬运工具。

在蛋白质的合成中tRNA按照mRNA传递的指令，将某一氨基酸搬运到指定的位置进行合成。tRNA的专一性很高，一种tRNA只能搬运一种氨基酸。

在核苷酸分子中，每三个核苷酸组成一个联体，决定着生物体内合成蛋白质中的一种氨基酸，即遗传密码。现在三联密码已全部弄清，在多肽链的合成中，氨基酸是基本原料，mRNA是模板，tRNA是运载工具，rRNA是合成肽链的现场（工作台）。合成中所需能量由GPT（鸟苷三磷酸）、APT（腺苷三磷酸）供应。

第五节　酶

案例

在浩瀚无际的大西洋里，有一个几乎与世隔绝的小岛——林索伊斯岛。岛上的居民都有这样的怪癖，喜欢月亮，害怕阳光。居民们皮肤雪白，头发白色或淡黄色，眼睛虹膜粉红色，怕阳光，视力也差，被称为“月亮儿女”。“月亮儿女”之谜直到20世纪70年代初经科学考察和研究才知道，原来岛上居民几乎都是白化病患者。什么是白化病呢？它又是怎样产生的呢？

酶是一种有生物活性的蛋白质，是生物体内的催化剂，是生命活动的基础，哪里有生命现象，哪里就有酶的活动。绿色植物和某些细菌能够利用太阳能，通过光合作用，二氧化碳和少量的硝酸盐、磷酸盐等极简单的原料合成复杂的有机物质，都是靠酶的催化所完成。所以说，酶在复杂的生物合成中的作用是无法用其他方法替代的。

你问我答

怎样证明酶是蛋白质？

一、酶的分类、组成与命名

（一）酶的分类

国际酶学委员会根据酶促反应的类型，将酶分为6大类。

（1）氧化还原酶类：凡是能催化底物进行氧化还原反应的酶类。例如：乳酸脱氢酶、细胞色素氧化酶、过氧化氢酶等。

（2）转移酶类：催化底物分子间基团转移或交换的酶类。如谷丙转氨酶、己糖激酶、磷酸化酶等。

（3）水解酶类：催化底物发生水解反应的酶类。如淀粉酶、蛋白酶、脂肪酶等。

（4）裂解酶类（裂合酶类）：催化从底物移去一个基团并留下双键的反应或其逆反应的酶类。如醛缩酶、柠檬酸合酶等。

（5）异构酶类：催化各种同分异构体间互相转变的酶类。如磷酸己糖异构酶磷酸丙糖异构酶等。

（6）合成酶类（或连接酶类）：催化两分子底物合成为一分子化合物同事偶联有ATP的磷酸键断裂释放出能量的酶类。如丙酮酸羧化酶、天冬酰胺合成酶等。

（二）组成

酶 { 单纯酶（催化活性仅由蛋白质的结构决定）
　　结合酶（蛋白质＋辅酶），催化活性由蛋白质和辅酶共同配合完成

辅酶的种类颇多，按其化学组成可分两类：

（1）无机的金属元素，如铜、锌、锰。

（2）相对分子质量低的有机物，如血红素、叶绿素、肌醇、烟酰胺、维生素 B_1、

维生素 B_2、维生素 B_6、维生素 B_{12} 等。

医疗上口服或注射维生素，就是给人体补充辅酶，以提高肌体内某些酶的活性，调节代谢，而达到治疗和增进健康的目的。

酶蛋白可以是一条肽链，或多条肽链组成的。但所有的酶都是球状结构的。

（三）酶的命名

1961 年国际生化协会酶命名委员会提出了酶的命名原则，分为习惯命名法或国际系统命名法。

1. 习惯命名法

(1) 根据底物命名。即在底物名称后加一“酶”字。例如，水解淀粉的酶称淀粉酶，水解蛋白质的酶称蛋白酶、催化核酸降解的酶称核酸酶。

(2) 根据催化反应类型命名。如催化水解反应的酶称水解酶，催化脱氢的酶称脱氢酶。

(3) 根据底物与催化反应性质来命名。如乙醇脱氢酶是催化乙醇脱氢的酶。

(4) 除上述命名原则外，有些酶命名还加上酶的来源，如胃蛋白酶、胰蛋白酶；有些酶是根据酶的特点，如酸性磷酸酶和碱性磷酸酶。

习惯命名比较简单易记，使用方便，但缺乏系统性，也不甚完善，有时出现一酶数名或数酶一名的现象。习惯命名多由酶的发现者命名。

2. 国际系统命名法

国际酶学委员会以酶的分类为依据，制定了与分类法相适应的系统命名法。系统命名法规定每一种酶有一个系统名称，系统名称将酶的底物以及催化反应的性质明确标明。如果一种统催化两个底物起反应，则两个作用物名称都应写出，并以“:”符号将两者分开。系统命名法虽然合理，但由于名称长故未被广泛应用。一般仍采用酶的惯用名。例如：苹果酸脱氢酶命名为 L-苹果酸:NAD^+ 氧化还原酶，催化的反应为：L-苹果酸＋NAD^+ $\rightarrow$ 草酰乙酸＋NADH。

二、酶催化反应的特异性

（一）催化效率高

酶具有极高的催化效率，一般来说，对于同一反应，酶催化反应的速率比一般催化剂高 $10^7 \sim 10^{13}$ 倍，比非催化反应的速率高 $10^8 \sim 10^{20}$ 倍。例如过氧化氢酶催化 H_2O_2 分解生成 H_2O 和 O_2 的反应速率比一般催化剂 Fe^{3+} 快 10^{10} 倍；酵母蔗糖酶催化蔗糖水解的速度是 H^+ 催化此反应速度的 2.5 倍。酶之所以有极高的催化效率，是因为在反应体系中酶通过与底物生成酶-底物复合物，降低了反应的活化能，从而增加活化分子数，加快了反应速度。

你问我答

酶作为生物催化剂与一般化学催化剂有哪些异同点？

（二）高度的专一性

酶对其所催化的底物具有严格的选择性，一种酶只作用于一种或一类化合物或一定的化学键，催化一定的化学变化生成一定的产物，酶的这种对底物的选择性称为酶的专一性或特异性。例如淀粉酶只能催化淀粉水解，对脂肪和蛋白质则无催化作用；蛋白酶只能水解蛋白质，而且通常只能水解由特定氨基酸构成的肽键，这就是酶的特异性或专一性。

当底物具有立体异构现象时，一种酶只对某一底物的一种立体异构体具有催化作用，而对其立体对映体不起催化作用。如天冬氨酸合成酶只能催化延胡索酸（反丁烯二酸）和L-天冬氨酸之间的可逆反应，而不能催化顺丁烯二酸和D-天冬氨酸之间的可逆反应。

酶的特异性有很重要的生物学意义。不同的组织器官具有不同的生理功能，其原因之一就是由于所含的酶不同，由于酶对底物作用的特异性，使各种代谢反应一环扣一环，有条不紊地按一定规律进行。所以当某一种酶活力受抑制，就可使某种代谢甚至整个代谢紊乱而引起疾病。

（三）高度的不稳定性

酶的主要成分是蛋白质，因此，对周围环境很敏感，凡能影响蛋白质的理化因素都能影响酶的活性。因此，酶对温度、酸碱度、重金属离子都十分敏感。高温、强酸、强碱等因素均可引起酶丧失催化能力。酶只有在最适条件下才能有最大催化活性，条件稍有变化，酶活性便会降低。因此酶的催化作用一般都是在比较温和（常温、常压和pH 7左右）的条件下进行的。

案例分析

白化病是一种较常见的皮肤及其附属器官黑色素缺乏所引起的疾病。苯丙氨酸与酪氨酸在酪氨酸酶的作用下达成转化平衡，由于先天性缺乏酪氨酸酶，或酪氨酸酶功能减退，此平衡被破坏，则酪氨酸缺乏则不能产生黑色素，导致白化病的发生。

（四）酶活性的可调控性

酶促反应的快慢，取决于催化该反应酶活性的高低。酶活性受机体内多方面因素调节控制，有的提高酶的活性，有的抑制酶的活性，这种调控作用使有机体的生命活动表现出它对于环境变化的适应性以及内部化学反应历程的有序性。一旦破坏了这种适应性和有序性，就会导致代谢紊乱，产生疾病甚至死亡。

三、酶在医学上的应用

人体内如果缺少某种酶，就会引起疾病或死亡。例如，胆碱酯酶的作用是水解乙酰胆碱，有机磷农药中毒就是破坏了动物体内的胆碱酯酶，使之不能水解体内有毒的乙酰胆碱，致使中毒而亡。又如，小孩缺乏半乳糖酶时，就不能吃奶（因不能分解半乳糖），一吃就吐；葡萄糖-6-磷酸脱氢酶（G-6-PD）缺乏时导致的蚕豆病；苯丙氨酸羟化酶缺乏引起体内积累大量苯丙酮酸，以致尿中出现苯丙酮酸，成为苯丙酮酸尿症等。

学习小结

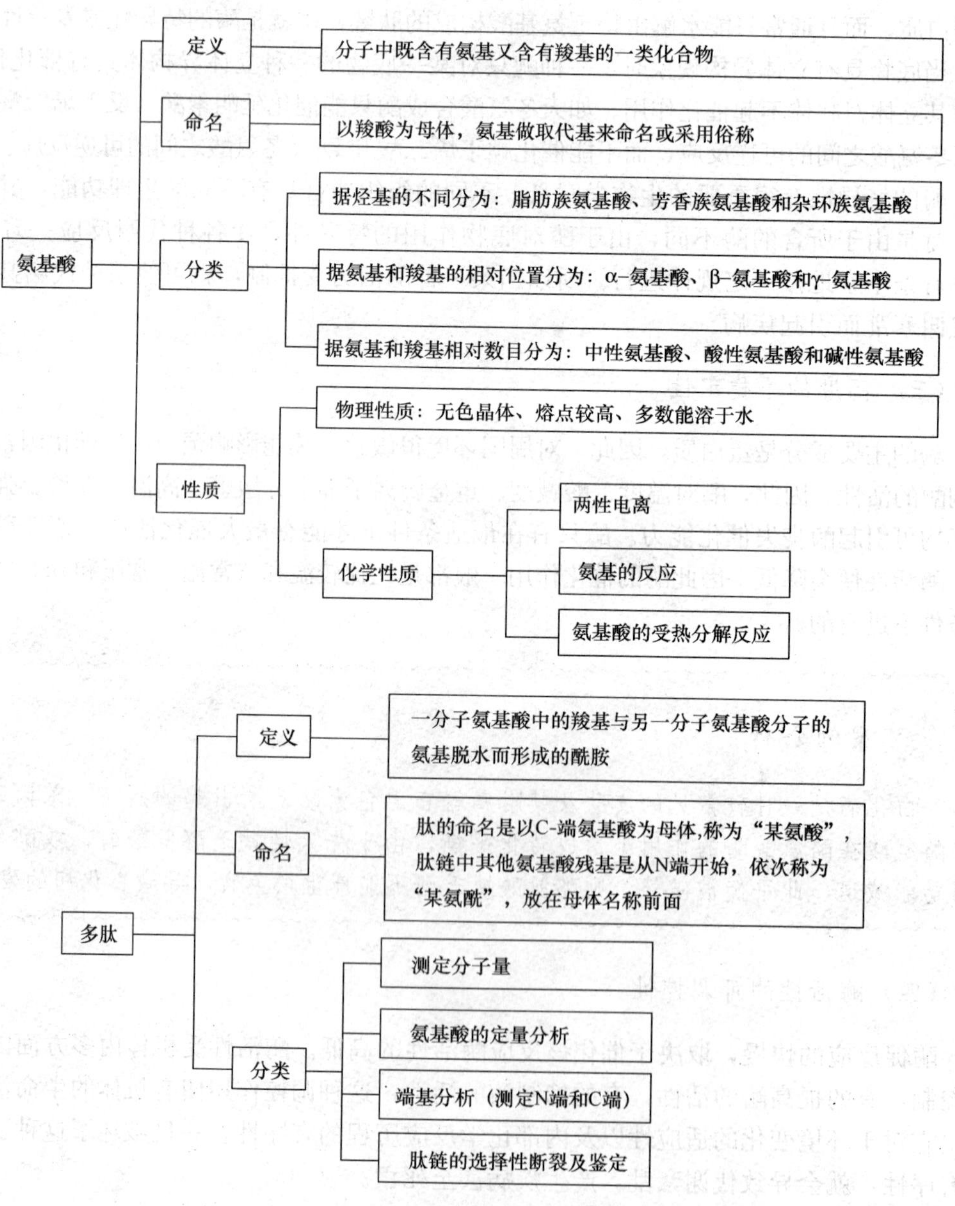

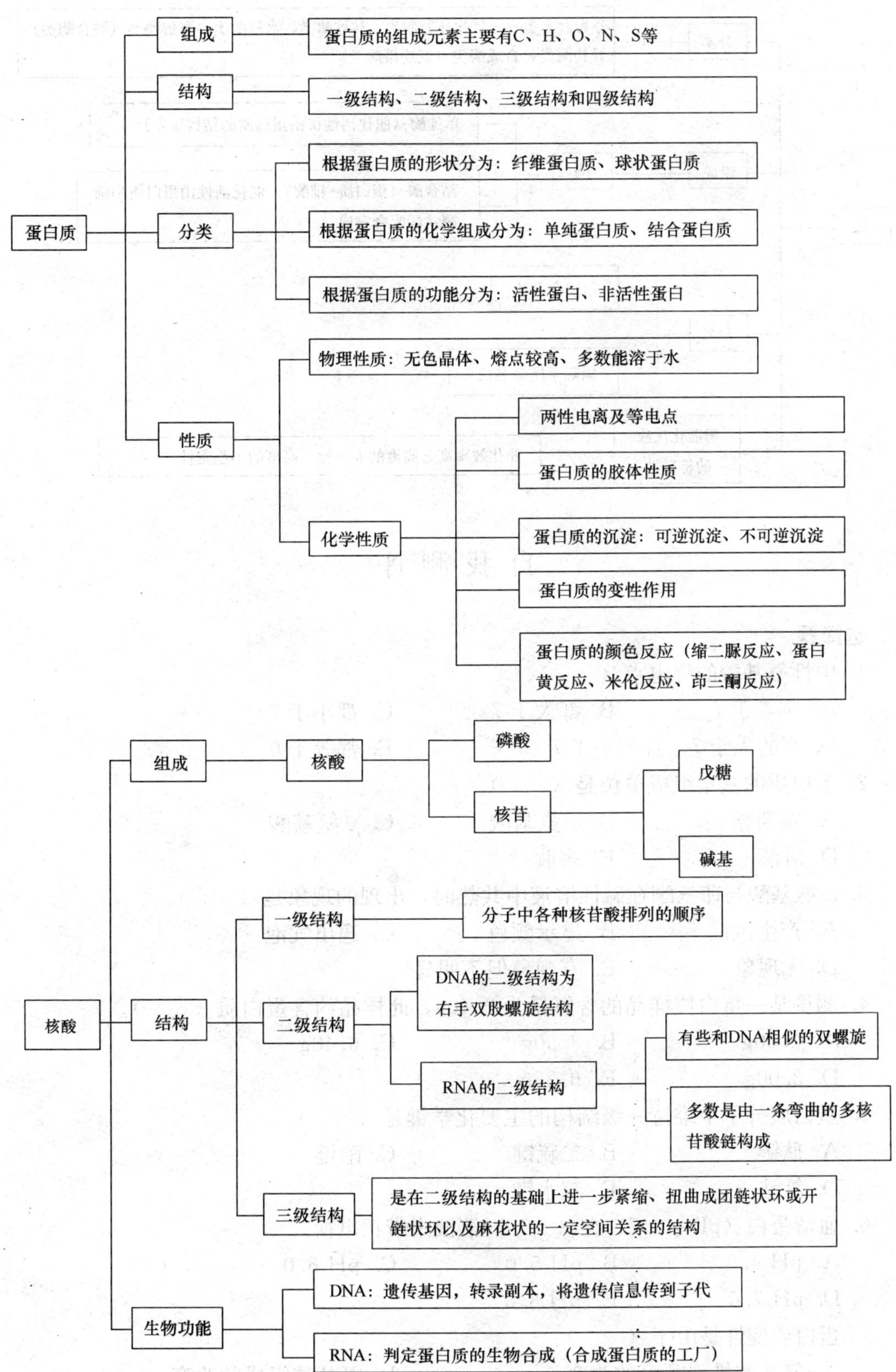
蛋白质
组成
蛋白质的组成元素主要有C、H、O、N、S等
结构
一级结构、二级结构、三级结构和四级结构
分类
根据蛋白质的形状分为：纤维蛋白质、球状蛋白质
根据蛋白质的化学组成分为：单纯蛋白质、结合蛋白质
根据蛋白质的功能分为：活性蛋白、非活性蛋白
性质
物理性质：无色晶体、熔点较高、多数能溶于水
化学性质
两性电离及等电点
蛋白质的胶体性质
蛋白质的沉淀：可逆沉淀、不可逆沉淀
蛋白质的变性作用
蛋白质的颜色反应（缩二脲反应、蛋白黄反应、米伦反应、茚三酮反应）
核酸
组成
核酸
磷酸
核苷
戊糖
碱基
结构
一级结构
分子中各种核苷酸排列的顺序
二级结构
DNA的二级结构为右手双股螺旋结构
RNA的二级结构
有些和DNA相似的双螺旋
多数是由一条弯曲的多核苷酸链构成
三级结构
是在二级结构的基础上进一步紧缩、扭曲成团链状环或开链状环以及麻花状的一定空间关系的结构
生物功能
DNA：遗传基因，转录副本，将遗传信息传到子代
RNA：判定蛋白质的生物合成（合成蛋白质的工厂）

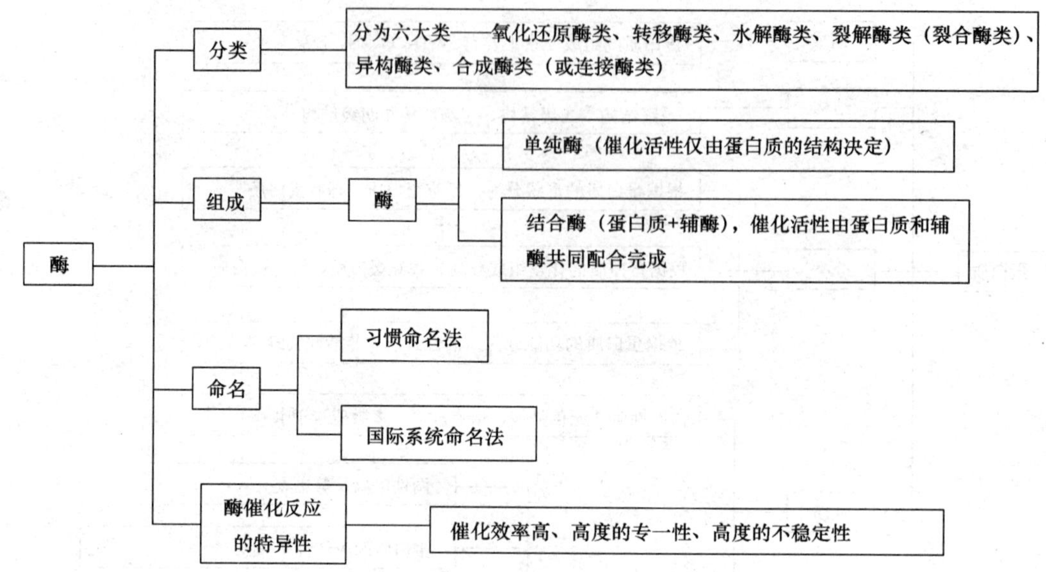

自我测评

一、选择题

1. 中性氨基酸的等电点（　　）。
   A. 都等于 7　　B. 都大于 7　　C. 都小于 7
   D. 有的大于 7，有的小于 7　　E. 都等于 0
2. 蛋白质的基本组成单位是（　　）。
   A. 葡萄糖　　B. α-氨基酸　　C. β-氨基酸
   D. 乳酸　　E. 多肽
3. α-氨基酸与茚三酮在碱性溶液中共热时，出现的现象是（　　）。
   A. 产生沉淀　　B. 显示颜色　　C. 逸出气泡
   D. 无现象　　E. 有现象但不明显
4. 测得某一蛋白质样品的含氮量为 0.40g，此样品约含蛋白质（　　）。
   A. 2.00g　　B. 2.50g　　C. 6.40g
   D. 3.00g　　E. 6.35g
5. 蛋白质分子中维持一级结构的主要化学键是（　　）。
   A. 肽键　　B. 二硫键　　C. 酯键
   D. 氢键　　E. 疏水键
6. 血清蛋白（pI 为 4.7）在（　　）溶液中带正电荷。
   A. pH 4.0　　B. pH 5.0　　C. pH 6.0
   D. pH 7.0　　E. pH 8.0
7. 蛋白质变性是由于（　　）。
   A. 氨基酸排列顺序的改变　　B. 氨基酸组成的改变

C. 肽键的断裂　　D. 蛋白质空间构象的破坏

E. 蛋白质的水解

8. 关于蛋白质等电点的叙述正确的是（　　）。

A. 在等电点处蛋白质分子所带净电荷为零

B. 等电点时蛋白质变性沉淀

C. 不同蛋白质的等电点相同

D. 在等电点处蛋白质的稳定性增加

E. 蛋白质的等电点与它所含的碱性氨基酸的数目无关

9. 下列关于蛋白质结构叙述中，不正确的是（　　）。

A. α-螺旋是二级结构的一种

B. 无规卷曲是在一级结构基础上形成的

C. 只有二、三级结构才能决定四级结构

D. 一级结构决定二、三级结构

E. 三级结构即具有空间构象

10. 关于蛋白质的四级结构正确的是（　　）。

A. 亚基的种类、数目都不定

B. 一定有种类相同而数目不同的亚基数

C. 一定有多个相同的亚基

D. 一定有多个不同的亚基

E. 一定有种类不同而数目相同的亚基数

11. 向卵清蛋白溶液中加入 0.1N NaOH 使溶液呈碱性，并加热至沸腾后立即冷却，此时（　　）。

A. 蛋白质变性沉出　　B. 蛋白质水解为混合氨基酸

C. 蛋白质变性，但不沉出　　D. 蛋白质沉淀但不变性

E. 蛋白质变性，冷却又复性

二、简答题

1. 什么是氨基酸的等电点？为什么中性氨基酸的等电点都小于 7？

2. 写出下列 pH 介质中氨基酸的主要存在形式。

（1）丝氨酸 pH＝1　　（2）赖氨酸 pH＝11

（3）色氨酸 pH＝5.89　　（4）谷氨酸 pH＝2

3. 写出下列各氨基酸在指定的 pH 介质中的主要存在形式。

a. 缬氨酸在 pH 为 8 时　　b. 赖氨酸在 pH 为 10 时

c. 丝氨酸在 pH 为 1 时　　d. 谷氨酸在 pH 为 3 时

4. 假设有一种混合物，其中含组基酸、酪基酸、谷基酸和甘基酸，在 pH＝6.0 时进行电泳，问哪种氨基酸留在原点处？哪种向负极移动？哪种向正极移动？

5. 谷氨酸的水溶液呈酸性、中性还是碱性？如何调节溶液的酸碱性使其达到等电点？

6. 命名下列肽，并给出简写名称。

a. 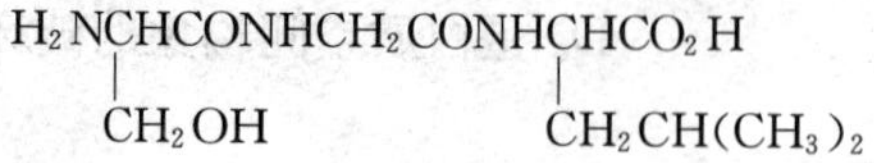

b. 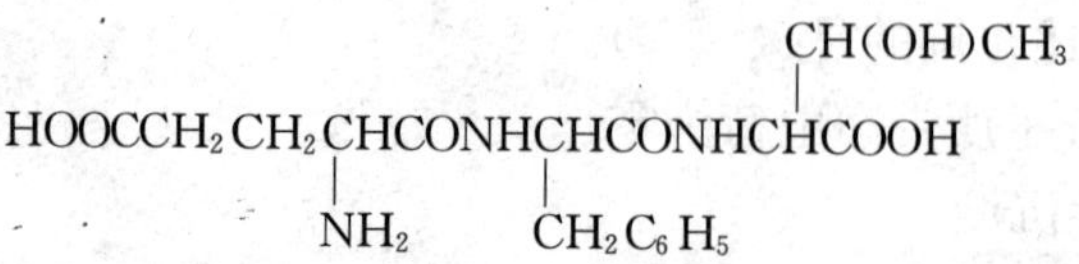

7. 某五肽经部分水解生成下列三肽：Gly-Glu-Arg，Glu-Arg-Gly，Arg-Gly-Phe，试推测五肽的结构。

8. 从甘氨酸和丙氨酸能合成多少种二肽？

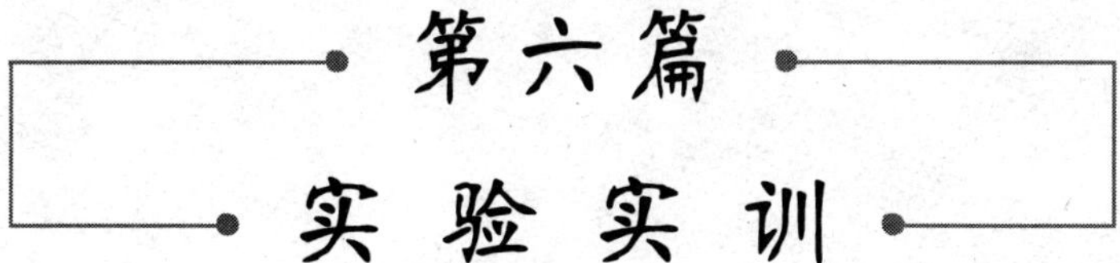

第六篇

实 验 实 训

实训一　熔点的测定

【实训目的】

（1）学会b形管（提勒管）的使用方法。

（2）学会热浴间接加热技术和温度计校正的方法。

（3）掌握毛细管法测定熔点技术。

【实训材料】

药品：苯甲酸、α-萘酚、尿素、工业用浓 H_2SO_4（或石蜡油）。

仪器：铁架台、铁夹、温度计、b形管、毛细管、表面皿、酒精灯。

【实训原理】

化合物的熔点是指在常压下该物质的固-液两相达到平衡时的温度。理论上把固体加热到熔化，固液两相平衡，继续加热，温度不再变化，直到固体全部变成液体后，继续加热则温度线性上升。实际测定中，晶体从开始熔化到全部变成液体，温度会稍有变化，这个温度变化范围称为熔程。对于纯净的有机物，熔程一般不超过0.5～1℃。如混有杂质则其熔点下降，且熔程也较长。因此，熔点是晶体化合物纯度的重要指标。有机化合物熔点一般不超过350℃，较易测定，故可借测定熔点来鉴别未知有机物和判断有机物的纯度。

在鉴定某未知物时，如测得其熔点和某已知物的熔点相同或相近时，不能认为它们为同一物质。还需把它们混合，测该混合物的熔点，若熔点仍不变，才能认为它们为同一物质。若混合物熔点降低，熔程增大，则说明它们属于不同的物质。故此种混合熔点试验，是检验两种熔点相同或相近的有机物是否为同一物质的最简便方法。

有机化合物的熔点通常用毛细管法来测定。实际上由此法测得的不是一个温度点，而是熔化范围，即试料从开始熔化到完全熔化为液体的温度范围。纯粹的固态物质通常都有固定的熔点（熔化范围约在0.5℃以内）。如有其他物质混入，则对其熔点有显著的影响，不但使熔化温度的范围增大，而且往往使熔点降低。因此，熔点的测定常常可以用来识别物质和定性地检验物质的纯度。

【实训步骤】

熔点测定是有机化学实验中的重要基本操作之一，对有机化合物的研究具有较大实用价值。目前测定熔点的方法，以毛细管法较为简便，应用也较广泛。放大镜式微量熔点测定在加热过程中可观察到晶形变化的情况，较适用于测定微量高熔点化合物。

1. 实验装置及安装

毛细管法所用实验装置主要是b形管（又称提勒管）式装置，如实训图1-1所示。

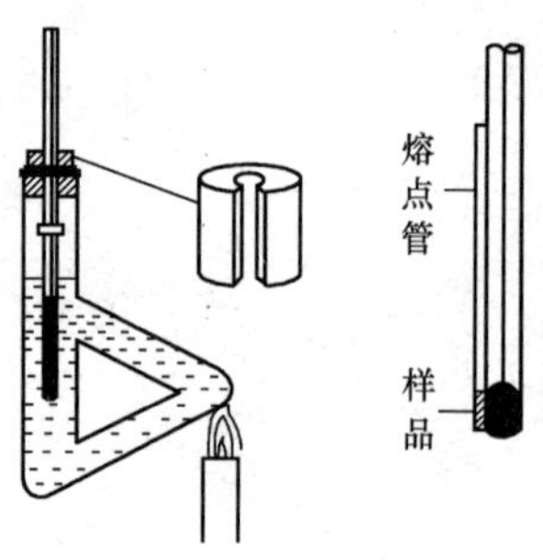

实训图 1-1　b 形管
（提勒管）装置

管口装有开口软木塞或橡皮塞，装上温度计套管，温度计插入其中，其水银球位于 b 形管上下两叉管口之间。

（1）熔点管的制备：用内径为 1～2mm，长为 5～7cm 毛细管的一端用小火封闭起来，即将毛细管呈 45°在酒精灯火焰边缘处一边加热，一边转动，直至毛细管封闭端的内径有两条细线相交或无毛细现象时（封闭端插入水中可观察到有无毛细现象），则此熔点管制备成功。

（2）试样的装入：取少许研细干燥的待测样品于干净的表面皿上，聚成一堆。将熔点管开口一端向下插入样品中，然后将熔点管开口一端向上轻轻在桌面上敲击，或取一支长约 40cm 的干净玻璃管垂直于表面皿上，将熔点管从玻璃管上端自由落下，重复几次使样品装填紧密，样品高度约 2mm。粘附于管外粉末须拭去，以免污染热浴液。

（3）仪器安装：将 b 形管垂直夹于铁架上，装上开口软木塞或橡皮塞，装上温度计套管，温度计插入其中，刻度应面向观察者，其水银球位于 b 形管上下两叉管口之间，用一小橡皮圈将装好样品的熔点管套在温度计的上部，向 b 形管中加入浴液至支管之上 1cm 处。在图示的部位加热，受热的浴液作沿管上升运动，从而促成了整个 b 形管内浴液呈对流循环，使得温度较为均匀。在测定熔点时，凡是样品熔点在 220℃以下的，可采用浓 H_2SO_4 或石蜡油等作为浴液。

2. 校正温度计

将已知样品苯甲酸放入热浴中，测好其熔点，将测定值与文献值对照，进行校正。

3. 熔点的测定

（1）粗测：测定未知物的熔点，应先粗测一次，加热速度可以稍快。待样品熔化，记录熔点的近似值。

（2）精确测定：待浴温冷至熔点以下约 30℃，换一支新熔点管作精密的测定，将粘附有熔点管的温度计小心地伸入浴中，以小火在图示部位缓缓加热，开始时升温速度可以较快，到距离熔点时，调整火焰使每 1min 上升 0.2～0.3℃。越接近熔点，升温速度应越慢，只有缓慢加热才能使误差减小。记下样品开始塌落并有液相产生时（初熔）和固体完全消失时（全熔）的温度计读数，即为该化合物的熔程。例如某样品在 111.2℃时有液滴出现，在 111.9℃时全部液化，假定校正系数为 0.3℃，应记录如下：熔点 111.5～112.2℃，110℃时萎缩。熔点测定一般精确测定熔点 2～3 次，每次测定误差不能大于±1℃。

（3）实验结束：待熔点浴冷却后，方可将浴液倒回原瓶中。温度计冷却后，用废纸擦去浴液，方可用水冲洗，否则温度计极易炸裂。

【实训思考】

（1）加热的快慢为什么会影响熔点？在什么情况下加热可以快一些？在什么情况下

加热则要慢一些？如果样品混合不均匀会产生什么不良结果？

（2）是否可以使用第一次测熔点时已经熔化了的有机化合物再做第二次测定呢？为什么？

（3）分别测得样品 A 及 B 的熔点均为 100℃，将它们按任何比例混合后测得的熔点仍为 100℃，这说明什么？

实训二　旋光法测定葡萄糖的浓度

【实训目的】

（1）了解旋光仪的构造和测定旋光度的原理。

（2）掌握旋光仪的使用方法和比旋光度的计算方法。

【实训材料】

仪器：WXG-4 型圆盘旋光仪、数字自动旋光仪。

试剂：蒸馏水、5％葡萄糖溶液、浓度未知的葡萄糖溶液。

【实训原理】

许多有机化合物，尤其是来自生物体内的大部分天然产物，如氨基酸、生物碱和糖等，都具有旋光性。这是由于它们的分子结构具有手征性所造成的。因此，旋光度的测定对于研究这些有机化合物的分子结构具有重要的作用，此外，旋光度的测定对于确定某些有机反应的反应机理也是很有意义的。

测定物质旋光性的仪器称为旋光仪（实训图 2-1），它是由光源、起偏镜、样品管、检偏镜和刻度盘等部件组成。

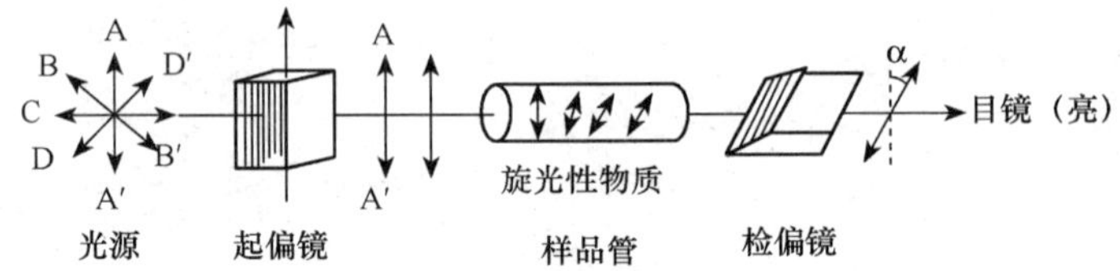

实训图 2-1　旋光仪简图

起偏镜是一个固定不动尼科尔棱镜，其作用是把从光源发射来的光变为偏振光，后面的检偏镜是一个能转动的尼科尔棱镜，用来测定物质使偏振光振动面旋转的方向和角度。当起偏镜和检偏镜互相平行时，并且样品管是空着或是无旋光性物质的溶液时，从旋光仪的目镜中可以观察到均匀的亮视野，此时刻度盘指在零点。当样品管中装有光学活性物质溶液时，由起偏镜射来的光的振动平面会发生旋转，目镜看不到均匀的亮视野而发暗，转动检偏镜旋至视野恢复到原来的亮度为止，从刻度盘上就可以读出左旋或右旋的数值。

旋光性物质使偏振光振动平面旋转的角度称为旋光度，用 α 表示，它的大小除与物质本身的分子结构有关外，还与测定时所用溶液的浓度、样品管的长度、温度、光源的波长及溶剂的等因素有关。为了比较各种光学活性物质的旋光能力，常用比旋光度来表示，通常用符号 $[\alpha]_D^t$ 表示。比旋光度只与物质的结构有关，是光学活性物质的特性常数。按下式计算：

$$[\alpha]_D^t=\frac{\alpha}{l\times c}$$

式中：α 为旋光度；c 为溶液的浓度（g/mL）；l 为样品管的长度（dm）；t 为测定时的温度（一般为 20℃）；D 为钠光波长（589nm）。当 c 和 l 都等于 1 时，$[\alpha]_D^t=\alpha$。因此，比旋光度可定义为在一定温度和波长下，当将浓度为 1g/mL 溶液放入长度为 1dm 的样品管中测得的旋光度。

通过旋光度的测定，不仅可以按公式计算出物质的比旋光度，而且若已知物质的比旋光度，还能计算出被测物质溶液的浓度或鉴定物质的纯度。

【实训步骤】

1. 样品管的充填

用滴管注入蒸馏水或空白溶液至管口，并使溶液的液面凸出管口。小心地将玻璃盖片沿管口方向盖上，把多余的溶液挤压溢出，使管内不留气泡，盖上螺帽。装好后，将样品管外部拭净，以免沾污仪器的样品室。

2. 仪器零点的校正和半暗位置的识别

接通电源并打开光源开关，经过 20min 预热，钠光灯发光正常（黄光），才能开始测定。通常在正式测定前，将充满蒸馏水或空白溶液的样品管放入样品室，旋转粗调钮和微调钮至目镜视野中三分视场的明暗程度完全一致（较暗），再按游标尺原理记下读数，校正零点，并以此为准，进行样品旋光度的测定。

3. 样品旋光度的测定

将充满待测样品溶液的样品管放入旋光仪内，旋转粗调和微调旋扭，使达到半暗位置，按游标尺原理记下读数，重复 3 次，取平均值，即为旋光度的观测值，由观测值减去零点值，即为该样品真正的旋光度。

4. 测定项目

（1）分别用 1dm 和 2dm 长样品管测定 5％葡萄糖溶液的旋光度，计算其比旋光度。比较其结果。

（2）用 1dm 或 2dm 长样品管测定浓度未知的葡萄糖溶液的旋光度，由文献查比旋光度，计算其浓度。

【实训思考】

（1）为什么在样品测定前要测定旋光仪的零点？

（2）测定旋光度时，为什么样品管内不能有气泡存在？

实训三　蒸馏及沸点的测定（常量法）

【实训目的】

（1）熟悉蒸馏和测定沸点的原理。

（2）掌握蒸馏装置的安装与操作。

（3）了解蒸馏和测定沸点的意义。

【实训材料】

仪器：蒸馏瓶、温度计、直型冷凝管、尾接管、锥形瓶、量筒、酒精灯、蒸馏头。

试剂：乙醇。

【实训原理】

液体的分子由于分子运动有从表面逸出的倾向，这种倾向随着温度的升高而增大，进而在液面上部形成蒸气。当分子由液体逸出的速度与分子由蒸气中回到液体中的速度相等，液面上的蒸气达到饱和，称为饱和蒸气。它对液面所施加的压力称为饱和蒸气压。实验证明，液体的蒸气压只与温度有关。即液体在一定温度下具有一定的蒸气压。

当液体的蒸气压增大到与外界施于液面的总压力（通常是大气压力）相等时，就有大量气泡从液体内部逸出，即液体沸腾。这时的温度称为液体的沸点。

纯粹的液体有机化合物在一定的压力下具有一定的沸点（沸程 0.5～1.5℃）。利用这一点，可以测定纯液体有机物的沸点。又称常量法。但是具有固定沸点的液体不一定都是纯粹的化合物，因为某些有机化合物常和其他组分形成二元或三元共沸混合物，它们也有一定的沸点。

蒸馏是将液体有机物加热到沸腾状态，使液体变成蒸气，又将蒸气冷凝为液体的过程。

通过蒸馏可除去不挥发性杂质，可分离沸点差大于 30℃ 的液体混合物，还可以测定纯液体有机物的沸点及定性检验液体有机物的纯度。

【实训内容】

1. 常压蒸馏装置和装配方法

常压蒸馏装置由水浴加热装置（或电热套）、蒸馏烧瓶、温度计、直形冷凝管、接液管和锥形瓶组成。常压蒸馏及常量法测定沸点的装置见实训图 3-1。常压蒸馏装置的装配包括如下几个步骤：

（1）根据加热器具的高度，将圆底烧瓶固定在铁架台的铁架上，铁夹夹在圆底烧瓶支管上部的瓶颈处，温度计通过塞子插入瓶颈，调整温度计的位置，使水银球的上限恰好与圆底烧瓶支管的下限在同一水平线上。

（2）用另一铁架台固定冷凝管，铁夹夹在冷凝管的中部，调整冷凝管的位置，使冷凝管与圆底烧瓶紧密连接，冷凝管的中心线与蒸馏支管的中心线同轴。

(3) 冷凝管的尾部与接液管连接，接液管直接插入作为接受器的锥形瓶中。

(4) 冷凝管下端的进水口与自来水龙头连接，上端出水口用胶管连接后导入水槽。

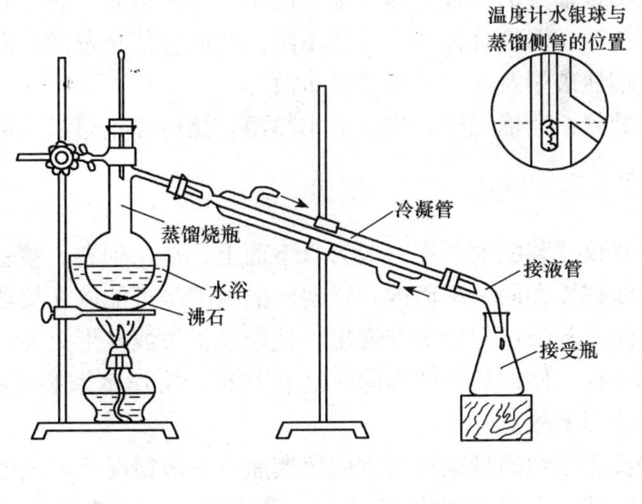

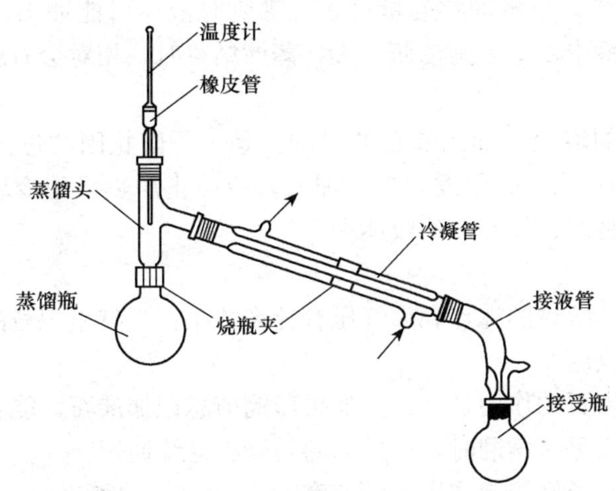

实训图 3-1　常压蒸馏及常量法测定沸点的装置

2. 蒸馏操作及常量法沸点的测定

(1) 加料：将待蒸乙醇 40mL 小心倒入蒸馏瓶中，不要使液体从支管流出。加入几粒沸石（为什么），塞好带温度计的塞子，注意温度计的位置。再检查一次装置是否稳妥与严密。

(2) 加热：先打开冷凝水龙头，缓缓通入冷水，然后开始加热。注意冷水自下而上，蒸气自上而下，两者逆流冷却效果好。当液体沸腾，蒸气到达水银球部位时，温度计读数急剧上升，调节热源，让水银球上液滴和蒸气温度达到平衡，使蒸馏速度以 1～2 滴/s为宜。此时温度计读数就是馏出液的沸点。

蒸馏时若热源温度太高，使蒸气成为过热蒸气，造成温度计所显示的沸点偏高；若热源温度太低，馏出物蒸气不能充分浸润温度计水银球，造成温度计读得的沸点偏低或不规则。

（3）收集馏液：准备两个接受瓶，一个接受前馏分或称馏头，另一个（需称重）接受所需馏分，并记下该馏分的沸程，即该馏分的第一滴和最后一滴时温度计的读数。

在所需馏分蒸出后，温度计读数会突然下降。此时应停止蒸馏。即使杂质很少，也不要蒸干，以免蒸馏瓶破裂及发生其他意外事故。

（4）拆除蒸馏装置：蒸馏完毕，先应撤出热源，然后停止通水，最后拆除蒸馏装置（与安装顺序相反）。

【实训提示】

（1）蒸馏等装置仪器装配的顺序一般为自下而上、从左到右。整套装置要求准确端正，各个仪器的轴线都要在同一平面内，铁架台的铁架尽可能放在仪器后部。各仪器之间的装配要严密，防止蒸馏过程中蒸气逸出，使产品损失或发生火灾。标准口仪器磨口间要涂抹少量的凡士林，使用后立即拆除，防止粘牢。常压蒸馏装置必须与大气相通，密闭蒸馏会发生爆炸等事故。

（2）应该根据被蒸馏物的量选择适宜的蒸馏瓶。一般情况下，蒸馏物的体积占蒸馏瓶体积的1/3～2/3。如果被蒸馏物的量过多，沸腾时液体可能冲出，或液体的泡沫被蒸气带出，混入馏出液中；如果蒸馏瓶过大，蒸馏结束时，相对会有较多液体残留在瓶中，减少收率。

（3）在加热沸腾的溶液中加入沸石的目的，是为了防止因“过热”而引发的“爆沸”。沸石应在加热前加入。如果发现忘记加入，应停止加热待稍冷后再补加。在任何情况下，都绝对不能将沸石加至热的液体中。

【实训思考】

（1）什么叫沸点？液体的沸点和大气压有什么关系？文献里记载的某物质的沸点是否即为你们那里的沸点温度？

（2）蒸馏时加入沸石的作用是什么？如果蒸馏前忘记加沸石，能否立即将沸石加至将近沸腾的液体中？当重新蒸馏时，用过的沸石能否继续使用？

（3）为什么蒸馏时最好控制馏出液的速度为1～2滴/s为宜？

实训四　醇、酚、醚的化学性质

【实训目的】

(1) 验证醇、酚、醚的主要化学性质。

(2) 掌握醇和酚的鉴别方法。

【实训材料】

仪器：试管、试管架、酒精灯、镊子、小刀、滤纸、量筒、烧杯、滴管、平面皿。

试剂：乙醇、无水乙醇、正丁醇、仲丁醇、叔丁醇、甘油、苯酚、0.2mol/L 苯酚溶液、0.2mol/L 邻苯二酚溶液、0.2mol/L 苯甲醇溶液、乙醚、金属钠、酚酞试液、蓝色石蕊试纸、稀硫酸、浓硫酸、浓盐酸、0.17mol/L 重铬酸钾溶液、卢卡斯试剂、2.5mol/L 氢氧化钠溶液、0.3mol/L 硫酸铜溶液、饱和碳酸氢钠溶液、饱和溴水、0.06mol/L 三氯化铁溶液、0.03mol/L 高锰酸钾溶液。

【实训内容】

1. 醇与金属钠的反应

在 3 支干燥的试管中，编号，分别加入 1mL 蒸馏水、无水乙醇和正丁醇，再各放入一粒（绿豆大小）洁净的金属钠，观察反应速度的差异。待金属钠完全溶解以后，将金属钠与乙醇反应后的溶液倒在平面皿上，使剩余的乙醇挥发，如有必要可水浴加热表面皿。乙醇挥发后残留在表面皿上的固体为乙醇钠。滴加数滴水于乙醇钠上使其溶解，然后再滴入 1 滴酚酞试液。记录并解释发生的现象。

2. 醇的氧化反应

取试管 4 支，编号，分别加入正丁醇、仲丁醇、叔丁醇各 10 滴，4 号试管中加入 10 滴蒸馏水作为对照。然后各加入 1mL 稀硫酸、10 滴 0.17mol/L 重铬酸钾溶液，振荡，记录并解释发生的现象。

3. 醇与卢卡斯试剂的反应

取试管 3 支，分别加入正丁醇、仲丁醇、叔丁醇各 10 滴，在 50～60℃水浴中预热片刻。然后同时向 3 支试管中加入卢卡斯试剂各 1mL，振荡，静置，记录并解释发生的现象。

4. 甘油与氢氧化铜的反应

取试管 2 支，各加入 1mL 2.5mol/L 氢氧化钠溶液和 10 滴 0.3mol/L 硫酸铜溶液，摇匀。然后往一支试管中加入 1mL 乙醇，振荡；往另一支试管中加入 1mL 甘油，振荡，记录并解释发生的现象。

5. 酚的弱酸性

取一条蓝色石蕊试纸，放在平面皿上，用蒸馏水润湿，在试纸上滴加一滴 0.2mol/L 苯酚溶液，记录并解释发生的现象。另取试管 2 支，各加少许苯酚和 1mL 水振荡，观察苯酚是否溶解。然后往一支试管中加入 1mL 2.5mol/L 氢氧化钠溶液，振荡；往另一支试管中加入 1mL 饱和碳酸氢钠溶液，振荡。记录并解释发生的现象。

6. 酚与溴水的反应

在试管中加入 1mL 饱和溴水，再滴入 2 滴 0.2mol/L 苯酚溶液，振荡，记录并解释发生的现象。

7. 酚与三氯化铁的显色反应

取小试管 3 支，分别加入 0.2mol/L 苯酚溶液、0.2mol/L 邻苯二酚溶液、0.2mol/L 苯甲醇溶液各 5 滴，再各滴入 1 滴 0.06mol/L $Fecl_3$溶液振荡，记录并解释发生的现象。

8. 酚的氧化反应

在试管中加入 1mL 0.2mol/L 苯酚溶液，再加入 10 滴 2.5mol/L 氢氧化钠溶液，最后加入 5～6 滴 0.03mol/L 高锰酸钾溶液，记录并解释发生的现象。

9. 醚生成鎓盐的反应

取两支干燥的大试管，分别加入浓硫酸、浓盐酸各 2mL，放在冰浴中冷却。另取 1 支试管，加入 2mL 乙醚，也放在冰浴中冷却。在冷却状态下，分次将冷的乙醚平均加到上述两试管中，边加边振荡。观察现象，闻其气味。然后再分别加入 5mL 冰水，振荡。观察现象，闻其气味，注意乙醚气味是否重现。记录并解释发生的现象。

【实训提示】

（1）酚与三氯化铁的显色反应中，三氯化铁的量不宜多加，否则三氯化铁的颜色将会掩盖反应所产生的颜色，尤其是在酚的含量较低时。

（2）乙醚生成鎓盐的反应是放热反应，而乙醚的沸点又很低，为了避免乙醚的挥发，要在冷却下分多次加入乙醚。

【实训思考】

（1）为什么卢卡斯试剂可以鉴别伯醇、仲醇、叔醇？应用此方法时有什么限制？

（2）为什么苯酚能溶于氢氧化钠溶液而不能溶于碳酸氢钠溶液？

（3）乙醚生成鎓盐时为什么要进行冷却？生成的鎓盐加水后发生什么变化？

实训五　醛和酮的性质

【实训目的】

（1）验证醛和酮的主要化学性质。

（2）掌握醛和酮的鉴别方法。

【实训材料】

仪器：18mm×150mm 试管、10mm×100mm 试管、250mL 烧杯、100℃温度计、石棉网、酒精灯。

试剂：甲醛水溶液（福尔马林）、乙醛、苯甲醛、丙酮、乙醇、2,4-二硝基苯肼试剂、碘试剂、1.25mol/L 氢氧化钠溶液、0.05mol/L 硝酸银溶液、0.5mol/L 氨水溶液、费林试剂 A 液（0.2mol/L 硫酸铜溶液）、费林试剂 B 液（0.8mol/L 酒石酸钾钠的氢氧化钠溶液）、希夫试剂。

【实训内容】

1. 与 2,4-二硝基苯肼的反应

取 4 支试管，分别加入 3 滴甲醛、乙醛、丙酮、苯甲醛和 10 滴 2,4-二硝基苯肼试剂，充分振荡后，静置片刻，记录并解释发生的现象。

2. 碘仿反应

取 4 支试管，分别加入 5 滴甲醛、乙醛、乙醇、丙酮，再各加入 10 滴碘试剂，然后分别滴加 1.25mol/L 氢氧化钠溶液至碘的颜色恰好退去。振荡，观察有无沉淀生成，若无沉淀，可在温水浴中温热数分钟，冷却后再观察。记录并解释发生的现象。

3. 银镜反应

在 1 支大试管中加 2mL 0.05mol/L 硝酸银液，再加入 1 滴 1.25mol/L 氢氧化钠溶液。然后边振荡边滴加 0.5mol/L 氨水，直至生成的沉淀恰好溶解为止（即得土伦试剂）。把配好的土伦试剂分装在 4 支洁净的试管中，分别加入 2 滴甲醛、乙醛、丙酮、苯甲醛，摇匀后放在 60℃左右的水浴中加热。记录并解释发生的现象。

4. 费林反应

在 1 支大试管中各加 2mL 费林试剂 A 液和费林试剂 B 液，混合均匀（即得费林试剂），然后分装到 4 支洁净的试管中，再分别加入 2 滴甲醛、乙醛、丙酮、苯甲醛，振荡，放在 80℃水浴中加热 2～3min，记录并解释发生的现象。

5. 希夫反应

取 4 支试管，分别加入 5 滴甲醛、乙醛、乙醇、丙酮，然后各加入 10 滴希夫试剂，记录并解释发生的现象。

6. 与亚硝酰铁氰化钠反应

取 2 支试管，各加入 1mL 0.05mol/L $Na[Fe(CN)_5NO]$ 和 10 滴 0.5mol/L 氨水，摇匀，再分别加入 5 滴乙醛和丙酮，记录并解释发生的现象。

【实训提示】

(1) 进行碘仿反应时应注意，碘试剂样品不能过多，否则生成的碘仿可能会溶于醛酮中。另外，滴加氢氧化钠溶液时也不能过量，加到溶液呈淡黄色（有微量的碘存在）即可。

(2) 进行银镜反应时应将试管洗涤干净，加入碱液时不要过量，否则会影响实验效果。另外，反应时必须采用水浴加热，以防生成具有爆炸性的雷酸银而发生意外。实验完毕，立即用稀硝酸洗涤银镜。

(3) 费林试剂与醛的反应，溶液颜色由蓝色转变为绿色，再变黄进而生成砖红色的氧化亚铜（甲醛反应后生成金属铜）。芳香醛及酮不能与费林试剂反应，但费林试剂如果加热时间过长也会分解产生砖红色的氧化亚铜沉淀，不要误认为芳香醛及酮也与之发生了反应。

(4) 醛与希夫试剂的反应，应在冷溶液和酸性条件下进行。因为希夫试剂不能受热，溶液中不能含有碱性物质和氧化剂，否则二氧化硫会逸去而恢复品红的颜色，出现假阳性。

【实训思考】

(1) 哪些试剂可以用于醛、酮的鉴别?

(2) 现有 5 瓶失去标签的有机化合物，它们可能是乙醇、甲醛、乙醛、苯甲醛、苯甲醇、丙酮，请设计一个方案，将它们的标签一一贴上。

(3) 进行银镜反应时要注意哪些事项?

实训六　乙酸乙酯的制备

【实训目的】

（1）掌握酯化反应制备乙酸乙酯的原理和方法。

（2）学习分液漏斗的使用。

（3）掌握蒸馏、萃取、洗涤、干燥等基本操作。

【实训材料】

仪器：150mL 三口烧瓶、60mL 滴液漏斗、125mL 分液漏斗、200℃温度计、150mL 分馏柱、250mL 直形冷凝管、接液管、60mL 蒸馏烧瓶、50mL 锥形瓶、电热套、广泛 pH 试纸。

试剂：乙醇、冰醋酸、浓硫酸、2mol/L 碳酸钠溶液、饱和食盐水、4.5mol/L 氯化钙溶液、无水硫酸镁。

【实训原理】

羧酸和醇在酸催化下发生酯化反应而生成酯，通常使用的催化剂为浓硫酸。反应方程式如下：

$$CH_3COOH+C_2H_5OH \underset{110\sim120℃}{\overset{H_2SO_4}{\rightleftharpoons}} CH_3COOC_2H_5+H_2O$$

酯化反应是一个可逆反应，为了提高酯的产率，必须尽量使反应向有利于生成酯的方向进行。一般采用的措施包括：①使某一反应物醇或酸过量。过量的反应物的选择考虑原料是否易得、价格是否便宜或者是否容易回收等因素；②将反应中生成的酯或水及时除去，不断破坏反应平衡，使平衡向右移动。

本实验中，采用浓硫酸的催化下，过量的乙醇与乙酸反应，并将生成的产物用分馏柱分馏，不断地脱离反应系统的方法制备乙酸乙酯。

【实训步骤】

1. 乙酸乙酯粗品的制备

乙酸乙酯制备装置如实训图 6-1 所示。

在 150mL 干燥的三口烧瓶中，加入乙醇 10mL，一边振荡一边慢慢分次加入浓硫酸 10mL，混合均匀，并加入 2～3 粒沸石。用铁夹将烧瓶固定在铁架台上，左侧瓶口插入温度计，温度计的水银球部分距离烧瓶底部约 1cm。右侧瓶口装置滴液漏斗，滴液漏斗的下端应插入液面以下约 1cm（若漏斗末端不够长，可用橡皮管接上一段玻管）。在滴液漏斗中，加入 20mL 冰醋酸和 20mL 乙醇。中间瓶口装置刺形分馏柱，分馏柱的上端用软木塞封闭、支管与冷凝管相连接，冷凝管的下端依次连接接液管、蒸馏烧瓶。装置完毕后，小心加热，使反应体系升温至 110～120℃，此时冷凝管口应有液体蒸出。保持反应瓶中的温度，并将滴液漏斗中的混合液慢慢滴入反应瓶中，约

70min 滴加完毕，滴加完毕后继续保温 10min，直到温度升高到 130℃时不再有液体馏出为止。

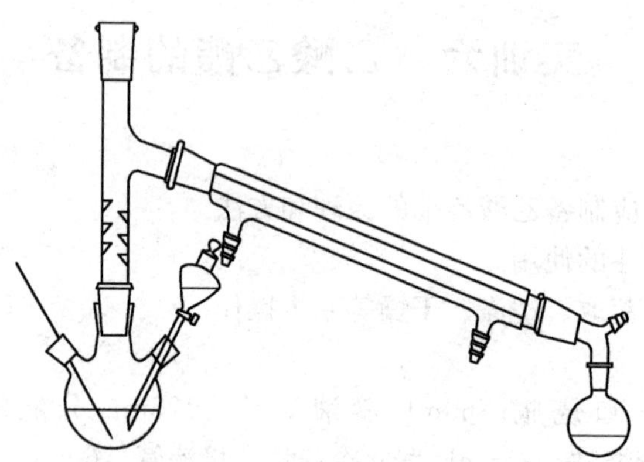

实训图 6-1　乙酸乙酯的制备装置

将收集到的馏分置于梨形分液漏斗中，用 10mL 饱和食盐水洗涤，弃去水层；上层液体再用 20mL 2mol/L 碳酸钠溶液洗涤，一直洗到上层液体 pH 为 7～8 为止。然后再用 10mL 水洗涤一次，用 10mL 4.5mol/L 氯化钙溶液洗涤两次。弃去水层，酯层自分液漏斗上口倒入干燥的 50mL 锥形瓶中，加适量无水硫酸镁干燥，加塞，放置，直至液体澄清，得到乙酸乙酯粗品。

2. 蒸馏精制

将乙酸乙酯粗品通过漏斗过滤至 60mL 蒸馏烧瓶中，加入沸石，水浴加热蒸馏。用已知重量的 50mL 锥形瓶收集 73～78℃的馏分，称量。

3. 计算产率

$$产率=\frac{实际产量}{理论产量}\times 100\%$$

【实训提示】

（1）反应温度必须控制在 110～120℃，反应温度低反应不完全，反应温度过高会增多副产物（如乙醚）而降低酯的产率。

（2）滴液漏斗的末端应插入液面以下 1cm，若不插入液面中，滴入的乙醇、乙酸受热蒸发，反应不完全；若插入太深，压力增大反应物难以滴入。

（3）要控制滴加液体的速度，使之与馏液蒸出的速度大致同步。若滴加太快会使乙醇和乙酸来不及作用而被蒸出，或使反应温度迅速下降，两者都会影响酯的产量。

（4）乙酸乙酯粗品中含有少量的乙醇、乙醚、乙酸和水，所以需要经过一系列的洗涤步骤。各步洗涤的目的如下：①用饱和食盐水洗去部分乙醇和乙酸等水溶性杂质，使用饱和食盐水的目的是增大有机相和水相的密度差别，使分层更加容易；②用碳酸钠溶液洗去残留的醋酸；③用水洗去酯中残存的碳酸钠，因为碳酸钠可以和氯化钙生成沉淀造成分离困难；④用氯化钙溶液洗去残留在酯中的乙醇。

【实训思考】

（1）酯化反应有什么特点？本实验采用什么措施使反应尽量向正反应方向进行？

（2）乙酸乙酯粗品中可能有哪些杂质？怎样除去？

（3）乙酸乙酯的理论产量怎样计算？

实训七　水蒸气蒸馏

【实训目的】

（1）学习水蒸气蒸馏的原理及应用范围。

（2）掌握水蒸气蒸馏的各种装置及其操作方法。

（3）比较水蒸气蒸馏、普通蒸馏和分馏的异同点。

【实训材料】

仪器：电炉、石棉网、圆底烧瓶、安全管、T型管、螺旋夹、导气管、玻璃塞、蒸馏弯头、冷凝管、接液管、锥形瓶、升降台、三口蒸馏烧瓶。

试剂：异戊醇、水杨酸。

【实训原理】

水蒸气蒸馏是将水蒸气通入不溶或难溶于水但有一定挥发性的有机物中，使该有机物与水经过共沸而蒸出的操作过程。此法常用于下列几种情况：①在常压下蒸馏易发生分解的高沸点有机物；②含有较多固体的混合物，而用一般蒸馏、萃取或过滤等方法又难以分离；③混合物中含有大量树脂状的物质或不挥发性杂质，采用蒸馏、萃取等方法也难以分离。水蒸气蒸馏也是分离和提纯有机化合物的一种常用方法。

当水和不溶或者难溶于水的有机化合物共热时，整个体系的蒸气压力根据道尔顿分压定律，应为各组分蒸气压之和，即可以表示为

$$P=P_{(水)}+P_A$$

式中：P 为总的蒸气压；$P_{(水)}$ 为水的蒸气压；P_A 为有机化合物的蒸气压。

当整个体系的蒸气压力（P）等于外界大气压时，混合物开始沸腾，这时的温度即为它们的沸点。所以混合物的沸点将比其中任何一组分的沸点都要低些，即有机物可以在比其沸点低得多的温度下，而且在低于100℃的温度下随水蒸气一起蒸馏出来（实训表7-1）。

实训表7-1　常见水蒸气蒸馏的混合物沸点

有机物	沸点/℃	$P_{(水)}$/mmHg	$P_{A(有机物)}$/mmHg	混合物沸点/℃
乙苯	136.2	567	195.2	92
溴苯	156.1	646	114	95.5
苯甲醛	178	703.5	220	97.9
硝基苯	210.9	738.5	20.1	99.2
1-辛醇	195.0	744	16	99.4

以溴苯为例，溴苯的沸点为156.12℃，常压下与水形成混合物于95.5℃时沸腾，此时水的蒸气压力为86.1kPa（646mmHg），溴苯的蒸气压为15.2kPa（114mmHg）。总的蒸气压=86.1kPa+15.2kPa=101.3kPa（760mmHg）。因此混合物在95.5℃沸腾，

馏出液中二物质之比：

$$\frac{m_{水}}{m_{溴苯}}=\frac{18\times86.1}{157\times15.24}=\frac{6.5}{10}$$

就是说馏出液中有水 6.5g，溴苯 10g；溴苯占馏出物 61%。这个数值为理论值，因为实验时有相当一部分水蒸气来不及与被蒸馏物充分接触便离开了蒸馏烧瓶，同时，以上关系式只适用于不溶于水的化合物，但是在水中绝对不溶的化合物是没有的，所以计算所得值也是一个近似值。

【实训内容】

1. 水蒸气蒸馏装置

实验室的水蒸气蒸馏装置如实训图 7-1 所示。主要包括水蒸气发生器部分、蒸馏部分、冷凝部分和接受器四个部分，其中后三部分与简单蒸馏装置类似。

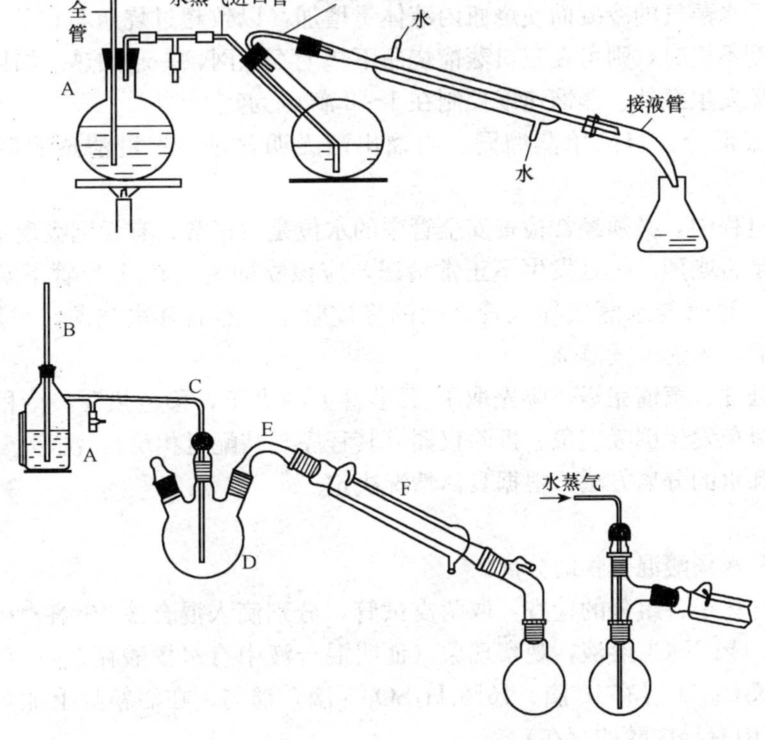

实训图 7-1　水蒸气蒸馏装置

A—水蒸气发生器；B—安全管；C—水蒸气导管；D—三口圆底烧瓶；
E—馏出液导管；F—冷凝管

在水蒸气蒸馏装置图中，A 是水蒸气发生器，通常盛水量以其容积的 2/3 为宜。如果太满，沸腾时水将冲至烧瓶。安全玻管 B 几乎插到发生器 A 的底部。当容器内气压太大时，水可沿着玻管上升，以调节内压。如果系统发生阻塞，水便会从管的上口喷出。此时应检查导管是否被阻塞。

水蒸气导出管与蒸馏部分导管之间由一 T 形管相联结。T 形管用来除去水蒸气中冷凝下来的水，有时在操作发生不正常的情况下，可使水蒸气发生器与大气相通蒸馏的液体量不能超过其容积的 1/3。水蒸气导入管应正对烧瓶底中央，距瓶底 8～10mm，导出管连接在一直形冷凝管上。

2. 基本操作

(1) 检漏：依据实训图 7-1 所示，将仪器按顺序安装好后，应认真检查仪器各部位连接处是否严密，是否为封闭体系。

(2) 加料：在水蒸气发生器中加入 2/3～3/4 体积的热水，并加入几粒止爆剂。从三口蒸馏烧瓶的左口加入待蒸馏的混合物和几粒止爆剂，塞好塞子。再仔细检查一遍装置是否正确，各仪器之间的连接是否紧密，有没有漏气。

(3) 加热：加热至沸腾。当有大量水蒸气产生并从 T 形管的下管口冲出时，先接通冷凝水，将夹子夹在 T 形管下端口，水蒸气便进入蒸馏部分，开始蒸馏。在蒸馏过程中，如由于水蒸气的冷凝而使烧瓶内液体量增加，以致超过烧瓶容积的 2/3，或者水蒸气蒸馏速度不快时，则可在三口蒸馏烧瓶下垫上石棉网，一起加热。如果剧烈，则不能加热，以免发生意外。蒸馏速度控制在 1～2 滴/s 为宜。

(4) 收集馏分：与简单蒸馏同。当馏出液无明显油珠，澄清透明时，便可停止蒸馏。

在蒸馏过程中，必须经常检查安全管中的水位是否正常，有无倒吸现象，三口烧瓶内液体溅飞是否剧烈。一旦发生不正常情况，应该立即将夹在 T 形管下端口的夹子取下，改夹到 T 形管与水蒸气导入管之间的橡皮管上，然后移去热源，找原因排故障。当故障排除后，才能继续蒸馏。

(5) 后处理：蒸馏完毕，应先取下 T 形管上的夹子，移走热源，待稍冷却后再关好冷却水，以免发生倒吸现象。拆除仪器（其程序与装配时相反），洗净。

馏出液和水的分离方法，根据具体情况决定。

【实训步骤】

异戊醇和水杨酸混合物的分离。

(1) 混合物中各组分的检查：取两支试管，分别滴入混合液 10 滴。在一支试管中加入 10 滴 0.1% $FeCl_3$溶液，观察现象（证明混合液中有水杨酸存在）；在另一支试管中加入 5% $K_2Cr_2O_7$溶液 10 滴、16% H_2SO_4 5 滴，摇匀，在酒精灯上加热，观察现象（证明混合液中有异戊醇的存在）。

(2) 水蒸气蒸馏。将 25mL 异戊醇和水杨酸的混合液倒入 100mL 圆底烧瓶中，仪器安装好后，先把 T 形管上的夹子打开，加热水蒸气发生器使水迅速沸腾，当有水蒸气从 T 形管的支管冲出时，再旋紧夹子，让水蒸气通入烧瓶中。与此同时，接通冷却水，用 100mL 锥形瓶收集馏出物。

当馏出液澄清透明不再有油状物时，即可停止蒸馏（为什么?）。这时应先旋开 T 形管上的螺旋夹，再停止加热，冷却后，把馏出液倒入分液漏斗中，静置分层，将水层弃去。

（3）各分离物的检查：取两支试管，分别滴入 10 滴馏出液（余者回收），证明馏出液中仅含有异戊醇。另取两支试管，分别加入 10 滴圆底烧瓶内剩余的蒸馏液，证明其中仅含有水杨酸。

【实训提示】

（1）安装正确，连接处严密。

（2）严守操作程序。

（3）调节火焰，控制蒸馏速度 2～3d/s，并时刻注意安全管。

（4）停火前必须先打开螺旋夹，然后移去热源，以免发生倒吸现象。

（5）按安装相反顺序拆卸仪器。

【实训思考】

（1）什么是水蒸气蒸馏？什么情况下可以利用水蒸气蒸馏进行分离提纯？被提纯化合物应具备什么条件？

（2）水蒸气蒸馏是利用什么原理？

（3）T 形管具有哪些作用？

（4）发现安全管内液体迅速上升，应该怎么办？

实训八　乙酰水杨酸的制备

【实训目的】

（1）掌握乙酰水杨酸的制备方法。

（2）熟悉酰化反应原理。

（3）巩固重结晶、熔点测定、抽滤等基本操作技能。

（4）了解乙酰水杨酸的用途。

【实训材料】

仪器：锥形瓶（100mL）、量筒（10mL、100mL，干燥）、水浴加热装置、温度计、抽滤装置、玻璃棒、烧杯、表面皿、滴定管。

试剂：水杨酸、乙酸酐、浓硫酸、1%三氯化铁。

【实训原理】

乙酰水杨酸（阿司匹林）是一种广泛使用的解热镇痛药，用于治疗伤风、感冒、头痛、发烧、神经痛、关节痛及风湿病等。近年来，又证明它具有抑制血小板凝聚的作用，其治疗范围又进一步扩大到预防血栓形成，治疗心血管疾患。人工合成它已有百年，但由于它价格低廉，疗效显著，且防治疾病范围广，因此至今仍被广泛使用。阿司匹林化学名为2-乙酰氧基苯甲酸，化学结构式为

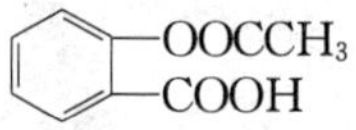

$$C_6H_4(-OOCCH_3)(-COOH)$$

乙酰水杨酸为白色针状或板状结晶，熔点135～136℃（受热易分解，熔点难测准），无臭或微带醋酸臭，味微酸；遇湿气即缓水解。易溶于乙醇，可溶于氯仿、乙醚，微溶于水。在氢氧化钠溶液或碳酸钠溶液中溶解，但同时分解。

乙酰水杨酸是由水杨酸（邻羟基苯甲酸）和乙酐合成的。合成路线如下：

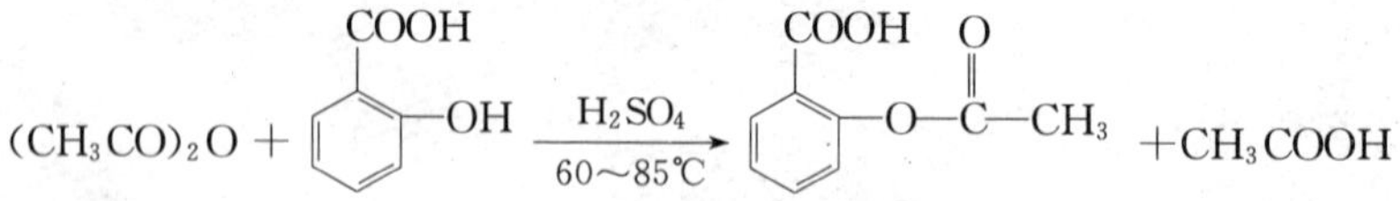

$$(CH_3CO)_2O + C_6H_4(COOH)(OH) \xrightarrow[60\sim85℃]{H_2SO_4} C_6H_4(COOH)(O-\overset{O}{\overset{\|}{C}}-CH_3) + CH_3COOH$$

【实训内容】

1. 乙酰水杨酸的制备

在干燥的锥形瓶中，加入干燥的水杨酸6.3g（0.045mol）和新蒸的乙酸酐9.0mL（0.09mol），再加9滴浓硫酸，充分振摇至水杨酸全部溶解，水浴加热，在80℃左右反应20min，取出锥形瓶冷却，在不断搅拌下倒入50mL蒸馏水，并用冰水浴冷却，至白色晶体完全析出。抽滤，冷水洗涤，得乙酰水杨酸粗品。

2. 乙酰水杨酸的纯化

在所得的乙酰水杨酸粗品中加入25mL饱和碳酸钠溶液，用玻璃棒充分搅拌至无

CO_2气泡产生，过滤，用水冲洗漏斗，合并滤液，倒入预先盛有 3～5mL 浓盐酸和 10mL 水的烧杯中，在冰水浴下轻微搅拌即有晶体析出，待结晶完全，抽滤，用少量冷的蒸馏水洗涤 2～3 次，干燥得精品，称量、计算产率并测定其熔点（134～136℃）。

$$产率=\frac{实际产量}{理论产量}\times 100\%$$

【实训提示】

（1）制备乙酰水杨酸最常用的方法是由水杨酸（邻羟基苯甲酸）与醋酸酐作用，通过酰化反应，酚羟基上的氢原子被乙酰基取代，生成乙酰水杨酸。为了加速反应的进行，通常加入少量浓硫酸作催化剂，浓硫酸的作用是破坏水杨酸分子中羧基与酚羟基间形成的氢键，从而使酰化作用较易完成。

$$\text{(COOH, OH)} + H_3C{-}\overset{O}{C}{-}O{-}\overset{O}{C}{-}CH_3 \xrightarrow[70℃]{H_2SO_4} \text{(COOH, O}\overset{O}{C}CH_3\text{)} + CH_3COOH$$

（2）在实验过程中，由于乙酸酐易水解，所以进行合成反应的仪器和药品应经干燥处理；在合成过程中水浴加热温度不宜过高，时间不宜过长，否则副产物可能增加。乙酰水杨酸是双官能团（羟基和羧基）化合物，在反应中的可能产生为水杨酰水杨酸酯、乙酰水杨酰水杨酯和聚合物等副产物，由于这些物质的水溶性不好，可以使乙酰水杨酸变成钠盐，然后通过过滤的方法除去这些杂质后，再将盐经酸处理，还原为相应的酸。乙酰水杨酸受热后易发生分解，分解温度为 126～135℃，因此在反应、结晶、干燥过程中应避免高温加热。由于乙酰水杨酸中含有酚羟基，因此，可以用 1%三氯化铁对其进行鉴别，若有紫色物质产生，则说明合成反应不彻底或产物发生变质。在精制结晶的过程中，若无晶体析出，可用玻璃棒摩擦瓶壁促使结晶，或放入冰水中冷却，或采用加入晶种的方法使其结晶。

（3）数据记录于实训表 8-1 中。

实训表 8-1　数据记录

内容 / 名称	记录项		计算项
	粗品质量/g	成品质量/g	产率/%
乙酰水杨酸			

【实训思考】

（1）何谓酰化反应？常用的酰化剂有哪些？

（2）若在硫酸的存在下，水杨酸与乙醇作用将得到什么产物？写出反应方程式。

（3）乙酰水杨酸还可以使用溶剂进行重结晶？重结晶时需要注意什么？

实训九　糖的化学性质

【实训目的】

（1）验证糖的化学性质。

（2）掌握糖的简单鉴定方法。

【实训材料】

仪器：试管、试管夹、水浴锅、酒精灯、白瓷点滴板、滴管、玻璃棒。

药品：0.1mol/L 葡萄糖溶液、0.1mol/L 果糖溶液、0.05mol/L 蔗糖溶液、0.05mol/L 麦芽糖溶液、20g/L 淀粉溶液、碘试剂、浓 HCl、浓 H_2SO_4、浓 HNO_3、1mol/L Na_2CO_3 溶液、2.5mol/L NaOH 溶液、0.05mol/L $CuSO_4$ 溶液、0.1mol/L HCl 溶液、1.45mol/L $NaNO_3$ 溶液、班氏试剂、莫立许试剂、塞利凡诺夫试剂、碘化钾淀粉试纸、β-萘酚碱液。

【实训内容】

1. 糖的还原性

（1）与费林试剂的反应：取费林溶液 A 和 B 各 2.5mL 混合均匀后，分装于 4 支试管，编号。再分别滴入 0.1mol/L 葡萄糖溶液、0.1mol/L 果糖溶液、0.05mol/L 蔗糖溶液、0.05mol/L 麦芽糖溶液各 5 滴，摇匀，放在水浴中加热 2～3min，记录并解释发生的现象。

（2）与班氏试剂的反应：取 4 支试管，编号。各加班氏试剂 1mL，再分别加入上述的各种糖溶液 5 滴，摇匀，放在水浴中加热 2～3min。记录并解释发生的现象。

（3）与土伦试剂的反应：制备土伦试剂约 10mL，均分于 4 支干净的试管中，编号。再分别加入上述的各种糖溶液 5 滴，摇匀，将试管放在 60%的热水浴中加热数分钟。记录并解释发生的现象。

2. 糖的颜色反应

（1）莫立许反应：取 4 支试管，编号。分别加入 0.1mol/L 葡萄糖溶液、0.1mol/L 果糖溶液、0.05mol/L 蔗糖溶液、0.05mol/L 麦芽糖溶液各 1mL，再各加 2 滴莫立许试剂，摇匀。将试管倾斜成 45°角，沿管壁慢慢加入浓硫酸 1mL，使硫酸和糖液之间有明显的分层，观察两层之间的颜色变化。数分钟内如无紫色环出现，可在水浴中温热后再观察变化（切勿振荡）。记录并解释发生的现象。

（2）塞利凡诺夫反应：取 4 支试管，编号。各加塞利凡诺夫试剂 1mL，再分别加入 0.1mol/L 葡萄糖溶液、0.1mol/L 果糖溶液、0.05mol/L 蔗糖溶液、0.05mol/L 麦芽糖溶液各 5 滴，摇匀，浸在沸水浴中 2min。记录并解释发生的现象。

（3）淀粉与碘的反应：取 1 支试管，加入 20g/L 淀粉溶液 1 滴、4mL 蒸馏水和 1

滴碘试剂，观察颜色的变化。将此溶液加热至沸，然后再冷却，观察颜色的变化。记录并解释发生的现象。

3. 蔗糖和淀粉的水解

（1）取 2 只试管，各加入 0.05mol/L 蔗糖溶液 1mL，然后于第一支试管中加入 3 滴浓盐酸，第二只试管中加入 3 滴蒸馏水，摇匀后将两支试管同时放入沸水浴中加热 5～10min。取出冷却后，第一支试管中加入 1mol/L Na_2CO_3溶液中和至弱碱性（加到没有气泡发生为止，或用石蕊试纸检查）。然后向 2 支试管中各加入班氏试剂 10 滴，摇匀，再放入沸水中加热 2～3min。记录并解释发生的现象。

（2）在试管中各加入 20g/L 淀粉溶液 2mL 和 3 滴浓盐酸，摇匀后放入沸水浴中加热。加热过程中每间隔 5min 取出 2 滴于点滴板，用碘试剂检验是否变色，直至淀粉全部水解。用 1mol/L Na_2CO_3溶液中和水解后的溶液至弱碱性（加到没有气泡发生为止，或用石蕊试纸检查），然后加入班氏试剂 1mL，摇匀，再放入沸水中加热 2～3min。记录并解释发生的现象。

（3）糖脎的生成：分别取 1mL 5%葡萄糖、果糖、蔗糖、麦芽糖溶液于 4 支试管中，加入 0.5mL 10%苯肼盐酸盐溶液和 0.5mL 15%醋酸钠溶液。在沸水浴中加热并不断振摇，比较产生糖脎的速率，记录成脎的时间，并在显微镜下观察糖脎的晶形。

【实训思考】

（1）如何区别还原糖和非还原糖？

（2）在糖的还原性实验中，蔗糖与班氏试剂长时间加热，有时可以得到正性的结果，为什么？

自我测评参考答案

第一章　有机分子的结构与化学键

一、单选题

1. B　　2. C　　3. B

二、分析题

略。

第二章　有机化合物的结构和反应性

1. 用系统命名法命名下列化合物：

（1）2,2,4,4-四甲基戊烷　　（2）2,5,6-三甲基辛烷

（3）2,3,5,5-四甲基庚烷　　（4）3-甲基-4-乙基己烷

2. 写出下列化合物的构造简式：

（1）
$$\begin{array}{c} \quad\quad\; H \;\; H \\ CH_3—\overset{|}{\underset{|}{C}}—\overset{|}{\underset{|}{C}}—CH_2CH_3 \\ \quad\quad\; CH_3CH_3 \end{array}$$

（2）
$$\begin{array}{r} CH_3 \\ | \\ CH_3CH_2CH_2CH_2—C—CH_3 \\ H \end{array}$$

（3）
$$\begin{array}{l} CH_3CH_2CH_2CHCH_3 \\ \qquad\qquad\quad\; | \\ \qquad\qquad\quad CH_3 \end{array}$$
或
$$\begin{array}{l} CH_3CH_2CHCH_2CH_3 \\ \qquad\quad\;\; | \\ \qquad\quad CH_3 \end{array}$$

（4）
$$\begin{array}{c} \quad CH_3CH_3 \\ H_3C—\overset{|}{\underset{|}{C}}—\overset{|}{\underset{|}{C}}—CH_3 \\ \quad CH_3 \;\; H \end{array}$$

3. 7，2，3。

4. C。

第三章　对映异构体

1.

（1）$CH_3*CH(OH)CH_2Cl$　　旋光异构体的数目 2 个

（2）$CH_3*CH(Br)CH_2*CH(Cl)COOH$　　旋光异构体的数目 4 个

（3）$HOOC*CH(OH)*CH(OH)COOH$　　旋光异构体的数目 3 个

(4) $CH_3*CH(OH)CH_2CH_3$ 旋光异构体的数目 2 个

2.

(1) S (2) R (3) R (4) S

3.

(1) (2R，3S) (2R，3S) 二者为相同分子

(2) (2S，3R) (2R，3S) 二者互为对映体

(3) (2S) (2R) 二者互为对映体

(4) (2R) (2R) 二者为相同分子

(5) (2R) (2S) 二者互为对映体

(6) (2R) (2S) 二者互为对映体

4. 推测结构式

(1) $C_{10}H_{14}$的结构式为：$C_6H_5-CH(CH_3)-CH_2CH_3$

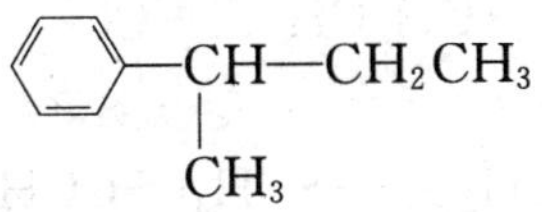

(2) A：3-甲基-1-戊炔 B：3-甲基-1-戊炔银 C：3-甲基戊烷

(3) C_6H_{12}不饱和烃是 $H_3C-C(C_2H_5)(H)-CH=CH_2$ 或 $H-C(C_2H_5)(CH_3)-CH=CH_2$，生成的饱和烃无旋光性。

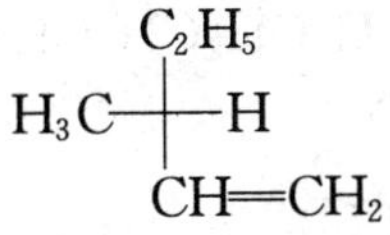

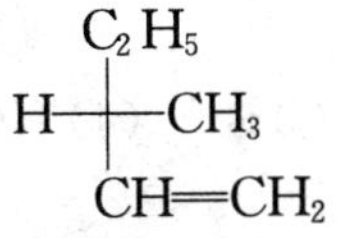

第四章 饱 和 烃

一、单选题

1. A 2. A 3. C 4. D 5. A 6. B 7. D 8. A 9. B 10. D 11. B 12. B 13. D 14. C 15. A 16. A 17. A 18. C

二、填空题

1. 对位交叉式 2. A、B、C、D 3. B>C>D>A

4.

A. 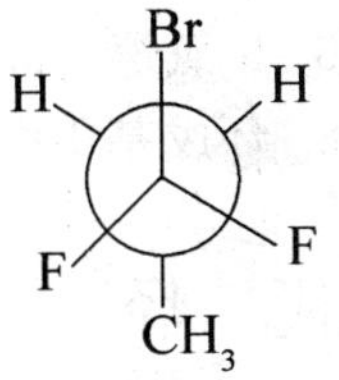 （纽曼投影式：前碳 Br、F、F；后碳 H、H、CH_3）

B. 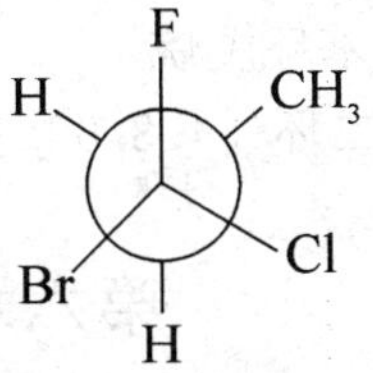 （纽曼投影式：前碳 F、Br、Cl；后碳 H、CH_3、H）

5. 强 6. 链引发、链增长、链中止

7. CH_4（甲烷） CH_3CH_3（乙烷） $CH_3-C(CH_3)_2-CH_3$(2,2— 二甲基丙烷)

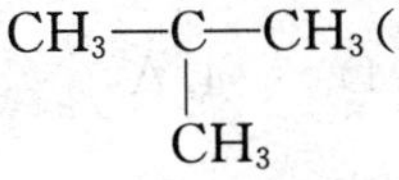

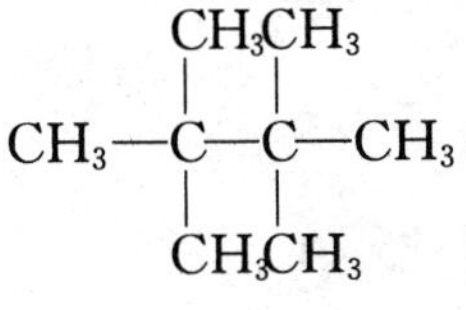

$CH_3-C(CH_3)_2-C(CH_3)_2-CH_3$(2,2,3,3— 四甲基丁烷)

三、命名或写结构简式

1. 2,2-二甲基丁烷　　2. 2,7-二甲基-4-乙基壬烷

3. 2,2,4-三甲基戊烷　　4. $CH_3CH—CHCH_2CH_2CH_3$（两个 CH 上各连一个 CH_3）

$$\begin{array}{c} \quad CH_3 \quad CH_2CH_3 \\ \quad | \qquad\quad | \\ CH_3CCH_2CHCHCH_3 \\ \quad | \qquad\qquad | \\ \quad CH_3 \qquad\quad CH_3 \end{array}$$

5. $CH_3C(CH_3)_2CH_2CH(CH_2CH_3)CH(CH_3)CH_3$

四、简答题

1. 链引发：$Cl:Cl \xrightarrow{光} 2Cl\cdot$

链增长：$CH_3CH_3 + Cl\cdot \longrightarrow CH_3CH_2\cdot + HCl$

$CH_3CH_2\cdot + Cl_2 \longrightarrow CH_3CH_2Cl + Cl\cdot$

链终止：$Cl\cdot + Cl\cdot \longrightarrow Cl_2$

$CH_3CH_2\cdot + CH_3CH_2\cdot \longrightarrow CH_3CH_2CH_2CH_3$

$CH_3CH_2\cdot + Cl\cdot \longrightarrow CH_3CH_2Cl$

2. (1) $(CH_3)_4C$　　(2) $CH_3CH_2CH_2CH_2CH_3$

(3) $(CH_3)_2CHCH_2CH_3$　　(4) $(CH_3)_4C$

第五章　环　烷　烃

一、选择题

1. D　2. D　3. A　4. C　5. A　6. D　7. A　8. A　9. C　10. D　11. D　12. A　13. C　14. B

二、命名或写结构式

1. 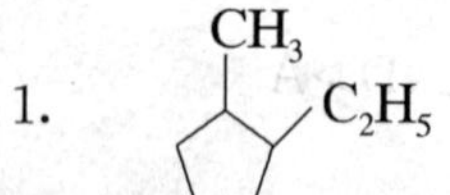

2. 

3.

4. 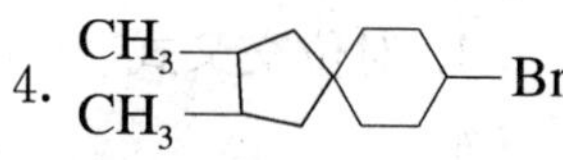

5. 1-甲基-3-环丁基环戊烷　　6. 5-氯螺［2.5］辛烷

7. 1,2,4-三甲基二环［4.3.0］壬烷　　8. 环戊基甲酸

第六章　卤　代　烃

一、单选题

1. C　2. B　3. D　4. A　5. C

二、多选题

1. ABD　2. BD　3. BCDE

三、简答题

1. (1) 2-甲基-4-氯戊烷　　属仲卤代烷烃

(2) 2-甲基-2-氯丙烷　　属叔卤代烷烃

(3) 3-甲基-6-溴环己烯　　属烯丙型卤代烯烃

(4) 对溴甲苯　　属乙烯型卤代芳烃

2.

(1) $CH_3CH_2C(Br)(CH_3)CH_3 \xrightarrow[水]{NaOH} CH_3CH_2C(OH)(CH_3)CH_3 + NaBr$

(2) 环己基-$CH_2Cl + NaOCH_2CH_3 \longrightarrow$ 环己基-$CH_2OCH_2CH_3 + NaCl$

(3) $CH_3CH(CH_3)CH_2I + AgNO_3 \longrightarrow CH_3CH(CH_3)CH_2ONO_2 + AgI\downarrow$

3.

(1) 氯化苄、氯苯、3-苯基-1-氯丁烷 $\xrightarrow{AgNO_3/CH_3CH_2OH}$ AgCl↓；(-)、(-) $\xrightarrow{\triangle}$ (-)、AgCl↓

(2) 2-甲基-4-溴-2-戊烯、2-甲基-3-溴-2-戊烯、2-甲基-5-溴-2-戊烯 $\xrightarrow{AgNO_3/CH_3CH_2OH}$ AgCl↓；(-)、(-) $\xrightarrow{\triangle}$ (-)、AgCl↓

第七章　不 饱 和 烃

一、单选题

1. A　2. C　3. B　4. B　5. D

二、多选题

1. CD　2. CE　3. AB

三、简答题

1. (1) 3-丙基-1-己烯　　(2) 5-甲基-1-己炔

(3) (E)-2,2,3,4-四甲基-3-己烯

(4) (E) -3-乙基-3-戊烯-1-炔

2. (1) $CH_3CH_2COCH_3 + CH_3COOH$　　(2) $(CH_3)_2CHCHBrCH_3$

(3) $CO_2 +$ $(CH_3)_2CHCOOH$　　(4) $CH_3COCH_2CH_3$

3. (1) 1-丁炔、2-丁炔 $\xrightarrow{银氨溶液}$ 白色沉淀、(—)

(2) 乙烷、乙烯、乙炔 $\xrightarrow{银氨溶液}$ (—)、(—)、白色沉淀；(—)、(—) $\xrightarrow{溴水}$ (—)、退色

4. 答：A. $CH_3CH_2C \equiv CH$ B. $CH_3C \equiv CCH_3$

第八章 苯和芳香性

一、命名下列化合物或写出结构式

1. 苯乙炔 2. 3-叔丁基乙苯 3. 3-对甲苯基丙烯 4. 对硝基乙苯
5. 4-硝基-2-氯-苯甲酸 6. 对十二烷基苯磺酸钠

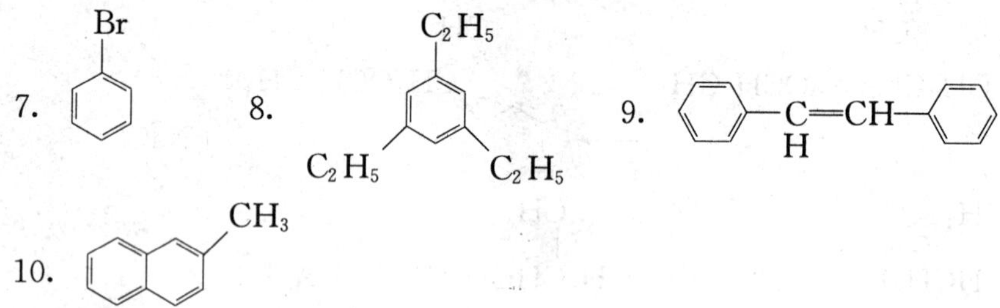

二、单选题

1. D 2. A 3. A 4. D 5. A 6. B

三、完成下列反应式

1. 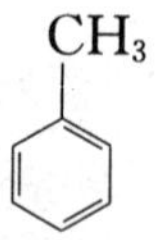 CH_3 2. CH_3, NO_2 ; CH_3, NO_2 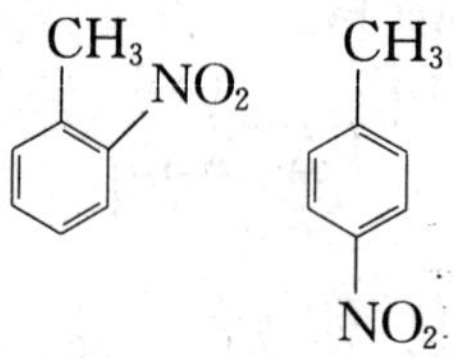 3. 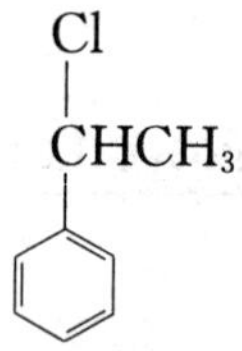 Cl, $CHCH_3$ 4. 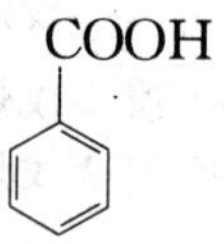 COOH

四、按照亲电取代反应活性由强到弱的顺序排列下列化合物

1. 苯酚＞甲苯＞苯＞溴苯＞硝基苯
2. 苯甲醚＞苯＞氯苯＞苯甲酸
3. 氯苯＞对氯硝基苯＞2,4 －二硝基氯苯

五、用化学方法鉴别下列各组化合物

1.
甲苯、甲基环己烷、3-甲基环己烯 —溴水→ 无、无、溴水退色；
无、无 —高锰酸钾→ 紫红色退去、无

2.
乙苯、苯乙烯、苯乙炔 —溴水→ 无、退色、退色；
退色、退色 —银氨溶液→ 无、白色沉淀

3.
2-戊烯、1,1-二甲基环丙烷、环戊烷 —酸性高锰酸→ 退色、无、无；
无、无 —银氨溶液→ 无、白色沉淀

六、略。

七、推断题

3 种　2 种　1 种

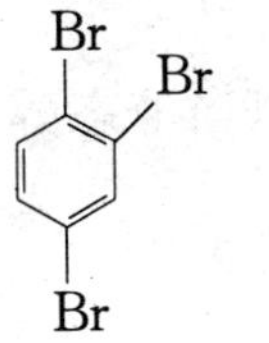

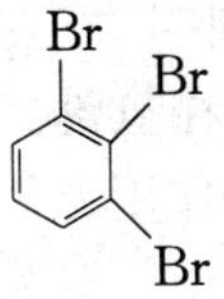

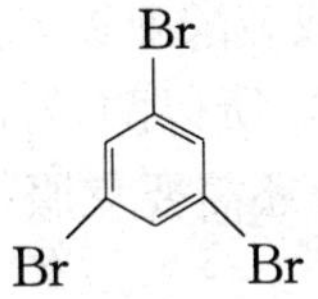

1. Br Br Br（1,2,4-三溴苯）　Br Br Br（1,2,3-三溴苯）　Br Br Br（1,3,5-三溴苯）

2. CH_2CH_3 / CH_3（对甲基乙苯）

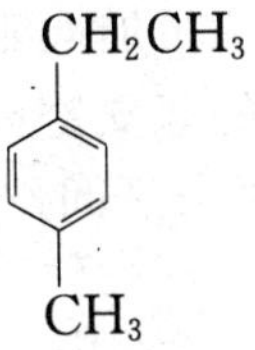

第九章　萜类和甾族化合物

1.2. 略。

3.

(1) 3β，17α-二羟基-1,3,5(10)-雌甾三烯

(2) Δ^5-3β 羟基胆甾烯

4.

(1) A　(2) A　(3) C　(4) A　(5) D

第十章　醇、酚、醚

一、选择题

1. C　2. C　3. D　4. B　5. C　6. C　7. B　8. A　9. A　10. A　11. A　12. D

13. C　14. C　15. B　16. B　17. B　18. B　19. A　20. D

二、命名或写结构式

1. 3-甲基-2-丁醇　2. 苯乙醚

3. 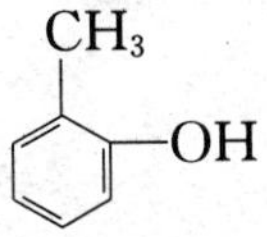 CH_3 —OH（邻甲苯酚）　4. 2-苯基-2-丙醇

5. 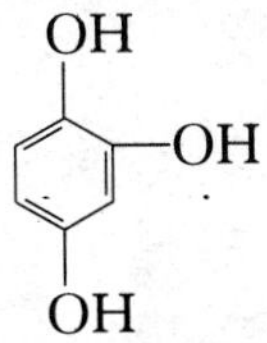 OH —OH OH（1,2,4-苯三酚）　6. 2-丁烯-1-醇

三、完成下列反应方程式

1. 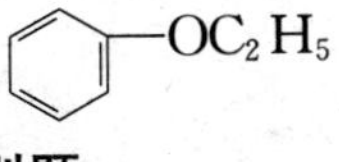 C_6H_5—OC_2H_5　2. $CH_3CH_2\overset{O}{\overset{\|}{C}}CH_3$　3. $CH_3I+CH_3CH_2CH_2OH$

四、鉴别题

1. 先加入 $FeCl_3$ 溶液，有显色反应的是对甲苯酚，再加入金属钠，有气体放出的是苯甲醇。

2. 用卢卡斯试剂。

五、简答题

1. 检验方法：用酸性碘化钾-淀粉试纸检验，如有过氧化物，淀粉试纸变蓝。
   除去方法：可加入亚硫酸钠或硫酸亚铁等还原剂。

2. 醇分子中的氢氧键高度极化，所以醇分子间存在氢键。所以当液态醇汽化时，除需要克服一般的分子间作用力外，还需要克服氢键的作用力。

第十一章 醛、酮、醌：羰基化合物

一、单选题

1. A 2. A 3. D 4. A 5. C 6. A 7. A 8. D 9. D 10. D 11. D 12. A 13. A 14. B

二、写出下列化合物的结构式

1. 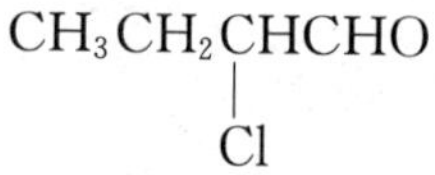 $CH_3CH_2\underset{\underset{Cl}{|}}{C}HCHO$　2. $CH_3\underset{\underset{O}{\|}}{C}CH_2CH_3$　3. O, CH_3

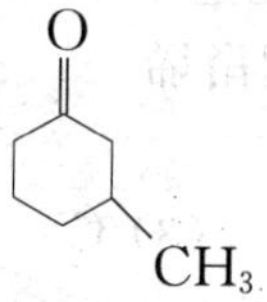

4. 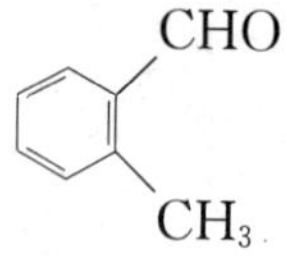 CHO, CH_3　5. 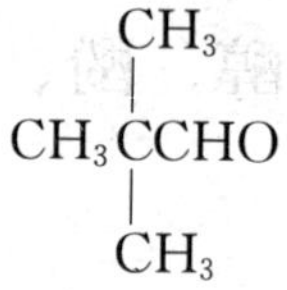 $CH_3\overset{\overset{CH_3}{|}}{\underset{\underset{CH_3}{|}}{C}}CHO$　6. 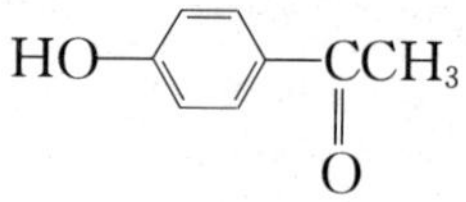 HO— —$\underset{\underset{O}{\|}}{C}CH_3$

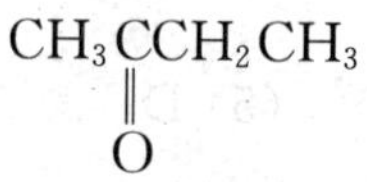

三、推测结构式

1. A $CH_3\overset{\overset{O}{\|}}{C}CH_2CH_3$　B $CH_3CH_2CH_2CHO$　C $CH_2{=}CH\overset{\overset{OH}{|}}{C}HCH_3$

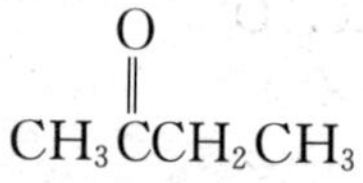

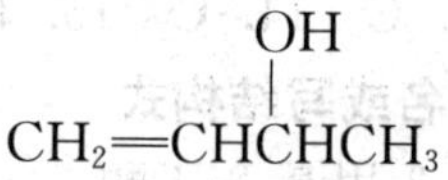

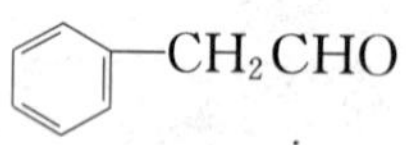

2. A —CH_2CHO　B —$\overset{\overset{O}{\|}}{C}CH_3$

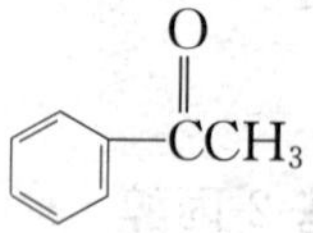

四、简答题

1. （1）1-丁醇　（2）2-戊醇　（3）丙酮　（4）2-苯基乙醇

2. 能起碘仿反应：（1）（2）（3）（5）（6）
   能与亚硫酸氢钠加成：（1）（2）（6）
   既能发生碘仿反应又能与亚硫酸氢钠加成：（1）（2）（6）

3. （1）醇　（2）酚　（3）脂环烃　（4）醛　（5）醚　（6）胺

第十二章 羧酸及其衍生物

一、单选题

1. D 2. B 3. A 4. D 5. C 6. A 7. B 8. B 9. C 10. C 11. B 12. A

13. C 14. C 15. B 16. B 17. D 18. A 19. D 20. C

二、多选题

1. AC 2. ABC 3. ABD 4. DE 5. ABCE

三、简答题

1. 命名下列化合物或写出结构式：

(1) 2,4-二甲基戊酸　(2) 甲基丁二酸　(3) 乙丙酸酐

(4) N,N-二甲基乙酰胺　(5) 3-甲基-4-苯基戊酸　(6) 苯甲酰氯

(7) HOOC—COOH　(8) $H_2N—\overset{\overset{O}{\|}}{C}—NH_2$　(9) $CH_3—\overset{\overset{O}{\|}}{C}—OC_2H_5$

(10) $H_2N—\overset{\overset{NH}{\|}}{C}—NH—$

2. 完成下列反应式：

(1) $CH_3COOH + NaOH \longrightarrow CH_3COONa + H_2O$

(2) $CH_3COOH + C_2H_5OH \underset{\triangle}{\overset{H^+}{\rightleftharpoons}} CH_3COOC_2H_5 + H_2O$

(3) $CH_3—\overset{\overset{O}{\|}}{C}—Cl + H_2O \longrightarrow CH_3COOH + HCl\uparrow$

(4) 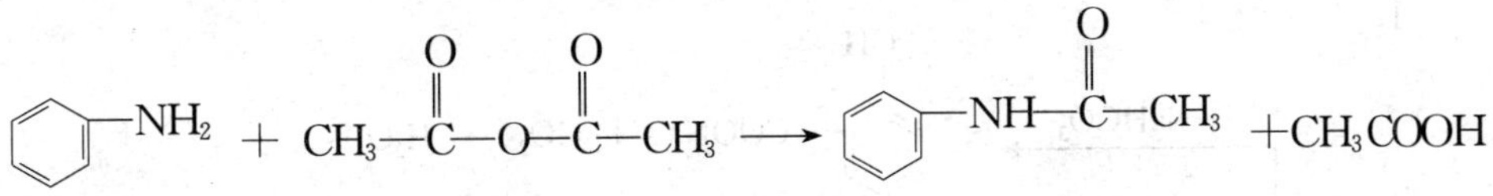 $C_6H_5—NH_2 + CH_3—\overset{\overset{O}{\|}}{C}—O—\overset{\overset{O}{\|}}{C}—CH_3 \longrightarrow C_6H_5—NH—\overset{\overset{O}{\|}}{C}—CH_3 + CH_3COOH$

(5) $H_2N—\overset{\overset{O}{\|}}{C}—NH_2 + NH_2—\overset{\overset{O}{\|}}{C}—NH_2 \xrightarrow{\triangle} H_2N—\overset{\overset{O}{\|}}{C}—NH—\overset{\overset{O}{\|}}{C}—NH_2 + NH_3\uparrow$

四、实例分析

1. 用简单的化学方法区分下列各组化合物：

(1) 甲酸、乙酸 —土伦试剂→ 甲酸：银镜；乙酸：(—)

(2) 乙酸乙酯、乙酰乙酸乙酯 —$FeCl_3$→ 乙酸乙酯：(—)；乙酰乙酸乙酯：紫色

(3) 苯甲醇、苯甲酸、苯甲酸 —土伦试剂→ 银镜、(—)、(—)；(—)、(—) —$KMnO_4$→ 退色、(—)

(4) 乙酰胺、脲 —$NH_2—OH$, $FeCl_3$→ 乙酰胺：红-紫色；脲：(—)

2. 推断结构：

(1) 乙二酸　HOOC—COOH　$HOOC—COOH \xrightarrow{\triangle} HCOOH + CO_2$

(2) A.　乙酸乙酯　$CH_3—\overset{\overset{O}{\|}}{C}—OC_2H_5$

B. 乙酸 CH_3COOH

C. 乙醇 C_2H_5OH

第十三章 取 代 酸

一、选择题

1. B 2. A 3. A 4. B 5. D 6. D 7. C 8. A 9. B

二、用系统命名法命名下列化合物或写出结构简式

1. 4-甲基-2-己烯酸
2. 3,4-二甲基苯甲酸
3. 2-甲基-3-羟基丁酸
4. 4-甲基-3-戊酮酸
5. $H-\overset{O}{\overset{\|}{C}}-CH_2COOH$
6. $HOOCCH_2\overset{COOH}{\overset{|}{\underset{OH}{\underset{|}{C}}}}CH_2COOH$
7. $CH_3\overset{O}{\overset{\|}{C}}CH_2CH_2COOH$
8. 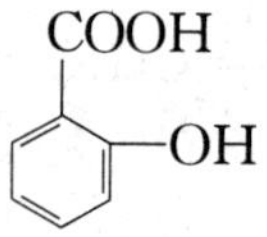 邻羟基苯甲酸（苯环上 COOH、OH 邻位）

三、完成下列反应方程式

1.

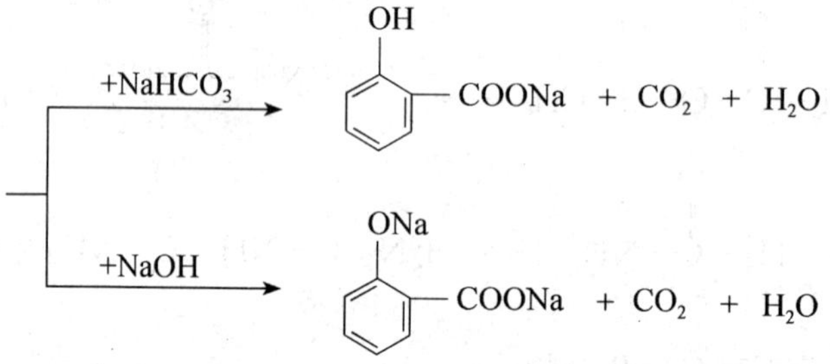

$\xrightarrow{+NaHCO_3}$ 邻羟基苯甲酸钠（苯环上 OH、COONa）$+ CO_2 + H_2O$

$\xrightarrow{+NaOH}$ 苯环上 ONa、COONa $+ CO_2 + H_2O$

2. $H-COOH+CO_2$

3. 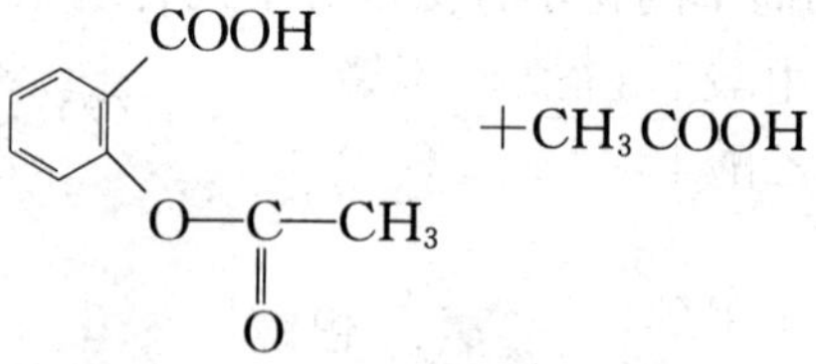 乙酰水杨酸（苯环上 COOH、$O-\overset{\|}{\underset{O}{C}}-CH_3$）$+CH_3COOH$

4. $CH_3CH_2\overset{O}{\overset{\|}{C}}CH_3$ $+HCOOH$

5. $CH_3CH_2\underset{CH_3}{\underset{|}{C}}=CHCH_2COOH$

四、解释下列名词

1. 互变异构现象：两种或两种以上的异构体之间互相转变，并以动态平衡而同时存在的现象。

2. 酮体：β-丁酮酸、β-羟基丁酸和丙酮三者的总称。

3. 酮式分解：β-酮酸结构不稳定，受热易脱羧生成丙酮的反应。

4. 醛酸：分子中含有羰基和羧基两种官能团，其中羰基在碳链一端的化合物，称为醛酸。

第十四章　含氮有机化合物

一、单选题

1. D　2. C　3. A　4. C　5. A　6. C　7. C　8. B　9. D　10. B　11. D　12. D

二、给出名称书写结构或给出结构书写名称

1. 乙胺　　2. 二乙胺　　3. 邻硝基苯甲酸(2-硝基苯甲酸)

4. N-苯基对苯二胺(对氨基二苯胺)　5. 三甲基异丙基氢氧化铵

6. 对亚硝基-N,N-二甲苯胺(N,N-二甲对亚硝基苯胺)

7. α-萘胺　　8. 4-硝基-4′-羟基偶氮苯

9. $NH_2CH_2CH_2NH_2$

10. 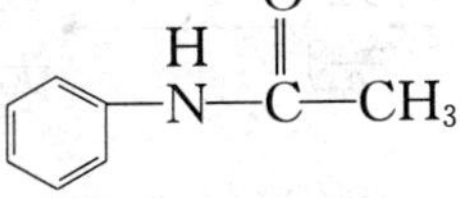 $C_6H_5-NH-C(=O)-CH_3$

11. 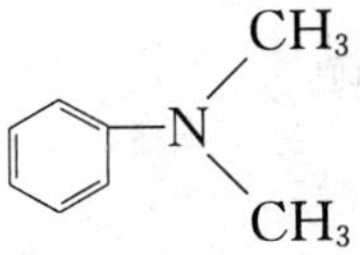 $C_6H_5-N(CH_3)_2$

12. 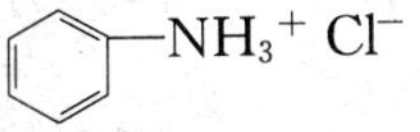 $C_6H_5-NH_3^+\ Cl^-$ 或 $C_6H_5-NH_2\ HCl$

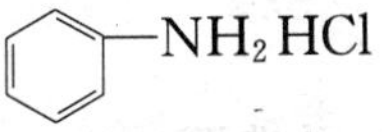

13. 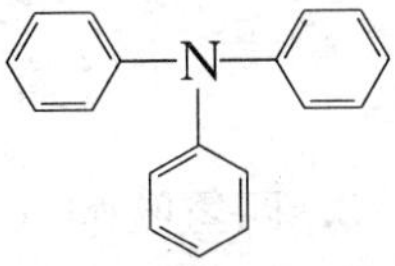 $(C_6H_5)_3N$

14. 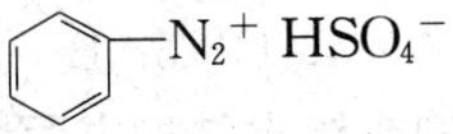 $C_6H_5-N_2^+\ HSO_4^-$

15. 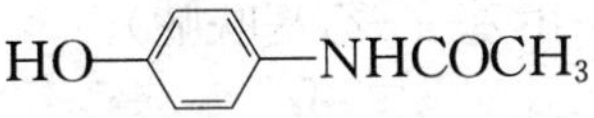 $HO-C_6H_4-NHCOCH_3$

三、完成反应方程式

1. 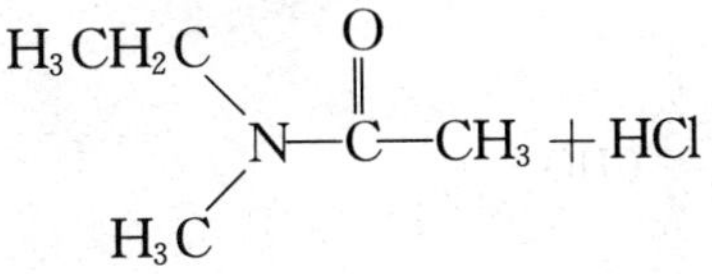 $(H_3CH_2C)(H_3C)N-C(=O)-CH_3 + HCl$

2. $C_6H_5-NH-C(=O)-CH_3$

3. C_6H_6

4. NH_2, Br, Br, Br（2,4,6-三溴苯胺）

5. $H_3C-C_6H_4-N{=}N-C_6H_4-OH + HCl$

6. $(C_2H_5)_2N-C_6H_4-NO$

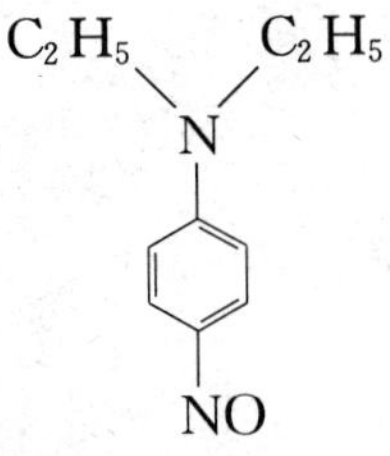

7. 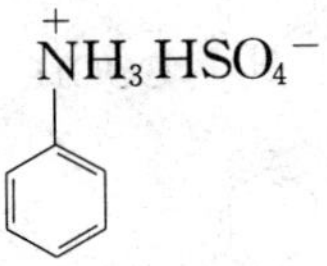 $C_6H_5\overset{+}{N}H_3\ HSO_4^-$

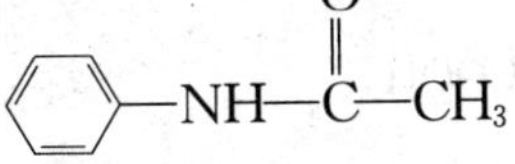

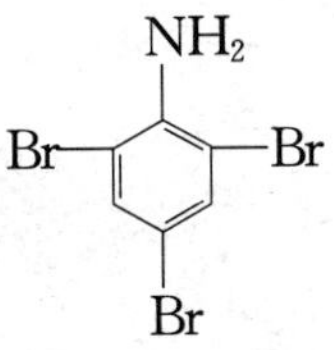

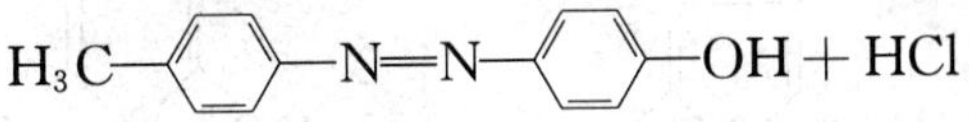

8. 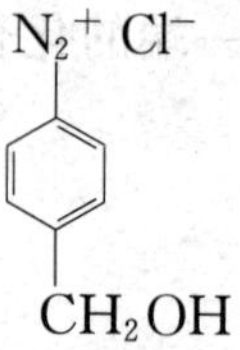 $N_2^+Cl^-$ ／ CH_2OH　　9. 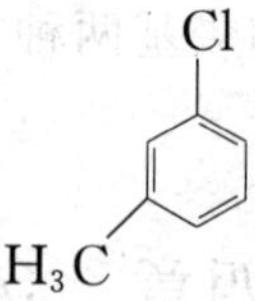 Cl ／ H_3C

10. 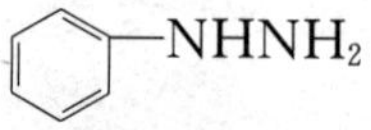 $NHNH_2$

四、用化学方法鉴别下列各组化合物

1\.
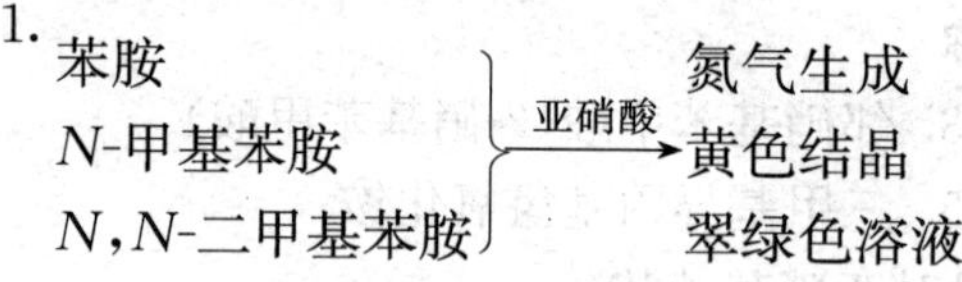

2\.
苯甲酸 ─ $NaHCO_3$ → CO_2↑（使石灰水变浑浊）
苯酚 → 无 ─ $FeCl_3$ → 显色
苯胺 → 无 → 无

第十五章　杂环化合物及生物碱

一、单选题

1\. D　2. B　3. A　4. C　5. B

二、给出名称书写结构或给出结构书写名称

1\. 4-吡啶甲酸　　2. 4-硝基吡啶（β-硝基吡啶）　　3. 四氢呋喃（THF）

4\. 2,4-二甲基咪唑　　5. 2-甲基-5-乙基呋喃（α-甲基-α′-乙基呋喃）

6\. N-甲基吡咯　　7. 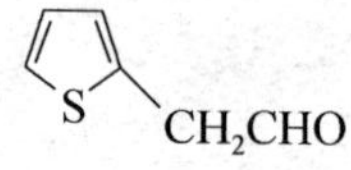 S ／ CH_2CHO　　8. 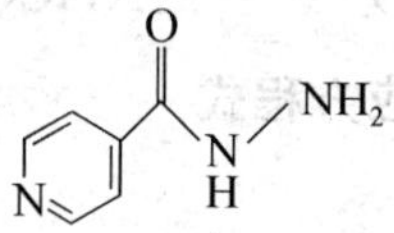 O ／ NH_2 ／ N ／ N ／ H

9\.
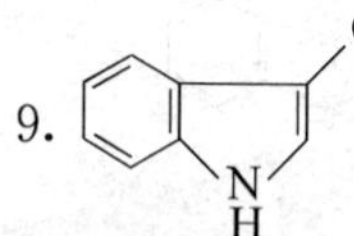

10\. O_2N ／ O ／ CHO

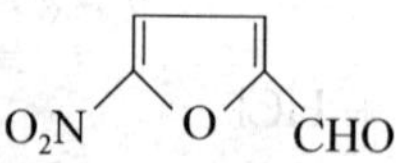

三、完成反应方程式

1\. 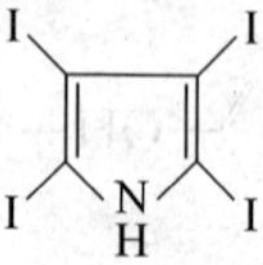 I ／ I ／ I ／ N ／ H ／ I　　2. H_3C ／ N ／ H ／ NO_2 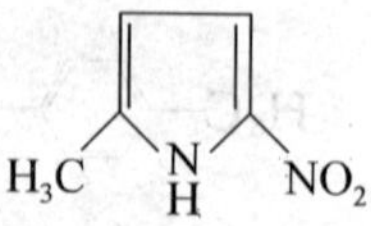　　3. 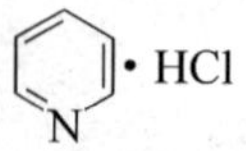 N ／ · HCl

4\. 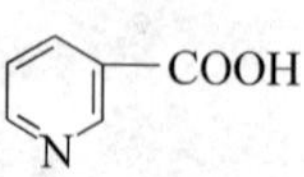 COOH ／ N　　5. 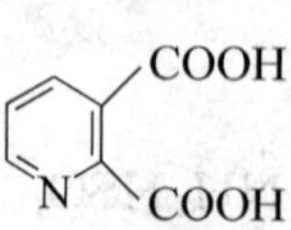 COOH ／ N ／ COOH　　6. 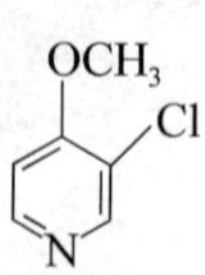 OCH_3 ／ Cl ／ N

7\. 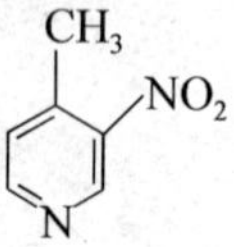 CH_3 ／ NO_2 ／ N　　8. 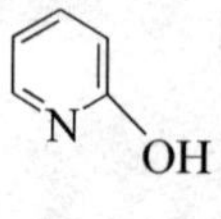 N ／ OH　　9. 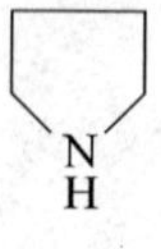 N ／ H　　10. 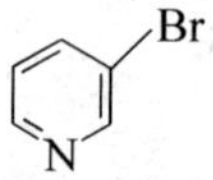 Br ／ N

第十六章　糖类：自然界中的多官能团化合物

一、单选题

1. B　2. C　3. C　4. A　5. A　6. D　7. B　8. C　9. B　10. A　11. B　12. D　13. D　14. B　15. D　16. B

二、写出核糖与下列试剂作用反应式和产物的名称

反应式略。产物及产物的名称分别如下：

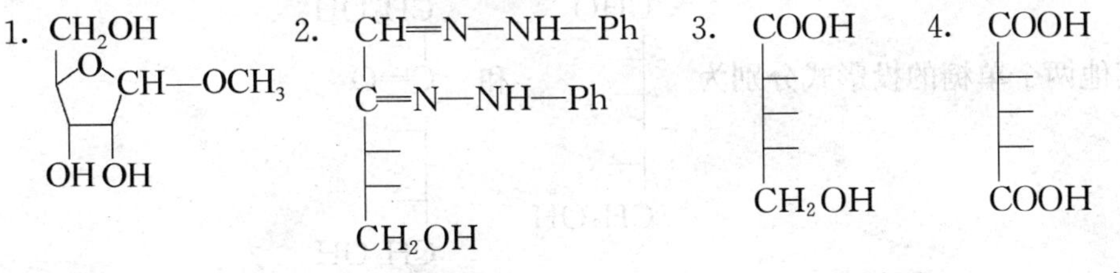

甲基核糖苷　　核糖脎　　核糖酸　　核糖二酸

三、分析题

1. 用简单的化学方法区分下列各组化合物。

(1)

葡萄糖、果糖、苯甲醛 —莫立许试剂/浓硫酸→ 葡萄糖：紫色环；果糖：紫色环；苯甲醛：(—)

葡萄糖、果糖 —塞利凡诺夫试剂→ 葡萄糖：(—)；果糖：红色

(2)

果糖、蔗糖、淀粉 —碘液→ 果糖：(—)；蔗糖：(—)；淀粉：蓝色

果糖、蔗糖 —土伦试剂→ 果糖：银镜；蔗糖：(—)

(3)

乳糖、果糖、蔗糖 —塞利凡诺夫试剂→ 乳糖：(—)；果糖：红色；蔗糖：红色

果糖、蔗糖 —班氏试剂→ 果糖：$Cu_2O\downarrow$；蔗糖：(—)

(4)

葡萄糖、果糖、蔗糖 —土伦试剂→ 葡萄糖：银镜；果糖：银镜；蔗糖：(—)

葡萄糖、果糖 —Br_2/H_2O→ 葡萄糖：退色；果糖：(—)

2. 推断结构。

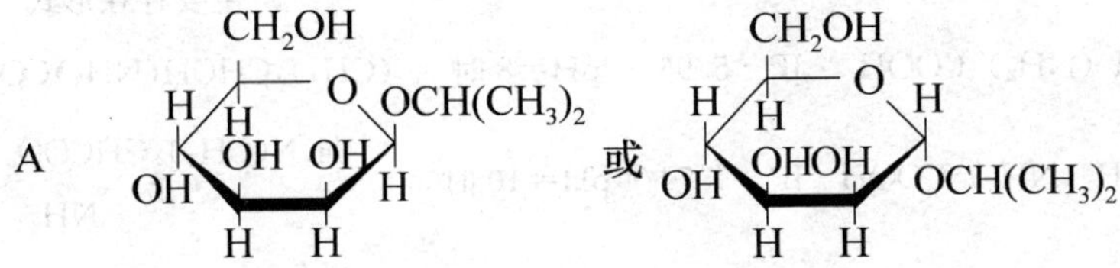

B （α-吡喃型环状结构）⇌ 开链式 ⇌ （β-吡喃型环状结构）

开链式 Fischer 投影式（自上而下）：CHO；HO—H；HO—H；H—OH；H—OH；CH_2OH

C CH_3CHCH_3（OH 在中间碳上）

3. 其他两个单糖的投影式分别为 CHO … CH_2OH 和 CH_2OH，C=O … CH_2OH

4.

(A) COOH … COOH 有对称面 无旋光性

(B) COOH … COOH 无对称面 有旋光性

(C) COOH … COOH 有对称面 无旋光性

第十七章　氨基酸、肽、蛋白质和核酸：自然界中的含氮聚合物

一、选择题

1. C　2. B　3. B　4. B　5. A　6. A　7. D　8. A　9. C　10. A　11. C

二、简答题

1. 氨基酸的等电点：氨基酸的酸式电离与碱式电离相等并处于等电状态时溶液的pH，常用pI表示。中性氨基酸，由于羧基电离比氨基大，溶液略偏酸性，溶液中含有的负离子浓度比正离子多，要使氨基酸达到等电点，必须加适量的酸来抑制羧酸电离，故中性氨基酸的等电点小于7。

2. (1) 正离子　(2) 负离子　(3) 两性离子　(4) 正离子

3.

					主要存在形式
a. 缬氨酸	$(CH_3)_2CHCH(NH_2)COOH$	IP	5.96	pH=8时	$(CH_3)_2CHCH(NH_2)COO^-$
b. 赖氨酸	$H_2N(CH_2)_4CH(NH_2)COOH$	IP	9.74	pH=10时	$H_2N(CH_2)_4CH(NH_2)COO^-$
c. 丝氨酸	$HOCH_2CH(NH_2)COOH$	IP	5.68	pH=1时	$HOCH_2CH(\overset{+}{N}H_3)COOH$

d. 谷氨酸 $HOOC(CH_2)_2CH(NH_2)COOH$ IP 3.22 pH=3时 $HOOC(CH_2)_2CH(\overset{+}{N}H_3)COOH$

4. 甘氨酸留在原点处，组氨酸向负极移动，酪氨酸和谷氨酸向正极移动。
5. 谷氨酸的水溶液呈酸性，可加适量的酸使其达到等电点。
6. a. 丝氨酸—甘氨酸—亮氨酸，简写为：丝—甘—亮
   b. 谷氨酸—苯丙氨酸—苏氨酸，简写为：谷—苯丙—苏
7. Gly-Glu-Arg-Gly-Phe
8. 4种，甘·甘；丙·丙；甘·丙；丙·甘。

主要参考文献

郭杨．2008．药用有机化学．北京：中国医药科技出版社．

贾云宏．2008．有机化学．北京：科学出版社．

李明梅．2009．医药化学基础．2 版．北京：化学工业出版社．

刘斌，陈任宏．2009．有机化学．北京：人民卫生出版社．

陆涛．2011．有机化学．7 版．北京：人民卫生出版社．

吕以仙．2009．有机化学．7 版．北京：人民卫生出版社．

马祥志．2006．有机化学．2 版．北京：中国医药科技出版社．

宋海南．2008．医学化学．合肥：安徽科技出版社．

宋海南，罗婉妹．2012．有机化学．北京：人民卫生出版社．

唐玉海．2007．医用有机化学．2 版．北京：高等教育出版社．

王宁．2005．有机化学．北京：高等教育出版社．

王琼．2004．有机化学．4 版．北京：高等教育出版社．

韦国锋．2010．有机化学．北京：中国医药科技出版社．

邢其毅．1992．基础有机化学．2 版．北京：高等教育出版社．

张坐省．2001．有机化学．2 版．北京：中国农业出版社．

K. 彼得．2006．有机化学结构与功能．4 版．北京：化学工业出版社．